REPENSANDO **ERGONOMIA**

DO EDIFÍCIO AO ESPAÇO URBANO

gen
Grupo
Editorial
Nacional

ROBERTA CONSENTINO KRONKA **MÜLFARTH**
ORGANIZADORA

REPENSANDO **ERGONOMIA**

DO EDIFÍCIO AO ESPAÇO URBANO

Colaboradores
André Eiji Sato
Claudia Ferrara Carunchio
Eduardo Gasparelo Lima
Gabriel Bonansea de Alencar Novaes
Larissa Luiz
Nathália Mara Lorenzetti Lima
Paula Lelis Rabelo Albala
Sheila Regina Sarra
Sylvia Tavares Segovia

- Os autores deste livro e a editora empenharam seus melhores esforços para assegurar que as informações e os procedimentos apresentados no texto estejam em acordo com os padrões aceitos à época da publicação, *e todos os dados foram atualizados pelos autores até a data da entrega dos originais à editora*. Entretanto, tendo em conta a evolução das ciências, as atualizações legislativas, as mudanças regulamentares governamentais e o constante fluxo de novas informações sobre os temas que constam do livro, recomendamos enfaticamente que os leitores consultem sempre outras fontes fidedignas, de modo a se certificarem de que as informações contidas no texto estão corretas e de que não houve alterações nas recomendações ou na legislação regulamentadora.
- Data do fechamento do livro: 02/09/2022
- Os autores e a editora se empenharam para citar adequadamente e dar o devido crédito a todos os detentores de direitos autorais de qualquer material utilizado neste livro, dispondo-se a possíveis acertos posteriores caso, inadvertida e involuntariamente, a identificação de algum deles tenha sido omitida.
- **Atendimento ao cliente: (11) 5080-0751 | faleconosco@grupogen.com.br**

- Capa: Leonidas Leite
- Imagens de capa: ©Pexels/André Moura, ©Pexels/Ana Paula Lima, ©Pexels/c-cagnin, ©Pexels/dids
- Editoração eletrônica: Sílaba Produção Editorial

CIP-BRASIL. CATALOGAÇÃO NA PUBLICAÇÃO
SINDICATO NACIONAL DOS EDITORES DE LIVROS, RJ

R336

Repensando ergonomia : do edifício ao espaço urbano / autora-organizadora: Roberta Consentino Kronka Mülfarth ; colaboradores André Eiji Sato ... [et al.]. - 1. ed. - Rio de Janeiro : LTC, 2022.

Inclui bibliografia e índice
ISBN 978-85-216-3795-0

1. Ergonomia. 2. Arquitetura. Construções civis. I. Mülfarth, Roberta Consentino Kronka. II. Sato, André Eiji. III. Título.

22-79273

CDD: 620.86
CDU: 005.961:605.336.1

Meri Gleice Rodrigues de Souza - Bibliotecária - CRB-7/6439

Sobre os colaboradores

ANDRÉ EIJI SATO

Arquiteto e urbanista formado pela Faculdade de Arquitetura e Urbanismo da Universidade de São Paulo (FAUUSP, 2016) com parte da graduação (sanduíche) feita pelo programa Ciência sem Fronteiras no Illinois Institute of Technology, Chicago, Estados Unidos (IIT, 2014-2015). Mestre na área de concentração de tecnologia da arquitetura dentro da linha de pesquisa de conforto ambiental, eficiência energética e ergonomia (FAUUSP, 2021) nos temas de Caminhabilidade, Ergonomia e *Streetscapes*.

Atualmente, é doutorando pela mesma instituição e também docente da Faculdade Estácio Carapicuíba no curso de Arquitetura e Urbanismo. É membro integrante do Núcleo de Apoio da Pesquisa (NAP) – USP CIDADES e do Laboratório de Conforto Ambiental e Eficiência Energética (LABAUT) da FAUUSP. Tem experiência na área de conforto ambiental, atuando principalmente nos seguintes temas: ergonomia, percepção e comportamento ambiental, caminhabilidade, mobilidade urbana e urbanismo.

CLAUDIA FERRARA CARUNCHIO

Mestranda em Arquitetura e Urbanismo pela Universidade de São Paulo (USP), na área de concentração de tecnologia da arquitetura, dentro da linha de pesquisa de conforto ambiental, eficiência energética e ergonomia. Arquiteta e urbanista graduada pela Universidade de São Paulo (FAUUSP) em 2017, com dupla formação em Engenharia Civil pelo programa FAU-EPUSP (FAU-POLI), cursado na Escola Politécnica da USP. Desenvolve pesquisas junto ao Laboratório de Conforto Ambiental e Eficiência Energética (LABAUT) da FAUUSP desde 2013, com foco em temas relativos à ergonomia e aos espaços adequados ao envelhecimento ativo. Atualmente, é sócia-diretora da Ferrara Poblet, empresa que atua nas áreas de arquitetura e engenharia civil.

EDUARDO GASPARELO LIMA

Arquiteto e urbanista formado pela Universidade de São Paulo (FAUUSP, 2011-2017), integrou a pesquisa da Fundação de Amparo à Pesquisa do Estado de São Paulo (FAPESP): "O Desempenho Térmico e Luminoso de Edifícios Ícones da Arquitetura Modernista Brasileira, Produzida entre 1930 e 1964 em São Paulo", do Laboratório de Conforto Ambiental e Eficiência Energética (LABAUT), do qual continua participando como pesquisador. Mestrando na FAUUSP, subárea tecnologia da arquitetura, linha de pesquisa de Conforto Ambiental, Eficiência Energética e Ergonomia (2019-2022), onde desenvolve a pesquisa fomentada pela FAPESP "Desempenho Ambiental da Arquitetura do Legado Modernista: As Residências Unifamiliares do Arquiteto Paulista Marcos Acayaba". Também atua no mercado de trabalho como consultor ambiental, com foco na avaliação de projetos habitacionais, especialmente no que tange à térmica e à iluminação natural.

GABRIEL BONANSEA DE ALENCAR NOVAES

Doutorado em andamento (2021 a 2024) e mestrado (2020) em Tecnologia da Arquitetura e do Urbanismo pela Faculdade de Arquitetura e Urbanismo da Universidade de São Paulo (FAUUSP), com foco em desempenho ambiental, sustentabilidade e eficiência energética. Formado (2017) pelo Programa de Dupla Graduação em Arquitetura e Urbanismo e Engenharia Civil da FAUUSP e da Escola Politécnica da Universidade de São Paulo (Poli). Cerca de 10 anos de vivência em projetos científicos na área de conforto ambiental na Arquitetura e Urbanismo, com artigos publicados e um dos vencedores do IV Prêmio Maurício Roriz (2021). Auditor na Fundação Vanzolini da Certificação AQUA-HQE de Alta Qualidade Ambiental na Construção Civil, da Certificação A2S – Ambiente Seguro e Saudável, de Sistemas de Gestão da Qualidade (NBR ISO 9001) e de Sistemas de Gestão Ambiental (NBR ISO 14001). Gestor técnico do Programa Brasileiro de Etiquetagem de Eficiência Energética em Edificações (PBE EDIFICA) na Fundação Vanzolini, além de atuação direta no Programa de Declarações Ambientais de Produtos (EPD Brasil) e nas equipes técnicas e de coordenação de projetos de assessorias técnicas, auditorias, serviços de avaliações da conformidade, cursos e treinamentos nas áreas de acessibilidade, sustentabilidade e eficiência energética.

LARISSA LUIZ

Desde 2018, é sócia-consultora sênior Ca2 | Consultores Ambientais Associados. Mestranda em Tecnologia da Arquitetura, área de conforto ambiental e eficiência energética pela Faculdade de Arquitetura e Urbanismo da Universidade de São Paulo (FAUUSP). É arquiteta, formada por esta instituição, e profissional acreditada EDGE Expert pela International Finance Corporation (IFC), atuante na área de consultoria em conforto ambiental e urbanismo sustentável. Presidente do Student Branch Archtech LABAUT da American Society of Heating, Refrigerating and Air-Conditioning Engineers (ASHRAE), gestão 2021-22. Possui experiência em análises de desempenho para a NBR 15.575 e em análise de desempenho ambiental e desenho bioclimático, realizando análises de desempenho térmico, iluminação, ventilação natural, desempenho energético de envoltória e certificações ambientais. É pesquisadora no Laboratório de Conforto Ambiental e Eficiência Energética da FAUUSP e, no mestrado, desenvolve estudos sobre conforto térmico, lumínico e ferramentas para simulação de desempenho em edifícios. Participou de projetos de variados usos, ganhando experiência em análises de projetos de edifícios residenciais, escritórios, escolas, clubes esportivos, hospitais, *shopping centers* e terminais de transporte. Dentre os principais projetos em que atuou estão o *retrofit* do Hospital Israelita Albert Einstein, a sede do Colégio Pueri Domus Perdizes, *retrofit* e expansão do Colégio Bandeirantes, *retrofit* do Center Shopping Uberlândia, *retrofit* e expansão do Shopping Tamboré, avaliação de impacto ambiental das estações do VLT de Salvador e análise de desempenho das paradas do BRT de Sorocaba. Associou-se à consultoria Ca2 | Consultores Ambientais Associados em 2018.

NATHÁLIA MARA LORENZETTI LIMA

Mestra em Tecnologia da Arquitetura e do Urbanismo pela Faculdade de Arquitetura e Urbanismo da Universidade de São Paulo (FAUUSP) no ano de 2017, com foco no conforto ergonômico e térmico das edificações. Graduada em Arquitetura e Urbanismo pela mesma instituição no ano de 2015. Atualmente, coordena os cursos de Arquitetura e Urbanismo da Faculdade Estácio Carapicuíba – desde 2019 – e do Centro Universitário Estácio de São Paulo – *campus* Santo

Amaro – desde 2021 –, em que também é docente nos mesmos cursos, atuando nas disciplinas de Ateliê de Projeto de Arquitetura, Conforto Ambiental e Urbanismo. Também atua como docente no curso de Pós-graduação Arquitetura, Cidade e Sustentabilidade na instituição Belas Artes – Centro Universitário Belas Artes de São Paulo –, *campi* de São Paulo e de Sorocaba, nas disciplinas Diretrizes para Arquitetura Bioclimática e Ergonomia e Compacidade. Há aproximadamente 10 anos, concentra pesquisas nas áreas de conforto ergonômico, conforto térmico, sustentabilidade e eficiência energética das edificações, por meio de pesquisa e extensão tanto como aluna de graduação e mestrado quanto como orientadora.

PAULA LELIS RABELO ALBALA

Doutoranda na Faculdade de Arquitetura e Urbanismo da Universidade de São Paulo (FAUUSP), com ênfase em caminhabilidade, conforto ambiental e percursos pedonais urbanos. Possui graduação em Arquitetura e Urbanismo por esta instituição (2007) e mestrado em Arquitectura, Energía y Medio Ambiente pela Universitat Politècnica de Catalunya – BarcelonaTech (UPC, 2010), Espanha. Tem experiência na área de arquitetura e urbanismo, com ênfase em sustentabilidade, arquitetura e urbanismo socioambiental, conforto ambiental, eficiência energética, impacto ambiental de materiais e meios de transporte ativos. Atuação em consultorias em arquitetura e urbanismo sustentáveis desde 2010, tanto no Brasil como no exterior, sendo sócia-diretora de consultoria voltada a essa temática desde 2013. Atuação em projetos de escala arquitetônica, urbana, e em consultorias voltadas a governos locais e implementação de políticas públicas visando à sustentabilidade. Desde 2020, atua como especialista em construções sustentáveis junto ao Programa das Nações Unidas para o Desenvolvimento (PNUD), no âmbito do projeto Partnership and Action for Green Economy (PAGE).

ROBERTA CONSENTINO KRONKA MÜLFARTH

Professora Titular da Faculdade de Arquitetura e Urbanismo da Universidade de São Paulo (FAUUSP), onde também chefia o Departamento de Tecnologia da Arquitetura (AUT), desde 2019. É vice-coordenadora científica do Núcleo de Apoio da Pesquisa (NAP) USP CIDADES e integrante do Comitê Municipal de Mudança do Clima e Ecoeconomia do Município de São Paulo, como representante do Conselho de Arquitetura e Urbanismo (CAU). É integrante do Consórcio Acadêmico Transdisciplinar Ergonomia Fatores Humanos Ambiente e Saúde (EFHAS), que visa desenvolver nas áreas de ergonomia, fatores humanos, saúde e ambiente ações transdisciplinares de curto, médio e longo prazos, com o envolvimento de docentes, alunos e servidores de sete unidades da USP, para que possam trabalhar com excelência e cooperação. Tem graduação em Arquitetura e Urbanismo pela FAUUSP, mestrado em Energia no Programa Interunidades de Pós-graduação em Energia da USP e doutorado em Estruturas Ambientais Urbanas pela FAUUSP. Tem experiência na área de tecnologia de arquitetura e urbanismo, na subárea de conforto ambiental, atuando principalmente nos seguintes temas: sustentabilidade e ergonomia. É coautora dos livros: *Towards Green Campus Operations – Energy, Climate and Sustainable Development Initiatives at Universities* (Springer International Publishing, 2018) e *Sustentabilidade na USP* (USP, 2018).

SHEILA REGINA SARRA

Médica formada pela Faculdade de Medicina da Universidade de São Paulo (FMUSP, 1981). Residência médica em Cardiologia no Instituto Dante Pazzanese de Cardiologia (IDPC, 1984). Especialização em Medicina do Trabalho na Faculdade de Ciências Médicas da Santa Casa de São Paulo (1985). Arquiteta e urbanista formada pela Faculdade de Arquitetura e Urbanismo do Centro Universitário Belas Artes de São Paulo (2019). Mestrado na área de tecnologia da arquitetura na Faculdade de Arquitetura e Urbanismo da Universidade de São Paulo (FAUUSP, 2018). Doutorado na área de tecnologia da arquitetura na FAUUSP (2020), onde atualmente é Pós-doutoranda. Foi auditora fiscal do trabalho no Ministério do Trabalho e Emprego, de 1984 a 2011. Publicou trabalhos científicos nas áreas de ergonomia, saúde e conforto ambiental, urbanismo, poluição atmosférica e alterações climáticas.

SYLVIA TAVARES SEGOVIA

Arquiteta e urbanista formada pela Faculdade de Arquitetura e Urbanismo da Universidade de São Paulo (FAUUSP, 2015-2020), onde trabalhou como pesquisadora no Laboratório de Conforto Ambiental e Eficiência Energética (LABAUT) durante quatro anos sob o projeto de pesquisa da Fundação de Amparo à Pesquisa do Estado de São Paulo (FAPESP): "O Desempenho Térmico e Luminoso de Edifícios Ícones da Arquitetura Modernista Brasileira, Produzida entre 1930 e 1964 em São Paulo". Mestre pela University of Westminster, Londres, Reino Unido, em Architecture and Environmental Design MSc, com premiação de 2º lugar no Hilson Moran Award de melhor tese pela dissertação "Circadian Cycle and Wellbeing in Office Buildings". Atualmente, trabalha como consultora ambiental na empresa Urban Systems Design, em Londres.

Apresentação

O assunto tratado neste livro é sobremaneira relevante, visto que é eminentemente necessário repensar a ergonomia na arquitetura e no urbanismo. O livro faz isso com maestria ao mostrar que a ergonomia deve ser responsável por "propor relações e condições de ação e mobilidade, definir proporções e estabelecer dimensões em condições específicas em ambientes naturais e construídos, tendo como base o conforto ambiental, que pressupõe a percepção individual de qualidades, influenciada por valores de conveniência, adequação, expressividade, comodidade e prazer".

A Lei nº 12.378, de 31 de dezembro de 2010, regulamenta o exercício de Arquitetura e Urbanismo, cria o Conselho de Arquitetura e Urbanismo do Brasil (CAU/BR) e os Conselhos de Arquitetura e Urbanismo dos Estados e do Distrito Federal (CAUs) e dá outras providências. Segundo a Lei nº 12.378, entre as atividades atribuídas ao arquiteto e urbanista estão aquelas dos campos de atuação de conforto ambiental, considerando técnicas referentes ao estabelecimento de condições climáticas, acústicas, lumínicas e ergonômicas, para a concepção, organização e construção dos espaços.

Embora as condições ergonômicas constem na lei como uma atribuição da profissão do arquiteto e urbanista, nenhum termo relacionado à ergonomia é citado pelo Ministério da Educação nos perfis de área e padrões de qualidade dos cursos de Arquitetura e Urbanismo. Portanto, a grande maioria das faculdades de Arquitetura e Urbanismo do país não apresenta disciplina obrigatória de Ergonomia em seus currículos e, por muitas vezes, ela é até esquecida.

Quando não é esquecida, a Ergonomia faz parte do grupo de disciplinas de Conforto Ambiental. Entretanto, em razão da etimologia da palavra de origem grega, segundo a qual *ergon* significa trabalho e *nomos* significa princípios, a ergonomia costuma ser interpretada erroneamente e aplicada somente a questões dimensionais. O tratamento da ergonomia limitado à ciência que estuda a interface do homem com o trabalho enfraquece o seu caráter multi e interdisciplinar. No caso específico do projeto de arquitetura, além dos aspectos antropométricos, a ergonomia também é aplicada a questões de acessibilidade, mantendo-se, dessa forma, limitada a dimensões.

Dentro do contexto descrito, este livro tem como ponto central apresentar o verdadeiro papel da ergonomia, não somente como parte integrante das áreas de conforto ambiental, mas também como parte da concepção, da estruturação e da avaliação de projetos, tanto de edifícios como do ambiente urbano.

É necessário entender o *ergon* ou trabalho, objeto da ergonomia, como qualquer ação do homem no meio em que se encontra. Essa é a real dimensão da ergonomia. Ao considerar que a ergonomia na arquitetura tem como objeto o homem no espaço, ela pode ser definida como o "estudo das ações e influências mútuas entre o ser humano e o espaço através de interfaces recíprocas". Sendo assim, os fatores físicos das questões relacionadas com o conforto ambiental devem possuir o mesmo aprofundamento e detalhamento que os aspectos ambientais, psicológicos e socioculturais.

Este livro contribui para que o leitor entenda a ergonomia de forma mais abrangente e integrada, não somente como uma ligação junto às disciplinas de Conforto Ambiental, mas também como um elo estruturador entre o ambiente construído, o usuário e a percepção do espaço. Esse elo acontece nas etapas de projeto com os quatro tipos de fatores estruturadores: os psicológicos, os socioculturais, os ambientais e os físicos. Ou seja, é indiscutível que as questões relacionadas com o conforto ambiental façam parte do processo de projeto desde o início, bem como todas as inter-relações que possam ocorrer com os fatores estruturadores.

Como docentes nas disciplinas de Conforto Ambiental do Departamento de Tecnologia da Arquitetura (AUT), da Faculdade de Arquitetura e Urbanismo da Universidade de Paulo (FAUUSP), junto à autora/organizadora, temos trabalhado com essa abordagem mais ampla e abrangente, em conjunto com a inclusão do projeto no processo de aprendizagem. Todas as questões associadas ao conforto ambiental (térmica, acústica, iluminação natural e artificial, ergonomia) devem ser avaliadas em conjunto, dentro de um contexto que adeque todas as possíveis interfaces com o projeto, procurando estabelecer a relação com o comportamento do usuário. Essa inter-relação entre conforto ambiental, ergonomia e processo de projeto mostra-se uma ferramenta muito efetiva nas soluções adotadas no ambiente construído, além de fortalecer o caráter da ergonomia.

Este livro apresenta, de maneira notável e com fácil leitura e compreensão, conceitos, métodos e estudos de caso de análises ergonômicas, de modo a repensarmos a prática da ergonomia, não apenas no âmbito acadêmico, mas também na prática profissional.

Alessandra Rodrigues Prata Shimomura

Ranny Loureiro Xavier Nascimento Michalski

Docentes da Faculdade de Arquitetura e Urbanismo
da Universidade de São Paulo (FAUUSP)

Prefácio

É uma honra prefaciar esta obra tão especializada e rica, em uma área que fortemente contribui para melhorar a interação humana com tudo aquilo que está à sua volta. Tive o privilégio de acessar o conteúdo da obra e validá-lo antes de a organizadora enviar à editora. É uma grande responsabilidade e uma tarefa de enorme confiança, pela qual agradeço infinitamente. Faço isso na privilegiada posição de convidado, mas sabendo que sou um eterno aprendiz no assunto. Quem faz um prefácio geralmente está na posição de quem apresenta a obra, dada a sua suposta competência. No entanto, eu me coloco na mesma posição de quem lê esta obra e se encanta com a riqueza de informações, muitas das quais ainda não faziam parte de minhas competências, mas que agora me trouxeram informações sobre onde posso me apoiar e continuar aprendendo.

Normalmente, em um livro técnico consultamos as partes que nos trazem complementos, que vão de acordo com o nosso contexto. Mas não foi isso que aconteceu. Por ter essa responsabilidade, li parágrafo por parágrafo, em uma jornada que mais parecia um curso intensivo, e terminei com o sentimento de que eu participei de uma imersão em ergonomia aplicada à arquitetura, que trouxe as informações que eu procurava, me fez repensar a ergonomia e seus novos conceitos. Saio com novos olhares e reflexões, e agora tenho um mundo novo para desbravar. Tenho em mim a alegria de ter aprendido, de ter encontrado o livro que quero indicar aos meus alunos, e de ter na organizadora uma referência extraordinária no assunto.

A ergonomia tem suas vertentes, com aplicações que se renovam junto com o desenvolvimento humano e tecnológico. Sempre busquei olhar para as interações humanas multimodais, as ações transdisciplinares, o desenvolvimento das interfaces, mas, ao viajar pela arquitetura e pelo urbanismo contidos nesta obra, tenho ainda mais certeza de como a complexidade humana e a ergonomia são belas, belíssimas. Temos uma mistura de arte e sabedoria, engenharia e arquitetura, natureza e sociedade. Não sei se são realmente esses termos, pois a beleza dessa ciência é para mim, por vezes, indescritível.

O que me proponho a fazer é um passeio pelas impressões do conteúdo, talvez tentando orientar o leitor a seguir a leitura agradável que tive. Aguardo, inclusive, a publicação da obra e os vídeos finais para que eu faça a viagem novamente, absorvendo mais e mais do assunto:

1. No primeiro capítulo, a autora adiciona ao título "em busca de novos referenciais". Esses novos referenciais foram alcançados. Perceber mais a fundo a ligação da ergonomia com a percepção em Arquitetura e Urbanismo não é comumente algo encontrado na literatura. Nessa parte, a ligação se aplica não apenas na percepção de conforto em ambientes, mas também na inclusão da sustentabilidade, tão necessária em um mundo que clama por esse assunto. A relação com a Psicologia também apresentada nesse capítulo ainda traz novos referenciais. Se contextualizarmos a ergonomia frente às novas demandas, é justamente em Psicologia e Ambiente que precisamos nos organizar e focar, e é isso que

mais tem interação com os usuários atualmente. Como eu sempre digo aos meus alunos, a ergonomia não é limitada à ciência da postura, da cadeirologia, ou da biomecânica. Os aspectos psicossociais e as questões de sustentabilidade (economia-ambiente-sociedade) são os que mais avançam e nos apontam para os "novos referenciais". As Figuras 1.1 e 1.2 sustentam a complexidade da ergonomia. Cabe dizer que essa figura não é exaustiva, há interações e interfaces ainda emergentes frente ao desenvolvimento de novas tecnologias e formas de trabalho.

2. No segundo capítulo, a ligação com o primeiro é explícita ao tratar dos impactos em relação à saúde e ao ambiente construído. A sustentabilidade tem em seu tríplice conceito (*triple botton-line*) a sociedade, que tem nela a saúde como energia fundamental para se relacionar com o mundo. Quaisquer variáveis que possam interferir nesse ponto levam a tudo que se opõe à ergonomia, ou seja, na ausência de saúde tem-se o desconforto, o baixo desempenho, o risco de acidente, a má interação e o mau relacionamento homem-sistema. Atualmente, há muitos fatores ambientais em que a má interação leva à depreciação dos aspectos humanos e não impacta só o indivíduo, mas também quem está à sua volta.

3. Ao tratarmos da evolução da análise ergonômica no terceiro capítulo, vamos ao avanço da ergonomia como ciência e prática. Aprender novos métodos de análise é necessário, e integrá-los é ainda mais. Se pensarmos que durante a pandemia da Covid-19 foi travada uma guerra mundial contra o vírus, podemos pensar que, assim como em outras evoluções conceituais que surgiram do pós-guerra, necessitamos de "novos referenciais" agora também. Não só da difusão da interdisciplinaridade citada pela autora, precisamos da transdisciplinaridade. Precisamos formar profissionais que se apoiem na tecnologia, mas que utilizem métodos de trabalho adequados, coordenados e integrados. Isso é dado pela natureza inter e transdisciplinar, englobando o conhecimento de um pensamento mais aberto, adequando o método tradicional de divisão de disciplinas para além de suas fronteiras, e a aquisição de conhecimentos de maneira integrada e contextualizada. A Ergonomia é Engenharia, Arquitetura, Psicologia, Medicina, Sociologia, Filosofia, tudo ao mesmo tempo. É uma nova forma de pensar, que vai além da divisão cartesiana do saber, mas sempre preserva as peculiaridades de cada área. Precisamos saber um pouco do que o outro sabe, isso é empatia e aumenta a colaboração. Tratar dos avanços da ergonomia é necessário para trabalharmos juntos em prol de um mesmo objetivo, em prol da sociedade.

4. O quarto capítulo é a sociedade integrada, como trata a evolução dos conceitos. O que são cidades? É justamente o local em que nos integramos, nos relacionamos, e no qual interagimos. A mobilidade seria a interface para isso. Quando se fala na importância do caminhar, isso ainda me faz recordar que o ato de caminhar é um ato de queda, no qual o tronco se projeta para a frente, e o movimento de levar a perna mais à frente dessa projeção é que evita a queda. Ao integrarmos o movimento do tronco, das pernas e dos sistemas sensoriais, temos a mobilidade. Ao integrar pessoas e seus ambientes, tem-se uma cidade. Ao integrar pessoas, ambientes, objetivos e trajetos, tem-se mobilidade. No movimento rápido se dá a importância de ter possibilidades de frear. Tudo que fica sem movimento padece, deprecia-se, vira pó. Daí a importância do caminhar, ato análogo à mobilidade. Apesar disso tudo, a autora deixa claro que, se não incluirmos a necessidade de observar variáveis ambientais urbanas, como a mobilidade, o trajeto e todas as outras

que podem causar impacto negativo à sociedade e ao planeta, teremos um caminhar caótico, sem rumo, e isso vai nos levar à paralisia. É na paralisia que o movimento deixa de existir. É necessário discutir como se faz esse movimento, em espaços, ritmos, formas organizacionais de projeto, aplicando a ergonomia em mobilidade e acessibilidade.

5. Como uma evolução do Capítulo 4 vem então o perfeito Capítulo 5, que nos ensina como avaliar os espaços urbanos em busca do conforto. O autor mostra as variáveis que nos levam à aquisição de habilidades rumo a um diagnóstico e um prognóstico do assunto. Um olhar fundamental.

6. A requalificação de edificações do Capítulo 6, para mim, foi uma grande novidade. Talvez por não ter nunca aplicado o termo em minhas demandas da ergonomia, mas faz todo o sentido, pois o capítulo traz justamente aquilo que nos leva ao olhar do que pode ser considerado risco, e ao mesmo tempo traz a informação de como adequar os desvios, ou seja, requalificar a situação, que antes era ruim e após a aplicação desses princípios se torna a requalificação do ambiente. É a ligação essencial para quem entendeu o Capítulo 5 e quer avançar na melhoria dos processos. Os exemplos do capítulo trazem muita clareza ao *modus operandi* do assunto.

   A partir do Capítulo 6, posso indicar a obra como referência de grandes ações. Poderia ser até apresentada como aquela parte em que um livro técnico apresenta seus exemplos de aplicação, as respostas aos exercícios.

7. Conhecer, no Capítulo 7, o que se fez e se faz no Edifício Copan é enriquecedor. Esse capítulo é muito claro, descritivo, experimental, histórico, enfim, é uma obra por si só. Se cada trabalho em que nos engajamos pudesse ter a riqueza de detalhes que os autores trouxeram nesse capítulo, poderíamos sempre avançar no ombro de gigantes, como disse Isaac Newton ao se deparar e avançar a partir de trabalhos enriquecedores de outros autores.

8. O Capítulo 8 leva o leitor a observar aquela amostragem que mais cresce, à qual todos queremos que nossos pais cheguem bem, e à qual também queremos chegar bem: a terceira idade. É um público especial para contribuir fortemente. A Arquitetura e o Urbanismo sempre trouxeram olhares especiais a essa fase. Com o conhecimento de ergonomia que a autora integra nesse capítulo, nossos olhares se tornam ainda mais firmes. Gostei de saber que na graduação a autora tratou desse tema. Esse capítulo trouxe boas lembranças e mais vontade de contribuir no assunto. Eu, por ter inicialmente me graduado em Fisioterapia, lembro que cuidava de minha avó enquanto ainda estudante, e isso incluiu cuidados pessoais e adaptações ao ambiente. Ao concluir a minha segunda graduação, em Engenharia Mecatrônica, sempre pensei no uso da tecnologia para levar mais saúde e segurança às pessoas, em especial a essa fase da vida. Pensava desde o desenvolvimento de simples dispositivos que ajudassem alguém a se lembrar de tomar um medicamento, até inserir tecnologias em ambientes de moradia, com a domótica. A idade leva à diminuição da mobilidade, e é na fase da terceira idade que mais precisamos levar conforto e interação aos que felizmente lá chegam. Quão bom é entender a percepção deles no ambiente, isso é gratificante. Já até convido por aqui mesmo a autora, e quem mais faz esta leitura, a estudarmos a proposta apresentada nesse capítulo e acrescentar mais conforto, satisfação e apoio às atividades de vida diária. Eu, particularmente, farei sugestões de inserir tecnologias, por meio da domótica e de tecnologias assistivas, sempre pensando

no baixo custo, já que estamos falando da faixa etária que mais mereceria renda, pois é injustiçada socialmente e excluída de novas políticas públicas.

9. Falando, então, da exclusão e da baixa renda, isso liga-se ao Capítulo 9 ao conhecermos o que é morar em Paraisópolis, na favela, sob o ponto de vista da ergonomia. A autora apresenta não só o que é morar, mas também aponta soluções para o avanço da aplicação da ergonomia. Isso reforça que a ergonomia não é só ficar trocando máquinas, equipamentos e ferramentas em um mundo industrial. Há que se olhar, perceber e intervir em tudo.

   Confesso que, ao chegar nessa parte do livro, já me deu até vontade de estudar mais sobre Arquitetura e Urbanismo.

10. Avançando quase ao fim da obra, o Capítulo 10 em seu título é análogo ao que fiz: ler este livro da cabeça aos pés, e, quando publicado, vou fazer dos pés à cabeça. Brincadeiras à parte, nesse capítulo cheguei ao pensamento socrático: só sei que nada sei. Pois a profundidade a que a organizadora levou sua obra é perceptível nesse capítulo. O projeto urbano apresentado só me leva a dizer a todos: este livro será por mim recomendado a qualquer aluno ou interessado em conhecer a boa ergonomia. É um livro de excelência.

11. Por fim, o Capítulo 11 reflete a excelência dos que estão próximos à organizadora. Ainda dizer no título "ergonomia como conforto ambiental integrado no espaço urbano" fecha muito bem a obra, que integra não só essas partes, mas também diversas variáveis e grupos sociais que interagem no espaço urbano.

Terminei minha leitura e este prefácio sabendo que ganhei muito com isso, e não me refiro somente ao aprendizado e à oportunidade ímpar de introduzir o livro ao leitor. Ganhei uma parceira de mais alto nível para juntos tentarmos levar ainda mais informações para que os alunos e a sociedade colaborem com o planeta de que todos somos parte.

Conheci a Professora Roberta em um projeto da Pró-reitoria de Pesquisa da USP para a busca da excelência no ensino de graduação, no qual professores de sete *campi* da USP que lecionam assuntos nas áreas de ergonomia, fatores humanos, ambiente e sociedade se integraram em meio à pandemia para colaboração em ensino remoto. Disso avançamos a um segundo projeto visando à inovação de nossos laboratórios por meio da digitalização de ambientes. A partir dessas colaborações, e depois de prefaciar esta obra, com certeza trabalhar em dois projetos é só o primeiro passo. Temos um longo caminho a percorrer juntos.

Este livro é especial. Assim como na época em que li o livro *Compreender o trabalho para transformá-lo: a prática da ergonomia*, uma das maiores referências em ergonomia em que me apoio e que me fez realmente "compreender o trabalho para transformá-lo", este livro, com o título de "Repensando Ergonomia: do Edifício ao Espaço Urbano", me fez realmente "repensar a ergonomia".

Boa leitura a todos e obrigado, Roberta, pela oportunidade!

Prof. Dr. Eduardo Ferro dos Santos

Departamento de Ciências Básicas e Ambientais da Escola de Engenharia de Lorena – Universidade de São Paulo (USP)

Material Suplementar

Este livro conta com os seguintes materiais suplementares:

- Videoaulas referentes aos Capítulos 1, 2, 3 e 7.
- Ilustrações da obra coloridas em formato de apresentação.

O acesso ao material suplementar é gratuito. Basta que o leitor se cadastre e faça seu *login* em nosso *site* (www.grupogen.com.br), clique no *menu* superior do lado direito e, após, em Ambiente de aprendizagem. Em seguida, clique no *menu* retrátil ☰ e insira o código (PIN) de acesso localizado na orelha deste livro.

O acesso ao material suplementar online fica disponível até seis meses após a edição do livro ser retirada do mercado.

Caso haja alguma mudança no sistema ou dificuldade de acesso, entre em contato conosco (gendigital@grupogen.com.br).

Sumário

Introdução

Repensando ergonomia: do edifício ao espaço urbano

O livro *Repensando Ergonomia: do Edifício ao Espaço Urbano* nasceu da necessidade de criar uma referência para prática da ergonomia, não só em atividades acadêmicas, de graduação e pós-graduação, mas também na atuação profissional, auxiliando o processo de projeto e avaliação do ambiente construído.

Organizado em duas partes e tendo sempre como pano de fundo o edifício e o ambiente urbano, o livro apresenta na primeira parte – *Algumas reflexões sobre a teoria: a ergonomia no ambiente construído* – discussões sobre o cenário atual para a prática de projeto, métodos de avaliação e as mudanças necessárias para o enfrentamento de soluções integradas e mais eficientes. Na segunda parte – *Algumas proposições: a ergonomia no ambiente construído* –, apresentam-se resultados projetuais que incorporaram premissas e proposições realizadas na primeira parte.

O caráter multidisciplinar da ergonomia e a existência de várias ferramentas de análise com diferentes enfoques dificultou, ao longo do tempo, a sua utilização em muitas áreas do conhecimento. Como consequência, observa-se uma tendência de distanciamento quanto à utilização desse ferramental. Assim, o livro também tem como objetivo organizar, a partir de pressupostos teóricos atuais, instrumentos que facilitem a utilização da ergonomia reforçando e evidenciando a sua real importância.

Primeiro, são apresentadas, nos Capítulos 1, 2 e 3, algumas reflexões sobre a ergonomia, com aspectos de conceituação e contextualização da evolução histórica e métodos de análises ergonômicas. Procurou-se confrontar as premissas de análises com questões relacionadas ao conforto ambiental e fatores físicos, ambientais, culturais e psicológicos, mostrando a importância de análises integradas e conjuntas nas decisões projetuais.

Tendo como premissa básica a consolidação da ergonomia como um elo estruturador entre o ambiente construído, o usuário e a percepção do espaço, também são mostrados pontos importantes para a adoção de práticas mais sustentáveis, bem como na promoção da saúde do usuário.

Ainda na primeira parte, nos Capítulos 4 e 5, partindo do protagonismo do pedestre e da mudança de paradigma em curso quanto à realidade das cidades, são abordados aspectos da ergonomia e a avaliação do ambiente urbano. Discute-se a importância dos deslocamentos a pé para as cidades e seu impacto na mobilidade urbana e na acessibilidade. Também são apresentados os benefícios dos deslocamentos a pé para as cidades e a busca recente da caminhabilidade em centros urbanos.

A segunda parte do livro organiza-se com base nesse cenário analisado para a ergonomia. Problemáticas atuais são apresentadas, como a requalificação de edificações; avaliação de edifício ícone – Copan – e considerações para o "morar" atual; adaptação de edificações para o idoso; análise de moradias na favela de Paraisópolis; proposta de pedestrização no bairro da Liberdade, em São Paulo, e aspectos da ergonomia e conforto ambiental no ambiente urbano.

No Capítulo 6, dois exemplares de edifícios originalmente comerciais da região central da cidade de São Paulo são analisados e suas propostas de reabilitação são apresentadas, a fim de receberem novas unidades residenciais, considerando questões de conforto térmico e ergonômico para melhor propor essa mudança de uso, além de garantir a adequação às atuais normativas que dizem respeito a tais edifícios.

Na sequência, no Capítulo 7, sobre o Edifício Copan, considerado um ícone para a arquitetura modernista paulistana e brasileira, tem o seu desempenho avaliado, utlizando-se como base os pontos da ergonomia propostos aqui. Os resultados apresentados mostram quatro unidades com formas bem diversas de lidar com a ergonomia e as diferentes formas de morar. Conclui-se que o Edifício Copan apresenta qualidades cada vez mais raras no mercado imobiliário contemporâneo, sendo ainda muito procurado para moradia e mostrando-se ainda atual em sua relação com a cidade e com o conforto ambiental.

O Capítulo 8 aborda como a adaptação do espaço residencial para as necessidades advindas do envelhecimento é essencial para que o idoso possa se manter em sua moradia com segurança e independência. Em vista disso, são abordadas questões relativas à ergonomia de espaços habitacionais de acordo com requisitos e critérios de desempenho voltados ao usuário idoso. São expostas algumas das alterações fisiológicas do envelhecimento que ocorre desacompanhado de patologias, designado senescência, assim como seus impactos sobre a relação entre usuário e espaço. Apresentam-se, também, recomendações para projetos, extraídas de pesquisas que versam a temática das moradias adequadas ao idoso. Por fim, é apresentado um estudo de caso de uma residência com tipologia comum na cidade de São Paulo, sobrado geminado, com três propostas de intervenção e seus respectivos custos de implantação.

O Capítulo 9 trata da ergonomia do ambiente urbano e do espaço de uma habitação da favela de Paraisópolis. Aspectos quantitativos e qualitativos de uma rua, uma viela e uma residência foram avaliados em um estudo de caso que contempla as dinâmicas de uso e formas de apropriação de espaços internos e externos de Paraisópolis, visando subsidiar propostas de intervenções coerentes com as reais necessidades e expectativas dos usuários. O método utilizado para análise dos espaços estudados contempla parâmetros dimensionais e de acessibilidade, fluxos de deslocamentos e demandas por movimentos na realização de tarefas, além de reivindicações e percepções relatadas por moradores. São apresentadas, ainda, propostas de intervenção para melhoria do desempenho ergonômico e ambiental.

O Capítulo 10 – *Dos pés à cabeça e da cabeça aos pés: por uma Liberdade a pé* – trata dos aspectos da ergonomia relacionados com o ambiente urbano, aborda aspectos históricos e teóricos da temática e apresenta para o bairro da Liberdade, na cidade de São Paulo, uma proposta de projeto urbano que coloca o pedestre como protagonista do espaço. Os levantamentos e o método utilizado abordam, de forma criativa e inovadora, as premissas aqui discutidas.

No último capítulo, o 11, busca-se compreender as diferentes formas de percepção que um pedestre pode ter do espaço urbano diante das diferentes tipologias e morfologias de cidade, a presença de vegetação, os tipos de piso, as condições de manutenção, a ambiência térmica e sonora, entre outros aspectos. E, nesse caso, a ergonomia aplicada à leitura do espaço urbano é apresentada e compreendida como uma percepção multidisciplinar do ambiente a partir da incidência integrada de uma série de fatores, além de contribuir para ações projetuais que visam ao conforto do usuário no espaço construído como resultado final.

As informações aqui apresentadas tiveram como proposição básica gerar reflexões quanto aos métodos e também auxiliar a tomada de decisão dos profissionais envolvidos. Assim, espera-se que as análises aqui propostas embasem soluções mais conscientes e alinhadas com ambientes mais adequados às demandas atuais. Ao "repensar" processos antigos já consolidados, gera-se a possibilidade de mudança e, consequentemente, abre-se um novo leque de possibilidades para ambientes construídos melhores. Aproveitem a leitura...

Roberta Consentino Kronka Mülfarth

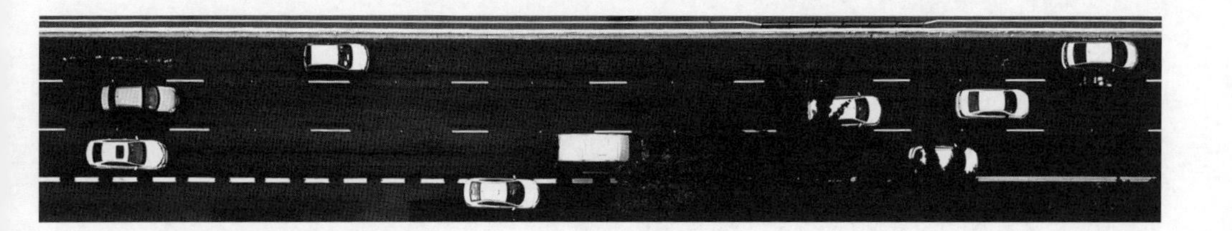

PARTE 1

Algumas Reflexões sobre a Teoria: a Ergonomia no Ambiente Construído

CAPÍTULO 1

O Conforto Ambiental entre o Ambiente Construído, o Usuário e a Percepção do Espaço

A Ergonomia como elo estruturador

Roberta Consentino Kronka Mülfarth

Assista à **videoaula**

"O mais provável é que projetar seja um processo no qual o problema e solução surjam juntos..." (KOWALTOWSKI, 2011)

1.1 Ergonomia e percepção: em busca de novos referenciais

A complexidade envolvida no processo de concepção dos edifícios e espaços urbanos acaba muitas vezes fazendo com que todo o esforço em capacitar os alunos, por meio do extenso currículo das escolas de arquitetura e urbanismo, resulte no efeito contrário, dificultando o processo de síntese necessária na prática do projeto, além de não facilitar a inserção e a utilização de conceitos específicos na solução adotada, seja no âmbito urbano, seja no do edifício.

O ensino do conforto ambiental, principalmente na última década, obteve expressivo impulso em razão do contexto mundial global de necessidade de redução dos impactos ambientais. A possibilidade de realizar projetos mais eficientes, principalmente do ponto de vista do consumo energético, fez com que aspectos relacionados com o conforto ambiental voltassem a ter a importância devida.

O cenário mundial mostrado pela United Nations Environmental Programme (UNEP) no *Green Economy Report* (2011) reforçou a necessidade de redução das emissões de CO_2 e apontou o setor das edificações,[1] tanto residencial como comercial, principalmente nos países em desenvolvimento, com o maior potencial de redução dessas emissões, ressaltando demandas de projeto com foco no desempenho e na qualidade ambiental. Esse cenário considerou tanto os edifícios novos como também o potencial de reabilitação, não só reiterando a importância do setor, mas, ainda, evidenciando a necessidade de desenvolvimento de nicho de mercado ainda pouco explorado (GONÇALVES, 2015).

A tão aclamada "arquitetura sustentável", "bioclimática", "verde", "passiva", "de baixo impacto ambiental", entre outros termos, apesar de algumas distorções e apelos de "marketing verde", passou a ser sinônimo, no âmbito global, de adaptação do edifício ao clima local, materiais construtivos com desempenho adequado dentro dos critérios de conforto ambiental, ventilação natural, proteção solar, inovação tecnológica, entre outros fatores.

Com esse quadro, seria natural e almejável que o ensino de conforto ambiental passasse por revisões e atualizações, não só com o objetivo de renovação curricular e didática, mas principalmente com o objetivo de inserir e facilitar critérios de adequação e conforto ambiental no processo de projeto utilizado pelos alunos. Seria desejável uma constante busca por integrar as avaliações de conforto ambiental na prática de projeto, no âmbito do conforto térmico, ergonômico, acústico e luminoso, com o objetivo de familiarizar os alunos com métodos mais interativos. No entanto, apesar de todo o contexto favorável a revisões e adaptações, o ensino de conforto ambiental, na grande maioria das escolas de arquitetura e urbanismo, com alguns centros de excelência como exceções, ainda trata as questões relacionadas com conforto ambiental como reducionistas, referindo-se ainda a aspectos da física aplicada às edificações.

A concepção do ensino de conforto ambiental, em disciplinas estanques, previamente definidas, sem inter-relações, acaba reforçando o caráter de especificidade em detrimento da prática de projeto e consequentemente prejudica o entendimento desses fatores na espacialidade do projeto (SCHMID, 2005).

---

1 No relatório publicado pela UNEP, em 2011, *os edifícios* aparecem como um setor da economia, juntamente com energia, transporte, agricultura, floresta e lixo, reforçando a importância das questões relacionadas com desempenho e qualidade ambiental.

A inserção do conforto ambiental, em particular das questões pertinentes à ergonomia, na concepção e avaliação dos projetos, das edificações existentes e do meio urbano, remete ao questionamento e definição de conforto ambiental, que, em quase todas as referências, apesar de suas especificidades, "caracteriza uma percepção individual do espaço, de qualidades, influenciada por valores de conveniência, adequação, expressividade, comodidade e prazer" (VIRILIO, 1993). Essa percepção engloba não só todas as suas variáveis e interferências, mas também vários fatores comportamentais, que poderiam ser classificados em quatro grandes grupos: socioculturais, psicológicos, ambientais e físicos (HALL, 2005).

Partindo do pressuposto de que o conforto ambiental trabalha com a relação da *arquitetura* e do *meio* mediante sensações e estímulos, é desejável que esse processo de avaliação do conforto térmico, acústico, ergonômico e luminoso também traga a possibilidade de interação dos fatores físicos, ambientais, psicológicos e culturais.

Não se pode definir quando o conforto se tornou uma preocupação consciente entre as sociedades. Antes de se ter noção do que é esse conceito e de suas implicações, as experiências sensoriais já demonstravam a necessidade de eliminar o desconforto. Embora a consciência do conforto tenha sido construída por um extenso processo cultural, pode-se aliar seu surgimento à ascensão da burguesia urbana, uma vez que se associava o conforto e a decoração da casa ao *status* e à afirmação da classe social (SCHMID, 2005).

As enfermeiras Katherine Kolcaba e Linda Wilson estudaram o conforto de uma maneira ampla, para além da superação do desconforto. Segundo essas enfermeiras, o conforto desenvolve-se em quatro contextos – o físico, o psicoespiritual, o sociocultural e o ambiental –, podendo alcançar diversos níveis. O contexto físico corresponde às sensações corporais; o psicoespiritual refere-se à consciência que o indivíduo tem de si; o sociocultural está associado às relações interpessoais e às tradições familiares; já o ambiental envolve os aspectos externos. Nesses contextos, existem três níveis que podem ser alcançados, que são o alívio, a liberdade e a transcendência. O alívio corresponde à superação do desconforto, ou seja, à substituição de algo desagradável por algo agradável. A liberdade está relacionada com a prevenção do desconforto. A transcendência, por sua vez, é alcançada quando um desconforto inevitável é compensado com outra forma de conforto (SCHMID, 2005).

Aloísio Schmid, em *A ideia de conforto: reflexões sobre o ambiente construído*, destaca que os contextos são interdependentes. Os contextos ambiental e corporal apresentam relação direta, ou seja, um atua como uma extensão do outro, uma vez que o homem tende a evitar o que lhe agride fisicamente, ao que o autor chama de comodidade.

Outro conceito adotado por Schmid é o de expressividade, que diz respeito à interferência do ambiente não sobre aspectos físicos, mas sobre o "estado de espírito" do usuário. O conforto é uma qualidade do espaço arquitetônico, não podendo se reduzir à eliminação do desconforto. A expressividade está muito associada à forma, que é bastante significativa na sensação de acolhimento, e manifesta-se nos contextos psicoespiritual e sociocultural, uma vez que a maneira como interagimos com o ambiente está diretamente associada ao nosso contexto pessoal e cultural. Assim, a noção de conforto também depende das expectativas que os usuários têm em relação às edificações e ao espaço urbano.

A expressividade não está relacionada apenas com aspectos visuais, mas depende também das qualidades do espaço em aspectos como os táteis, térmicos e olfativos, relacionando-se, assim, com o contexto ambiental, principalmente quando se atinge o nível transcendental, embora o desconforto também seja expressivo.

O conforto é, portanto, *uma qualidade do espaço que envolve a percepção e a interpretação de estímulos de diversas ordens, provenientes de fatores como as formas, as dimensões, a iluminação, as cores, a qualidade do ar, os ruídos e as temperaturas. Os estímulos que os usuários recebem dependem, também, da tarefa realizada.*

Um dos aspectos mais essenciais no processo da avaliação do conforto ambiental e da percepção espacial é a compreensão de como os indivíduos percebem, assimilam e agem a partir de informações que captam no ambiente à sua volta. É a partir dessa compreensão que as tarefas exercidas em determinado ambiente podem ser melhoradas principalmente em relação ao conforto e à segurança do usuário.

Esses processos têm origem na cognição humana. Segundo Abrahão *et al.* (2009), a cognição é "um conjunto de processos mentais que permite às pessoas buscar, tratar, armazenar e utilizar diferentes tipos de informações do ambiente". Associado a estes, se encontram os processos perceptivos que são "um conjunto de processos pelos quais recebemos, reconhecemos, organizamos e entendemos as sensações recebidas dos estímulos ambientais" (ABRAHÃO, 2009). Dessa maneira, os sentidos humanos tornam-se essenciais para esses processos perceptivos. Gehl (2014) classifica-os por sentidos de "distância" – visão, audição e olfato – e sentidos de "proximidade" – tato e paladar. Além desses cinco sentidos mais básicos, há ainda mais dois que influenciam de forma significativa: a propriocepção e o vestibular. A primeira diz respeito a questões de força e posição corporal, enquanto o segundo relaciona as forças da gravidade com a movimentação no espaço (CIDADE DE NOVA YORK, 2013). Dessa maneira, é possível ter certa noção da enorme complexidade que a relação homem × espaço traz consigo.

Para muitos sociólogos, o desenvolvimento das pesquisas em conforto ambiental teve, historicamente, uma estreita ligação entre os avanços nas pesquisas de engenheiros e cientistas no que diz respeito ao aquecimento e resfriamento das residências (CHAPPELLS; SHOVE, 2004). Independentemente das necessidades e demandas da época, já se questionava a real necessidade do uso indiscriminado de equipamentos de ar-condicionado e de aquecimento. De acordo com Ackerman (2002), o desenvolvimento e a difusão do uso do ar-condicionado teve profunda influência sobre as expectativas e percepções dos consumidores norte-americanos em relação à definição social do conforto. Prins (1992) observa que muitos consumidores norte-americanos tornaram-se "viciados em ar-condicionado".

Relatos como esses sugerem que os significados de conforto são historicamente mutáveis, climaticamente influenciáveis e que os aspectos culturais podem ser influenciados por inovações tecnológicas e refletem essas mudanças. Também é importante observar que as mesmas características que classificam o edifício moderno e de prestígio, por aspectos culturais, em outros grupos ou comunidades, os tornam completamente insatisfatórios (EVANS, 1980).

Chappells e Shove (2004) identificaram diferentes enfoques do conforto ambiental, sendo eles: conforto, tecnologia e sociedade, conforto do edifício, conforto do ambiente externo, conforto, saúde e bem-estar, conforto, cultura e convenção social e conforto e mudança climática. Essas diferentes abordagens, apesar de suas particularidades e objetivos específicos, influenciam na formação de uma visão crítica mais atualizada das avaliações e abordagens do conforto ambiental, e devem influenciar e refletir os conteúdos didáticos abordados nas escolas de arquitetura e urbanismo.

Assim como o reconhecimento do contexto histórico e cultural em que os edifícios são desenvolvidos, estudos como os de Rapoport (1976) refletem o questionamento dos métodos utilizados para as abordagens dos elementos de conforto utilizados no processo de projeto. Em sua pesquisa, é ressaltada a importância de ter como objetivo principal o "olhar para os usuários", ou seja, os que possuem seus hábitos, suas características como um grupo social, refletem na consolidação dos ambientes e devem ser aspectos primordiais nas análises de conforto, em vez de se concentrar em definições quantificáveis ou padronizadas de conforto como elemento definidor do projeto. Evans (1980) ressalta a importância de aprender com as "casas tradicionais", uma vez que representam o resultado de muitos anos e até séculos de otimização em relação aos materiais construtivos, organização social, práticas de trabalho e condições climáticas, em um grande aprendizado para os profissionais da área. No entanto, muitas vezes o social e a herança cultural da construção tradicional são ignorados em detrimento da modernização e da adoção de conceitos equivocados de padrões de conforto (EVANS, 1980).

Durante o movimento moderno, o conforto foi tratado principalmente em seu aspecto ambiental. Se, por um lado, a obsessão com certos padrões estéticos levou a um desligamento em relação às tradições e, assim, à produção de uma arquitetura que muitas vezes era incoerente com o clima e com o local, por outro, esse período contemplou avanços tecnológicos e nas ciências relacionadas à física aplicada às edificações. Isso permitiu que aspectos como a iluminação natural e o mobiliário adequado ao corpo humano fossem amplamente trabalhados. Contudo, as residências estavam deixando de ser espaços acolhedores e aconchegantes para se tornarem "máquinas de morar". A ideia de estética útil fez com que o conforto estivesse atrelado à simples ausência de desconforto (SCHMID, 2005).

O termo *conforto* pode ser usado para descrever um sentimento de contentamento, uma sensação de aconchego, ou um estado de bem-estar físico e mental. Questões relacionadas ao conforto foram e são abordadas por sociólogos, biólogos, antropólogos, historiadores, epidemiologistas, geógrafos, psicólogos, arquitetos urbanistas, entre outros profissionais (CHAPPELLS; SHOVE, 2004). O objetivo, aqui, não é fazer um levantamento das diferentes abordagens adotadas e como elas evoluíram, mas, sim, relacioná-las, no contexto atual, com a sua real contribuição e interferência não só nas tomadas de decisão relacionadas com o projeto do edifício e das cidades, como também no processo de projeto. É importante ressaltar que essas diferentes abordagens, com variadas perspectivas, contribuíram com diferentes enfoques, apoiando, ou não, o cenário atual de necessidade de redução dos impactos ambientais e de aquecimento global.

Um importante aspecto a ser destacado é que as alterações dos significados de conforto ao longo do século passado trouxeram significativas implicações na gestão ambiental interna e demanda de energia dos edifícios. Talvez, o aspecto a ser questionado seja justamente até que ponto os edifícios e as cidades respondem às demandas reais de conforto ou apenas refletem convenções sociais e culturais do momento.

Independentemente das abordagens dadas ao conforto ambiental, deve-se entendê-lo como uma importante ferramenta no processo de projeto, não só por auxiliar o contexto atual de necessidade de redução dos impactos ambientais, mas também por refletir inúmeros aspectos da sociedade.

Todo o panorama mostrado anteriormente nos leva à reflexão sobre a necessidade de revisão do conceito de conforto ambiental, tanto nos processos de ensino e de aprendizagem como no contexto atual diante das novas demandas.

A partir da década de 1970, o prenúncio da escassez de fontes de energia convencionais e a crescente escala do impacto ambiental em função da utilização de combustíveis à base de carbono, com o simultâneo aumento da demanda energética decorrente do desenvolvimento econômico e urbano nas regiões mais populosas do mundo, tornaram-se fatores fundamentais para estimular uma revisão crítica dos modelos urbanos e culturais locais (UNEP, 2011). Tornou-se imperativo, nesse contexto, o menor consumo de energia, e, em alguns casos, passou-se até a questionar-se, quando possível, a necessidade ou não da demanda.

Obviamente, esse cenário nos leva à reflexão sobre os padrões atuais de conforto, de consumo energético e principalmente da dependência de sistemas ativos para climatização das edificações.

Diante desse quadro, surgem alguns questionamentos. O principal deles é se seria possível estar confortável em um edifício que não é climatizado artificialmente, ou seja, em um edifício que está sujeito às interferências externas de clima. Outro questionamento refere-se à diminuição dos impactos ambientais gerados por esses edifícios. A resposta é que os edifícios condicionados por meios naturais podem proporcionar ambientes confortáveis para as pessoas viverem e trabalharem, e, obviamente, a utilização de estratégias que priorizem técnicas passivas reduz os impactos gerados pelos edifícios. A diferença básica em como se atinge esse conforto em detrimento do uso de condicionamento artificial é base para a discussão dos parâmetros do "novo conforto ambiental": *o comportamento do usuário*.

Antes de verificar as bases do conforto adaptativo, é importante observar que os especialistas em conforto ambiental, que desenvolveram e utilizaram modelos de conforto ambiental por décadas, destacando o elaborado por Fanger (1972), incluindo renomadas instituições, como é o caso da ASHRAE,[2] reconheceram que a percepção do conforto térmico não é determinada somente por uma resposta fisiológica do corpo humano. Destaca-se que ela também é influenciada pelo fundo cultural e as condições psicológicas associadas com as oportunidades de adaptação às condições ambientais locais.

Nesse processo, é importante ressaltar que o *conforto*, que era algo anunciado por décadas como um *produto* a ser comprado, com essa necessária readequação diante do conforto adaptativo, passou a ser um objetivo a ser alcançado, não só com custos financeiros e ambientais mais baixos, como também com resultados finais com maiores graus de satisfação dos usuários.

Os edifícios de menor impacto ambiental exigem envolvimento mais proativo entre ocupante, edifício e ambiente, e consequentemente refletem o número de técnicas com soluções passivas e se o emprego de técnicas ativas realmente é imprescindível. Esse conceito, conhecido também como *conforto adaptativo*, além de gerar grande economia de energia, também proporciona maior qualidade ambiental (MONTEIRO, 2005).

O principal pressuposto do conforto adaptativo consiste no fato de que os ocupantes dos edifícios têm o potencial de se ajustar e encontrar as suas condições de conforto por meio de mudanças individuais de roupas, atividades, posturas, localização, entre outros. Além disso, existe a possibilidade de ajustes de condições do ambiente, coordenadas pelo usuário do espaço, tais como aberturas de janelas e portas, ajustes de persianas e/ou quebra sol, acionamento de ventiladores, que também funcionam como exemplos de estratégias localizadas de aquecimento ou arrefecimento. Com a possibilidade de os ocupantes do edifício interferirem no clima interno

---

2 ASHRAE – American Society of Heating, Refrigerating, and Air-Conditioning Engineers.

de acordo com a sua preferência pessoal, podem-se conquistar maiores níveis de satisfação e a tão almejada economia de energia.

É muito importante observar que na maioria das vezes os ocupantes que vivem e/ou trabalham em edifícios com ar condicionado desenvolvem altas expectativas sobre as condições internas (principalmente térmicas). Além disso, esses ocupantes acabam não desenvolvendo a habilidade de controlar os seus ambientes e de se acostumar com as variações climáticas.

Além desse vínculo com os ajustes fisiológicos e comportamentais, essas oportunidades de adaptação ligadas ao modelo do conforto adaptativo estão estreitamente ligadas a uma grande mudança cultural relacionada com a forma como os ambientes internos são utilizados e controlados, nos quais variações climáticas são não só esperadas, mas principalmente desejadas.

Essa noção de conforto adaptativo foge à tradicional concepção de algo a ser oferecido por determinado ambiente, mas sim se tornando algo a ser alcançado pelo usuário.

Também é importante frisar que será necessária uma mudança de consciência e de comportamento nas atitudes e práticas diárias, tanto dos consumidores e ocupantes de edificações quanto dos órgãos políticos de decisão e investidores, a fim de implementar uma mudança real de paradigma que proporcione conforto ambiental, em níveis superiores aos encontrados hoje em ambientes condicionados e maior eficiência energética.

1.2 Psicologia Ambiental × Arquitetura do Ambiente

Segundo Lee (1976), a arquitetura relutou em criar uma base científica de pesquisa que apoiasse suas teorias. Em geral, grande parte das pesquisas era ligada aos estudos dos materiais a serem empregados, mas poucos analisavam os usuários do espaço. Em registros, quando se trata de arquitetura vernacular, dificilmente se depara com uma observação analisando o ser humano e traçando um paralelo com a função da construção (LEE, 1976 *apud* PERIN, 1970). Schmid (2005) afirma, inclusive, que, até o final do século XVIII, a palavra "conforto" não era empregada à edificação.

Pensando nisso, no século XX, com o movimento funcionalista, arquitetos começaram a defender uma arquitetura na qual a forma do edifício é o reflexo da função do espaço (CORBUSIER, 2004). Afinal, se a arquitetura abriga as atividades humanas, devem-se projetar os espaços pensando nos usos previstos e no conforto de seus usuários. Para isso, é importante pensar a função do edifício e o perfil do usuário ao qual a construção se direciona desde o início, considerando, sempre, a maneira como o espaço será apropriado pelos indivíduos. Entretanto, seria possível prever a resposta do usuário diante de um espaço ainda não construído?

Tendo em vista essa questão, cientistas, arquitetos, psicólogos, sociólogos, urbanistas, antropólogos e geógrafos unem-se para buscar essa resposta desde a década de 1960. Um dos primeiros marcos desse estudo homem-espaço foi a Conferência sobre Psicologia e Psiquiatria Arquitetural em Salt Lake City (EUA), em 1961. A partir desse momento, vários outros encontros ocorreram. Na Grã-Bretanha, o primeiro significativo foi em Dalahdhui (Universidade de Strathclyde), na Escócia, em 1965. Nos Estados Unidos, essa série de conferências levou à criação do Environmental Design Research Association (EDRA), que une profissionais de diversas áreas e tem o mesmo objetivo: a análise entre o ambiente e o comportamento dos usuários (LEE, 1976; GIFFORD, 1997).

Nesse quadro, é importante destacar o papel da Avaliação Pós-ocupação (APO), que, ao apreender o desempenho dos edifícios existentes, acredita que é possível prever uma resposta de usuários em ambientes ainda não construídos (PREISER, 2005). Dessa maneira, a avaliação do comportamento do usuário merece ser enfatizada como uma importante ferramenta da APO (PREISER, 2005; ORNSTEIN; ROMÉRO 1992).

A APO consiste em um conjunto de métodos e técnicas que procura fornecer subsídios para corrigir, sistematicamente, as falhas e verificar acertos, a partir da realimentação do processo de projeto, definindo, assim, diretrizes para novos projetos afins (ORNSTEIN; ROMÉRO, 1992). A APO vem sendo aplicada sistematicamente nos países desenvolvidos, a exemplo dos EUA, França, Grã-Bretanha, Japão, além de outros como a Nova Zelândia, e se baseia no princípio básico de que edificações e espaços livres postos em uso, qualquer que seja a função, devem estar em permanente avaliação, quer do ponto de vista construtivo e espacial, quer do ponto de vista de seus usuários (PREISER; VISCHER, 2005).

Por envolver pesquisadores de ramos diversos, Lee (1976) afirma que é inevitável que cada um analise a relação homem-espaço de acordo com seu campo de estudo. Assim, para os psicólogos, esse tema é denominado *environmental psychology*, *environmental sociology* e *human ecology* (CHURCHMAN, 2002). No Brasil, há muito pouco estudo sobre o assunto e o termo é traduzido do inglês como Psicologia Ambiental, Ecologia Social ou Estudos Ambiente-Comportamento. Na visão dos arquitetos, esse estudo é denominado ergonomia do ambiente ou ergonomia ambiental (LEE, 1976; FONSECA, 2004).

A Faculdade de Arquitetura e Urbanismo da Universidade de São Paulo (FAUUSP) mostra um papel importante nas pesquisas de APO no Brasil. Desenvolvidas principalmente junto ao Departamento de Tecnologia da Arquitetura da FAUUSP, desde 1984, têm focado especialmente a avaliação de edificações, tratando predominantemente de habitações, de edifícios institucionais como escolas e hospitais, de edifícios de escritório, além de áreas livres como praças e parques. Nos últimos anos, os procedimentos de APO também passaram a ser discutidos no contexto mais amplo da gestão da qualidade do processo de projeto (ORNSTEIN, 2004).

Há muitas discussões que relacionam a Psicologia Ambiental e a Ergonomia do Ambiente. Lee (1976) afirma que esta tem como objeto o estudo da interação homem-máquina e a adequação de dimensões e capacidades para que o indivíduo possa alcançar seus objetivos. Nesse caso, ao tratar de "máquina", refere-se tanto a uma cadeira quanto a uma casa. Villarouco (2002) afirma que a ergonomia do ambiente analisa a adaptabilidade e a conformidade do espaço às tarefas e atividades nele desenvolvidas. Esse conceito de adaptabilidade é definido por Villarouco (2002) como a resposta da arquitetura às necessidades do usuário, algo que vai além das exigências físicas (dimensionamento), abrangendo também as cognitivas e psíquicas. De maneira geral, o estudo da ergonomia trata de compatibilidade entre o usuário e o edifício, resultando em recomendações para o planejamento dos espaços de modo que eles possam ser funcionais e confortáveis. Baseando-se em conceitos como esses, alguns afirmam que a Psicologia Ambiental é uma parte do estudo da ergonomia (LEE, 1976).

Por outro lado, Lee (1976) defende em seu texto o contrário: a ergonomia faz parte da Psicologia Ambiental por duas razões: a primeira é muito mais prática, pois se trata da relação direta entre os dois objetos de estudo, enquanto a segunda leva em consideração a privacidade, o isolamento, a integração, o espaço pessoal e outros aspectos socioculturais de maneira mais aprofundada.

Entretanto, os dois termos não deixam de ser similares, e as diferenças existem, pois um deles foi criado por arquitetos e engenheiros, enquanto o outro foi criado por psicólogos. Os objetivos dos estudos são os mesmos: a relação entre homem e espaço. As diferenças de análise ocorrem pelo objetivo de cada profissão e pela bagagem de conceitos que cada profissional carrega consigo (LEE, 1976).

1.2.1 O homem e o espaço

A Psicologia Ambiental defende que o homem é muito mais do que um simples observador no espaço, mas também que ele interage com o meio ambiente, com o qual está em intercâmbio constante, ativo, sistemático e dinâmico. Em outras palavras, o usuário está sempre trocando informações com o espaço, seja por meio dos aspectos físicos ali existentes, seja mediante relações sociais presentes. Assim, não se trata do homem e o meio, mas, sim, o homem no meio (RAPOPORT, 1978).

Os estudos concluem que a arquitetura dificilmente pode gerar ou determinar o comportamento dos usuários, seus temperamentos, sua satisfação, interação e atuação de forma direta, mas pode facilitar, inibir ou catalisá-los. Rapoport (1978) mostrou que existem efeitos indiretos que influenciam na maneira como as pessoas percebem o ambiente, alterando suas expectativas ou dificultando seu objetivo.

Ornstein (2004) mostra quatro itens importantes na relação entre homem e espaço:

1. O projeto do ambiente construído (e não construído), o uso e a sua operação.
2. As condições de conforto ambiental: iluminação, ventilação, térmica, ruído e insolação.
3. As características do uso, da função do edifício.
4. As relações pessoais ali existentes.

O termo *percepção*, segundo Kuhnen (2011), corresponde à maneira como o usuário experimenta o espaço, tanto seus aspectos físicos como sociais, culturais e históricos. Esse processo está ligado ao fluxo de informações e estímulos que o usuário troca com o ambiente aliado à capacidade do seu cérebro de processá-los. Essas informações estão relacionadas tanto com as interações sociais quanto com os aspectos físicos do espaço, além de depender da cultura e personalidade de cada indivíduo (CHENG, 2010; RAPOPORT, 1978; GIFFORD, 1997; LEE, 1976).

O processo de construção da percepção ambiental é complexo e dinâmico (KUHNEN, 2011). O cérebro internaliza constantemente imagens do exterior criadas a partir do ambiente físico e reinterpretadas pelo histórico, cultura e aspectos sociais da ocasião. Assim, as pessoas criam filtros na realidade em que vivem. O observador seleciona, organiza e confere significado ao que está sendo observado, o que lhe permite estruturar e identificar o ambiente (KUHNEN, 2011).

Hall (2005) aponta os sentidos com os quais se recebem os estímulos permitindo o reconhecimento do espaço:

1. Sensorial: visão, olfato, paladar, térmico, tato, audição.
2. Espacial: o sentido da gravidade e do equilíbrio.
3. Sentido do movimento: detalhes do movimento, posturas e equilíbrio.

4. Cinestésico: percepção dos músculos, peso e posição dos membros no espaço. É o sentido mais relacionado com o universo quadridimensional do espaço e tempo.
5. Proxêmico: relação entre homem e espaço e o seu uso e relações.
6. Subconsciente: fome, sede, sexo, respiração, vitalidade, ou seja, a percepção interna do organismo.

Fonseca (2004) afirma que a percepção é o ponto de partida para a atividade humana, pois perceber o espaço permite que nos orientemos nele. Ele ressalta também que a visão é o sentido mais desenvolvido, pois, assim como explica Hall (2005), a visão permite um reconhecimento mais amplo e completo do ambiente. Um cego percebe no máximo um raio de 6 a 30 m ao seu redor, enquanto a visão lhe permitiria ver as estrelas.

O processo de percepção permite a interpretação e a construção de significados que levarão ao processo de apropriação e identificação dos ambientes. A apropriação, segundo Cavalcante e Elias (2011), é resultado da projeção do ser humano no espaço, transformando o local em um prolongamento de sua pessoa. O termo *apropriar-se* também pode referir-se a "exercer um domínio", sem, necessariamente, ter a posse. Toda atividade humana reflete uma apropriação (CAVALCANTE; ELIAS, 2011). Apropriar-se de um ambiente implica a adaptação do espaço a um uso definido pelo usuário e as ações implementadas para atingir-se o objetivo.

A maneira como o usuário percebe o espaço reflete em seu comportamento. A conduta espacial, na maioria das vezes, não é verbalizada em consciente. Um ser humano se comunica no silêncio, por meio de gestos, posturas, distâncias interpessoais, orientação corporal, toque, entre outros, ou seja, estamos sempre nos comunicando (PINHEIRO; ELALI, 2011).

O comportamento espacial é parte do processo de comunicação entre pessoas e um dos mediadores da interação homem-espaço. Para entender melhor o comportamento, é necessário entender os conceitos de espaço pessoal, proxêmica, territorialidade, aglomeração e privacidade (PINHEIRO; ELALI, 2011).

O espaço pessoal é uma área que circunda o indivíduo, onde a maioria das interações ocorre, e quando estranhos a penetram, há um desconforto. Essa área pode existir mesmo que a pessoa se encontre isolada. É invisível e intensamente defendida. Sua dimensão depende da personalidade, cultura e história de cada um (PINHEIRO; ELALI, 2011).

Com relação à proxêmica, Hall (2005) define que os espaços em torno do indivíduo podem ter características:

- Fixas (como os edifícios e cômodos onde os usos são claramente definidos).
- Semifixas (como o mobiliário, pois existe uma disposição original, mas que pode ser facilmente alterada).
- Informais (distância mantida entre duas pessoas durante um encontro). Este último, Hall (2005) divide em quatro afastamentos: íntimo, pessoal, social e público.
  - A distância íntima é aquela em que há contato físico. É dividida em fase próxima (contato direto, corpo a corpo) e fase distante (distância interpessoal de 15 a 20 cm).
  - A distância pessoal não apresenta contato físico e tem duas fases: próxima (46 a 76 cm) e distante (76 cm a 1,22 m).

- Na social, alguns traços do rosto já não são mais tão perceptíveis e não há nenhuma intenção ou tentativa de contato. A fase próxima é de 1,22 a 2,13 m e a fase distante é de 2,13 a 3,66 m.
- Por fim, na distância pública, as duas pessoas estão fora da área de envolvimento uma da outra. A fase próxima ocorre entre 3,66 e 7,62 m, enquanto a fase distante, a partir de 7,62 m.

A territorialidade, para os animais, corresponde à delimitação física do espaço usado e defendido. Entretanto, o homem demonstra isso de uma maneira mais passiva e sutil, que, segundo Pinheiro e Elali (2011), pode ser mais bem descrito pela expressão *associação contínua de pessoa ou pessoas com um lugar específico*. A territorialidade é importante para compreender o comportamento, a vida e as relações interpessoais, porém sua análise deve ser aliada ao tempo de ocupação do local, aos sentimentos relativos a ele, à propriedade e à exclusividade do uso, ligados às regras culturais.

A aglomeração, segundo Pinheiro e Elali (2011), ocorre quando o indivíduo percebe que precisa de muito mais espaço do que se tem disponível.

Uma das respostas à aglomeração é a busca pela privacidade, que, segundo Pinheiro e Elali (2011), é um processo dinâmico que busca regular as distâncias interpessoais visando a uma situação de equilíbrio entre o isolamento e "manter-se acessível a todos". Quando não se obtém esse equilíbrio, há o isolamento ou a invasão de privacidade.

Lee (1976) condena, em seu livro, o fato de grande parte dos críticos de arquitetura limitar seus comentários apenas à estética da obra e não tratarem tanto da funcionalidade dela. Apesar de muitos arquitetos defenderem a importância da função do edifício e sua relação com a estética (ZUMTHOR, 2009), a avaliação científica dos usos e dos espaços ainda é considerada experimental e conjetural (LEE, 1976).

O estudo da Psicologia Ambiental e da Ergonomia do Ambiente tem como objetivo buscar, acima de tudo, o conforto do usuário no ambiente. Afinal, se o espaço não é apropriado para a função à qual se destina, o usuário inevitavelmente fará alterações no projeto, seja quanto ao uso ou quanto ao espaço, caso contrário, o ambiente será esquecido e abandonado. Essas interferências podem originar improvisações no espaço que desfiguram os conceitos arquitetônicos pensados anteriormente, na fase de projeto. Como Lee (1976) apontou em seu texto, a arquitetura deve emoldurar o comportamento humano. Ittelson, Proshansky e Rivlin (1974) afirmam que somente depois de conhecer o comportamento do homem no espaço é possível fazer as mudanças desejadas no ambiente.

Neste livro, a ergonomia, ao ser entendida de forma mais abrangente e integrada com os seus elementos estruturadores (físico, ambiental, psicológico e cultural), une-se à Psicologia Ambiental, podendo contribuir de maneira efetiva nas soluções adotadas no ambiente construído. Ou seja, essa abordagem mais ampla possibilita reforçar o caráter da ergonomia de forma mais abrangente, não só como ligação junto às disciplinas de conforto ambiental, mas também como um elo estruturador entre o ambiente construído, o usuário e a percepção do espaço.

1.2.2 A ergonomia em busca de sua identidade – conceitos e processos

Apesar de algumas discordâncias sobre o surgimento e a utilização do termo *ergonomia*,[3] é consenso tratar-se de uma área nova, surgida no pós-guerra na Inglaterra, com o objetivo básico de "melhorar" as condições de trabalho nas fábricas em um período em que a mão de obra foi explorada até a sua exaustão. O esforço conjunto de pesquisadores de áreas tão diferentes, como a engenharia, a psicologia e a fisiologia, traduzir-se-ia na necessidade de "fazer a guerra". Conseguir que os trabalhadores tivessem condições adequadas de trabalho parecia algo razoável e implicaria, na época, em máxima produção no limite do esforço físico.

Segundo a Associação Internacional de Ergonomia (IEA), "a ergonomia é o estudo específico das relações entre o homem e seus meios, métodos e ambiente de trabalho" (DRURY, 2008). Já para a Sociedade de Ergonomia de Língua Francesa (SELF), ergonomia é a utilização de conhecimentos científicos relativos ao homem e necessários para conceber instrumentos, máquinas e dispositivos que possam ser utilizados pelo maior número de pessoas, com o máximo de conforto, segurança e eficiência (DANIELLOU, 2004). A principal diferença na abordagem da ergonomia na Inglaterra e na França é que a primeira trata da adaptação da máquina ao homem, e a segunda de adaptar o homem ao trabalho.

O embate entre a produção do conhecimento e a consolidação da profissão do "ergonomista" refletiu não só em equívocos na aplicação da ergonomia, como também uma fragilidade conceitual que, no caso das escolas de arquitetura e urbanismo, apesar de sua importância, resultou, na grande maioria dos casos, na sua supressão dos currículos das disciplinas obrigatórias.

Independentemente das linhas de intervenção existentes, quer seja no enfoque europeu quer seja no norte-americano,[4] pretende-se aqui discutir e questionar quais os aspectos relevantes e pertinentes em um curso de arquitetura e urbanismo, no qual a ergonomia é parte integrante das disciplinas de conforto ambiental.

Wisner (2004) ressalta que a ergonomia reforça a sua especificidade à medida que considere mais do que somente as "propriedades do homem", ou seja, entenda como o homem usa suas propriedades em termos da sua história, seus desejos, motivos, experiências e anseios individuais. Ressalta que os aspectos sociais e culturais desempenham importante papel no processo de adaptação do homem à tarefa, e que devem ser avaliados e considerados na avaliação ergonômica.

Carregada por décadas pelo estigma de ciência que estuda a interface do ser humano com o trabalho, a ergonomia passou (e ainda passa) por várias interpretações equivocadas, que enfraqueceram o seu caráter multi e interdisciplinar, reduzindo-a, no caso específico do projeto

---

3 Segundo Wisner (2004), o termo ergonomia foi utilizado oficialmente, pela primeira vez, na Inglaterra, em 1947, pelo engenheiro Murrel, com a colaboração do fisiologista Floyd e do psicólogo Welford.

Segundo Moraes e Mont'Alvão (2003), o termo ergonomia foi utilizado pela primeira vez pelo psicólogo inglês, Kenneth Frank Hyevel Muffel, no dia 8 de julho de 1949, na Inglaterra quando pesquisadores formaram a Ergonomic Research Society, com o objetivo de estudar os seres humanos e o ambiente de trabalho.

4 Segundo Daniellou (2004), a linha europeia foca as atividades do operador, priorizando o detalhamento e o entendimento da tarefa, as informações, a possibilidade de resolução de problemas e de tomadas de decisão; nesse caso, existe um grande foco na observação da tarefa. Já na linha norte-americana, existe um foco principal nos aspectos físicos na relação homem-tarefa (antropométricos, dimensionais, sensoriais etc.). Moraes e Mont'Alvão (2003) ressaltam que essas linhas não são contraditórias, e sim complementares, cujo enfoque será norteado pelo objetivo principal da análise em questão.

de arquitetura, a questões meramente dimensionais, reforçando os aspectos antropométricos e, mais recentemente, relacionados com a acessibilidade.

Entender esse "trabalho" como qualquer ação do homem no meio em que se encontra trouxe a real dimensão da ergonomia.[5] Partindo do pressuposto de que a ergonomia, na arquitetura, tem como objeto *o homem no espaço*, podemos defini-la como *o estudo das ações e influências mútuas entre o ser humano e o espaço através de interfaces recíprocas*. E, dessa forma, a principal contribuição da ergonomia na arquitetura e no urbanismo é reforçada ao propor relações e condições de ação e mobilidade, definir proporções e estabelecer dimensões em condições específicas em ambientes naturais e construídos, tendo como base o conforto ambiental, que pressupõe a percepção individual de qualidades, influenciada por valores de conveniência, adequação, expressividade, comodidade e prazer.

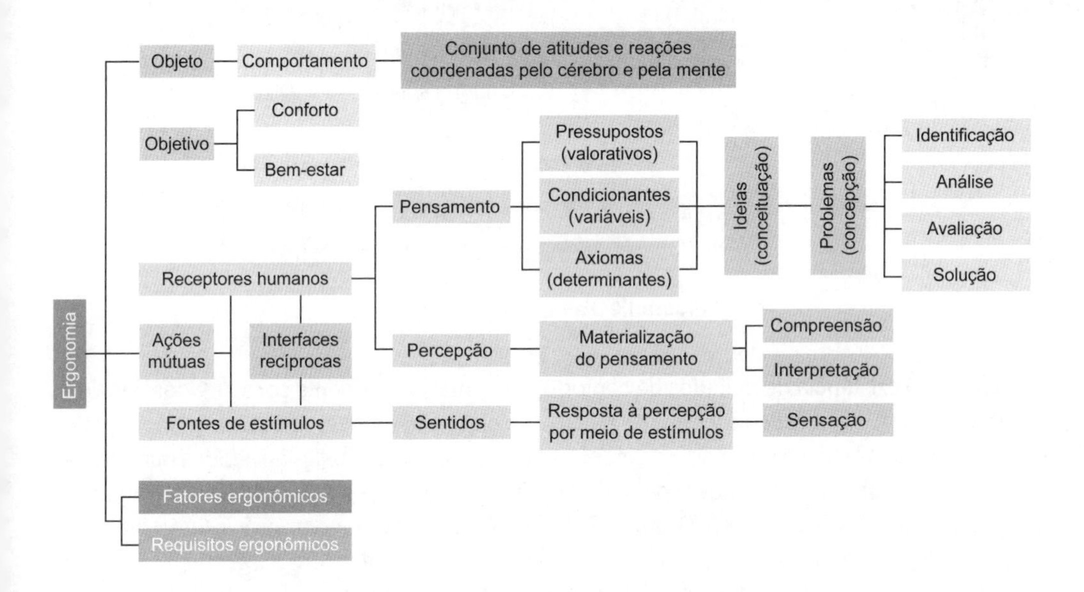

Figura 1.1 Definição de ergonomia.

Com base nesses pressupostos, a ergonomia, a partir de seus quatro fatores estruturadores (psicológicos, socioculturais, ambientais e físicos), fundamenta ações projetuais que visam ao conforto. O grande desafio, porém, talvez esteja justamente em como incorporar esses pressupostos em ferramentas no processo de projeto.

5 *Ergon* = ação + *nomos* = princípios. Apesar de algumas discordâncias entre diferentes escolas, existe um consenso do caráter integrador que caracteriza a ergonomia, e leva à transformação dos vários fatores estruturadores, sendo eles os psicológicos, socioculturais, ambientais e físicos (DANIELLOU, 2004).

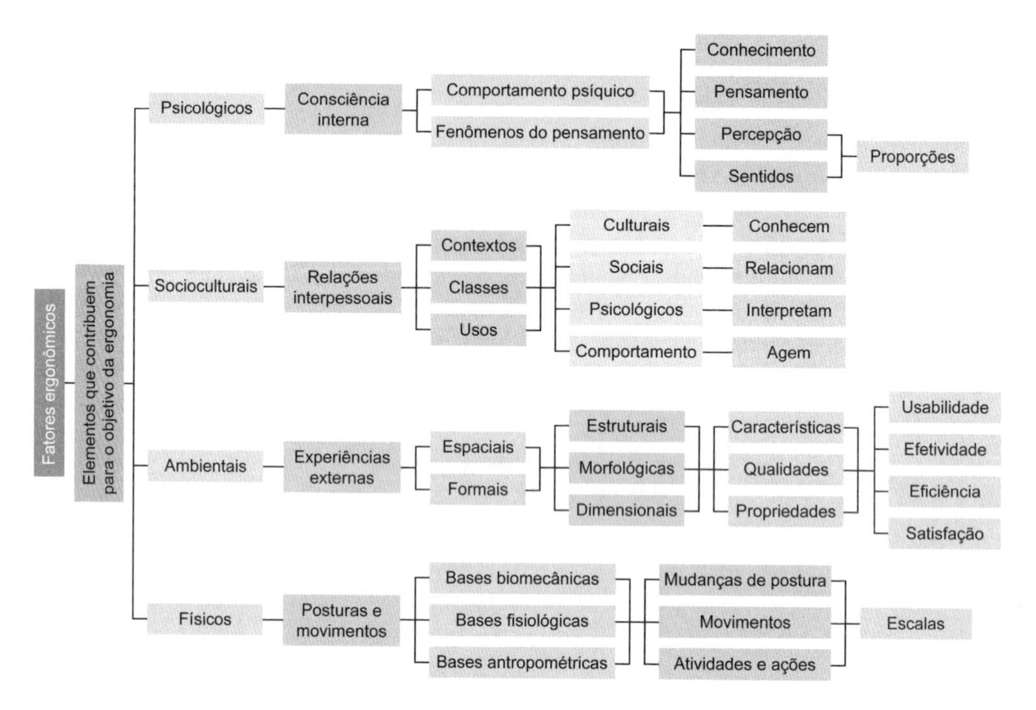

Figura 1.2 Fatores ergonômicos.

Apesar da existência de métodos de conforto ambiental amplamente consolidados nas áreas de conforto térmico, acústico e luminoso, na área de ergonomia, observa-se uma grande quantidade de métodos em fase de amadurecimento, não só para avaliação das atividades humanas no ambiente construído, como também para o entendimento da relação entre o usuário e o ambiente em questão (COSTA; VILLAROUCO, 2014). Todavia, os métodos ergonômicos existentes não auxiliam, na sua grande maioria, no processo efetivo de projeto, e dificultam a integração, desde as etapas iniciais do projeto, das questões relacionadas com o conforto ambiental e as discussões relacionadas com o partido do projeto, bem como todas as inter-relações que possam ocorrer. Este livro procura contribuir e auxiliar para que a ergonomia seja entendida de forma abrangente e integrada não só com o conforto ambiental, mas também nas etapas de projeto por meio dos fatores estruturadores: físico, ambiental, psicológico e cultural.

A escolha do método acaba sendo guiada pelos resultados que se espera obter, e o pesquisador, ou profissional da área, acaba utilizando o método mais adequado aos seus objetivos.

Todas as áreas que fazem parte do conforto ambiental, térmica, acústica, iluminação natural e artificial e ergonomia, devem ser avaliadas em conjunto, em um contexto que adapte todas as possíveis interfaces com o projeto, procurando estabelecer a relação entre essas áreas e o comportamento do usuário. Sem essa busca, as questões associadas ao conforto ambiental tendem, na maioria dos casos, a ficar isoladas, sem conexão com o processo de projeto, apenas cumprindo um protocolo dentro do projeto como um todo.

Talvez uma crítica importante à abordagem convencional das variáveis de conforto no projeto esteja no aprofundamento e detalhamento dos aspectos relacionados com os fatores físicos, em detrimento dos aspectos socioculturais, psicológicos e ambientais das questões relacionadas com o conforto ambiental como um todo. E esse questionamento vem justamente ao encontro das questões ergonômicas, que, em um projeto, na maioria das vezes, restringem-se aos aspectos relacionados com o dimensionamento do espaço em questão. Muito provavelmente, por seu caráter interdisciplinar, ou até mesmo por não constar do currículo de muitos cursos de graduação em arquitetura e urbanismo,[6] a ergonomia geralmente é esquecida e até preterida na sua efetiva contribuição. Talvez o ponto central esteja em definir o verdadeiro papel da ergonomia, não só como parte efetivamente integrante das áreas do conforto ambiental, mas também no seu real papel na concepção, estruturação e avaliação de projetos, de edifícios e do ambiente urbano.

Ressalta-se também o fato de que a ergonomia, apesar de ser atribuição da profissão do arquiteto e urbanista (segundo a Lei nº 12.378,[7] de 31.12.2010), nas recomendações do Ministério da Educação (MEC) para os cursos de arquitetura e urbanismo não existe como disciplina obrigatória nos perfis de área e padrões de qualidade no reconhecimento, na expansão e na avaliação dos cursos de arquitetura e urbanismo do país. Esse fato abre precedentes para cursos com poucas disciplinas de conforto ambiental, como levantado por Vianna (2002), que constatou que 78,7 % dos cursos de conforto ambiental têm até três disciplinas, destacando-se dessa porcentagem, mais da metade, cerca de 40 % com apenas duas disciplinas.

Considerações finais

Um caminho a ser trilhado no ensino de conforto, com foco na ergonomia, talvez seja a inserção do projeto no processo de aprendizagem de conforto ambiental dos alunos.

O "olhar" para o comportamento do usuário leva não só a um entendimento mais completo do problema em questão, como também proporciona algumas soluções que possibilitem a adaptação dos usuários e, como consequência, sejam mais eficazes, simplificadas e tragam maior possibilidade de tomada de decisão.

As soluções de projeto, que integram os fatores ergonômicos (físicos, ambientais, culturais e psicológicos) às ações de projeto no ambiente construído, também têm papel "educador", uma vez que levam o usuário a manifestar suas reais necessidades no meio, deixando de ficar exposto às condicionantes ditadas por padrões mais rígidos e preestabelecidos de "conforto".

Várias experiências apontam a importância da inserção do conforto ambiental no processo de projeto, com possibilidade de atingir ações mais efetivas independentemente do processo de projeto escolhido.

---

6 A ergonomia não é disciplina obrigatória nos cursos de Arquitetura e Urbanismo. Por esse motivo, a maioria das faculdades não apresenta essa disciplina no seu currículo. Historicamente, a ergonomia faz parte do grupo de disciplinas de conforto ambiental.

7 *Lei nº 12.378, de 31 de dezembro de 2010*. Regulamenta o exercício da Arquitetura e Urbanismo; cria o Conselho de Arquitetura e Urbanismo do Brasil – CAU/BR e os Conselhos de Arquitetura e Urbanismo dos Estados e do Distrito Federal – CAUs; e dá outras providências. Art. 2º As atividades e atribuições do arquiteto e urbanista: [...] X – do Conforto Ambiental, técnicas referentes ao estabelecimento de condições climáticas, acústicas, lumínicas e ergonômicas, para a concepção, organização e construção dos espaços;
Disponível em: http://www.planalto.gov.br/ccivil_03/_ato2007-2010/2010/lei/L12378.htm. Acesso em: 20 abr. 2022.

Qualquer que seja o processo de projeto utilizado, o olhar para o espaço a ser concebido, tanto no âmbito do usuário, como da perspectiva do autor do espaço, leva-os a considerar não só as variáveis físicas e ambientais, mas também as culturais e psicológicas.

Nesse contexto, o conforto ambiental, juntamente com a ergonomia, com o seu caráter integrador, deve ser resgatado no processo de projeto e nas análises de desempenho ambiental, não só para auxiliar a conquistar um resultado mais adequado, mas também para a transformação necessária de edifícios e de cidades em ambientes de melhor desempenho e qualidade ambiental.

RESUMO

Com base no cenário atual global, não só pela necessidade de diminuição dos impactos ambientais gerados pelas cidades e pelos edifícios, mas também de mudança de paradigma de toda a sociedade diante das questões ambientais, discorre-se, nesse contexto, sobre o papel das escolas de arquitetura e urbanismo, em especial do ensino do conforto ambiental, com foco na ergonomia, tendo como instrumento o processo de projeto.

Diante da mudança de entendimento do conforto ambiental, são introduzidas novas dimensões de avaliação: a cultural e a psicológica. O conforto adaptativo parte do pressuposto de que os ocupantes do ambiente construído têm o potencial de se ajustar e encontrar as suas condições de conforto por meio de mudanças individuais (mudanças de roupas, atividades, posturas, ajustes de condições do ambiente etc.). Questionam-se várias teorias e métodos existentes, além de trazer para a vitrine o "comportamento do usuário".

A inserção da ergonomia, com seus quatro fatores (físico, ambiental, cultural e psicológico), na avaliação ergonômica atua como elo estruturador entre o conforto ambiental e o ato de projetar, e surge como forma de reforçar a sua identidade.

Bibliografia

ABRAHÃO, J. *et al. Introdução à ergonomia:* da prática à teoria. São Paulo: Blucher, 2009.

ACKERMANN, M. E. *Cool comfort*: America's romance with air conditioning. Washington: Smithsonian Institution Press, 2002.

BRASIL. Lei nº 12.378, de 31 de dezembro de 2010. Regulamenta o exercício da Arquitetura e Urbanismo; cria o Conselho de Arquitetura e Urbanismo do Brasil – CAU/BR e os Conselhos de Arquitetura e Urbanismo dos Estados e do Distrito Federal – CAUs; e dá outras providências. Disponível em: http://www.planalto.gov.br/ccivil_03/_ato2007-2010/2010/lei/L12378.htm. Acesso em: 20 abr. 2022.

CAVALCANTE, S.; ELIAS, T. F. Apropriação. *In*: CAVALCANTE, S.; ELALI, G. A. (eds.). *Temas básicos em psicologia ambiental*. Rio de Janeiro: Vozes, 2011.

CHAPPELLS, H.; SHOVE, E. *Comfort:* a review of philosophies and paradigms. Lancaster University, Reino Unido, 2004. Disponível em: www.lancaster.ac.uk/fass/projects/.../fc_litfinal1.pdf. Acesso em: 20 jun. 2022.

CHENG, V.; STEEMERS, K. Perception of urban density. *In*: MOSTAFAVI, M.; DOHERTY, G. (ed.). *Ecological urbanism*. Baden: Lars Muller Publisher, 2010. p. 476-482.

CHURCHMAN, A. Environmental psychology and urban planning: Where can the twain meet? *In*: BECHTEL, R. B.; Churchman, A. (eds.). *Handbook of Environmental Psychology*. New Jersey: John Wiley & Sons, 2002. cap. 12, p. 191-202.

CIDADE DE NOVA YORK. *Active design guidelines:* promoting physical activity and health in design. New York, 2013.

COSTA, A. P. L.; VILLAROUCO, V. Que metodologia usar? Um estudo comparativo de três avaliações ergonômicas em ambientes construídos. *In*: *Um novo olhar para o projeto*: a ergonomia no ambiente construído. Recife: Editora UFPE, 2014.

CORBUSIER, L. *Por uma arquitetura*. 6. ed. São Paulo: Perspectiva, 2004.

DANIELLOU, F. (org.). *A ergonomia em busca de seus princípios:* debates epistemológicos. São Paulo: Blucher, 2004.

DRURY, C. G. Human factors in industrial systems: 40 years on. *In*: *Human Factors - The Journal of the Human Factors and Ergonomics Society*, Golden Anniversary Special Issue, v. 50, issue 03. SAGE Publishing, 2008.

EVANS, M. *Housing, climate and comfort*. London: The Architectural Press, 1980.

FANGER, P. O. *Thermal comfort*: analysis and applications in environmental engineering. New York: McGraw-Hill Book Company, 1972. p. 244.

FONSECA, J. F. *A contribuição da ergonomia ambiental na composição cromática dos ambientes construídos de locais de trabalho de escritório*. 2004. Tese (Mestrado do Programa de Pós-Graduação em Design do Departamento de Artes e Design) – Pontifícia Universidade Católica do Rio de Janeiro, Rio de Janeiro, 2004.

GEHL, J. *Cidades para pessoas*. 2. ed. São Paulo: Perspectiva, 2014.

GIFFORD, R. *Environmental psychology*: principles and practice. 2. ed. Massachusetts: Ally and Bacon, 1997. cap. 7, p. 139-170, cap. 11, p. 241-275.

GIFFORD, R. Making a difference: some ways environmental psychology has improved the world. *In:* BECHTEL, R.; CHURCHMAN, A. (eds.). *Handbook of Environmental Psychology*. New Jersey: John Wiley & Sons, Inc., 2002. cap. 21. p. 323-334.

GONÇALVES, J. C. *et al*. *O edifício ambiental* São Paulo: Oficina de Textos, 2015.

HALL, E. T. *A dimensão oculta*. São Paulo: Martins Fontes, 2005.

ITTELSON, W. H. *et al*. *An introduction to environmental psychology*. New York: Holt, Rinehart and Winston, 1974.

KOWALTOWSKI, D. C. C. K. *et al*. (orgs.). *O processo de projeto em arquitetura da teoria à tecnologia*. São Paulo: Oficina de Textos, 2011.

KUHNEN, A. Percepção ambiental. *In*: CAVALCANTE, S.; ELALI, G. A. (eds.). *Temas básicos em psicologia ambiental*. Rio de Janeiro: Vozes, 2011.

LEE, T. *Psicologia e meio ambiente*. Rio de Janeiro: Zahar, 1976.

MONTEIRO, L. M.; ALUCCI, M. P. *Outdoor thermal comfort:* numerical modelling approaches and new perspectives. Proceedings of 22nd Passive and Low Energy Architecture. Lebanon: PLEA, 2005.

MORAES, A.; MONT'ALVÃO, C. *Ergonomia*: conceitos e aplicações. Rio de Janeiro: 2AB Editora, 2003.

ORNSTEIN, S. W.; ROMÉRO, M. *Avaliação pós-ocupação do ambiente construído*. São Paulo: Studio Nobel; Edusp, 1992.

ORNSTEIN, S. W. Divergências metodológicas e de resultados nos estudos voltados às relações ambiente-comportamento (RAC) realizados nas escolas brasileiras de arquitetura. *In:* TASSARA, E. T. de O.; RABINOVICH, E. P.; GUEDES, M. do C. (eds.). *Psicologia e ambiente*. São Paulo: Educ, 2004.

PINHEIRO, J. Q.; ELALI, G. A. *Comportamento socioespacial humano*. *In:* CAVALCANTE, S.; ELALI, G. A. (eds.). *Temas básicos em psicologia ambiental*. Rio de Janeiro: Vozes, 2011.

PREISER, W. F. E. Evaluating universal design performance. *In:* PREISER, W. F. E.; VISCHER, J. C. (eds.). *Assessing building performance*. Oxford: Elsevier Butterworth-Heinemann, 2005.

PRINS, G. On condis and coolth. *Energy and Buildings*, v. 18, p. 251-258, 1992.

RAPOPORT, A. *Toward a redefinition of density:* environment and behavior. Londres: Sage Publications Inc., 1975.

RAPOPORT, A. *The mutual interaction of people and their built environment:* a cross-cultural perspective. The Hague, Mouton and Co., 1976.

RAPOPORT, A. *Aspectos humanos de la forma urbana:* hacia una confrontación de las Ciencias Sociales con el diseño de la forma urbana. Barcelona: Gustavo Gili, 1978.

SCHMID, A. L. *A ideia de conforto:* reflexões sobre o ambiente construído. Curitiba: Pacto Ambiental, 2005.

UNEP – United Nations Environmental Programme. Buildings investing energy and resource efficiency. The Green Economy Report. Disponível em: www.unep.org/greeneconomy. Acesso em: dez. 2015.

VIANNA, N. S. *O estado da arte em ensino e pesquisa na área de conforto ambiental no Brasil*. Santo André: Universidade do Grande ABC, 2002.

VILLAROUCO, V. 2002. Avaliação ergonômica do projeto arquitetônico. *In:* 12º CONGRESSO BRASILEIRO DE ERGONOMIA. *Anais*... Recife: ABERGO, 2002.

VIRILIO, P. *O espaço crítico*. Rio de Janeiro: Editora 34, 1993.

WISNER, A. Questões epistemológicas em ergonomia e em análise do trabalho. *In*: *A ergonomia em busca de seus princípios* - debates epistemológicos. São Paulo: Blucher, 2004.

ZUMTHOR, P. *Atmosferas*: entornos arquitetônicos – as coisas que me rodeiam. Barcelona: Editora Gustavo Gili, 2009.

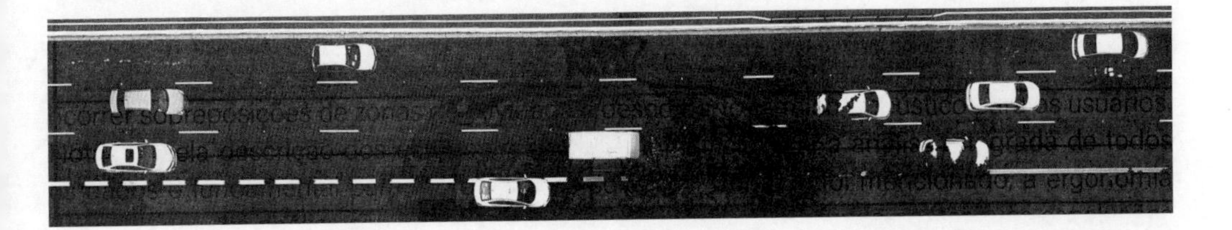

CAPÍTULO 2

O Papel da Ergonomia nas Práticas Sustentáveis e na Promoção de Saúde

Sheila Regina Sarra

Assista à **videoaula**

"Todo o quadro de colapso do Meio Ambiente, além do agravamento do quadro social, tem feito com que as questões relacionadas ao impacto de uma edificação se tornem cada vez mais rígidas e complexas." (MÜLFARTH, 2002)

2.1 Sustentabilidade e saúde do usuário: impactos no ambiente construído

Ao rever o conceito de sustentabilidade, percebe-se que, frequentemente, esse termo é empregado em relação à preservação do meio ambiente e conservação dos recursos naturais do planeta. É preciso lembrar, porém, que sustentabilidade envolve também as esferas social e econômica. Além do enfoque ambiental e ecológico, a prática da sustentabilidade também está ligada à promoção de saúde e bem-estar à população. Nos ambientes urbanos, um dos desafios da sustentabilidade é a construção de edifícios capazes de proporcionar ambientes confortáveis e saudáveis para os seus usuários. Segundo Mülfarth (2002, p. 7-17), o termo *sustentabilidade* tem caráter multidisciplinar e complexo, aplicando-se a várias áreas do conhecimento. A autora ressalta que, na arquitetura, é fundamental abordar todas as etapas do ciclo de vida da edificação, inclusive a fase de utilização.

É preciso realçar que, além dos impactos sobre o ambiente urbano, os edifícios também podem causar repercussões sobre a saúde de seus ocupantes, especialmente nos ambientes destinados ao trabalho. Acrescente-se que muitos projetos destinados a promover eficiência energética nem sempre se associam à melhora da qualidade dos ambientes internos e menores riscos de desenvolvimento de problemas de saúde nos usuários das edificações. Embora as definições de edifícios sustentáveis contenham recomendações sobre a qualidade dos ambientes internos, nota-se que as avaliações realizadas são pontuais e focam apenas alguns aspectos, não exigindo a realização de análises completas dos ambientes relacionando as avaliações ambientais com as tarefas que são desempenhadas, os equipamentos utilizados, as necessidades individuais dos usuários e o acompanhamento do número de casos de doenças ocupacionais. Estudos realizados em edifícios comerciais de alto desempenho energético por Wagner *et al.* (2014) na Alemanha demonstraram que nem sempre a eficiência energética é acompanhada de elevados índices de satisfação dos ocupantes pelas condições de conforto do ambiente.

Segundo Zhu e Yan (2017), diversos métodos de simulação energética vêm sendo utilizados para projetar edifícios de escritórios, buscando basicamente o atendimento dos critérios de economia energética. Os autores advertem que alguns desses programas não são aplicáveis a alguns países em razão de as condições climáticas locais serem diferentes das presumidas nos programas. Nesse sentido, muitos projetos baseados nos resultados de simulações podem não estar oferecendo os resultados esperados.

Segundo McNeely (2018, p. 1146), é preciso minimizar os impactos humanos negativos decorrentes das atividades das empresas, encarando essa missão como uma estratégia ligada à sustentabilidade. Para Dannenberg *et al.* (2007, p. 101), o rápido crescimento das cidades vem ocasionando piora dos indicadores de saúde da população. Em um estudo realizado em Atlanta (EUA), os autores apontam a necessidade de estimar os impactos das edificações sobre a qualidade de vida e as condições de saúde da população.

As doenças ocupacionais crônicas e os acidentes de trabalho são problemas que afetam a sociedade como um todo, provocando um ônus para o sistema previdenciário, as empresas empregadoras e as famílias. A prevenção desses impactos sociais é uma das metas do desenvolvimento sustentável e depende de investimentos voltados para a detecção precoce dos fatores de risco à saúde que possam estar presentes nos ambientes de trabalho. Em um estudo realizado em dois edifícios com certificação LEED Platinum, Hedge (2013, p. 496) reconhece que nenhum dos edifícios seguiu as práticas recomendadas pela ergonomia no *design* das estações de trabalho. Apesar de serem considerados energeticamente eficientes e sustentáveis, esses edifícios apresentavam condições impróprias de trabalho do ponto de vista ergonômico.

A II Conferência Internacional para Promoção da Saúde, realizada em Adelaide, em 1988 (WHO, 1988), reconheceu a importância de promover ambientes de trabalho saudáveis entre estratégias voltadas para a melhora da saúde da população. A recomendação para adoção de medidas preventivas nos ambientes de trabalho constitui um marco no processo de formulação de políticas públicas voltadas para a proteção do trabalhador e eliminação dos fatores de risco à saúde.

A dimensão psicossocial do trabalho tem também uma participação importante nos estudos de ergonomia voltados para a promoção de saúde. Além dos problemas de conforto ambiental presentes nos espaços de trabalho, há também questões subjetivas e organizacionais que podem interferir no comportamento, na motivação e na saúde mental dos trabalhadores. Todos esses fatores somados podem levar a maiores níveis de estresse, menor concentração no trabalho, sintomas de depressão e desânimo e maior propensão a acidentes. Sebag (2018, p. 1153) destaca os efeitos positivos das medidas de promoção de saúde e bem-estar psicológico para os funcionários, aumentando a produtividade e reduzindo o absenteísmo. Embora seja um tema bastante vasto e complexo, é preciso reconhecer o potencial dos investimentos nessa área. Ao assumir a estratégia de promoção de saúde e bem-estar, as empresas aumentam a produtividade, estimulam a colaboração, melhoram a motivação e as condições psicológicas dos funcionários, reduzem as taxas de morbidade e de acidentes, diminuem o absenteísmo, ganham reconhecimento social e contribuem para uma sociedade mais equilibrada. Segundo Chen *et al.* (2015, p. 139), a percepção de ações que mostram o comprometimento das empresas com a saúde dos trabalhadores é capaz de gerar um aumento de produtividade e do comparecimento ao trabalho, justificando a sua adoção.

A criação de ambientes confortáveis e favoráveis à saúde depende de uma multiplicidade de fatores que interagem entre si e com os usuários, a saber: características do espaço físico; condições físicas ambientais; qualidade do ar; vistas e aberturas para o exterior; disposição das estações de trabalho; qualidade do mobiliário; equipamentos utilizados; materiais dos acabamentos; forma de organização do trabalho; condições de segurança, limpeza e manutenção; acessibilidade; espaços de integração etc. O emprego de um modelo de avaliação ergonômica nos ambientes de trabalho permite uma análise conjunta de todos esses fatores, relacionando-os com as tarefas prescritas e as características dos trabalhadores, buscando detectar e corrigir precocemente os eventuais fatores de risco.

Por meio do reconhecimento e da neutralização dos fatores de risco presentes nos ambientes de trabalho, é possível agir preventivamente, promovendo a melhoria das condições de saúde da população. Törnström *et al.* (2008, p. 219) salientam a importância da implementação de um modelo de avaliação ergonômica nos locais de trabalho, criando uma plataforma para coleta de dados e promoção de melhorias nesse ambiente.

Yassi (1988, p. 291) destaca o impacto socioeconômico das alergias respiratórias de origem ocupacional em uma pesquisa realizada com a população de Ontário (Canadá). A autora salienta que, nessa situação, é muito importante pesquisar a ocorrência de agentes sensibilizantes nos ambientes de trabalho, uma vez que o tempo de exposição a esses agentes piora o quadro clínico e o prognóstico. Kurt *et al.* (2009, p. 45-52) também pesquisaram as causas do aumento da prevalência de asma e de outros distúrbios respiratórios de origem alérgica na população. Os autores verificaram que esses quadros estão associados à exposição a poeiras, produtos químicos e alérgenos nos locais de trabalho. Também foram encontrados quadros de dermatite ocupacional diagnosticados como eczema e relacionados à presença de produtos irritantes ou alergênicos nos ambientes de trabalho.

Taylor, Easter e Hegney (2004, p. 18-31) defendem a adoção de programas preventivos capazes de garantir ambientes de trabalho seguros e produtivos, promovendo a saúde, a segurança e a motivação dos funcionários. Os autores justificam essa medida com os cálculos dos custos diretos e indiretos dos acidentes e dos procedimentos de reabilitação de trabalhadores portadores de lesões. Para um planejamento adequado do sistema de trabalho, propõem o emprego dos conhecimentos da ergonomia, lembrando que para a identificação dos riscos é preciso que a análise contemple os seguintes aspectos: trabalhador, equipamentos, meio ambiente, método de trabalho e materiais.

Healey e Walker (2009, p. 43), ao descreverem a situação nos Estados Unidos, salientam que os objetivos dos programas desenvolvidos pelo National Institute for Occupational Safety and Health (NIOSH) concentram-se na promoção de saúde e segurança por meio da prevenção e da intervenção precoce nos ambientes de trabalho. Os autores destacam a importância de agir sobre as condições de trabalho associadas com o desenvolvimento de doenças crônicas em razão de seu custo elevado para o sistema de saúde e pelo acentuado comprometimento da qualidade de vida.

Frumkin (2002, p. 528) também destaca a importância das doenças crônicas na sociedade pós-industrial. O autor cita cinco grupos de patologias que, pela sua crescente frequência, tornaram-se o novo foco de atenção e de prioridade nos investimentos em saúde pública. Em primeiro lugar, estão as patologias inflamatórias e degenerativas crônicas relacionadas com os riscos ergonômicos. São decorrentes de sobrecargas sobre ligamentos e articulações e sua progressão insidiosa leva ao comprometimento da capacidade laborativa e redução da qualidade de vida. Em seguida, o autor menciona as síndromes relacionadas com os ambientes confinados e artificialmente condicionados de vários edifícios de escritório. A "Síndrome do Edifício Doente" vem provocando múltiplos sintomas crônicos que afetam a produtividade e aumentam o absenteísmo. O terceiro grupo de patologias compreende os distúrbios relacionados com a sensibilidade a múltiplos produtos químicos utilizados nos ambientes de trabalho. No quarto grupo estão as enfermidades decorrentes do estresse, que, atualmente, em razão das longas jornadas de trabalho e demandas por produção, estão se tornando muito frequentes. Cursam com sintomas de cansaço, desgaste físico, irritabilidade, perda da memória, tensão muscular, depressão, dor epigástrica, insônia. No quinto grupo, estão os problemas de saúde relacionados com os trabalhadores pertencentes às faixas etárias mais avançadas. O aumento da expectativa de vida da população vem aumentado a proporção de trabalhadores idosos, justificando a necessidade de atender às necessidades específicas dessa faixa etária quando se deseja promover melhores condições nos locais de trabalho.

A "Síndrome do Edifício Doente" ocorre em prédios artificialmente climatizados e com pouca renovação do ar, compreendendo um grupo de sintomas sem uma causa específica que produzem desconforto que se intensifica ao longo da semana de trabalho e melhoram nos finais de semana. São comuns os sintomas de cefaleia, fadiga, sonolência, perda da concentração, queda da produtividade, dores articulares, ressecamento de pele e mucosas, tosse, obstrução nasal, irritação da orofaringe, irritação e secura ocular. Muitos pacientes relacionam os sintomas com o período de permanência no trabalho e referem piora no decorrer do dia. Segundo Rayner (2005, p. 5-29), diversos fatores podem contribuir para o aparecimento dos sintomas: acúmulo de CO_2 e outros contaminantes pela baixa renovação do ar; baixa umidade do ar; presença de micro-organismos nos umidificadores; uso de materiais têxteis nos acabamentos e dificuldades de higienização; presença de produtos químicos contaminantes; falta de limpeza e manutenção dos dutos de ar-condicionado e dos umidificadores. Embora sejam considerados prédios energeticamente eficientes, quando avaliados de uma forma mais completa, demonstram a insatisfação dos usuários e a ocorrência de alto índice de absenteísmo.

No Brasil, o Anuário Estatístico da Previdência Social de 2016 mostra que, nos auxílios-doença acidentários concedidos em 2016, há uma nítida preponderância de afecções do sistema osteomuscular e do tecido conjuntivo (aproximadamente 21 %). O auxílio-doença acidentário é previsto no art. 61 da Lei nº 8.213/1991, sendo pago mensalmente ao trabalhador que sofreu acidente do trabalho ou doença advinda das condições de trabalho e apresenta incapacidade transitória para exercer seu labor, sendo requisito o afastamento do trabalhador pelo prazo mínimo de 15 dias.

Segundo Dul e Weerdmeester (2004, p. 5), as posturas e os movimentos dos trabalhadores são impostos pelas tarefas e pelas condições dos locais de trabalho. As posturas prolongadas, as posições forçadas, os movimentos repetitivos e o uso excessivo da força são considerados fatores de risco para o desencadeamento de lesões musculoesqueléticas. Para compreender os efeitos das sobrecargas desencadeadas pelo trabalho, a ergonomia realiza avaliações utilizando os conceitos de biomecânica, antropometria e fisiologia. Os problemas posturais podem ser decorrentes das tarefas prescritas, das restrições físicas próprias da pessoa do trabalhador, das condições do espaço físico, do mobiliário, dos equipamentos e das condições físicas ambientais. Os movimentos repetitivos tornam-se nocivos em consequência da carga de trabalho imposta, sem previsão de períodos de descanso para recuperação da musculatura e das articulações envolvidas. Os efeitos do uso excessivo de força dependem também da postura e da forma de realização dos movimentos.

Os distúrbios osteomusculares relacionados ao trabalho (DORT) são um conjunto de afecções de curso crônico, associadas a distúrbios em tendões, ligamentos, músculos, articulações e nervos periféricos e que apresentam nexo causal com a atividade laboral. Representam um conjunto de patologias do sistema musculoesquelético, muito relacionadas com problemas de ordem ergonômica, em especial as posturas inadequadas, a repetitividade dos movimentos e o uso de força física excessiva. Os sintomas variam conforme a fase de estadiamento e a gravidade do comprometimento. Nas fases iniciais, os sintomas são mais leves e se intensificam durante a jornada de trabalho, sofrendo regressão após um período de repouso e afastamento do trabalho. Nas fases mais avançadas, as dores são persistentes e de forte intensidade, acompanhando-se de irradiação, perda de força muscular, alterações da sensibilidade, deformidades e atrofias. Várias regiões do corpo podem estar afetadas pelos distúrbios, sendo mais frequentes na região cervical e nos membros superiores.

Os maiores índices de trabalhadores afetados são encontrados em linhas de produção e em trabalhos de digitação. O aumento de carga de trabalho em computadores tem aumentado a ocorrência de DORT, assim como as exigências de tempo, as pressões psicológicas por produção, os ritmos de trabalho intensos, a falta de intervalos, as jornadas prolongadas, os ambientes ergonomicamente incorretos e a fragmentação excessiva do trabalho em tarefas únicas. Estudos de Costa e Vieira (2010, p. 285-323) apontam a existência de maiores riscos nos trabalhos que cursam com repetição excessiva, posturas forçadas e carregamento excessivo de peso. Todavia, é preciso considerar que esses fatores não atuam isoladamente e o contexto criado pelo conjunto pode ser decisivo para o desencadeamento de DORT, além dos fatores relacionados com a propensão individual.

A Figura 2.1 ilustra os principais fatores de risco para o desenvolvimento de DORT.

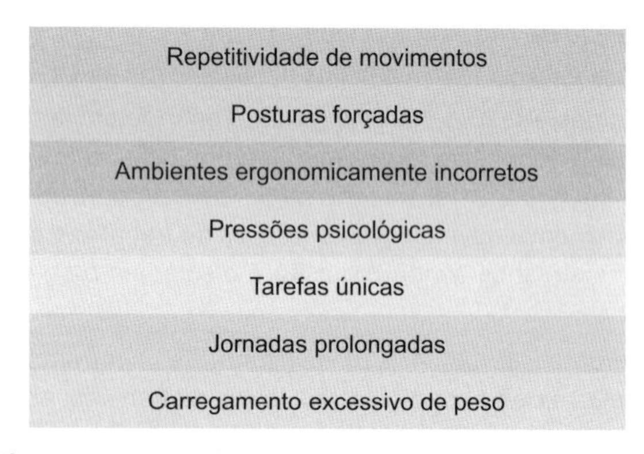

Figura 2.1 Fatores de risco para desenvolvimento de DORT.

A questão da suscetibilidade individual também se aplica para o desenvolvimento de DORT. Existem grandes variações na forma como as pessoas reagem a determinada situação. Além de levar em conta as condições prévias de saúde, é preciso considerar a idade, o sexo e a variabilidade genética. A complexidade desse assunto torna mais difícil avaliar a severidade dos riscos ambientais pela necessidade de ponderar em relação à sensibilidade das pessoas expostas.

Considerando o curso prolongado dos sintomas de DORT, os recorrentes pedidos de afastamento do trabalho e o comprometimento significativo da produtividade e da qualidade de vida, conclui-se que a forma mais eficiente de atuação é a prevenção primária. Considera-se nível primário de atuação as medidas preventivas para reduzir o risco de aparecimento de novos casos. Para isso, é preciso pesquisar os fatores de risco ergonômico no ambiente de trabalho, promover as medidas corretivas necessárias e desenvolver programas de prevenção junto aos trabalhadores para melhorar o nível de consciência sobre os problemas encontrados. As medidas corretivas podem abranger ampla gama de ações destinadas a melhorar as condições do ambiente de trabalho, da organização do trabalho e das práticas de trabalho. A Figura 2.2 ilustra as frentes de atuação para prevenir a ocorrência de novos casos de DORT nos ambientes de trabalho.

A prevenção em nível secundário consiste no diagnóstico e tratamento precoce dos sintomas de DORT, visando, se possível, a uma regressão completa. É preciso intervir nos fatores de risco e, quando necessário, mudar o local e a forma de trabalho.

A prevenção em nível terciário consiste na adoção de medidas paliativas para reduzir a dor e as disfunções próprias da doença avançada e procurar evitar os agravamentos e as repercussões psicológicas.

Figura 2.2 Frentes de atuação para prevenção de novos casos de DORT.

O uso de computadores associado à longa permanência na posição sentada tem aumentado a ocorrência de quadros de dor localizada na região cervical, nos membros superiores e na região lombar. A frequência de fatores de risco costuma ser alta, havendo normalmente mais de um fator. Entre os fatores de risco mais comuns estão: más condições ergonômicas das estações de trabalho, posturas incorretas, posição inadequada das telas dos computadores em relação à altura dos olhos, espaço insuficiente para o teclado e o *mouse*, falta de condições de ajuste da cadeira, falta de apoio para os pés, longo tempo de permanência na posição sentada, poucos períodos de descanso. Isso se confirmou em estudo realizado por James *et al.* (2018, p. 128-135) na Universidade de Newcastle (Austrália) com funcionários usuários de computadores. Nesse estudo, foi aplicado um questionário fechado contendo 58 questões sobre dados demográficos, presença de sintomas e sua localização, condições das estações de trabalho, posturas (assinalar em desenho), posição do punho (assinalar em desenho), posição da tela do computador, possibilidades de ajuste do mobiliário. Verificou-se que 92 % dos participantes reportaram já ter apresentado sintomas de desconforto musculoesquelético, localizados principalmente na região cervical, nos ombros, no punho, nas costas e na região lombar. Do total de participantes, 77 % informaram que permaneciam mais de 20 horas por semana no computador. Apenas 31 % assinalaram que se sentavam na posição correta. Com relação à posição do punho, 71 % assinalaram posturas incorretas. Com relação à cadeira, 10 % afirmaram não conseguir apoiar os pés no chão, havendo correlação dessa informação com a presença de sintomas de dor. Nota-se, portanto, que esse estudo confirma a grande frequência de problemas ergonômicos e sua correlação com a presença de sintomas.

Verifica-se, também, que os sintomas de lombalgia não se associam somente à posição sentada. Glinka *et al.* (2018, p. 146-152) observaram que, nos trabalhos executados de pé, a ocorrência de sintomas é maior nos casos em que a pessoa permanece estática por mais tempo. Quando as tarefas não permitem que a pessoa se movimente, nem faça mudanças posturais, há maior associação com sintomas de lombalgia e de desconforto nas pernas.

2.2 Saúde do usuário e o ambiente construído: conforto térmico, acústico e luminoso

Diversos estudos evidenciam a complexidade que marca as relações entre saúde e ambiente de trabalho. Os efeitos do ambiente de trabalho sobre a saúde dependem da interação de múltiplos fatores e a relação de causalidade pode passar despercebida se não for cuidadosamente pesquisada durante a consulta médica. Estudos realizados por Niedhammer *et al.* (2016, p. 1025-1037) apontam aumento da ocorrência de sintomas depressivos na presença de condições ambientais desfavoráveis no trabalho. Essa associação é maior para a exposição a ruído, desconforto térmico e problemas biomecânicos relacionados com postura e sobrecargas articulares. Os efeitos são piores quando associados a longas jornadas de trabalho e pressão psicológica.

Com relação aos efeitos da exposição ocupacional ao ruído, verifica-se que eles não dependem apenas da intensidade sonora, mas também da qualidade do ruído e da sensibilidade individual. Estudos de Sandrock *et al.* (2009, p. 779-785) mostram que a percepção de níveis moderados de ruído é diferente entre as pessoas, provocando diferentes sensações, reações emocionais e efeitos sobre a concentração.

A questão do ruído ocupacional envolve, além dos efeitos psicológicos, problemas de ordem fisiológica, como elevação da pressão arterial, cefaleia, sintomas gástricos. Nos casos de exposição a níveis de ruído situados acima dos limites de tolerância segundo o Anexo I da NR 15 da Portaria nº 3.214/1978, pode haver perda progressiva da audição e aparecimento de sintomas como vertigem e zumbidos. É interessante notar que o dano sobre o sistema auditivo depende da intensidade sonora e do tempo de exposição. Nos casos mais leves, o trauma pode ser reversível e ocorre um retorno da audição após um período de afastamento e de recuperação. À medida que o quadro se agrava, a perda auditiva se torna irreversível e progride das faixas de frequência mais altas em direção às faixas de frequência da voz humana (500 a 2.500 Hz). Percebe-se, pela progressão da doença, que, nas fases iniciais, a perda da audição pode passar despercebida por não ter atingido ainda a frequência da voz.

Nas situações de risco ocupacional por ruído, portanto, é importante que se realizem audiometrias periódicas para a detecção precoce dos casos de perda auditiva e implementação das medidas de proteção coletivas e individuais. É recomendável, também, que, na presença de riscos de trauma acústico, sejam implementados programas de conservação da audição com o propósito de desenvolver medidas de proteção para os trabalhadores e realizar o acompanhamento periódico da situação. Essas medidas podem abranger vários níveis de intervenção, desde o controle do ruído na fonte até a sua neutralização ao nível do ouvido do trabalhador. Entre os diversos tipos de atuações, podemos citar: redução do ruído na fonte; medidas para diminuir a propagação do ruído entre ambientes de trabalho; emprego de materiais absorvedores de ruído, uso de equipamento de proteção individual; redução do tempo de exposição; realização de audiometrias periódicas nos trabalhadores expostos; treinamentos e medidas educativas.

A Figura 2.3 ilustra os níveis de atuação para proteção ao ruído ambiental e as possíveis ações.

Para a escolha do Equipamento de Proteção Individual (EPI), é necessário avaliar a curva de atenuação em relação às frequências do som. Quando não se deseja que a capacidade de comunicação verbal seja afetada, é preciso que a atenuação se concentre nas frequências mais altas do som (acima da frequência da voz humana).

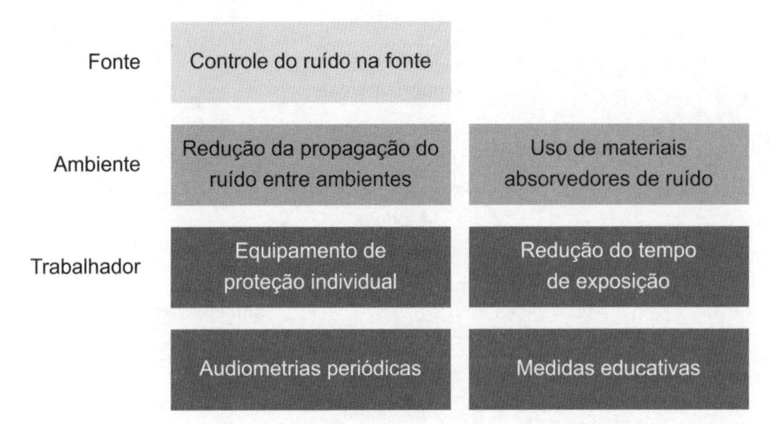

Figura 2.3 Níveis de atuação e ações possíveis em programas de proteção da audição.

Com relação ao conforto térmico, ao assumir que o conceito está ligado à sensação de bem-estar, percebe-se a subjetividade inerente ao tema. Ao longo do tempo, foram criados vários índices para avaliar a percepção humana de conforto térmico nos ambientes dos edifícios. Esses índices podem ser calculados a partir de valores obtidos em medições reais ou por meio de simulações. O índice de Fanger baseia-se em um modelo de conforto desenvolvido experimentalmente em câmaras climatizadas e fornece uma estimativa do voto médio predito (PMV) e da porcentagem de pessoas que se sentiriam insatisfeitas com as condições propostas (PPD). É preciso considerar, entretanto, que a percepção e as preferências dependem de vários fatores, indo muito além da análise das medições ambientais. Há variações relacionadas com idade, sexo, vestimenta, nível de atividade física, fatores psicológicos, questões culturais, valores sociais, possibilidades de efetuar ajustes sobre o ambiente, condições climáticas locais. A compreensão das limitações dos índices é fundamental nas decisões sobre possíveis soluções para os problemas encontrados. Os ambientes internos abrigam diferentes atividades, formas de uso, equipamentos, materiais e usuários, constituindo condições muito complexas que precisam ser analisadas conjuntamente. As características construtivas e estratégias arquitetônicas podem variar muito de um edifício para outro, influenciando no comportamento da edificação e dos usuários. Nos edifícios em que se dá aos usuários a possibilidade de interferir nas condições de conforto e promover ajustes adaptativos, os resultados das pesquisas de opinião mostram que há maior flexibilidade e aceitação em relação às variações térmicas.

A introdução do modelo adaptativo de conforto térmico nos edifícios com ventilação natural trouxe a oportunidade de redução dos gastos energéticos, aumentando a faixa de temperaturas aceitáveis de acordo com a temperatura média mensal externa e as possibilidades de ajustes e adaptações (Figura 2.4). Além da economia energética, esse modelo propicia ambientes mais saudáveis e adaptados ao clima local. Quando se dá aos usuários do edifício a possibilidade de reagir às variações térmicas e efetuar ajustes, percebe-se aumento da tolerância e maior aceitação das oscilações de temperatura que normalmente ocorrem no decorrer do dia. Dessa forma, é possível limitar a necessidade de uso de ar-condicionado aos dias em que as estratégias passivas ligadas à ventilação natural não forem suficientes para proporcionar conforto térmico. O interesse na redução do emprego do condicionamento artificial também está ligado às estratégias de promoção de um melhor ambiente urbano.

Figura 2.4 Esquema do modelo adaptativo.

Para compreender os efeitos das variações térmicas sobre o organismo humano, é preciso estudar os mecanismos de troca de calor. A geração de calor ocorre continuamente no corpo humano como efeito da atividade física e das reações metabólicas. Como a temperatura corpórea precisa se manter constante, ocorrem as trocas de calor com o meio ambiente. Existem quatro mecanismos de troca de calor: condução, convecção, radiação e evaporação (Figura 2.5).

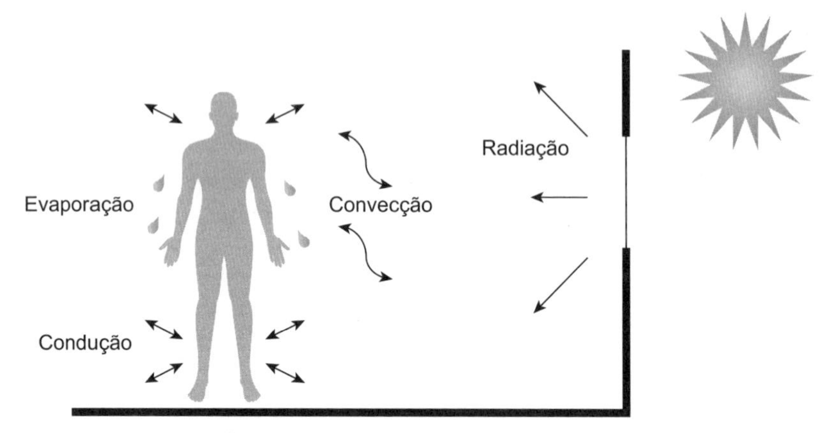

Figura 2.5 Mecanismos de troca de calor.

Nas trocas por condução, as transferências de calor ocorrem por contato direto com o meio ambiente. Na convecção, as trocas ocorrem com o ar em movimento. Nas trocas por radiação, a transferência de energia faz-se pela radiação eletromagnética emitida pelos corpos aquecidos. Na evaporação, ocorre consumo de energia para a mudança do estado físico da água.

Várias reações fisiológicas são ativadas nas oscilações térmicas, buscando alcançar a termorregulação. Quando os sensores térmicos transmitem informações sobre as variações de temperatura, diversos sistemas são acionados, promovendo reações de ajuste. Ocorrem variações no ritmo de sudorese; redistribuição do fluxo sanguíneo por meio de vasodilatação ou vasoconstrição periférica; variações da geração de calor por atividade muscular, mudanças no ritmo respiratório e na frequência cardíaca.

No meio ambiente, também são possíveis várias mudanças adaptativas. Quando se aumenta a circulação do ar, aumentam as trocas térmicas por convecção. Quando se permite o uso de roupas mais leves, aumentam as trocas de calor por condução e convecção. Quando se usam técnicas passivas para proteger a fachada da radiação solar, reduzem-se os ganhos de calor por radiação.

Quando ocorre sobrecarga pelo calor, a resposta fisiológica inicial é de vasodilatação cutânea e aumento da sudorese, levando ao aumento da dissipação do calor. Nessa fase, é comum ocorrerem sintomas de cefaleia, fadiga, tontura, náuseas, taquicardia. Com o passar do tempo, esse mecanismo se esgota e passa a ocorrer desidratação, queda da pressão arterial, descontrole do centro termorregulador, espasmos musculares, podendo culminar com a morte.

Nas exposições ao frio, ocorre intensa vasoconstrição cutânea para reduzir a perda de calor, podendo-se acompanhar de dores, edema e dormência nas extremidades. Surgem, também, tremores que aumentam a produção de calor. Se a temperatura corpórea cair abaixo de 36 °C, começam a ocorrer comprometimento da consciência e arritmias cardíacas, podendo culminar com a morte.

Além do conforto acústico e térmico, os ambientes precisam ser analisados quanto ao conforto lumínico. A iluminação afeta o ser humano em suas atividades e pode ocasionar diversos problemas de saúde quando mal projetada. Podem surgir sintomas de cefaleia, fadiga visual, irritação nos olhos, além da propensão a acidentes e redução da produtividade e da capacidade de concentração. A definição dos níveis de iluminância desejados deve levar em conta as tarefas desenvolvidas e as necessidades específicas dos usuários. Além dos níveis de iluminância, o conforto lumínico envolve a análise de vários outros aspectos: índice de reprodução de cor, temperatura da cor, distribuição da luz, sombreamentos, contrastes, ofuscamentos, grau de controle dado ao usuário. Todos esses fatores influenciam o conforto, o desempenho, o estado psíquico e o comportamento.

O aproveitamento da luz natural é um ponto bastante desejável, ajudando a reduzir o consumo de energia elétrica e proporcionando bem-estar e ambientes mais agradáveis. No período da manhã, a exposição à luz natural ajuda a ativar o ritmo circadiano, propiciando maior vitalidade e disposição para as tarefas diurnas. É preciso, porém, evitar as situações de excesso de luz e de ofuscamento. É preciso compatibilizar o projeto de iluminação com as estratégias arquitetônicas, os materiais de acabamento, o *layout* do mobiliário, a disposição dos equipamentos. Essa harmonização é necessária para evitar sombreamentos, reflexos e ofuscamento ao longo do dia. Um bom projeto de iluminação depende da avaliação de todos os elementos que compõem o ambiente de trabalho, de forma a propiciar condições de conforto, saúde e segurança para os trabalhadores.

Além dos níveis de iluminância e sua distribuição pelo ambiente, é preciso verificar o brilho emitido pelas superfícies. A medição dos níveis de luminância permite avaliar o brilho das superfícies, sendo função da quantidade de luz que chega e da refletância dos materiais de revestimento. Quando elevados, podem provocar ofuscamento, sobretudo se houver contrastes acentuados, associando-se a desconforto e problemas de saúde (irritação dos olhos, lacrimejamento, cansaço visual). Na faixa etária dos idosos, como a capacidade de adaptação é menor, os efeitos são mais relevantes.

Compreende-se, portanto, que o conforto lumínico dos ambientes resulta da integração de diversos fatores e das condições dos usuários e das tarefas executadas. Nesse sentido, a avaliação ergonômica propicia uma visão integrativa e abrangente que se situa mais próximo da realidade vivida pelos usuários. Acrescente-se que a prevenção de patologias oculares é um aspecto muito importante da atualidade, considerando o envelhecimento progressivo da população e a progressão da incidência dessas patologias nas faixas etárias mais avançadas. A catarata e a degeneração da mácula são patologias multifatoriais comuns entre os idosos, que também estão relacionadas com a exposição a altos níveis de luz de determinados comprimentos de onda. A prevenção dessas patologias depende do correto manejo da iluminação nos ambientes das edificações, tanto residenciais como de trabalho. O câncer de pele também é uma patologia dependente da exposição a faixas específicas da luz natural (especialmente do UVB). A prevenção do câncer basocelular e espinocelular também é uma importante medida de saúde pública, relacionada com a correta iluminação dos ambientes.

A presença de vistas do exterior é outro aspecto importante para a satisfação dos usuários. Entretanto, devem ser evitados diversos problemas relacionados com a entrada descontrolada de luz natural, como ofuscamentos, contrastes excessivos e reflexos incômodos, especialmente nas telas de computadores. Segundo Fernandes (2016, p. 250-255), a satisfação do usuário com as vistas externas é capaz de afetar sua percepção sobre a qualidade do ambiente. Para a autora, a agradabilidade da vista exerce influência positiva sobre os usuários, favorecendo a opção por postos de trabalho situados próximo às janelas e aumentando a tolerância em relação ao ofuscamento.

O uso de lâmpadas de LED tem trazido benefícios pela economia de energia elétrica, alta eficiência luminosa e elevada vida útil. Há, porém, dúvidas em relação aos seus efeitos para a saúde, especialmente pela elevada emissão de luz azul. O pico de luz situado na faixa de comprimento de onda entre 400 e 480 nm é capaz de alterar o ritmo circadiano, agindo sobre a produção de melatonina. Para Serbena (2013, p. 16-18), os efeitos da cor fria sobre a glândula pineal podem provocar mudanças fisiológicas, como bloqueio do sono. Além dos efeitos visuais, a luz que penetra no olho também produz efeitos biológicos relacionados com o circuito neuroendócrino que interliga a retina ao hipotálamo. Esse circuito interfere no padrão do ritmo circadiano, repercutindo sobre a saúde e o bem-estar das pessoas. Além das células fotorreceptoras relacionadas com a visão (bastonetes e cones), a retina possui as células ganglionares denominadas ipRGC, que contêm um pigmento chamado melanopsina, sensível aos comprimentos de onda situados entre 400 e 480 nm (faixa da luz azul). Ao serem estimulados pela luz azul, as células ganglionares ipRGC emitem sinais que são conduzidos até a glândula pineal, onde inibem a síntese de melatonina. Como consequência, o início do sono fica adiado até que cesse a inibição da pineal. Segundo Obayashi *et al.* (2014), além de se associarem a problemas de depressão, os distúrbios de sono também aumentam o risco de diabetes e de doenças cardiovasculares. Dependendo do horário de exposição, da intensidade da luz e da sensibilidade individual, a inibição da secreção de melatonina pela exposição à luz azul pode comprometer a saúde e a qualidade de vida. Segundo Boubekri (2008), o sono é fundamental para manter a qualidade de vida, o rendimento escolar e a produtividade no trabalho. Da mesma forma, Stevens *et al.* (2014) alertam para o aumento dos problemas de imunidade, mudanças de apetite, irritabilidade e perda de atenção provocados por distúrbios do sono na população.

Considerações finais

Conclui-se pelo exposto que a ergonomia tem papel fundamental na promoção de práticas sustentáveis e de saúde para a população, atuando por meio da avaliação das condições de trabalho nos ambientes construídos, da pesquisa de fatores de risco, da interpretação conjunta de todas as informações obtidas e do planejamento das melhores opções de intervenção. Pelo seu caráter multidisciplinar e sua visão holística das situações, a ergonomia tem um grande potencial para promover mudanças positivas nos ambientes de trabalho, propiciando uma compreensão mais aprofundada das origens, repercussões e interconexões dos problemas. A ampla gama de fatores de risco presentes nos locais de trabalho atua de forma conjunta sobre os usuários, estabelecendo interações e potencializações sobre seus efeitos. As repercussões são também dependentes dos tipos de tarefas executadas e das necessidades específicas dos usuários da edificação.

As doenças ocupacionais crônicas e os acidentes de trabalho são problemas que afetam a sociedade como um todo, provocando um ônus para o sistema previdenciário, as empresas empregadoras e as famílias. A prevenção desses impactos sociais é uma das metas do desenvolvimento sustentável e depende de investimentos voltados para a detecção precoce dos fatores de risco à saúde que possam estar presentes nos ambientes de trabalho.

Além do conforto acústico e térmico, os ambientes precisam ser analisados quanto ao conforto lumínico. A iluminação afeta o ser humano em suas atividades e pode ocasionar diversos problemas de saúde quando mal projetada.

A criação de ambientes confortáveis e favoráveis à saúde depende de uma multiplicidade de fatores que interagem entre si e com os usuários, a saber: características do espaço físico; condições físicas ambientais; qualidade do ar; vistas e aberturas para o exterior; disposição das estações de trabalho; qualidade do mobiliário; equipamentos utilizados; materiais dos acabamentos; forma de organização do trabalho; condições de segurança, limpeza e manutenção; acessibilidade; espaços de integração etc. O emprego de um modelo de avaliação ergonômica nos ambientes de trabalho permite uma análise conjunta de todos esses fatores, relacionando-os com as tarefas prescritas e as características dos trabalhadores, buscando detectar e corrigir precocemente os eventuais fatores de risco.

O papel da ergonomia também se estende na direção da sustentabilidade social por meio da promoção da acessibilidade nos ambientes de trabalho. O *design* universal é um valor que impulsiona a equidade nos ambientes de trabalho, permitindo a inclusão de pessoas com diferentes idades e condições físicas. Ao estimular a diversidade nos ambientes de trabalho, a ergonomia contribui para o desenvolvimento de uma sociedade mais justa e equilibrada.

RESUMO

Além da preservação do meio ambiente, o conceito e a prática da sustentabilidade também envolvem as esferas social e econômica, de forma a assegurar saúde e bem-estar à população. Nesse sentido, os projetos de edifícios também precisam garantir que a qualidade dos ambientes internos seja suficiente para evitar os riscos de desenvolvimento de problemas de saúde em seus usuários. As doenças ocupacionais crônicas e os acidentes de trabalho são problemas que afetam a sociedade como um todo, e a sua prevenção é uma das metas do desenvolvimento sustentável.

Nesse contexto, a ergonomia tem papel fundamental na promoção de práticas sustentáveis e de saúde para a população, atuando por meio da avaliação das condições de conforto e salubridade nos ambientes construídos, da pesquisa de fatores de risco, da interpretação conjunta de todas as informações obtidas e do planejamento das melhores opções de intervenção. Pelo seu caráter multidisciplinar e sua visão holística das situações, a ergonomia tem grande potencial para promover mudanças positivas nos ambientes dos edifícios, especialmente nos locais de trabalho, onde a permanência e a exposição são prolongadas. Além desses aspectos, o capítulo aborda o papel da ergonomia e seus desdobramentos na sustentabilidade social por meio da promoção da acessibilidade nos ambientes de trabalho.

Bibliografia

BOUBEKRI, M. *Daylighting: architecture and Health*. Amsterdam: Elsevier, 2008.

CHEN, L. *et al.* Perceived workplace health support is associated with employee productivity. *American Journal of Health Promotion*, v. 29, n. 3, January/February 2015.

COSTA, B. R.; VIEIRA, E. R. Risk factors for work-related musculoskeletal disorders: a systematic review of recent longitudinal studies. *American Journal of Industrial medicine*, v. 53, p. 285-323, 2010.

DANNENBERG, A. L. *et al.* Leveraging law and private investment for healthy urban redevelopment. *Journal of Law, Medicine & Ethics*, supplement 4, v. 37, p. 101-105, 2007.

DUL, J.; WEERDMEESTER, B. *Ergonomics for beginners*. London: Taylor & Francis, 2004. p. 5.

FERNANDES, J. T. *Qualidade da iluminação natural e o projeto arquitetônico*: a relação da satisfação do usuário quanto à vista exterior da janela e a percepção de ofuscamento. 2016. Tese (Doutorado) – Universidade de Brasília, Faculdade de Arquitetura e Urbanismo, Brasília, 2016, p. 250-255.

FRUMKIN, H. Don't lament, reinvent! The future of occupational medicine. *American Journal of Industrial Medicine*, v. 42, p. 526-528, 2002.

GLINKA, M. *et al.* The effect of task type and perceived demands on postural movements during standing work. *Applied Ergonomics*, v. 69, p. 146-152, 2018.

HEALEY, B. J.; WALKER, K. T. *Introduction to occupational health in public health practice*. Wiley, 2009.

HEDGE, A.; DORSEY, J. A. Green buildings need good ergonomics. *Ergonomics*, v. 56, n. 3, p. 492-506, 2013.

JAMES, S. L. *et al.* Global, regional, and national incidence, prevalence, and years lived with disability for 354 diseases and injuries for 195 countries and territories, 1990–2017: a systematic analysis for the Global Burden of Disease Study 2017. *Lancet*, v. 392, n. 10159, p. 1789-1858, 2018.

KURT, M. *et al.* Impact of contrast echocardiography on evaluation of ventricular function and clinical management in a large prospective cohort. *Journal of the American College of Cardiology*, v. 53, n. 9, p. 802-10, 2009.

MÜLFARTH, R. C. K. *Arquitetura de baixo impacto humano e ambiental.* 2002. Tese (Doutorado) – Universidade de São Paulo, Faculdade de Arquitetura e Urbanismo, São Paulo, 2002, p. 7-17.

NIEDHAMMER, I. *et al.* Contribution of working conditions to occupational inequalities in depressive symptoms: results from the national French SUMER survey. *Int Arch Occup Environ Health*, 2016, v. 89, i. 6, p. 1025-1037.

OBAYASHI, K. *et al.* Effect of exposure to evening light on sleep initiation in the elderly: a longitudinal analysis for repeated measurements in home settings. *Chronobiology International*, v. 31, n. 4, p. 461-467, 2014.

RAYNER, A. Overview of the possible causes of SBS and recommendations for improving the internal environment. *In*: ROSTRON, J. *Sick Building Syndrome*. London: Taylor & Francis e-Library, 2005. cap. 2, p. 5-29.

SANDROCK, S. *et al.* Impairing effects of noise in high and low noise sensitive persons working on different mental tasks. *International Archives of Occupational and Environmental Health*, v. 82, p. 779-785, 2009.

SEBAG, G. Measurement tools identify practices to support employee health and corporate sustainability goals. *American Journal of Health Promotion*, v. 32, n. 4, p. 1153-1155, 2018.

SERBENA, H. J. *Plataforma de luminária LED para habitação de interesse social.* 2013. Dissertação (Mestrado) – Universidade Federal do Paraná. Setor de Artes, Comunicação e Design da Universidade Federal do Paraná, Curitiba, 2013, p. 16-18.

STEVENS, R. G. *et al.* Breast cancer and circadian disruption from electric lighting in the modern world. *CA: A Cancer J Clin*. May-Jun 2014; v. 64, n. 3, p. 207-218, 2014.

TAYLOR, G.; EASTER, K.; HEGNEY, R. *Enhancing occupational safety and health.* Oxford: Elsevier Butterworth-Heinemann, 2004.

TÖRNSTRÖM, L. *et al.* A corporate workplace model for ergonomic assessments and improvements. *Applied Ergonomics*, v. 39, p. 219-228, 2008.

WAGNER, A. *et al.* Performance analysis of commercial buildings – Results and experiences from the German demonstration program Energy Optimized Building (EnOB). *Energy and Buildings*, v. 68, p. 634-638, 2014.

WORLD HEALTH ORGANIZATION (WHO – 1988). Adelaide Recommendations on Healthy Public Policy. *In:* SECOND INTERNATIONAL CONFERENCE ON HEALTH PROMOTION, Adelaide, South Australia, *Anais* 5-9, April 1988.

YASSI, A. Health and socioeconomic consequences of occupational respiratory allergies: a pilot study using workers' compensation data. *American Journal of Industrial Medicine*, v. 14, p. 291-298, 1988.

ZHU, P.; YAN, D. Adapting LT-method for building energy prediction in China. *Procedia Engineering*, v. 205, p. 3-10, 2017.

CAPÍTULO 3

Evolução da Análise Ergonômica

Sheila Regina Sarra

"A Ergonomia é o estudo da adaptação do trabalho ao homem."
(IIDA, 2005)

3.1 Evolução do conceito de ergonomia

Com o advento da Segunda Revolução Industrial, no final do século XIX e início do século XX, percebeu-se que a grande limitação da produtividade nas empresas estava relacionada com a enorme variação da forma como os operários trabalhavam. Coexistiam, em uma mesma empresa, diversas maneiras de executar uma idêntica atividade, e os métodos de produção eram transmitidos oralmente de um trabalhador para outro ou aprendidos por intermédio da observação. Investiu-se, então, na Administração Científica do Trabalho (OCT) e difundiu-se o modelo taylorista/fordista de organização do trabalho, com racionalização da produção e rígida especialização das tarefas. Ao abordar a questão do taylorismo, Wisner (1987, p. 73) afirma que o movimento de racionalização do trabalho, cujo autor mais célebre é Taylor, foi uma primeira tentativa de responder às questões relacionadas à adaptação entre o homem e o trabalho. Infelizmente, diz o autor, muitas regras ainda usadas e mesmo ensinadas respondem a uma análise bastante superficial das relações entre o homem e seu trabalho. Frank e Lillian Gilbreth (1917, p. 16-18) também estudaram os movimentos dos trabalhadores na indústria, visando reduzir o desperdício de tempo, aumentar a produtividade e reduzir a fadiga. Os estudos de tempo e de movimentos levaram os autores a formular recomendações nas quais defendiam o desenvolvimento de padronizações para o desempenho das tarefas e o treinamento dos operários. Percebe-se que esses primeiros estudos da relação entre homem e trabalho não exploravam devidamente a questão e se restringiam aos temas vinculados ao aumento de produtividade na indústria. Nesse sentido, as raízes da ergonomia nos Estados Unidos se concentraram nos aspectos produtivos e na questão do aumento da produção e do lucro.

Na Primeira Guerra Mundial, as necessidades militares relacionadas com o setor de aviação impulsionaram os avanços na área de ergonomia. Procurava-se selecionar as pessoas mais adequadas para cada tipo de tarefa. Observou-se, também, que os trabalhadores das fábricas de armamentos tiveram um grande aumento da incidência de patologias e de acidentes de trabalho, relacionando-se esse fato com as jornadas de trabalho que ultrapassavam 14 horas e as condições de trabalho que geravam desconforto e sobrecarga física. Terminada a guerra, esses achados motivaram a realização de investigações sobre as condições de saúde dos trabalhadores em toda a indústria, procurando-se relacionar os resultados com a presença de diversos fatores de risco: posturas forçadas na realização das tarefas; transporte manual de cargas excessivas; ausência de intervalos de repouso durante a jornada de trabalho; presença de condições inadequadas de iluminação e de ventilação nos locais de trabalho. Entre a Primeira e a Segunda Guerras, continuaram as pesquisas de ergonomia ligadas ao setor de aviação militar, sobretudo na área de antropometria relacionada ao *design* de aviões. Esses estudos buscavam melhora da *performance* dos pilotos militares por meio de um *design* mais apropriado.

Por volta de 1930, começa a se desenvolver a Psicossociologia do Trabalho, buscando soluções por meio de modificações nas relações interpessoais dentro da empresa, inclusive entre trabalhadores e chefias. Em 1947, a fábrica da IBM adota as recomendações desse movimento que prioriza as relações humanas e passa a ampliar e enriquecer as tarefas, em uma direção contrária ao movimento taylorista.

Na Segunda Guerra Mundial, a necessidade de convocar pessoas com os mais diferentes biotipos trouxe a percepção de que equipamentos e máquinas precisavam ser projetados de forma a permitir uma adaptação e uma compensação de suas configurações às diferenças individuais de seus operadores. De fato, durante a Guerra, os aviões, tanques, submarinos e sistemas de comunicação que foram desenvolvidos precisavam ser adaptados às características físicas e perceptivas de seus operadores. No caso dos pilotos, evidenciou-se que muitos acidentes aéreos poderiam ter sido evitados por meio de ajustes da configuração do painel de controle de acordo com as características físicas do operador, permitindo, dessa forma, uma atuação mais rápida e eficiente. Os EUA e a Inglaterra perceberam a necessidade de adaptar os equipamentos às pessoas e de oferecer apoio psicológico aos pilotos da Força Aérea. Foram desenvolvidos estudos por grupos interdisciplinares que contavam com engenheiros, médicos e psicólogos com o objetivo de adaptar os veículos e equipamentos militares às características físicas e psicofisiológicas dos militares que os operavam.

Após o fim da Segunda Guerra Mundial, a ergonomia teve grandes avanços, impulsionados pela industrialização e pelo desenvolvimento da consciência da necessidade de maior integração entre homem, atividade e máquina. Diversos laboratórios universitários foram criados com o objetivo de atender às demandas da indústria.

Na Inglaterra, em 1949, o engenheiro Kenneth Frank Hywel Murrell, da Universidade de Oxford, criou a primeira sociedade nacional de ergonomia, a Ergonomics Research Society. Buscava desenvolver a corrente de ergonomia denominada Human Factors & Ergonomics. Esse novo ramo interdisciplinar da ciência buscava obter dados sobre o ser humano com o objetivo de melhorar as interfaces entre pessoas e sistemas técnicos. Diversos procedimentos experimentais foram realizados para obter dados que pudessem ser utilizados nos projetos de instrumentos, dispositivos e sistemas. Cientistas de diversas áreas participaram da Sociedade, incluindo engenheiros, psicólogos, médicos etc. Em 1960, Murrell publicou o primeiro livro sobre ergonomia, denominado *Ergonomics: Fitting the Job to the Worker*. Em 1959, foi fundada, em Oxford, a International Ergonomics Association (IEA). Em agosto de 2000, a IEA adotou a definição oficial apresentada a seguir:

> "A Ergonomia é uma disciplina científica relacionada ao entendimento das interações entre os seres humanos e outros elementos ou sistemas, e à aplicação de teorias, princípios, dados e métodos a projetos a fim de otimizar o bem-estar humano e o desempenho global do sistema. Os ergonomistas contribuem para o planejamento, projeto e a avaliação de tarefas, postos de trabalho, produtos, ambientes e sistemas de modo a torná-los compatíveis com as necessidades, habilidades e limitações das pessoas."

Em 1957, foi fundada, nos Estados Unidos, a Human Factors Society, uma organização de profissionais ligados à área de ergonomia. O nome dessa organização foi modificado para Human Factors and Ergonomics Society em 1992. A escola norte-americana preocupou-se, principalmente, com os aspectos físicos do homem (anatômicos, antropométricos, fisiológicos e sensoriais), objetivando dimensionar a estação de trabalho, facilitar a discriminação de informações dos mostradores e a manipulação dos controles. Os principais autores norte-americanos foram Alphonse Chapanis, Ernest McCormick e Joseph Tiffin. Alphonse Chapanis ficou conhecido nos Estados Unidos por seus trabalhos na área militar, particularmente no *design* de painéis de comando usados na aviação, durante a Segunda Guerra Mundial. Ernest McCormick publicou, em 1957, *Human Engineering*, considerado um dos primeiros livros de ergonomia nos Estados Unidos. Publicou em 1958, com Joseph Tiffin, o livro *Industrial Psychology*, fazendo uma revisão sobre a evolução e o papel da Psicologia Industrial desde a Primeira Guerra Mundial. Aborda vários temas, tais como: testes psicológicos usados para seleção e colocação de pessoal; contexto social e organizacional do trabalho; erro humano e acidentes.

No período após a Segunda Guerra Mundial, surgiu outra vertente da ergonomia na Europa. A necessidade de reconstruir o parque industrial europeu trouxe a oportunidade de estudar novos modelos de postos de trabalho que oferecessem melhores condições de trabalho. Em 1963, foi fundada na França a Société d'Ergonomie de Langue Française. Em 1966, Alain Wisner criou o primeiro laboratório francês de ergonomia e neurofisiologia do trabalho. Para Wisner (1987, p. 12), a ergonomia constitui o "conjunto de conhecimentos científicos relativos ao homem e necessários para a concepção de ferramentas, máquinas e dispositivos que possam ser utilizados com o máximo de conforto, segurança e eficácia". Na corrente francesa, a análise da atividade de trabalho está no centro da intervenção ergonômica. Nessa análise, é importante salientar que o trabalho envolve tarefa e atividade, sendo a tarefa o que é prescrito para ser feito, e a atividade, o que é efetivamente realizado pelo trabalhador ao executar a tarefa. Põe o foco na Análise Ergonômica do Trabalho (AET), priorizando o entendimento por meio de informações colhidas diretamente no posto de trabalho, junto ao próprio operador, isto é, levando em consideração as condições reais de trabalho. Procura compreender a atividade do trabalhador, observando o seu modo de operação e descrevendo o que realmente ocorre no posto de trabalho. Pelo lado francês, surgiram autores de grande importância: Alain Wisner, Antoine Laville, François Guérin, François Daniellou.

A AET foi desenvolvida pela escola francesa de Ergonomia (WISNER, 1987; DURAFFOURG *et al.*, 1977; GUÉRIN *et al.*, 2001). O método parte de uma demanda e vai progredindo em etapas consecutivas que buscam analisar, diagnosticar e corrigir uma situação real de trabalho. Tornou-se uma forma internacional de atuação dos profissionais de ergonomia.

Guérin (2001) acentua que transformar o trabalho é a finalidade primeira da ação ergonômica e que um dos objetivos da atuação do ergonomista é a concepção de situações de trabalho que não alterem a saúde dos trabalhadores. Ainda segundo Guérin, o processo de análise ergonômica é uma construção que parte da demanda e toma forma ao longo do desenrolar da ação. O autor reconhece que, embora cada ação seja singular, existem fases que estruturam a análise ergonômica. Ao final, cabe ao ergonomista sintetizar os resultados para produzir o diagnóstico e elaborar soluções para os problemas encontrados.

Iida (2005, p. 60) faz uma esclarecedora descrição do método AET:

> "A Análise Ergonômica do Trabalho (AET) visa aplicar os conhecimentos da ergonomia para analisar, diagnosticar e corrigir urna situação real de trabalho. Ela foi desenvolvida por pesquisadores franceses e se constitui em um exemplo de ergonomia de correção."

Semensato (2013, p. 33-47) afirma que a AET deve partir do entendimento do trabalho, fazendo uma distinção entre tarefa (trabalho prescrito) e atividade (trabalho real). Para a autora, a AET transcende o significado da tarefa e aborda a dinâmica da atividade de trabalho, isto é, avalia a situação real de trabalho a partir da análise de campo. Como a atividade é diretamente influenciada pela diversidade e pela variabilidade, a análise ergonômica procura caracterizar essas variáveis. A autora salienta que a diversidade diz respeito à população envolvida e a variabilidade está relacionada com o estado instantâneo das pessoas.

Fialho e Santos (1997) dividem a AET em três etapas: Análise da Demanda, Análise da Tarefa e Análise da Atividade. Para os autores, a Análise da Demanda é o ponto de partida de toda intervenção ergonômica do trabalho. Ela permite delimitar o(s) problema(s) a abordar em uma análise ergonômica, conhecer o grau de complexidade da problemática a ser abordada e definir o tempo necessário para a análise. A Análise da Tarefa consiste na análise detalhada de todos os componentes do sistema homem × tarefa. A Análise da Atividade envolve a avaliação das cargas de trabalho suportadas pelo trabalhador e os condicionantes que afetam a sua situação. Terminada a AET propriamente dita, vem a síntese ergonômica do trabalho, que compreende o estabelecimento do diagnóstico e a elaboração das recomendações ergonômicas.

Mario Cesar Rodriguez Vidal (2002, p. 36) considera que o método AET combina técnicas de observação (anotação, fotografia, vídeo, esquemas) com métodos de quantificação (mensurações, estatísticas) e procedimentos interacionais (entrevistas, grupos focais, conversações). Partindo de uma demanda específica, o método se desenvolve, dentro de determinado escopo, por meio de análises sistemáticas que conduzem ao diagnóstico ergonômico e à formulação das recomendações e especificações das mudanças necessárias para a melhoria das condições de trabalho.

A ergonomia também evolui no campo da psicologia e na esfera das experiências subjetivas e das percepções do ambiente. Diversos estudos mostraram a importância desses aspectos sobre a eficiência, a produtividade, o espírito de colaboração, os índices de acidentes e as taxas de absenteísmo. Para Latham (2007, p. 127), vários fatores são capazes de afetar a satisfação e a motivação de um funcionário em uma empresa, incluindo o bem-estar físico e psicológico, o atendimento aos valores culturais e sociais, os aspectos cognitivos da função desempenhada, os valores da empresa. Segundo pesquisa desenvolvida por Nordlöf, Wijk e Lindberg (2012, p. 235-247), existe variação da percepção do ambiente de trabalho entre funcionários de uma mesma empresa, podendo haver visões muito diferentes conforme o papel desempenhado pelo trabalhador dentro da empresa. Isso mostra a importância de incluir todas as classes de trabalhadores nas avaliações de percepção ambiental realizadas nas empresas.

Com a difusão da interdisciplinaridade, ocorreu uma ampliação do significado da ergonomia e da abrangência da avaliação ergonômica. Percebeu-se que o ambiente de trabalho comporta uma realidade bastante complexa e repleta de interações. A avaliação da adequação de um ambiente não depende apenas dos dados sobre suas características físicas e espaciais, mas também de sua confrontação com as tarefas que são realizadas, o modo como elas são organizadas, os equipamentos em uso e as condições de interação dos usuários. Para atender a essa demanda de uma abordagem mais abrangente e integrativa, desenvolveu-se a Ergonomia do Ambiente Construído. A implementação desse método busca valorizar a preservação do capital humano, prevenindo doenças e acidentes, buscando o bem-estar físico e psicológico por meio da satisfação com o ambiente.

3.2 Conceito de Ergonomia do Ambiente Construído

A Ergonomia do Ambiente Construído busca elaborar uma visão holística e abrangente, estudando as relações existentes entre os três elementos fundamentais que lhe dão sustentação: o ambiente, o usuário e as tarefas e atividades desempenhadas. Esse enfoque conjunto é fundamental para a compreensão das mútuas interações existentes entre os três pontos de sustentação.

A Figura 3.1 ilustra a interação entre os três elementos que sustentam a Ergonomia do Ambiente Construído.

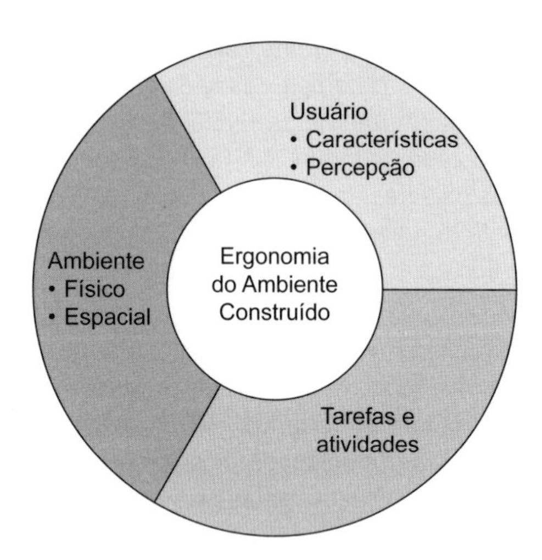

Figura 3.1 Elementos da Ergonomia do Ambiente Construído.

A Ergonomia do Ambiente Construído trouxe várias frentes de estudo que buscaram analisar os diversos aspectos dessas relações. Como reflexo dessa situação, foram desenvolvidos vários tipos de métodos.

O Método de Análise do Ambiente Construído (MEAC) proposto por Vilma Villarouco (VILLAROUCO; MONT'ALVÃO, 2011, p. 32-46), por exemplo, combina a abordagem físico-espacial com a realização de pesquisas sobre a percepção ambiental por parte dos usuários. Nesse sentido, o MEAC divide a ação metodológica em dois blocos: o *Bloco de Abordagem Físico-Espacial* (apoiado nas instruções da AET) e o *Bloco de Percepção Ambiental do Usuário* (sugerido por meio da constelação de atributos). Concluída a fase de coleta de dados, confrontam-se os resultados e elabora-se o *Diagnóstico Ergonômico do Ambiente*. Após o diagnóstico ergonômico, parte-se para a última fase da metodologia, na qual são apresentadas as recomendações, que são reunidas no item *Proposições Ergonômicas para o Ambiente*.

O Método da Intervenção Ergonomizadora (IE) proposto pela Profa. Ana Maria de Moraes e pela Profa. Claudia Renata Mont'Alvão, em 2003 (MORAES; MONT'ALVÃO, 2003), tem um caráter mais projetual e bastante participativo. O método prevê a participação dos usuários tanto durante as etapas de avaliação como, também, nas etapas de escolha e validação das soluções a serem implementadas.

A Macroergonomia também se caracteriza por ter uma abordagem bastante abrangente e participativa, partindo do estudo da organização da empresa até chegar ao posto de trabalho. Para Hendrick e Kleiner (2002, p. 1-3), a avaliação macroergonômica é conceitualmente uma abordagem de cima para baixo, buscando a otimização da produção por meio de uma visão que se inicia com a compreensão do fluxo de trabalho, progride no estudo da relação do homem com todos os níveis da organização e, finalmente, com o desempenho de sua tarefa. Ainda segundo os autores, a avaliação do ambiente de trabalho comporta as dimensões objetiva e subjetiva.

A Figura 3.2 ilustra os três elementos que constituem a base da Ergonomia do Ambiente Construído e identifica os principais fatores envolvidos em cada um deles.

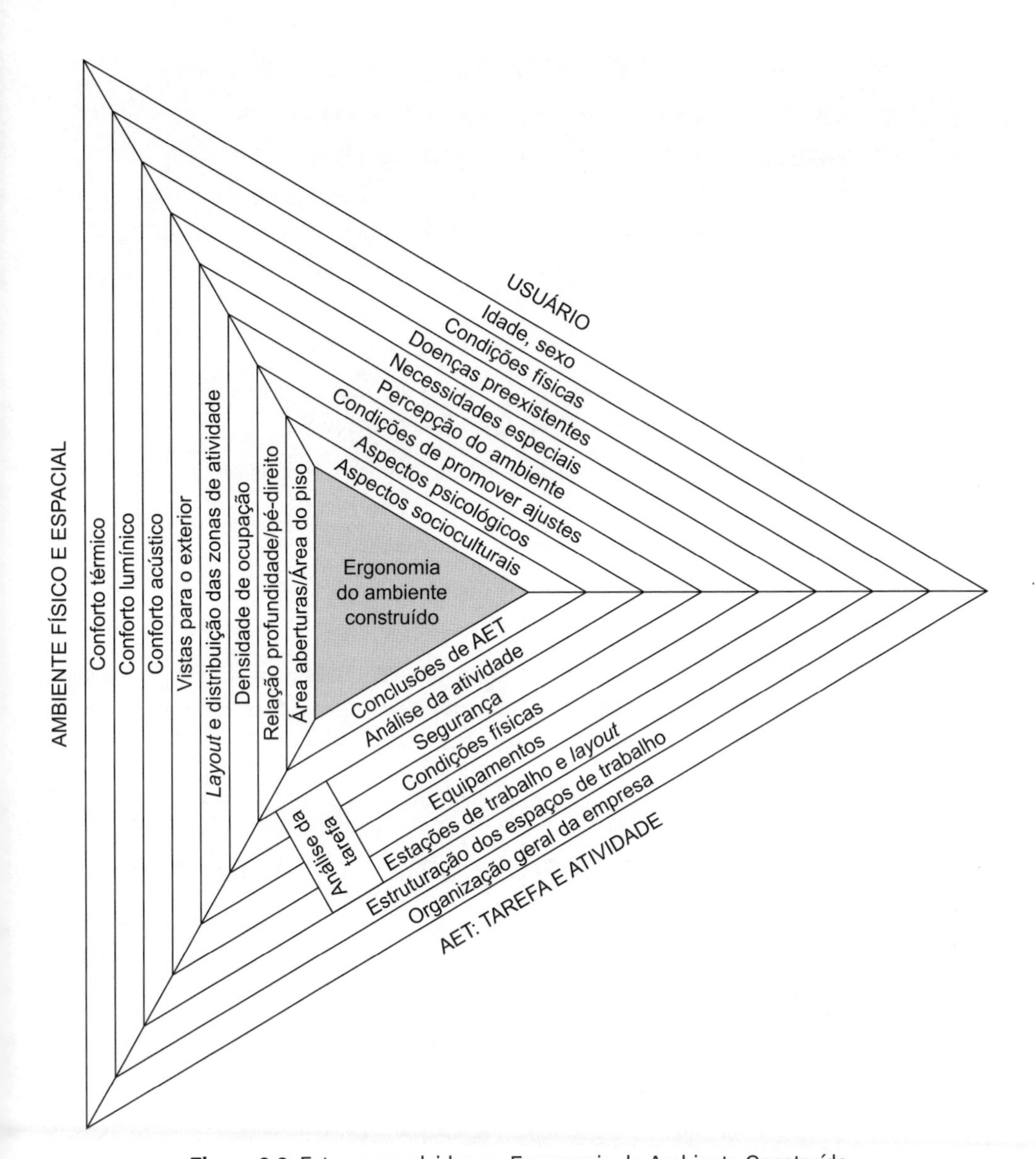

Figura 3.2 Fatores envolvidos na Ergonomia do Ambiente Construído.

A **Avaliação do Ambiente Físico e Espacial** comporta os seguintes aspectos:

- Avaliações de conforto térmico, acústico e lumínico.
- Avaliação da presença de vistas para o exterior.
- Análise do projeto de interiores e da densidade de ocupação.
- Avaliação das relações profundidade/pé-direito e área aberturas/área do piso.

A **Análise Ergonômica do Trabalho (AET)** compõe-se das seguintes etapas:

- Estudo da forma de organização e funcionamento da empresa.
- Estudo da forma como o espaço de trabalho é estruturado.
- Estudo da tarefa proposta e das condições de sua realização, incluindo equipamentos, condições das estações de trabalho, condições de conforto físico e de segurança.
- Estudo da forma como a atividade laboral é efetivamente conduzida pelo trabalhador na situação real.
- Reunião de todos as informações para uma síntese conjunta.

A **Avaliação da Dimensão do Usuário** compõe-se de pesquisas realizadas por meio de diversos instrumentos, para obtenção de vários tipos de informações:

- Dados pessoais como idade, condições físicas, doenças preexistentes, necessidades especiais.
- Dados sobre percepção do grau de conforto ambiental.
- Dados sobre as possibilidades de interagir com o ambiente e promover ações de ajuste.
- Dados que refletem as condições psicológicas e a formação sociocultural.

A Ergonomia do Ambiente Construído é, portanto, um estudo sistemático e multidisciplinar, que se desenvolve em etapas para, ao final, compor uma análise integrada de todos os dados. São utilizados conhecimentos de análise ergonômica do trabalho, conforto ambiental, antropometria, psicologia, avaliação pós-ocupação.

3.3 Método de avaliação ergonômica do ambiente construído

O método de avaliação aqui apresentado desenvolve-se a partir do estudo dos três elementos que compõem a Ergonomia do Ambiente Construído (Figura 3.3).

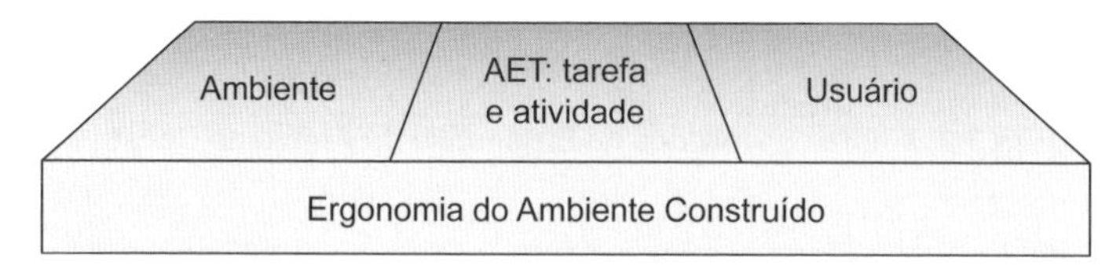

Figura 3.3 Elementos da Ergonomia do Ambiente Construído.

Esse método baseia-se no estudo de desempenho ergonômico de escritórios situados no Edifício Itália realizado por Sarra (2018, p. 201-227), tendo sido modificado em alguns aspectos por razões didáticas e para facilitar seu emprego em outras situações. Nesse estudo, foi possível concluir que a visão holística propiciada pela ergonomia foi fundamental para a interpretação contextualizada das situações vividas pelos usuários durante a realização de suas tarefas. De fato, a análise isolada de cada elemento não é capaz de oferecer uma compreensão aprofundada das informações e pode induzir a distorções no processo interpretativo. A avaliação de um ambiente não pode ser considerada completa se não houver confrontação com a análise do trabalho realizado e com as percepções dos usuários.

A Figura 3.4 exibe uma ficha que ilustra as diversas etapas da Ergonomia do Ambiente Construído, colocando lado a lado os resultados para sua apreciação conjunta e formulação das conclusões. Em cada etapa do método, são anotados os resultados dos fatores avaliados dentro de uma escala de três pontos (ruim, regular ou bom). Os resultados ruins são assinalados em preto, os regulares, em cinza; os bons, em hachurado. Essa forma de representação facilita a visualização dos problemas no contexto geral das condições encontradas e a integração das informações para a formulação dos diagnósticos e das propostas de intervenção.

Avaliações				
Ambiente	AET: tarefa e atividade		Usuários	
Conforto térmico	Organização geral		Limitações físicas	
Conforto lumínico	Espaço de trabalho		Limitações por doenças	
Conforto acústico	Tarefa	Estações de trabalho	Necessidades especiais	
Vistas para o exterior		Equipamentos	Possibilidade de ajustes	
Layout geral		Condições físicas	Percepção	Conforto geral
Densidade de ocupação		Segurança		Conforto térmico
Profundidade/pé-direito	Análise da atividade			Conforto lumínico
Área aberturas/área do piso	Conclusões da AET			Conforto acústico
Análise conjunta				
Conclusões				

Figura 3.4 Ficha de avaliação conjunta dos resultados de cada etapa do método.

Os fatores especificados na ficha são avaliados segundo um processo sistematizado que procura facilitar a aplicação do método e favorecer a visualização e a análise dos resultados.

São apresentados a seguir os procedimentos de avaliação utilizados em cada etapa.

3.3.1 Avaliações do ambiente

As avaliações de conforto ambiental compreendem as áreas de conforto térmico, lumínico e acústico.

As avaliações quantitativas de conforto térmico são realizadas por meio de índices que trabalham com variáveis ambientais (velocidade do ar, temperatura média radiante, temperatura do ar, pressão e umidade relativa do ar, p. ex.) e individuais (nível de atividade física e vestuário).

Conforto térmico é definido como "o estado de espírito que expressa satisfação com o ambiente térmico" pela American Society of Heating, Refrigerating, and Air-Conditioning Engineers, na norma ASHRAE STANDARD 55 (2020). As principais variáveis físicas que exercem influência na sensação de conforto térmico em um ambiente são: temperatura do ar (temperatura de bulbo seco), temperatura média radiante (temperatura de globo), umidade relativa do ar e velocidade do ar. Além das variáveis ambientais, é preciso considerar também a atuação de diversas variáveis de caráter individual e comportamental, como nível de atividade física, idade, sexo, taxa de metabolismo, tipo de vestimenta, grau de liberdade e presença de condições para promover ações de ajuste. A avaliação de conforto térmico sofre também influência de componentes subjetivos, culturais e sociais.

A Figura 3.5 mostra as principais formas de avaliação de conforto térmico nos locais de trabalho.

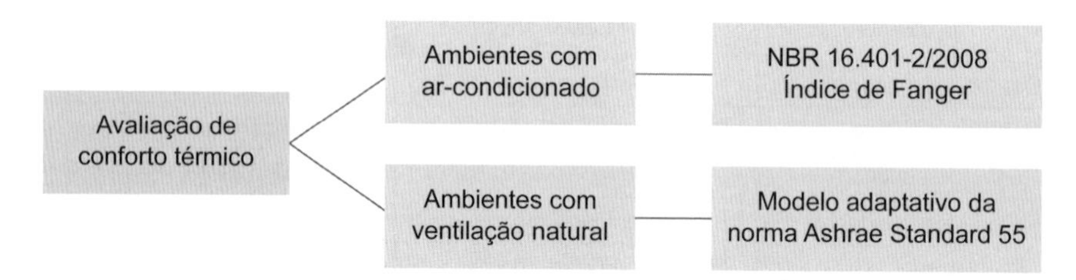

Figura 3.5 Formas de avaliação de conforto térmico.

Após a realização das avaliações de conforto térmico, assinala-se o resultado na ficha de avaliação conjunta (Figura 3.4). Quando todos os valores estiverem situados na faixa de conforto, assinala-se a alternativa hachurada presente na ficha. Quando poucos valores estão situados fora da faixa de conforto (até 20 %), assinala-se a alternativa cinza. Quando mais de 20 % dos resultados estão fora da zona de conforto, assinala-se a alternativa preta.

As avaliações quantitativas de conforto lumínico seguem a NBR 8.995-1/2013, que define os valores recomendados de iluminância (em lux) para cada tipo de tarefa desempenhada. Essa Norma não especifica como os sistemas ou técnicas de iluminação devem ser projetados. Pela Norma, a iluminação pode ser suprida por luz natural ou artificial. No caso da luz natural, é preciso evitar o contraste excessivo e o desconforto térmico da luz solar direta. A Norma também estabelece os valores de iluminância para o entorno imediato, os quais se relacionam com o valor da iluminância na área da tarefa. Quando todos os valores de iluminância estão situados na faixa de conforto, assinala-se a alternativa hachurada na ficha. Quando poucos valores estão fora dos níveis recomendados (até 20 %), assinala-se a alternativa cinza. Quando mais de 20 % dos resultados estão fora dos níveis recomendados, assinala-se a alternativa preta.

As avaliações quantitativas de conforto acústico seguem a NBR 10.152/2017, que estabelece dois limites de ruído para cada tipo de ambiente: o Nível Sonoro de Conforto e o Limite Sonoro Aceitável. Quando todos os níveis de ruído estão abaixo do Nível Sonoro de Conforto, assinala-se a alternativa hachurada na ficha. Quando os valores estão entre o Nível Sonoro de Conforto e o Limite Sonoro Aceitável, assinala-se a alternativa cinza. Quando houver resultados acima do Limite Sonoro Aceitável, assinala-se a alternativa preta.

A presença de vistas para o exterior é um critério que proporciona bem-estar aos usuários da edificação e afeta a sua percepção de conforto. A visão do exterior depende das dimensões das aberturas, das características das estratégias arquitetônicas passivas empregadas, da forma da planta e da tipologia adotada no projeto de interiores. Quando pelo menos 80 % dos postos de trabalho têm possibilidade de vista para o exterior, assinala-se a alternativa hachurada. Quando as possibilidades de vista para o exterior estão presentes para menos de 40 % dos postos de trabalho, assinala-se a alternativa preta. A alternativa cinza serve para as condições intermediárias.

Quanto ao *layout* geral, é preciso verificar se a distribuição é equilibrada e se ocorre sobreposição de zonas de atividade. A alternativa hachurada é para distribuição equilibrada das estações de trabalho, com espaços de circulação suficientes e sem sobreposição de zonas de atividade. A alternativa cinza é para a presença de sobreposição de zonas de atividade e falta de espaços de circulação em alguns locais. A alternativa preta é para a presença de sobreposição de zonas de atividade e falta de espaços de circulação na maioria dos locais.

A densidade de ocupação das áreas ocupadas pelas estações de trabalho constitui uma informação importante pelos seus efeitos sobre o conforto ambiental e as percepções dos usuários. As densidades consideradas muito altas para o tipo de tarefa desenvolvida são assinaladas em preto na avaliação. As densidades intermediárias são assinaladas em cinza. As densidades consideradas dentro da faixa recomendável para a tarefa são assinaladas em hachurado. Para escritórios, considera-se que a presença de menos de 5 m^2 por estação de estação de trabalho torna as densidades muito altas, sendo assinaladas em preto na avaliação. Para escritórios, valores entre 5 e 7 m^2 por estação de trabalho são considerados intermediários e assinalados em cinza. Para escritórios, valores acima de 7 m^2 por estação de trabalho são assinalados em hachurado.

A relação profundidade/pé-direito dá uma noção das possibilidades de alcance da luz natural nas áreas mais internas da planta e de eficiência da ventilação natural. Nos ambientes com ventilação unilateral, a relação ideal situa-se na faixa até 2,5 (hachurado). Acima de 3, as condições ficam desfavoráveis (preto). Nos ambientes com ventilação bilateral, a relação ideal é até 5 (hachurado). Acima de 6, as condições ficam desfavoráveis (preto).

A relação área aberturas/área piso permite uma visão da proporção existente entre a área destinada às aberturas e a área da planta servida por essas aberturas. Considera-se que valores acima de 16 % proporcionam condições que favorecem a ventilação e a iluminação naturais, melhorando a salubridade dos ambientes (hachurado). Abaixo de 8 %, as dificuldades se tornam significativas para o aproveitamento da iluminação e da ventilação naturais (preto).

É interessante fazer sempre uma comparação do resultado da relação profundidade/pé-direito com o resultado da relação área piso/área aberturas. Essa confrontação permite uma compreensão melhor das características do ambiente em relação à distribuição da iluminação. Um ambiente que tenha valores elevados de profundidade/pé-direito e valores altos de área aberturas/área piso poderá ter áreas centrais desprovidas de luz natural e presença de ofuscamento nas áreas situadas próximo às aberturas. É uma situação bastante desfavorável pela presença de contrastes de iluminação entre as áreas situadas próximo às aberturas e as áreas mais distantes, levando a desconforto visual e queda na produtividade.

3.3.2 Análise Ergonômica do Trabalho (AET): avaliações da tarefa e da atividade

A finalidade da AET é criar um entendimento da dinâmica do trabalho, procurando caracterizar as variáveis que compõem os postos de trabalho dentro do conjunto da organização. Começa pelo conhecimento de como funciona e se organiza a empresa e como são estruturados os espaços de trabalho, progredindo para as etapas da Análise da Tarefa, Análise da Atividade e Conclusões (Figura 3.6).

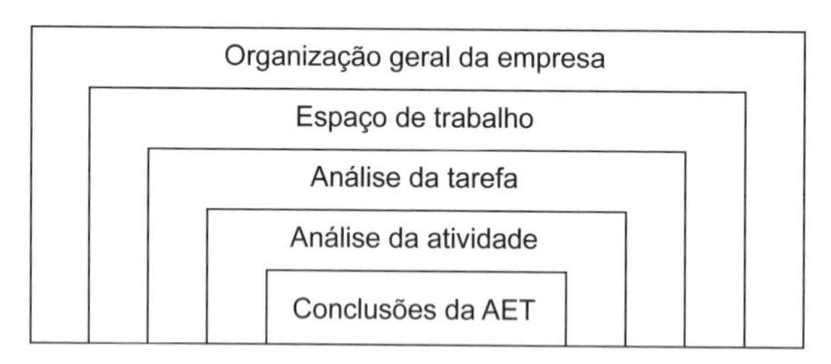

Figura 3.6 Etapas da Análise Ergonômica do Trabalho (AET).

O estudo da forma de organização da empresa e das relações existentes entre os diversos níveis hierárquicos fornece dados de importância, pois afetam a motivação, os níveis de estresse e a vontade de colaborar dos funcionários. A seguir, listam-se diversos fatores considerados negativos: alienação dos funcionários em relação ao que ocorre na empresa; falta de autonomia no trabalho; pressões por produtividade; ausência de estímulos e de valorização do trabalho; monotonia e repetitividade das tarefas; competitividade exagerada; falta de integração entre setores; excesso de burocracia e ineficiência administrativa. A carga horária excessiva e a falta de intervalos também pioram a qualidade de vida e aumentam a insatisfação.

A estruturação do espaço de trabalho pode ocorrer de diversas maneiras, provocando reflexos sobre a forma como o funcionário executa suas tarefas. O distanciamento de setores afins pode acarretar perda de tempo e queda da produtividade dos funcionários. As dificuldades de comunicação entre funcionários podem conduzir a erros na execução das tarefas. A falta de espaço pode propiciar aumento na incidência de acidentes de trabalho.

A AET caracteriza-se por ser um método de análise de campo que investiga situações reais. Quando se fala em avaliação da tarefa e da atividade, é preciso lembrar a distinção entre esses dois termos. A tarefa é o trabalho prescrito ao trabalhador nas condições existentes em determinado ambiente e no ritmo proposto. A atividade é o trabalho real executado pelo trabalhador dentro da sua experiência e forma de interagir com o ambiente.

A análise da tarefa consiste no estudo das condições de execução do trabalho prescrito em relação aos seguintes quesitos: condições físicas das estações de trabalho; condições dos equipamentos; condições físicas do ambiente; condições gerais de segurança (Figura 3.7).

Para a avaliação das condições físicas das estações de trabalho, é importante considerar: as dimensões; as possibilidades de ajustes disponibilizadas aos usuários; o espaço disponível para realização das tarefas; a adequação às normas de acessibilidade; os tipos de materiais utilizados. Para a análise ergonômica, esses dados são sempre confrontados com as necessidades dos usuários para a realização das tarefas prescritas.

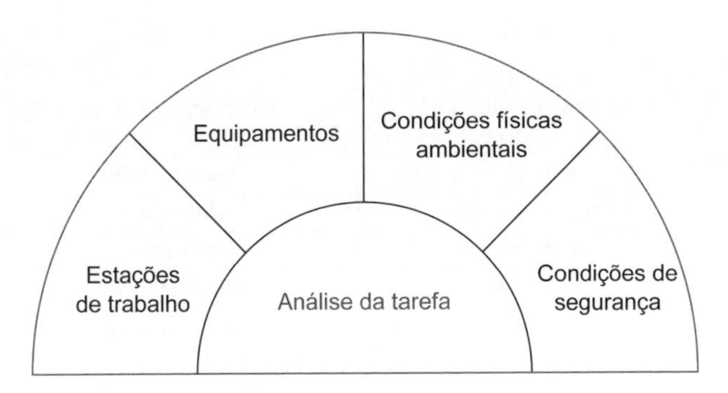

Figura 3.7 Análise da tarefa.

Para a avaliação da adequação dos equipamentos, é preciso considerar suas dimensões em relação ao espaço disponível; a possibilidade de ajustes na operação; o *design* de suas partes; a posição em relação às aberturas da fachada e ao *layout* geral.

A avaliação das condições físicas do ambiente leva em conta a adequação das condições acústicas, da iluminação natural, da iluminação artificial, da ventilação natural e do ar-condicionado em relação à tarefa desempenhada. São considerados pontos negativos: interferências sonoras, ofuscamentos, reflexos, sombreamentos, insuficiência de iluminação, distribuição heterogênea de temperatura, presença de desconforto térmico. A Figura 3.8 mostra as principais condições físicas desfavoráveis que podem estar presentes nas avaliações dos ambientes de trabalho.

Os riscos de acidente são analisados de acordo com sua origem e graduados em três níveis: baixo ou inexistente (hachurado); médio (cinza); alto (preto). Podem ser decorrentes de arranjos físicos inadequados, falta de proteção em máquinas e equipamentos, produtos químicos, problemas elétricos, fatores de risco de incêndio.

A análise da atividade busca o conhecimento do comportamento do trabalhador durante a execução da tarefa, verificando posturas, movimentos, deslocamentos e ritmo de trabalho.

As conclusões da AET são elaboradas por meio da integração dos dados de todas as etapas, procurando avaliar o nível de comprometimento presente na execução do trabalho.

A Figura 3.9 mostra uma ficha contendo a sinopse dos resultados das várias etapas da AET.

Essa ficha permite uma avaliação conjunta de todos os dados da AET e contribui para a elaboração das conclusões. No âmbito da ergonomia, compreender uma problemática significa construir uma visão holística de todo o cenário, relacionando todos os aspectos envolvidos.

Após o preenchimento da ficha da AET, os dados são transportados para a ficha de avaliação conjunta (Figura 3.4) para posterior confrontação com os resultados das outras etapas da Ergonomia do Ambiente Construído.

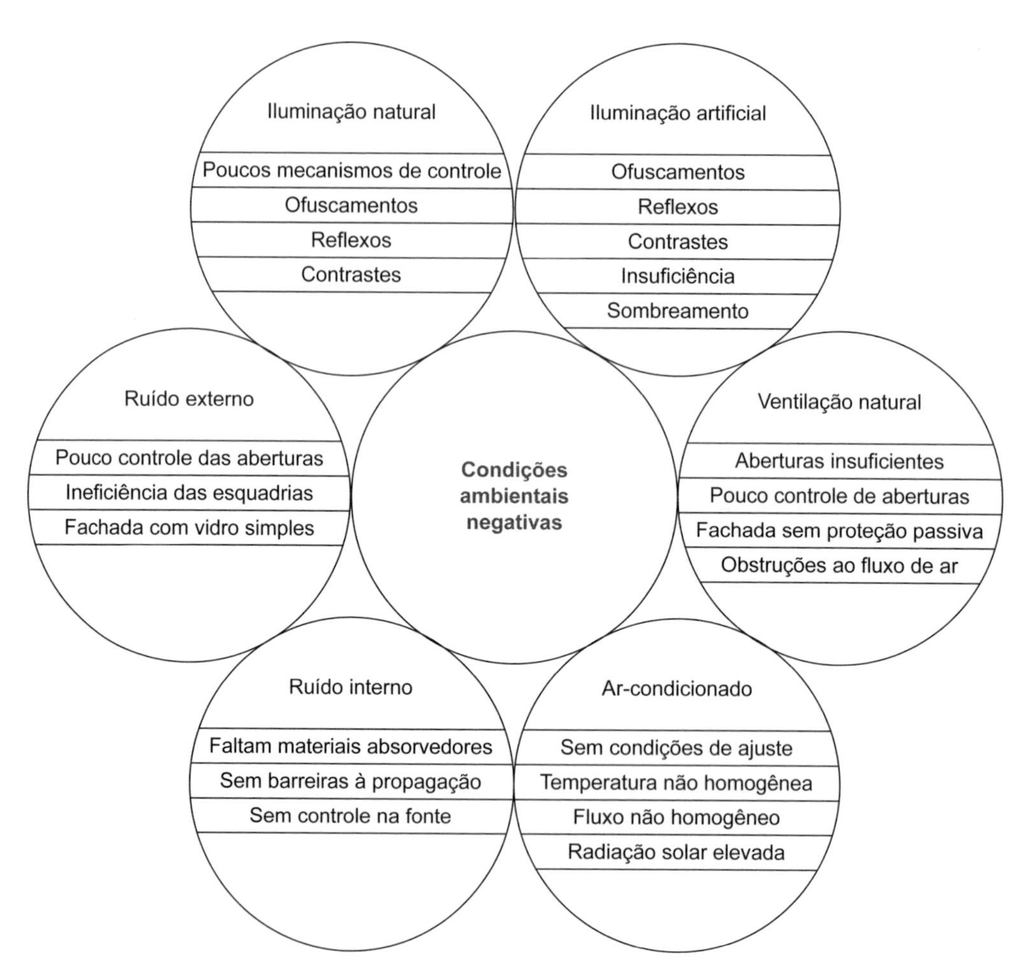

Figura 3.8 Principais condições físicas desfavoráveis no ambiente de trabalho.

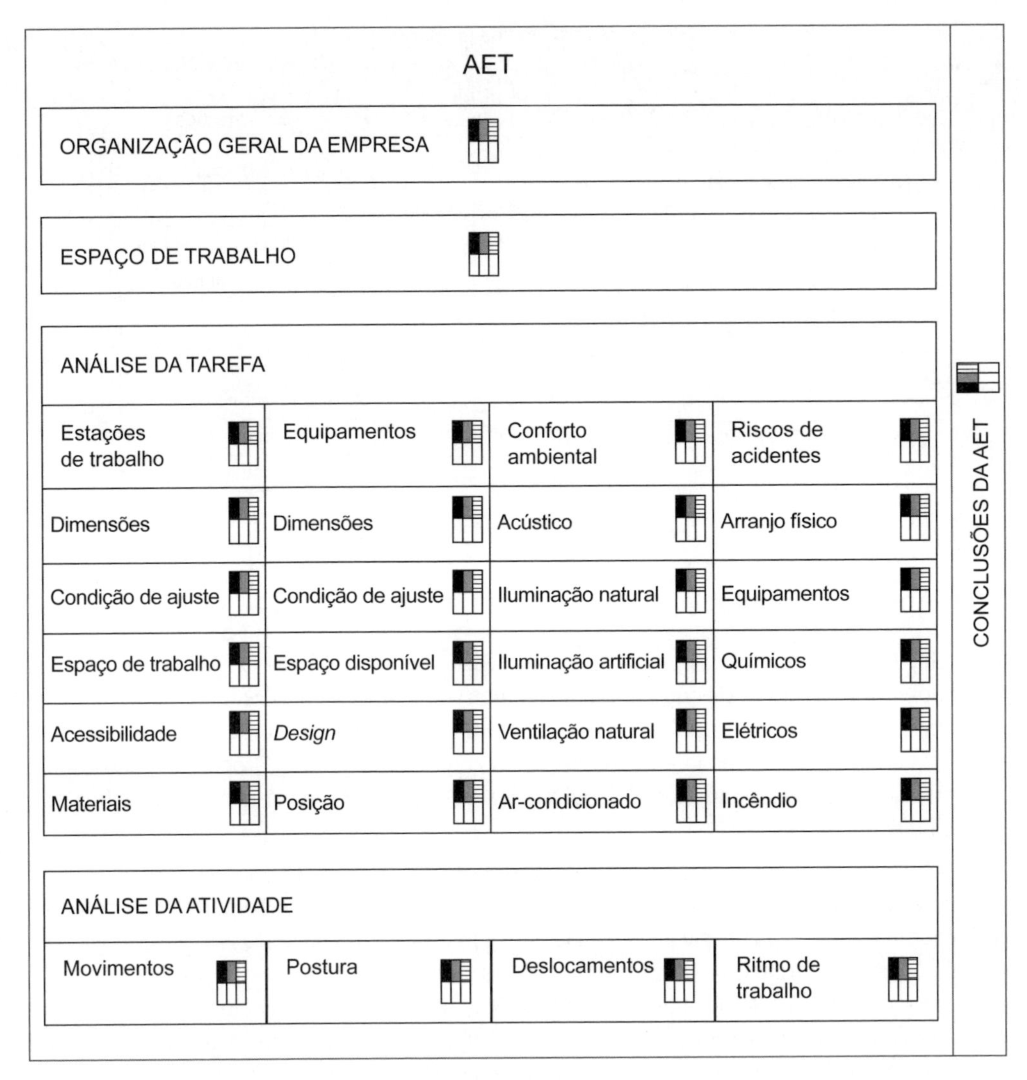

Figura 3.9 Ficha de Análise Ergonômica do Trabalho (AET).

3.3.3 Avaliações dos usuários

Vários instrumentos podem ser utilizados para coleta de informações dos usuários. Esses instrumentos compreendem questionários abertos, questionários fechados, entrevistas, grupos focais, *walkthroughs*.

A obtenção dessas informações tem duas finalidades: conhecimento das características dos usuários e avaliação da percepção dos usuários sobre o ambiente de trabalho (Figura 3.10).

As informações obtidas pelos instrumentos já mencionados são avaliadas e, posteriormente, transportadas para a ficha de avaliação conjunta (Figura 3.4) para posterior articulação com os resultados das outras etapas da Ergonomia do Ambiente Construído.

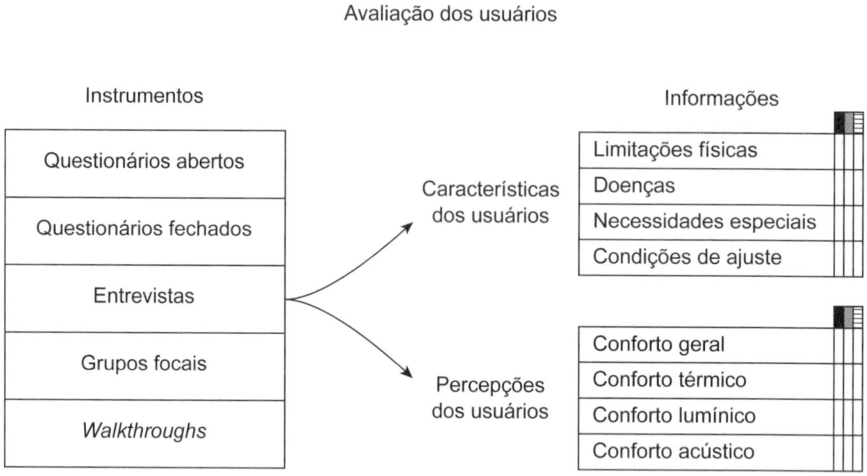

Avaliação dos usuários

Instrumentos

Questionários abertos
Questionários fechados
Entrevistas
Grupos focais
Walkthroughs

Características dos usuários

Percepções dos usuários

Informações

Limitações físicas
Doenças
Necessidades especiais
Condições de ajuste

Conforto geral
Conforto térmico
Conforto lumínico
Conforto acústico

Figura 3.10 Avaliações dos usuários.

3.3.4 Análise conjunta

Nessa etapa, são confrontados os resultados das avaliações do ambiente, da AET e dos usuários, utilizando-se a ficha de avaliação conjunta (Figura 3.4). Como a ergonomia fundamenta suas conclusões por meio de uma análise conjunta de todas as informações, procura-se relacionar os resultados e compreender as interações existentes entre seus efeitos. O pensamento holístico é fundamental para a elaboração das conclusões e para a escolha das melhores soluções para os problemas.

A importância da interpretação conjunta dos dados foi evidenciada no estudo realizado no Edifício Itália por Sarra (2018). Nesse estudo, verificou-se que, em grande parte dos escritórios analisados, as estratégias passivas utilizadas para sombreamento da fachada não se mostraram eficientes para o controle da luz natural. Quando as janelas e os brises estão abertos, a circulação de ar é, na maior parte dos casos, bastante eficiente. Há, porém, dificuldades para abertura das janelas e dos brises, em razão da presença de ruído externo e da necessidade de controle da luz natural. Os brises móveis não são suficientes para barrar a entrada excessiva de luz natural quando estão na posição aberta. Como resultado, os funcionários são obrigados a fechar os brises e as janelas, inviabilizando a ventilação natural. O *layout* das estações de trabalho agrava as consequências da entrada excessiva de luz natural. Há, por exemplo, computadores com as telas voltadas para as aberturas e usuários que trabalham de frente para as janelas. As avaliações de percepção dos funcionários, por sua vez, mostraram insatisfação quanto ao uso de ar-condicionado em razão da dificuldade de manter condições homogêneas de temperatura e da falta de opções de ajuste dos níveis de temperatura. Como o prédio não foi projetado para o uso de ar-condicionado, o isolamento térmico é muito ruim e o gasto energético acaba sendo alto. A área envidraçada é bastante elevada e os vidros utilizados são do tipo simples, não oferecendo resistência à troca térmica. A vedação oferecida pelas esquadrias tampouco é eficiente e não propicia condições de isolamento térmico adequadas para o emprego de ar-condicionado. Ao se analisar a densidade de ocupação nos escritórios estudados, verificou-se a presença de valores elevados em alguns escritórios, piorando as condições de conforto ambiental. Passam a ocorrer sobreposições de zonas de atividade e desconforto térmico e acústico para os usuários. Nota-se, pela descrição dos estudos realizados no edifício, que a análise integrada de todos os dados é fundamental para a proposta de soluções. Como já foi mencionado, a ergonomia depende de uma análise conjunta de todas as informações para fundamentar suas conclusões e propostas corretivas.

Considerações finais

As conclusões propiciadas pela Ergonomia do Ambiente Construído são o resultado da visão integrada dos problemas e orientam a escolha da melhor forma de resolução dos problemas. A escolha das alternativas deve mostrar claramente o foco da abordagem e as prioridades da intervenção. O aprofundamento da compreensão dos problemas é fundamental nesse processo.

É importante destacar que uma análise isolada dos problemas pode invalidar a sua compreensão e não levar a propostas corretivas eficientes. Não se deve menosprezar a complexidade dos estudos quando o objetivo é melhorar a qualidade dos ambientes de trabalho e reduzir os riscos de doenças e de acidentes. Para propiciar melhora na qualidade do ambiente e no nível de satisfação dos funcionários, as soluções ergonômicas precisam estar bem fundamentadas.

RESUMO

Desde as suas raízes, situadas no advento da Segunda Revolução Industrial, o conceito de ergonomia vem evoluindo a partir do conceito inicial ligado à necessidade de aumento da produtividade. Após o fim da Segunda Guerra Mundial, a ergonomia teve grandes avanços, impulsionados pela industrialização e pelo desenvolvimento da consciência da necessidade de maior integração entre homem, atividade e máquina. Com a difusão da interdisciplinaridade, ocorreu uma ampliação do significado da ergonomia e da abrangência da avaliação ergonômica. Percebeu-se que a avaliação da adequação de um ambiente não depende apenas dos dados sobre suas características físicas e espaciais, mas também de sua confrontação com as tarefas que são realizadas, o modo como elas são organizadas, os equipamentos em uso e as condições de interação dos usuários. Para atender a essa demanda de uma abordagem mais abrangente e integrativa, desenvolveu-se a Ergonomia do Ambiente Construído. Ao estudar a relação entre o ambiente, o usuário e as tarefas e atividades desempenhadas, a Ergonomia do Ambiente Construído busca elaborar uma visão holística e abrangente que permita compreensão mais aprofundada dos problemas. O método de avaliação aqui apresentado desenvolve-se a partir do estudo dos três elementos que compõem a Ergonomia do Ambiente Construído: o ambiente físico e espacial, a análise ergonômica do trabalho e a avaliação da dimensão do usuário.

Bibliografia

ANSI/ASHRAE Standard 55: *Thermal Environmental Conditions for Human Occupancy is an American National Standard published by ASHRAE*, 2020.

DURAFFOURG, J. *et al. Analyse des activités de l'homme en situation de travail, principes de methodologie ergonomique*. Paris: Laboratoire de Physiologie du Travail et d'Ergonomie, 1977.

FIALHO, F.; SANTOS, N. dos. *Manual de análise ergonômica no trabalho*. 2. ed. Curitiba: Gênesis, 1997.

GILBRETH, F.; GILBRETH, L. *Applied motion study*: a collection of papers on the efficient method of industrial preparedness. New York: Sturgis & Walton Company, 1917.

GUÉRIN, F. *et al. Compreender o trabalho para transformá-lo*: a prática da ergonomia. São Paulo: Blucher, 2001.

HENDRICK, H. W.; KLEINER, B. M. *Macroergonomics*: theory, methods, and applications. New Jersey: Lawrence Erlbaum Associates, 2002.

IIDA, I. *Ergonomia*: projeto e produção. 2. ed. São Paulo: Blucher, 2005.

INTERNATIONAL ERGONOMICS ASSOCIATION – IEA. *What is ergonomics?* Disponível em: http://www.iea.cc/whats/. Acesso em: 11 jul. 2018.

LATHAM, G. P. *Work motivation*: history, theory, research and practice. California: Sage, 2007.

MORAES, A; MONT'ALVÃO, C. *Ergonomia*: conceitos e aplicações. Rio de Janeiro: 2AB Editora, 2003.

MURRELL, K. F. H. *Ergonomics*: fitting the job to the worker. London: British Productivity Council, 1960.

NORDLÖF, H.; WIJK, K.; LINDBERG, P. A comparison of managers' and safety delegates' perceptions of work environment priorities in the manufacturing industry. *Human Factors and Ergonomics in Manufacturing & Service Industries*, v. 22, n. 3, p. 235-247, 2012.

OLIVEIRA, G. R.; MONT'ALVÃO, C. Metodologias utilizadas nos estudos de ergonomia do ambiente construído e uma proposta de modelagem para projetos de design de Interiores. *In*: ERGODESIGN – USIHC, 15., jun. 2015. Disponível em: https://www.proceedings.blucher.com.br/article-list/8ergodesign-usihc-250/list#articles. Acesso em: 10 jul. 2018.

SEMENSATO, B. I. Análise comparativa entre as metodologias de pesquisa científica e as metodologias da ação ergonômica a partir de um constructo teórico. *Ação Ergonômica*, v. 8, n. 1, 2013.

SARRA, S. R. *Desempenho de edifícios comerciais representativos da arquitetura modernista em São Paulo*: avaliação do Edifício Itália com enfoque em ergonomia. 2018. Dissertação (Mestrado) – Faculdade de Arquitetura e Urbanismo da Universidade de São Paulo, São Paulo, 2018.

VIDAL, M. C. R. *Ergonomia na empresa*: útil, prática e aplicada. Rio de Janeiro: Virtual Científica, 2002.

VILLAROUCO, V.; MONT'ALVÃO, C. *Um novo olhar para o projeto*. Rio de Janeiro: 2AB, 2011.

WISNER, A. *Por dentro do trabalho*: ergonomia, método e técnica. Trad. Flora Maria Gomide Vezzá. São Paulo: FTD: Oboré, 1987.

CAPÍTULO 4

Cidades e Mobilidade: a importância do caminhar

Paula Lelis Rabelo Albala

"Consideration for pedestrians in the cities is inseparable from consideration for city diversity, vitality and concentration of use. In the absence of city diversity, people in large settlements are probably better off in cars than on foot." (JANE JACOBS, 1961)

4.1 Introdução

Percorrer a pé espaços urbanos abertos é o ato humano no ambiente que mais se inter-relaciona com outros elementos da paisagem urbana. Caminhando, o homem começou a construir a paisagem natural que o circunda, o que permitiu, consequentemente, que pudesse habitar o mundo. Assim, o "caminhar" foi a primeira ação estética que penetrou o território do caos, sendo, portanto, um estruturador primário dos objetos na paisagem (CARERI, 2015). Essa necessidade de circular do homem está ligada ao desejo de realizar atividades sociais, culturais, políticas e econômicas (VASCONCELLOS, 2001).

Além disso, o ser humano não é apenas espectador do ambiente, mas divide a cena com todos os outros participantes. A relação com a cidade pode ter laços com nossa memória e significados, havendo certamente uma ação de nossos sentidos na interpretação de determinado espaço (LYNCH, 2008). Portanto, caminhar nas cidades é fundamental.

Jane Jacobs, já no início dos anos 1960, criticava o planejamento urbano baseado em modelos que não incentivavam o caminhar, e defendia a necessidade da presença de diversidade, vitalidade e concentrações de uso nas cidades, para que estas fossem mais atrativas aos pedestres (JACOBS, 1961).

No Brasil, a Associação Nacional de Transportes Públicos (ANTP) publicou uma análise sobre a divisão modal de viagens feitas em cidades brasileiras, demonstrando que 39 % da população se desloca a pé até os seus destinos (ANTP, 2020). Esse elevado percentual denota a importância de se levarem a cabo políticas públicas e estratégias de desenho urbano para se promover a qualidade de espaços urbanos sob o ponto de vista do pedestre. E pedestres são todos os cidadãos que se locomovem no meio urbano, em suas mais variadas condições e limitações físicas: crianças, adultos, idosos, homens e mulheres, pessoas em cadeira de rodas, transportando carrinhos de bebê, portadoras de necessidades especiais etc. Por essa razão, discutir mobilidade a pé é discutir também acessibilidade dos espaços urbanos. Assim, esses dois conceitos merecem ser explanados nesta introdução, por serem essenciais ao entendimento do capítulo.

Com relação a esse tema, Vasconcellos (2001) afirma que não é possível analisar mobilidade urbana dissociada de acessibilidade. Ele afirma que a mobilidade, em sua visão tradicional, é restrita, sendo simplesmente definida como a habilidade de movimentar-se, em decorrência das condições físicas e econômicas. Essa maneira de encarar a mobilidade coloca em faixas inferiores de mobilidade aquelas pessoas com limitações físicas, por exemplo. Encarar a mobilidade dessa forma é entender, erroneamente, que aumentar a mobilidade é fornecer mais meios de transporte. O autor afirma que tal aproximação não permite avaliar políticas de transporte, uma vez que o número de deslocamentos não representa a qualidade das condições de vida dos cidadãos. Assim, sugere-se associar à mobilidade o conceito de acessibilidade, sendo esta última entendida como a mobilidade para "satisfazer as necessidades", que permite ao indivíduo chegar a seus destinos.

Em consonância a essa visão, o Ministério das Cidades[1] definiu mobilidade como um atributo associado à cidade, que corresponde à facilidade de deslocamento de pessoas e bens na área

---

1 Em 2019, o Ministério das Cidades fusionou-se com o Ministério da Integração Nacional e deu origem ao Ministério do Desenvolvimento Regional (MDR).

urbana, sendo produto de processos históricos que refletem características culturais de uma sociedade (MINISTÉRIO DAS CIDADES, 2004). Além disso, adiciona-se ao debate o conceito de mobilidade urbana sustentável, definido como o "resultado de um conjunto de políticas de transporte e circulação que visam proporcionar o acesso amplo e democrático ao espaço urbano, através da priorização dos modos de transporte coletivo e não motorizados de maneira efetiva, socialmente inclusiva e ecologicamente sustentável". Portanto, discutir o andar a pé nas cidades é condicionante do alcance da mobilidade sustentável e, consequentemente, da sustentabilidade urbana.

Nos últimos anos, alguns movimentos criaram-se no sentido de valorizar o pedestre na escala urbana, considerando o caminhar como um meio de transporte ativo nas cidades. Tal fenômeno está resultando em recentes investimentos nos espaços públicos em diversas regiões do mundo, criando-se cada vez mais percursos pedonais.

Considerando o exposto anteriormente, este capítulo tem por objetivo discutir a importância dos deslocamentos a pé para as cidades, e seu impacto na mobilidade urbana e na acessibilidade. Primeiramente, apresenta-se um panorama global da busca pela sustentabilidade urbana, da qual a mobilidade urbana é, sem sombra de dúvidas, elemento fundamental. Em seguida, é realizado um levantamento dos principais marcos da mobilidade urbana no Brasil, em termos de legislação e políticas públicas dos últimos trinta anos. Por fim, apresentam-se os benefícios dos deslocamentos a pé para as cidades e a busca recente da caminhabilidade em centros urbanos.

4.2 O aumento populacional dos centros urbanos e a busca pela sustentabilidade nas cidades

A população mundial que vive em áreas urbanas cresceu exponencialmente nas últimas décadas, passando de 751 milhões, em 1950, para 4,2 bilhões, em 2018, de acordo com o último levantamento feito pela Organização das Nações Unidas (ONU)[2] (ONU, 2018). Desde 2007, supera a população que vive em áreas rurais, representando aproximadamente 55 % do total. De acordo com o mesmo estudo, prevê-se ainda que, até o ano de 2050, esse percentual atinja o patamar de 68 %.

No caso brasileiro, esses números são ainda mais significativos: a população urbana superou a rural já nos anos 1960 e representa, atualmente, 86,6 % do total, devendo chegar a 92,4 % em 2050 (Figura 4.1). Soma-se a esses dados a elevada concentração urbana: 70 % dos brasileiros concentram-se em apenas 10 % do território, e as nove principais Regiões Metropolitanas do país concentram 30 % da população urbana (MINISTÉRIO DAS CIDADES, 2004).

Em nível global, destacam-se duas iniciativas para a promoção da sustentabilidade nas cidades: a Agenda 2030[3] da ONU e o Acordo do Clima de Paris, ambos compromissos assumidos em 2015 pelas nações. A Agenda 2030 é composta por 17 Objetivos de Desenvolvimento Sustentável (ODS) e 169 metas, e busca equilibrar as três dimensões do desenvolvimento sustentável: a econômica, a social e a ambiental. Dentre os ODS, destaca-se o objetivo 11: "tornar as cidades e os assentamentos humanos inclusivos, seguros, resilientes e sustentáveis".

---

2 Disponível em: https://population.un.org/wup/. Acesso em: 23 abr. 2022.

3 Disponível em: https://nacoesunidas.org/pos2015/agenda2030/. Acesso em: 23 abr. 2022.

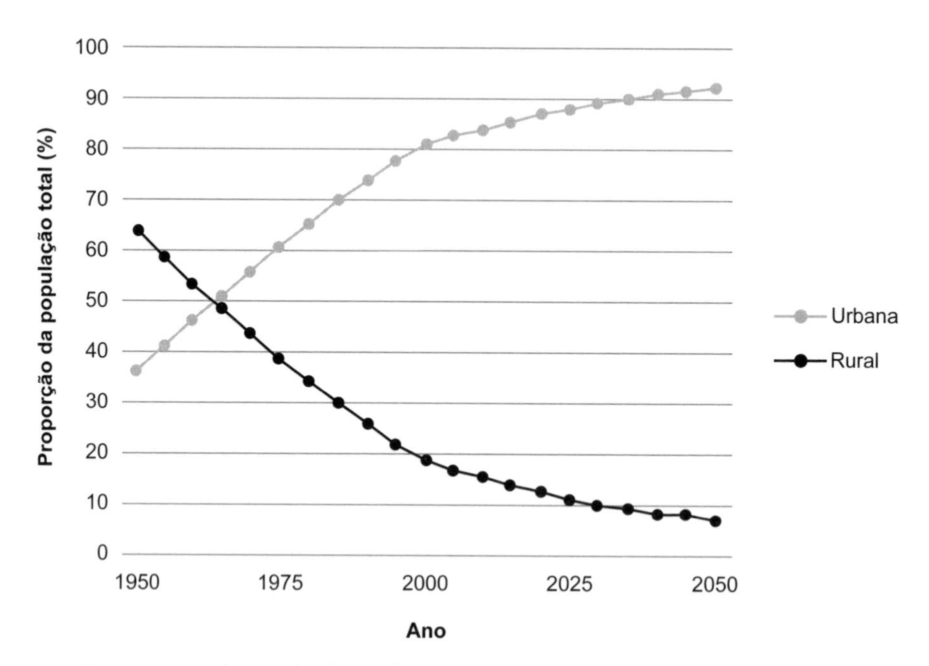

Figura 4.1 Porcentagem da população em áreas urbanas e rurais do Brasil, no período de 1950 a 2050. Fonte: adaptada de ONU (2018).

Já o Acordo do Clima de Paris,[4] firmado na 21ª Conferência das Partes (COP21) da UNFCCC (Convenção-Quadro das Nações Unidas sobre a Mudança do Clima, sigla em inglês), tem por objetivo central fornecer resposta global à ameaça da mudança do clima, reforçando a capacidade dos países para lidar com os impactos decorrentes dessas mudanças. Foi aprovado pelos 195 países integrantes da UNFCCC e tem por meta principal "assegurar que o aumento da temperatura média global fique abaixo de 2 °C acima dos níveis pré-industriais e prosseguir os esforços para limitar o aumento da temperatura a até 1,5 °C acima dos níveis pré-industriais".

Os governos locais, dentro do acordo, construíram seus próprios compromissos, a partir de um documento intitulado "Contribuições Nacionalmente Determinadas" (NDC, sigla em inglês). No caso do Brasil, a NDC prevê "uma redução estimada em 66 % em termos de emissões de gases efeito de estufa (GEE) por unidade do PIB (intensidade de emissões) em 2025 e em 75 % em termos de intensidade de emissões em 2030, ambas em relação a 2005" (MMA, 2016).

Para isso, o governo brasileiro se comprometeu, dentre outras medidas, a investir em bioenergia sustentável, restaurar e replantar florestas e aumentar o uso de energias renováveis. Nessa busca mais ampla por sustentabilidade e redução de emissões de GEE, as cidades desempenham papel fundamental e, consequentemente, a mobilidade condiciona todas as ações no meio urbano, sendo definida pela condição em que se realizam os deslocamentos de pessoas e cargas no espaço urbano (PNMU, 2012).

---

4 Disponível em: http://www.mma.gov.br/clima/convencao-das-nacoes-unidas/acordo-de-paris. Acesso em: 23 abr. 2022.

Nesse contexto, é sabido que o transporte de passageiros e cargas é responsável por parte das emissões de gases do efeito estufa. No caso das cidades brasileiras, nota-se que estas se desenvolveram com parâmetros de planejamento urbano que marginalizaram questões de mobilidade urbana eficiente e acessível. Assim, caracterizam-se por sua dispersão territorial e, portanto, são mais dependentes do uso do automóvel individual. A título de exemplo, um levantamento realizado pelo Instituto de Energia e Meio Ambiente (IEMA, 2017), intitulado "Inventário de Emissões Atmosféricas do Transporte Rodoviário de Passageiros no Município de São Paulo", demonstra o grande impacto que o uso de automóveis individuais tem para esse município: representam 73 % das emissões de gases de efeito estufa do setor de transportes (Figura 4.2) e carregam apenas 30 % do total de passageiros. Ademais, o mesmo estudo demonstra que os automóveis ocupam 88 % do espaço das vias, denotando a ineficiência da nossa atual mobilidade urbana.

De acordo com diretrizes do Painel Intergovernamental de Mudanças Climáticas, as emissões de CO2 associadas a combustíveis renováveis – como o etanol e o biodiesel – não são contabilizadas nesse indicador. Ainda assim, os automóveis ficaram com a maior parcela das emissões, mesmo excluindo as emissões de parte da frota de automóveis brasileira que circulou com etanol hidratado em 2015. Com relação à emissão de poluentes, os passageiros de automóveis também emitem mais material particulado, representando 72 % do total (Figura 4.3).

Assim, verifica-se que transportar pessoas no meio urbano pode ter grande impacto ambiental, pela queima dos combustíveis fósseis. Diante desse cenário, constata-se a necessidade de uma mudança de paradigma na mobilidade urbana, a fim de mitigar tal impacto, em prol da sustentabilidade urbana.

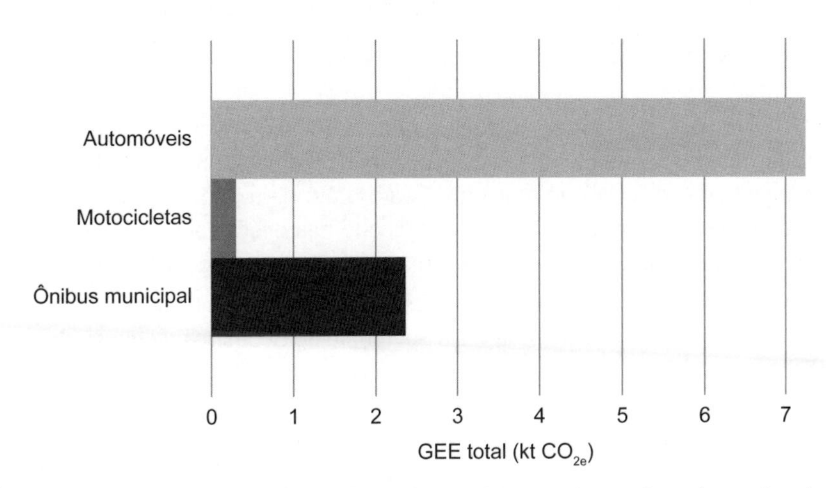

Figura 4.2 Emissões totais de GEE no dia (em kt CO_{2e}), para todos os tipos de combustíveis, no município de São Paulo. Fonte: adaptada de IEMA (2017).

Faz-se necessária e urgente a ampliação massiva de meios de transporte menos poluentes, substituindo o transporte individual pelo coletivo e incluindo cada vez mais meios de transporte ativos – a pé e em bicicleta – nas cidades brasileiras. Vale também acrescentar que a oferta de trabalho e serviços próximos aos setores habitacionais diminui a necessidade de deslocamentos longos, promovendo diretamente um aumento da mobilidade a pé.

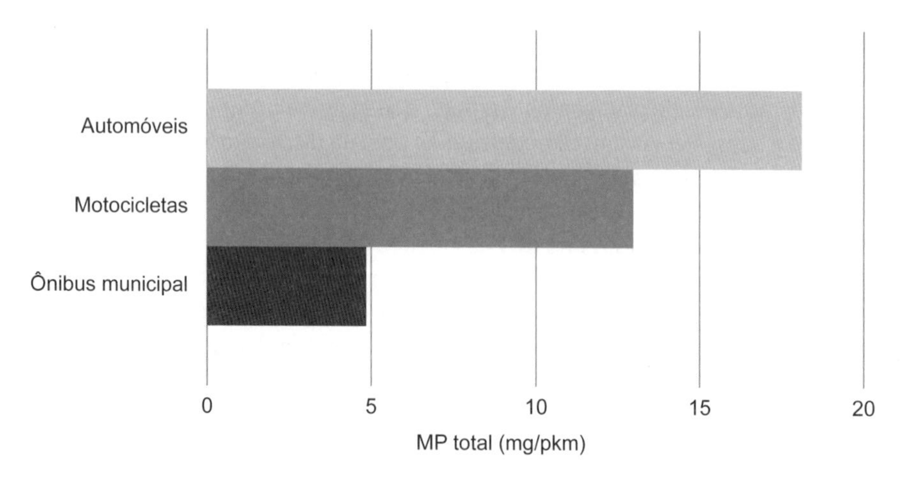

Figura 4.3 Emissões de Material Particulado Total (MP total) por passageiro-quilômetro (mg/pkm), para o município de São Paulo. Fonte: adaptada de IEMA (2017).

Para que tal transformação se viabilize, é primordial que o desenho urbano das cidades seja repensado e que se estabeleçam as condições adequadas - em termos de legislação e políticas públicas - para que ele se desenrole corretamente.

4.3 A legislação brasileira e a mobilidade a pé - linha do tempo

Washburn (2013) ressalta a importância do desenho urbano para melhores cidades, e que estas são parte intrínseca da identidade dos seus residentes. Steemers e Steane (2004), por sua vez, utilizam o conceito de "diversidade ambiental" para o ato de repensar as abordagens para o desenho do ambiente construído, que deve ser focado nas diferentes condições ambientais - condições térmicas, visuais e auditivas - que possam melhorar a experiência de arquitetura.

Na maioria das cidades brasileiras, essas questões foram negligenciadas, e é comum deparar-se com percursos pedonais inadequados ao percurso do pedestre ou em estado precário de conservação (Figura 4.4). Observa-se com frequência a implantação de equipamentos públicos e elementos de infraestrutura nas zonas de passagem, desníveis intransponíveis entre os lotes, larguras subdimensionadas, descontinuidade de percursos, entre outros problemas. Portanto, em muitos casos, o pedestre é preterido no meio urbano, e se vê obrigado a caminhar pela via ou por locais inóspitos (Figura 4.5), colocando em risco a própria segurança e, inclusive, a própria vida.

A situação atual dos percursos pedonais nos espaços livres urbanos deve-se, em parte, à sequência de decisões de cunho urbanístico do século XX. A industrialização acelerada, presente a partir dos anos 1950, contribuiu para uma aceleração do processo de urbanização das grandes metrópoles brasileiras. Somado a isso, a mecanização agrícola intensificou o êxodo rural, exponenciando o crescimento populacional das zonas urbanas e, especialmente, das zonas periféricas. Soma-se, ainda, a política rodoviarista iniciada no mesmo período, incentivando maciçamente o uso do veículo individual como meio de transporte e "estilo de vida".

Figura 4.4 Percurso pedonal inadequado e obstruído, em São Bernardo do Campo.

Figura 4.5 Passagem subterrânea de pedestres sob o Eixo Rodoviário, em Brasília.

Todos esses acontecimentos, ligados a uma ausência de políticas urbanas que promoveram o crescimento sustentável das zonas urbanizadas, priorizaram o desenho de cidades nas quais o carro é protagonista e o pedestre, coadjuvante. Considerando tal hierarquização imposta pela excessiva valorização do individual sobre o coletivo, as vias públicas se consolidaram como espaços hostis e inseguros ao pedestre, desincentivando a circulação a pé.

No entanto, nota-se, especialmente nos últimos anos, um movimento global de valorização do caminhar, entendendo-o como meio de transporte ativo e parte inerente da rede de mobilidade urbana dos municípios. No caso brasileiro isso também se aplica, sendo notável o surgimento de iniciativas em todo o país com relação aos meios de transporte ativos. Para compreender essa evolução, apresentam-se aqui os principais marcos em termos de legislação e políticas públicas em prol da mobilidade urbana – com foco no andar a pé – ao longo de 30 anos (1988-2020).

O direito dos cidadãos à cidade e, consequentemente, à mobilidade aparece já na Constituição Federal de 1988,[5] no "Capítulo II – Da Política Urbana". A Constituição Federal possibilitou maior autonomia dos municípios em contraposição à centralização existente durante o regime militar. Nos artigos 182 e 183, coloca-se que a política de desenvolvimento urbano será executada conforme

5 Disponível em: http://www.planalto.gov.br/ccivil_03/Constituicao/Constituicao.htm. Acesso em: 23 abr. 2022.

diretrizes estabelecidas em lei, a fim de que se ordene o desenvolvimento das funções sociais da cidade, garantindo o bem-estar dos seus habitantes. Para isso, a Constituição determina o Plano Diretor como instrumento básico da política de desenvolvimento e expansão urbana, sendo sua elaboração e implementação obrigatórias para cidades com mais de 20 mil habitantes. Além disso, com a Emenda Constitucional nº 90, de 15 de setembro de 2015, a Constituição passa a considerar o transporte como direito social. Assim, andar a pé, sendo considerado um meio de transporte ativo, é um direito social previsto na Constituição.

Já no ano de 1997, foi sancionado o Código de Trânsito Brasileiro[6] (Lei nº 9.503/1997). De acordo com a ANTP (2018), o código colocou "as autoridades locais no centro do planejamento e da gestão do trânsito", estabelecendo meios para fiscalizar, formar condutores, educar para o trânsito e para impor penalidades. Essa transferência maior de funções para o nível municipal foi realizada com vistas em um gerenciamento mais próximo das realidades locais. No código, artigo 1º, tem-se que o trânsito é "a utilização das vias por pessoas, veículos e animais, isolados ou em grupos, conduzidos ou não, para fins de circulação, parada, estacionamento e operação de carga ou descarga". Além de definir e estabelecer regras para o trânsito brasileiro, a lei denota a prioridade do pedestre em detrimento dos demais componentes do trânsito (artigo 29).

Em 2001, é sancionada a Lei nº 10.257/2001,[7] conhecida como Estatuto da Cidade, que tem por objetivo regulamentar a execução da política urbana de que tratam os artigos 182 e 183 da Constituição Federal. De acordo com o estatuto, a política urbana "tem por objetivo ordenar o pleno desenvolvimento das funções sociais da cidade e da propriedade urbana", do qual faz parte a garantia da oferta de transporte. Com relação ao pedestre, detalha características que devem conter os planos diretores dos municípios, enfatizando a necessidade de criação de um plano de rotas acessíveis que disponha sobre os passeios públicos a serem implantados ou reformados pelo poder público, com vistas a garantir acessibilidade da pessoa com deficiência ou com mobilidade reduzida. Vale observar que este último item foi incluído apenas em 2015, após o sancionamento da Lei Brasileira de Inclusão (Lei nº 13.146/2015).

No ano de 2003, e em continuidade aos esforços do governo em atribuir autonomia aos municípios com relação às políticas urbanas, é criado o Ministério das Cidades, com o objetivo de assegurar o acesso à moradia digna, à terra urbanizada, à água potável, ao ambiente saudável e à mobilidade com segurança (MINISTÉRIO DAS CIDADES, 2004). O Ministério, assim, foi composto por quatro secretarias nacionais, sendo uma delas focada em mobilidade: Secretaria Nacional de Mobilidade Urbana (Semob). No ano subsequente, publicaram-se diretrizes de mobilidade urbana sustentável no Caderno 6 do Ministério das Cidades, intitulado "Política nacional de mobilidade urbana sustentável" (MINISTÉRIO DAS CIDADES, 2004). Nesse caderno, apresentaram-se propostas de políticas setoriais de mobilidade urbana ao Conselho das Cidades (ConCidades), o que mais tarde culminaria na Política Nacional de Mobilidade Urbana. Vale ressaltar aqui que o documento definiu mobilidade urbana sustentável "como o resultado de um conjunto de políticas de transporte e circulação que visa proporcionar o acesso amplo e democrático ao espaço urbano, através da priorização dos modos não motorizados e coletivos de transporte, de forma efetiva, que não gere segregações espaciais, socialmente inclusiva e ecologicamente sustentável".

---

6 Disponível em: http://www.planalto.gov.br/ccivil_03/LEIS/L9503.htm. Acesso em: 23 abr. 2022.

7 Disponível em: http://www.planalto.gov.br/ccivil_03/leis/LEIS_2001/L10257.htm. Acesso em: 19 abr. 2022.

Assim, paulatinamente, o pedestre e o deslocamento a pé foram ganhando espaço na legislação brasileira. Aqui, especificamente, nota-se a importância crescente que os modos ativos de transporte (ou não motorizados) começaram a assumir: dentre as ações do programa, destaca-se o apoio a projetos de sistemas de circulação não motorizados. Neste, o objetivo é incentivar ações que valorizem os modos a pé, por bicicleta e a acessibilidade de pessoas portadoras de deficiência ou com mobilidade reduzida, integrando-os aos sistemas de transporte coletivo. Em termos urbanísticos, o programa prevê a criação de passeios, guias rebaixadas, sistemas cicloviários e sinalização adequada.

Ainda em 2004, é homologado o Decreto Federal nº 5.296/2004,[8] que, criado para regulamentar as Leis nº 10.048/2000 e nº 10.098/2000, dá prioridade de atendimento às pessoas portadoras de deficiência ou com mobilidade reduzida, e estabelece normas gerais e critérios básicos para a promoção da acessibilidade destas. No campo arquitetônico e urbanístico, o decreto prevê o cumprimento de exigências quanto à acessibilidade de pessoas com deficiência ou mobilidade reduzida no planejamento e na urbanização das vias, praças, dos logradouros, parques e demais espaços de uso público, atendendo aos princípios de desenho universal. Ressalta, ainda, o cumprimento do disposto em norma técnica de acessibilidade da ABNT (NBR 9050/2020).

Na discussão, incluem-se: a construção de calçadas para circulação de pedestres ou a adaptação de situações consolidadas, o rebaixamento de calçadas com rampa acessível ou elevação da via para travessia de pedestre em nível; e, por fim, a instalação de piso tátil direcional e de alerta. Aborda ainda o desenho e a instalação do mobiliário urbano e barreiras presentes nos percursos dos pedestres, incluindo vegetação, e também a sinalização semafórica que permita travessias para pessoas portadoras de deficiência ou mobilidade reduzida. Assim, as questões envolvendo o pedestre na cidade passaram a incluir, além de mobilidade, aspectos relativos à acessibilidade urbana.

Finalmente, no ano de 2012, e após 17 anos de tramitação (originária do PL nº 64/1995), é sancionada a Lei nº 12.587/2012,[9] a mais importante em termos de mobilidade urbana, pois institui as diretrizes da Política Nacional de Mobilidade Urbana (PNMU). O Estatuto da Cidade já versava sobre a mobilidade urbana, porém seu foco incidia apenas sobre a obrigatoriedade da existência de plano de transporte urbano integrado para os municípios com mais de 500 mil habitantes (artigo 41). Já a PNMU, por sua vez, estabeleceu que a obrigatoriedade de elaboração de Plano de Mobilidade (PlanMob) se aplicasse a cidades com mais de 20 mil habitantes. Isso fez com que a obrigatoriedade de elaboração da política passasse de 38 para 1.663 municípios. Assim, a aprovação da PNMU configura-se em um importante marco na gestão das políticas públicas nas cidades brasileiras, em relação à mobilidade urbana (IPEA, 2012).

Essa lei, assim, visa contribuir com a instituição de diretrizes de mobilidade aos municípios, por meio da adoção de instrumentos para melhorar as condições de mobilidade nas cidades brasileiras. Com relação ao pedestre, a PNMU caracteriza os sistemas não motorizados de mobilidade urbana (a pé ou bicicleta) e prevê a dotação de espaço exclusivo nas vias públicas para

---

8 Disponível em: http://www.planalto.gov.br/ccivil_03/_Ato2004-2006/2004/Decreto/D5296.htm. Acesso em: 23 abr. 2022.

9 Disponível em: http://www.planalto.gov.br/ccivil_03/_ato2011-2014/2012/lei/l12587.htm. Acesso em: 23 abr. 2022.

esse tipo de transporte. A Lei afirma que tais meios de transporte são prioritários, e estabelece que sua implementação é obrigatória em municípios que não sejam dotados de transporte público coletivo ou individual: "nos Municípios sem sistema de transporte público coletivo ou individual, o Plano de Mobilidade Urbana deverá ter o foco no transporte não motorizado e no planejamento da infraestrutura urbana destinada aos deslocamentos a pé e por bicicleta, de acordo com a legislação vigente". Assim, apesar de não haver nenhuma exigência qualitativa em relação aos sistemas não motorizados, ou com relação ao conforto pedonal e do ciclista, o sancionamento dessa Lei representou grande avanço em termos de legislação acerca da mobilidade urbana por modos ativos (a pé ou bicicleta).

Por último, a lei estabelece aos municípios prazo máximo para elaboração do plano, a partir da entrada em vigor da lei, sob pena de ficarem impedidos de receber recursos orçamentários federais destinados à mobilidade urbana até o atendimento à lei. Na promulgação da lei, o prazo era de três anos. Em junho de 2018, o prazo foi estendido a sete anos, encerrando-se em abril de 2019. Posteriormente, a Medida Provisória 906/2019 ampliou o prazo para abril de 2021. Por fim, em maio de 2020 foi sancionada a Lei nº 14.000/2020,[10] que estabelece que o Plano de Mobilidade Urbana deve ser elaborado e aprovado nos seguintes prazos: abril de 2022, para municípios com mais de 250 mil habitantes; e abril de 2023, para municípios com até 250 mil habitantes. A referida lei também estende a obrigatoriedade a municípios integrantes de Regiões Metropolitanas, Regiões Integradas de Desenvolvimento Econômico e aglomerações urbanas com população total superior a 1 milhão de habitantes; e municípios integrantes de áreas de interesse turístico, incluídas cidades litorâneas.

Essa prorrogação contínua dos prazos é reflexo da dificuldade, por parte dos municípios brasileiros, em aderir à política e elaborar seus planos. Desde 2014, a antiga Secretaria Nacional de Mobilidade e Desenvolvimento Regional e Urbano[11] atual Ministério do Desenvolvimento Regional, vem fazendo um levantamento[12] em 3.476 municípios brasileiros mais o Distrito Federal, a fim de se averiguar o *status* de elaboração de seus Planos de Mobilidade Urbana (PMUs) (62 % do total dos municípios brasileiros). Participaram do levantamento os municípios com mais de 20 mil habitantes, que fazem parte de Regiões Metropolitanas, Aglomerações Urbanas e Regiões Integradas de Desenvolvimento Econômico; em área de interesse turístico e em área de impacto ambiental e municípios que participaram de alguma capacitação presencial da Semob[11] desde 2013. Houve taxa de resposta de 67 %, e identificou-se que apenas 14 % dos respondentes declararam possuir o PMU elaborado e 36 % declararam possuir Plano de Mobilidade Urbana ou estar em processo de elaboração dele (Figura 4.6).

---

10 Disponível em: http://www.planalto.gov.br/ccivil_03/_Ato2019-2022/2020/Lei/L14000.htm. Acesso em: 23 abr. 2022.

11 A Secretaria Nacional de Mobilidade Urbana (Semob) do Ministério das Cidades, que coordenava esse trabalho, passou a integrar a Secretaria Nacional de Mobilidade e Desenvolvimento Regional e Urbano em março de 2020. Disponível em: http://www.planalto.gov.br/ccivil_03/_ato2019-2022/2020/decreto/D10290.htm. Acesso em: 2 set. 2020.

12 Disponível em: https://www.gov.br/mdr/pt-br/assuntos/mobilidade-e-servicos-urbanos. Acesso em: 6 abr. 2022.

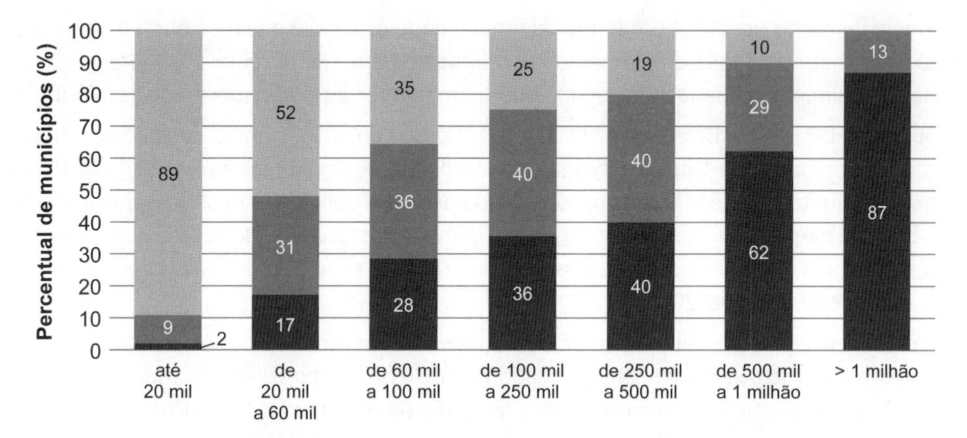

Figura 4.6 Percentual de municípios que possuem Plano de Mobilidade Urbana por porte de municípios. Fonte: adaptada de Ministério do Desenvolvimento Regional (2020).

Os números observados nesse levantamento devem-se a diversos fatores. De acordo com a Confederação Nacional de Trânsito (CNT, 2018), é notável "a falta de qualificação técnica das prefeituras para o desenvolvimento de estudos para os sistemas de mobilidade urbana, bem como a falta de recursos para viabilizar as ações necessárias", ao que se soma a falta de coordenação e incentivo por parte do governo federal. Como exemplo disso, no mesmo ano em que sancionou a PNMU, o governo federal reduziu alíquotas de Imposto sobre Produtos Industrializados (IPI) para veículos automotores e reduziu a zero os impostos para veículos de até mil cilindradas. Esse tipo de política vai na contramão dos interesses da PNMU, pois, ao estimular a compra de veículos individuais populares, dificulta que se obtenha a prioridade do transporte não motorizado sobre o transporte motorizado e do transporte coletivo sobre o individual. Ademais, a CNT aponta que tal política diminuiu a demanda pelos serviços públicos de transporte, comprometendo a gestão financeira das empresas de transporte e, consequentemente, dificultando a realização de investimentos.

Com relação a outros marcos importantes para a legislação, tem-se, no ano de 2015, a entrada em vigor do Estatuto da Metrópole[13] (Lei nº 13.089/2015) e da Lei Brasileira de Inclusão da Pessoa com Deficiência[14] (Lei nº 13.146/2015). A primeira "estabelece diretrizes gerais para o planejamento, a gestão e a execução das funções públicas de interesse comum em regiões metropolitanas e em aglomerações urbanas instituídas pelos estados, normas gerais sobre o plano de desenvolvimento urbano integrado e outros instrumentos de governança interfederativa, e critérios para o apoio da União a ações que envolvam governança interfederativa no campo do desenvolvimento urbano".

---

13 Disponível em: http://www.planalto.gov.br/ccivil_03/_Ato2015-2018/2015/Lei/L13089.htm. Acesso em: 23 abr. 2022.

14 Disponível em: http://www.planalto.gov.br/ccivil_03/_ato2015-2018/2015/lei/l13146.htm. Acesso em: 23 abr. 2022.

O principal avanço dessa lei, em termos de mobilidade urbana, é que o estatuto estabelece que as regiões metropolitanas e aglomerações urbanas devem contar com a elaboração de plano de desenvolvimento urbano integrado, o que permite abordar o transporte em escala regional.

Já com relação à Lei Brasileira de Inclusão da Pessoa com Deficiência, destaca-se, em termos de mobilidade urbana, o Capítulo X, que trata do direito ao transporte e à mobilidade. Ressalta-se que tal direito deve ser assegurado em igualdade de oportunidades, com a eliminação de obstáculos e barreiras de acesso. Configura-se como a consolidação da acessibilidade da pessoa com deficiência e mobilidade reduzida no meio urbano, processo já iniciado em 2004 com o Decreto Federal nº 5.296/2004.

Por fim, em 2017, o Ministério das Cidades, a fim de impulsionar projetos de infraestrutura voltados ao transporte coletivo e não motorizado, lançou o programa "Avançar Cidades – Mobilidade Urbana".[15] O programa disponibiliza fundos do FGTS para municípios, sendo estes classificados em dois grupos – até 250 mil habitantes e com mais de 250 mil habitantes – e tem o objetivo de "melhorar a circulação das pessoas nos ambientes urbanos por intermédio do financiamento de ações de mobilidade urbana voltadas à qualificação viária, ao transporte público coletivo sobre pneus, ao transporte não motorizado (transporte ativo) e à elaboração de planos de mobilidade urbana e de projetos executivos". Para poder aceder ao fundo, os municípios devem possuir seus planos de mobilidade urbana elaborados. Assim, a iniciativa denota o compromisso do governo federal na promoção da sustentabilidade urbana e em contribuir para a implantação dos planos de mobilidade urbana dos municípios.

Em novembro de 2018, a Semob publicou um caderno técnico acerca de indicadores para monitoramento e avaliação da efetividade da Política Nacional de Mobilidade Urbana (PNMU), avaliados quanto a três critérios – eficiência, eficácia e efetividade –, compilados em sete eixos temáticos: qualidade do sistema de mobilidade urbana; desenvolvimento urbano integrado; sustentabilidade econômica e financeira; gestão democrática e controle social; acesso e equidade; sustentabilidade ambiental; e acidentes de transportes (MINISTÉRIO DAS CIDADES, 2018).

Com base no detalhamento de cada eixo temático, chegou-se a 31 indicadores, passíveis de revisão. Até o presente momento, 12 indicadores já foram apurados, 10 serão em médio prazo e 9 em longo prazo. Com relação à mobilidade a pé e por bicicleta, o próprio documento denota que a lista de indicadores ainda possui lacunas no que se refere à avaliação das condições de mobilidade por esses dois modais, mesmo havendo indicadores de divisão modal e comparativos entre modos de transporte motorizados e não motorizados. O documento também não faz menção à evolução da taxa de adesão dos municípios brasileiros à elaboração de suas políticas de mobilidade, com relação ao estudo publicado em 2016.

Apesar das dificuldades apontadas, nota-se que a mobilidade a pé tem ganhado espaço no debate das políticas públicas, seja em nível federal, como apresentado anteriormente, seja em nível local. Nos últimos anos, observa-se ainda que muitos municípios têm adotado em suas políticas maior priorização do pedestre, considerando o andar a pé um meio de transporte que deve ser integrado à rede de transportes como um todo. A título de exemplo, no caso do município de São Paulo, destacam-se as seguintes iniciativas:

---

15 Disponível em: https://www.gov.br/mdr/pt-br/assuntos/mobilidade-e-servicos-urbanos/avancar-cidades-mobilidade-urbana. Acesso em: 23 abr. 2022.

- Decreto nº 45.904/2005, que trata da padronização dos passeios.
- Lei nº 14.675/2008, que estabelece diretrizes para o Plano Emergencial de Calçadas (PEC).
- Lei nº 15442/2011, que trata de Construção e manutenção de passeios.
- Lei Municipal nº 16.050/2014, que aprova a Política de Desenvolvimento Urbano e o Plano Diretor Estratégico do Município de São Paulo.
- Decreto nº 56.834/2016, que institui o Plano Municipal de Mobilidade Urbana (PlanMob) de São Paulo.
- Lei nº 16.402/2016, que institui a nova Lei de Parcelamento, uso e ocupação do solo do município de São Paulo.
- Lei nº 16.673/2017, que institui o Estatuto do Pedestre.
- Decreto nº 59.670/2020, que regulamenta a Lei nº 16.673/2017, a qual institui o Estatuto do Pedestre no município de São Paulo.

De todas as leis e decretos apresentados, merece atenção o Estatuto do Pedestre, regulamentado pelo Decreto nº 59.670 em agosto de 2020. O Estatuto representa um importante passo para políticas de mobilidade urbana com foco no pedestre. Primeiro, define o conceito de pedestre: "toda pessoa que, circulando a pé, utiliza os passeios públicos e calçadas dos logradouros, vias, travessas, vias de pedestres, vielas, escadarias, passarelas, passagens subterrâneas, praças e áreas públicas na área urbana e rural e nos acostamentos das estradas e vias na área rural do Município". Por fim, define o conceito de mobilidade a pé e de infraestrutura para a caminhada. Possui capítulos dedicados ao financiamento das ações previstas na lei (como o Fundurb – Fundo de Desenvolvimento Urbano, p. ex.), à criação de um Sistema de Informações sobre Mobilidade a Pé, sistema de sinalização para o pedestre, direitos e deveres do pedestre, entre outros.

Com relação ao conforto do pedestre, ressalta-se o artigo 3º, em que a Lei estabelece o direito do pedestre à "qualidade da paisagem visual, ao meio ambiente seguro e saudável, ao desenvolvimento sustentável da cidade, ao direito de ir e vir, de circular livremente a pé, com carrinhos de bebê ou em cadeiras de rodas, nas faixas de travessia sinalizadas das vias, nos passeios públicos, calçadas, praças e áreas públicas, sem obstáculos de qualquer natureza, assegurando-lhes segurança, mobilidade, acessibilidade e conforto, com a proteção em especial de crianças, pessoas com deficiência ou mobilidade reduzida e as da terceira idade". A criação de um Sistema de Informações sobre Mobilidade a Pé, com dados estatísticos sobre circulação, fluxos, acidentes, atropelamentos e quedas, facilita a criação de políticas públicas voltadas à mobilidade a pé, uma vez que grande parte da dificuldade em lidar com questões relacionadas aos deslocamentos a pé reside na ausência de levantamentos. Outros municípios do país começaram a elaborar seus estatutos do pedestre também, como é o caso de Curitiba e Maringá, por exemplo.

Concluindo, é possível afirmar que, de modo gradativo, o caminhar vem ganhando força no debate das políticas públicas, especialmente quando tratado como meio de transporte ativo. Os desafios são grandes e residem sobretudo na adesão dos municípios às políticas de mobilidade urbana, na qualificação técnica das prefeituras e na disponibilidade de fundos para investir em projetos urbanos com foco no caminhar. No entanto, apesar dos entraves, as iniciativas dos governos federal e municipais têm se mostrado cada vez mais convergentes no sentido de dar maior prioridade aos meios de transporte não motorizados, ampliando a acessibilidade da pessoa com deficiência ou mobilidade reduzida, com o objetivo de se criarem cidades mais caminháveis e humanas. Por último, o surgimento de leis municipais com foco prioritário no pedestre, como o Estatuto do Pedestre aprovado em São Paulo, é instrumento importantíssimo para lidar com as realidades locais e alcançar uma mobilidade a pé adequada.

4.4 Andar a pé nos centros urbanos: em busca da caminhabilidade

Reiterando o que foi dito anteriormente, evitar viagens motorizadas e priorizar o deslocamento a pé nas cidades contribui à sustentabilidade urbana, minimizando o impacto ambiental da mobilidade nas cidades. Porém, não se trata apenas disso; caminhar a pé nas cidades tem inúmeros outros aspectos e benefícios que justificam seu incentivo.

Individualmente, o caminhar a pé tem relação direta com a saúde pública e a saúde urbana. Uma cidade saudável é aquela em que há boa qualidade de vida (SALDIVA, 2018), e os efeitos da poluição e da mobilidade urbana ainda não são abordados com a devida importância nas políticas de saúde pública. Segundo Saldiva, as horas que um indivíduo passa se deslocando podem afetar sua saúde, pela maior exposição aos poluentes, como também seu desenvolvimento intelectual e até mesmo sua ascensão social e econômica, já que o tempo para descanso ou estudo é gasto com deslocamento (SALDIVA, 2016; 2018). Por fim, aponta que uma das soluções para recuperar a saúde de nossas cidades consiste em estabelecer modelos eficientes de mobilidade urbana, combinando velocidade, conforto, baixas emissões de poluentes e gases do efeito estufa, estímulo à mobilidade ativa e modificação de hábitos alimentares. Portanto, um padrão de deslocamento mais ativo é essencial para se lograrem melhores cidades.

Nessa mesma direção, pesquisas recentes estimam que um incremento de 24,1 % do deslocamento ativo no município de São Paulo, por exemplo, seria capaz de reduzir em 4,9 % a emissão de poluentes proveniente de veículos, havendo uma queda em casos de doenças cardiovasculares e de diabetes tipo 2 no município (STEVENSON *et al.*, 2016).

No entanto, os benefícios do caminhar vão para além do impacto na saúde humana. Um estudo recente publicado pela consultoria ARUP (ARUP, 2016) aponta 50 benefícios ligados ao caminhar, classificados em 16 grandes áreas e quatro categorias: (i) benefícios sociais (saúde e bem-estar, segurança, *placemaking*, coesão social e equidade); (ii) benefícios econômicos (atratividade, economia local, regeneração urbana, economia de custos); (iii.)benefícios ambientais (ciclos virtuosos, ecossistemas, habitabilidade, eficiência nos transportes); e (iv) benefícios políticos (liderança, governança urbana, desenvolvimento sustentável e planejamento de oportunidades).

Identificando essa importância, a Organização das Nações Unidas elencou, no documento "Diretrizes Internacionais para Planejamento Urbano e Territorial", algumas recomendações focadas no caminhar (ONU-HABITAT, 2015). Dentre essas, destacam-se os seguintes trechos:

> "usar o planejamento urbano e territorial para reservar um espaço adequado para ruas, visando desenvolver uma rede de ruas seguras, confortáveis e eficientes, permitindo um alto nível de conectividade e incentivando o transporte não motorizado para melhorar a produtividade econômica e facilitar o desenvolvimento econômico local; [...] criar ruas e incentivar caminhadas, o uso de transporte não motorizado e do transporte público e plantar árvores para fornecer sombra e absorver o dióxido de carbono".

Considerando os benefícios elencados, emergiu, nos últimos anos, o conceito de *walkability* – caminhabilidade, em português, conceito que avalia não apenas os benefícios de saúde para o usuário, mas também benefícios ambientais e econômicos. Em linhas gerais, pode-se dizer que os fatores que influenciam a caminhabilidade são a presença ou ausência de qualidade de calçadas e outros tipos de caminhos para pedestres, avaliando condições de trânsito e de vias, padrões de uso do solo, acessibilidade aos edifícios, proximidade de destinos e segurança, entre outros. Quando se logra a caminhabilidade, aumenta-se a interação social entre os transeuntes, o crescimento da relação pessoal entre pessoas que vivem na mesma área da cidade, a quantidade de crimes é reduzida, há aumento da sensação de pertencimento das pessoas, entre outros benefícios. Além disso, a caminhabilidade pode considerar dois grupos de critérios: os objetivos, ou diretos, que são as condições físicas das calçadas e do percurso; e os subjetivos, ou indiretos, que se referem às sensações que se tem enquanto caminha.

O termo surgiu pela primeira vez em 1993, quando Bradshaw definiu caminhabilidade como a "qualidade do lugar", propondo a criação de um índice composto por dez categorias para mensurá-la: densidade, estacionamentos fora da rua por agregado familiar, número de lugares para sentar por domicílio, chances de encontrar alguém que se conhece enquanto caminha, idade em que uma criança pode andar sozinha, segurança do bairro do ponto de vista das mulheres, capacidade de resposta do serviço de trânsito, "lugares de significância" da vizinhança, parques e, por fim, presença de calçadas (BRADSHAW, 1993).

Desde então, muitos autores vêm adotando o termo e criando novas definições para ele. Para Michael Southworth, por exemplo, existe caminhabilidade quando o espaço estimula o caminhar, com conforto e segurança, e ressalta a importância do tempo de conexão entre pessoas e destinos, bem como a existência de estímulos visuais nos percursos. Por fim, estabelece parâmetros necessários à aferição da caminhabilidade: conectividade, conexão com outros modais de transporte, uso do solo, segurança, qualidade dos percursos e o contexto local dos percursos (SOUTHWORTH, 2005). O urbanista Jeff Speck estabelece, por sua vez, dez passos para garantir a caminhabilidade. Destacam-se dois deles, por estarem intrinsecamente relacionados com o conforto ao caminhar. O primeiro consiste nas "formas dos espaços": o ser humano necessita inatamente praticar duas atividades: prospectar e se refugiar. Assim, no meio urbano construído, o ser humano deve poder praticar com autonomia essas duas atividades, de forma a sentir-se confortável. Nesse sentido, Speck coloca que a vitalidade da forma urbana é um dos elementos que afetam diretamente nosso conforto. Acrescenta, ainda, que os fatores climáticos impactam menos o usuário que o precário desenho das nossas vias. Na sequência, o segundo passo que merece destaque consiste no plantio de árvores, pois, segundo o autor, a arborização urbana impacta diretamente na caminhabilidade. Por fim, comenta a dificuldade de implementar uma arborização urbana eficiente em detrimento de discursos sobre visibilidade e segurança ao dirigir. Ou seja, as cidades, por vezes, sobrepõem os interesses dos automóveis aos do pedestre (SPECK, 2012).

Ghidini, por sua vez, enfatiza que a caminhabilidade deve induzir mais pessoas a se deslocarem a pé, e, para tanto, deve comprometer recursos com vistas a uma reestruturação da infraestrutura física e social das cidades (GHIDINI, 2011).

Nessa vertente de valorização da caminhabilidade e do andar a pé como meio de transporte ativo, várias cidades do mundo começaram a realizar intervenções no meio urbano. Uma das cidades mais ativas nesse quesito é Nova York. O departamento de planejamento da cidade lançou, em 2013, um documento intitulado *Active Design: Shaping the sidewalk experience*. Neste, além da escala humana, propõe-se que os percursos pedonais devam abranger também a escala da dimensão horizontal (que inclui a unidade, o edifício e a rua) e a dimensão vertical (criada pelos planos de fachadas no passeio, incluindo elementos urbanos como postes, árvores etc.) (NOVA YORK, 2013). Desde então, diversas ações foram implementadas nos passeios públicos da metrópole.

No Brasil, também estão sendo propostas várias estratégias com vistas ao caminhar, e existem estudos que desenvolveram índices de caminhabilidade. Nesse quesito, destaca-se o índice desenvolvido pelo Instituto de Políticas de Transporte e Desenvolvimento (ITDP Brasil), denominado "Índice de Caminhabilidade", em parceria com o Instituto Rio Patrimônio da Humanidade (IRPH).

Nesse caso, apresenta-se um passo a passo para a aplicação de uma ferramenta, composta por 15 indicadores agrupados em seis categorias: segurança viária, atração, calçada, ambiente, mobilidade e segurança pública. O objetivo do índice seria "avaliar as condições do espaço urbano e monitorar o impacto de ações de qualificação do espaço público", indicando em que medida favorecem ou não os deslocamentos a pé (ITDP, 2019).

Além disso, para se lograr a caminhabilidade, é essencial que aspectos relativos ao conforto ambiental sejam considerados, tais como conforto térmico, luminoso, acústico e ergonômico. Nesse aspecto, um estudo conduzido por pesquisadores do Laboratório de Conforto Ambiental e Eficiência Energética da FAUUSP (LABAUT), propõe uma metodologia de análise de microacessibilidade do meio urbano (MÜLFARTH; MONTEIRO, 2014). Em 2014, realizou-se um "Safári Urbano", no entorno da estação Berrini da Companhia Paulista de Trens Metropolitanos (CPTM). A metodologia consistiu na aplicação de fichas, medições e realização de entrevistas nesses locais. Entre os parâmetros quantitativos analisados, consideraram-se: existência de ciclovias, estacionamentos, atrativos verdes, a velocidade de vias, os fluxos de pedestres e veículos, a variedade de usos do solo, a largura das calçadas, a proximidade aos meios de transporte público e a presença e adequação de obstáculos fixos e móveis nos passeios. Já as entrevistas tiveram por objetivo aferir a satisfação acústica, térmica e luminosa dos pedestres nos espaços avaliados. Por último, as medições das condições microclimáticas locais serviram para complementar a análise. O estudo concluiu, entre outros aspectos, que "segundo a percepção dos pedestres entrevistados, o local do caminhar deve comportar o fluxo de pessoas e deve propiciar condições de piso para tanto. Suprida essa necessidade, são as condições de conforto térmico que determinarão em grande medida a satisfação geral com o local".

Além das publicações e estudos técnicos a respeito do tema, algumas iniciativas práticas – também conhecidas como urbanismo tático – têm surgido pelo mundo, com vistas à valorização do caminhar na cidade. A seguir, enumeram-se algumas delas, apenas com o intuito de exemplificar o fenômeno.

Em 2009, a prefeitura de Nova York fechou a Times Square temporariamente para veículos, destinando-a exclusivamente para o pedestre ou ciclista, a fim de diminuir o número de acidentes na zona.[16] O sucesso da medida levou a prefeitura da cidade a fazer um projeto permanente para um de seus pontos turísticos mais importantes. A medida reduziu o número de acidentes com pedestres em 40 %, e, com veículos, em 15 %. Além dos benefícios urbanos, a solução aumentou em 50 % as vendas dos comércios locais (Figura 4.7).

---

16 Disponível em: www.nyc.gov. Acesso em: 23 abr. 2022.

Em 2012, no município de Ghent, na Bélgica, a prefeitura perguntou aos cidadãos qual seria a visão deles com relação a um futuro sustentável para a cidade. A resposta foi o desejo de se ter uma cidade sem carros, com pistas cicláveis, transporte público e pessoas utilizando o espaço público. Foi realizada, então, uma intervenção na cidade, fechando ruas para o acesso de carros. A ideia teve tanto êxito que, em 2015, a prefeitura fechou as ruas principais da cidade por dez semanas, em projeto que ficou conhecido como "Living Streets"[17] (Figura 4.8). Atualmente, o projeto se expandiu internacionalmente e conta com a colaboração de países como França, Reino Unido, Croácia, Holanda e Itália.

Figura 4.7 Antes e depois de trecho da Times Square, em Nova York.

Outro exemplo recente foi a intervenção na rua Joel Carlos Borges,[18] em 2017, no município de São Paulo. Próxima à estação de trem Berrini, à qual a rua dá acesso, comporta intenso fluxo de pedestres em horários de pico. Alvo de uma intervenção urbana, as calçadas foram ampliadas por meio de ações simples, com pintura no solo e colocação de balizadores. Verifica-se que essas pequenas ações no desenho urbano podem garantir maior proteção a quem caminha a pé, ampliando o local destinado à circulação dos pedestres e encurtando as travessias. Esse tipo de ação pretende ser replicado em outras áreas do município (Figura 4.9).

---

17 Disponível em: http://www.energy-cities.eu/. Acesso em: 23 abr. 2022.

18 Disponível em: https://www.urb-i.com/rua-joel. Acesso em: 23 abr. 2022.

Figura 4.8 Projeto "Living Streets" em Ghent, Bélgica.

Figura 4.9 Antes e depois de intervenção na rua Joel Carlos Borges.

Nota-se que os benefícios ambientais e individuais do caminhar estão sendo massivamente abordados em diversas áreas de estudo e em regiões geográficas distintas. Em consonância com o que afirma Pozueta (2009), nota-se que o deslocamento a pé pode ser aliado de maneira frutífera ao urbanismo, com o desenho urbano, e até mesmo com a arquitetura, aumentando a capacidade de se alcançarem determinados destinos ou atividades.

Considerações finais

Caminhar desempenha papel fundamental no meio urbano, como estruturador básico do espaço livre das cidades. Tal papel é ainda mais relevante quando se encara o caminhar como meio de transporte ativo, essencial na busca da sustentabilidade urbana. No Brasil, tendo em vista o acelerado processo de urbanização das cidades e a projeção de contínuo crescimento deste, incentivar o deslocamento ativo, integrando-o à rede de transporte, se faz ainda mais necessário.

É notável, ainda, um desenho urbano nas cidades voltado ao incentivo do automóvel individual. No entanto, o negativo impacto desse modelo em termos de saúde pública e emissões de GEE demonstra sua obsolescência e a necessidade urgente de uma transformação urbana.

Em nível mundial, observa-se um movimento de ressignificação do caminhar e uma crescente valorização do pedestre. A inserção de questões do transporte ativo nas diretrizes internacionais de planejamento urbano, publicadas recentemente pela ONU-HABITAT, é um exemplo disso. Emerge, assim, uma visão mais antropocêntrica de cidade, focada nas pessoas.

No entanto, o caminho a percorrer ainda é longo. É necessário repensar o desenho urbano, para que se criem as condições de caminhabilidade aos pedestres. Para isso, é crucial que a legislação e as políticas públicas levadas a cabo nos países possibilitem tal transformação. No caso brasileiro, verifica-se que houve avanço positivo com relação à abordagem do pedestre na cidade. Houve uma evolução, em termos de leis, decretos e normas, a favor da caminhabilidade e maior acessibilidade do pedestre nos meios urbanos. A Política Nacional de Mobilidade Urbana, em nível nacional, e o Estatuto do Pedestre, em nível municipal, têm se mostrado ferramentas valiosas nesse processo. Contudo, ainda é visível a necessidade de maior congruência das políticas públicas, a fim de que os objetivos dessas novas iniciativas se concretizem. Exemplo disso seria uma necessária revisão de políticas que incentivem a compra de automóveis individuais, como a isenção de IPI ocorrida recentemente.

Os municípios têm prazo estendido para realizar os seus Planos de Mobilidade (PlanMobs), em função da baixa adesão à sua elaboração. A falta de qualificação e treinamento do corpo técnico das prefeituras, bem como a disponibilização de fundos para investimento em cidades mais caminháveis, demonstraram-se fatores que contribuíram para isso. Não bastará às cidades realizar os seus respectivos planos, é crucial dar a esses municípios as condições para que as metas de suas políticas possam ser implementadas satisfatoriamente. Além disso, em termos de mobilidade a pé, é necessário avaliar a qualidade de tais planos e o nível de atendimento ao incentivo do transporte ativo.

Simultaneamente a esse avanço em termos legais, nota-se uma mobilização geral da sociedade civil e da academia em torno da busca de maior caminhabilidade nas cidades. Vários estudos têm sido conduzidos nos últimos anos, bem como intervenções práticas nas cidades. Exemplos de intervenções como as ocorridas em Nova York, Ghent e São Paulo ilustram esse movimento.

Em muitos casos, as intervenções são simples e de baixo custo, sendo mais importante uma mudança cultural do que de infraestrutura propriamente dita.

Tal mudança de comportamento é essencial, tanto no sentido de estimular um uso menor do automóvel individual como no de educar o motorista para priorizar o pedestre no meio urbano. Algumas estratégias de desenho urbano – tais como rebaixamento de calçadas, alargamento de calçadas e diminuição de faixas de travessia – contribuem para maior segurança do pedestre, mas não são eficazes se os cidadãos não se ajustarem a esse novo modelo de urbanismo.

Em suma, pode-se afirmar que há uma mudança de paradigma em curso. Há muito ainda por ser feito, mas o pedestre tem sido protagonista de muitas ações e intervenções recentes no meio urbano, e as cidades começam a empenhar-se em prover mais condições de caminhabilidade aos seus habitantes.

RESUMO

Este capítulo discutiu a importância dos deslocamentos a pé para as cidades, e seu impacto na mobilidade urbana e acessibilidade. Primeiramente, apresentou-se um panorama global da busca pela sustentabilidade urbana, na qual a mobilidade a pé desempenha papel crucial. Em seguida, foi realizado um levantamento dos principais marcos da mobilidade urbana no Brasil, em termos de legislação e políticas públicas dos últimos 30 anos. Por fim, apresentaram-se os benefícios dos deslocamentos a pé para as cidades e a busca recente da caminhabilidade em centros urbanos.

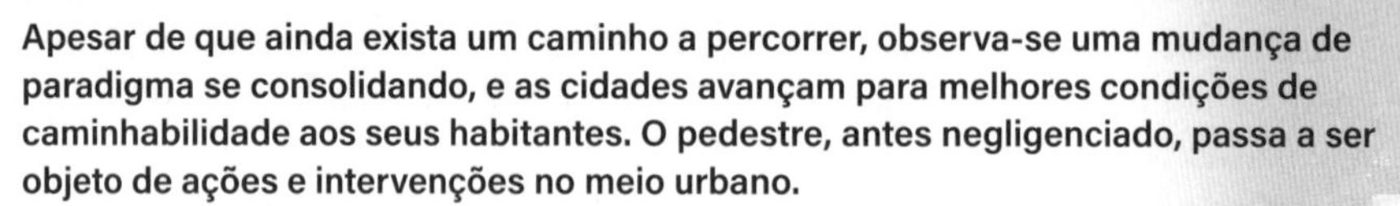

Apesar de que ainda exista um caminho a percorrer, observa-se uma mudança de paradigma se consolidando, e as cidades avançam para melhores condições de caminhabilidade aos seus habitantes. O pedestre, antes negligenciado, passa a ser objeto de ações e intervenções no meio urbano.

Bibliografia

ARUP. *Cities alive*: towards a walking world. Londres: Arup, 2016.

ASSOCIAÇÃO NACIONAL DE TRANSPORTES PÚBLICOS – ANTP. *Sistema de Informações da Mobilidade Urbana* – Simob/ANTP: Relatório geral 2018. São Paulo, 2020. Disponível em: http://files.antp.org.br/simob/sistema-de-informacoes-da-mobilidade--simob--2018.pdf. Acesso em: 23 abr. 2022.

BRADSHAW, C. *A rating system for neighbourhood walkability.* 14th International Pedestrian Conference, Boulder, Colorado, 1993.

BRASIL. *Constituição da República Federativa do Brasil de 1988*, 1988.

BRASIL. *Lei Federal nº 12.587/2012*, institui as diretrizes da Política Nacional de Mobilidade Urbana; revoga dispositivos dos Decretos-Leis nºs 3.326, de 3 de junho de 1941, e 5.405, de 13 de abril de 1943, da Consolidação das Leis do Trabalho (CLT), aprovada pelo Decreto-Lei nº 5.452, de 1º de maio de 1943, e das Leis nºs 5.917, de 10 de setembro de 1973, e 6.261, de 14 de novembro de 1975; e dá outras providências, 2012.

BRASIL. *Lei Federal nº 9.503/1997*, institui o Código de Trânsito Brasileiro, 1997.

BRASIL. *Lei Federal nº 10.257/2001*, regulamenta os arts. 182 e 183 da Constituição Federal, estabelece diretrizes gerais da política urbana e dá outras providências (Estatuto da Cidade), 2001.

BRASIL. *Decreto Federal nº 5.296/2004*, regulamenta as Leis nºs 10.048, de 8 de novembro de 2000, que dá prioridade de atendimento às pessoas que especifica, e 10.098, de 19 de dezembro de 2000, que estabelece normas gerais e critérios básicos para a promoção da acessibilidade das pessoas portadoras de deficiência ou com mobilidade reduzida, e dá outras providências, 2004.

BRASIL. *Lei Federal nº 13.089/2015*, institui o Estatuto da Metrópole, altera a Lei nº 10.257, de 10 de julho de 2001, e dá outras providências, 2015.

BRASIL. *Lei Federal nº 13.146/2015*, institui a Lei Brasileira de Inclusão da Pessoa com Deficiência (Estatuto da Pessoa com Deficiência), 2015.

BRASIL. *Lei Federal nº 12.587/2012*, institui as diretrizes da Política Nacional de Mobilidade Urbana, 2012.

BRASIL. *Lei Federal nº 14.000/2020*, altera a Lei nº 12.587, de 3 de janeiro de 2012, que institui as diretrizes da Política Nacional de Mobilidade Urbana, para dispor sobre a elaboração do Plano de Mobilidade Urbana pelos Municípios.

CARERI, F. *Walkscapes*: o caminhar como prática estética. 2. ed. São Paulo: Gustavo Gili, 2015.

CONFEDERAÇÃO NACIONAL DO TRANSPORTE – CNT. *O transporte move o Brasil*: proposta da CNT aos candidatos. Brasília: CNT, 2018.

GEHL, J. *Cidades para pessoas*. 2. ed. São Paulo: Perspectiva, 2013.

GHIDINI, R. A caminhabilidade: medida urbana sustentável. *Revista dos Transportes Públicos*, São Paulo: ANTP, a. 33, 2011.

INSTITUTO DE DESENVOLVIMENTO DE POLÍTICAS DE TRANSPORTE – ITDP. Índice de Caminhabilidade versão 2.0: ferramenta. Rio de Janeiro, 2019. Disponível em: http://itdpbrasil.org/wp-content/uploads/2019/05/Caminhabilidade_Volume-3_Ferramenta-ALTA.pdf. Acesso em: 23 abr. 2022.

INSTITUTO DE ENERGIA E MEIO AMBIENTE – IEMA. *Inventário de Emissões Atmosféricas do Transporte Rodoviário de Passageiros no Município de São Paulo*. São Paulo, 2017. Disponível em: http://emissoes.energiaeambiente.org.br/. Acesso em: 23 abr. 2022.

INSTITUTO DE PESQUISA ECONÔMICA APLICADA – IPEA. A Nova Lei de Diretrizes da Política Nacional de Mobilidade Urbana. *Comunicados IPEA*, Brasília, n. 128, 2012.

JACOBS, J. *The death and life of great American cities*. New York: Random House, 1961.

LYNCH, K. *La imagen de la ciudad*. Barcelona: Gustavo Gili, 2008.

MINISTÉRIO DAS CIDADES. *Cadernos MCidades* 6: Política Nacional de Mobilidade Urbana Sustentável. Brasília, 2004. Disponível em: http://www.capacidades.gov.br/biblioteca/detalhar/id/. Acesso em: 23 abr. 2022.

MINISTÉRIO DAS CIDADES. Avançar Cidades: Mobilidade Urbana. *Informativos SEMOB*, 2018. Disponível em: https://www.gov.br/mdr/pt-br/assuntos/mobilidade-e-servicos-urbanos/avancar-cidades-mobilidade-urbana. Acesso em: 23 abr. 2022.

MINISTÉRIO DAS CIDADES. Levantamento sobre a situação dos Planos de Mobilidade Urbana. Brasília, 2018. Disponível em: https://www.gov.br/mdr/pt-br/assuntos/mobilidade-e-servicos-urbanos/planejamento-da-mobilidade-urbana/levantamento-sobre-a-situacao-dos-planos-de-mobilidade-urbana. Acesso em: 23 abr. 2022.

MINISTÉRIO DAS CIDADES. Indicadores para monitoramento e avaliação da efetividade da Política Nacional de Mobilidade Urbana (PNMU). Brasília, 2018. Disponível em: https://www.gov.br/mdr/pt-br/assuntos/mobilidade-e-servicos-urbanos/indicadores-para-monitoramento-e-avaliacao-da-efetividade-da-politica-nacional-de-mobilidade-urbana. Acesso em: 23 abr. 2022.

MINISTÉRIO DO MEIO AMBIENTE: PORTARIA Nº 150, DE 10 DE MAIO DE 2016, Institui o Plano Nacional de Adaptação à Mudança do Clima. Disponível em: https://www.in.gov.br/web/guest/materia//asset_publisher/Kujrw0TZC2Mb/content/id/22804297/do1-2016-05-11-portaria-n-150-de-10-de-maio-de-2016-22804223. Acesso em: 6 maio 2022.

MÜLFARTH, R. C. K.; MONTEIRO, L. M. *Diagnóstico ambiental de espaços urbanos para desenvolvimento de projetos de microacessibilidade no entorno do rio Pinheiros.* São Paulo: EMBARQ Brasil, 2014.

NOVA YORK. *Active design: shaping the sidewalk experience.* New York, 2013. Disponível em: https://www1.nyc.gov/assets/planning/download/pdf/plans-studies/active-design-sidewalk/active_design.pdf. Acesso em: 23 abr. 2022.

ORGANIZAÇÃO DAS NAÇÕES UNIDAS – ONU. Transformando nosso mundo: a Agenda 2030 para o Desenvolvimento Sustentável. Disponível em: http://www.mds.gov.br/webarquivos/publicacao/brasil_amigo_pesso_idosa/agenda2030.pdf. Acesso em: 23 abr. 2022.

POZUETA, J. *et al. La ciudad paseable*: recomendaciones para la consideración de los peatones en el planeamiento, el diseño urbano y la arquitectura. Madrid: CEDEX, 2009.

PNUD Brasil. Disponível em: https://www.br.undp.org/content/brazil/pt/home/sustainable-development-goals.html. Acesso em: 6 maio 022.

PROGRAMA DAS NAÇÕES UNIDAS PARA OS ASSENTAMENTOS HUMANOS – ONU-HABITAT. *Diretrizes Internacionais para Planejamento Urbano e Territorial.* Nairóbi, 2015.

SÃO PAULO. Decreto nº 45.904/2005, regulamenta o artigo 6º da Lei nº 13.885, de 25 de agosto de 2004, no que se refere à padronização dos passeios públicos do Município de São Paulo, 2005.

SÃO PAULO. Lei nº 14.675/2008, institui o Plano Emergencial de Calçadas – PEC, 2008.

SÃO PAULO. Lei nº 15442/2011, dispõe sobre a limpeza de imóveis, o fechamento de terrenos não edificados e a construção e manutenção de passeios, bem como cria o disque-calçadas; revoga as Leis nº 10.508, de 4 de maio de 1988, e nº 12.993, de 24 de maio de 2000, o art. 167 e o correspondente item constante do anexo vi da lei nº 13.478, de 30 de dezembro de 2002, 2011.

SÃO PAULO. Lei nº 16.050/2014, aprova a Política de Desenvolvimento Urbano e o Plano Diretor Estratégico do Município de São Paulo e revoga a Lei nº 13.430/2002, 2014.

SÃO PAULO. Lei nº 16.050/2014, aprova a Política de Desenvolvimento Urbano e o Plano Diretor Estratégico do Município de São Paulo e revoga a Lei nº 13.430/2002, 2014.

SÃO PAULO. Decreto nº 56.834/2016, institui o Plano Municipal de Mobilidade Urbana de São Paulo – PlanMob/SP 2015, 2016.

SÃO PAULO. Lei nº 16.402/2016, disciplina o parcelamento, o uso e a ocupação do solo no Município de São Paulo, de acordo com a Lei nº 16.050, de 31 de julho de 2014 – Plano Diretor Estratégico (PDE), 2016.

SÃO PAULO. Lei nº 16.673/2017, institui o Estatuto do Pedestre no Município de São Paulo, e dá outras providências, 2017.

SÃO PAULO. Decreto nº 59.670 de 2020, regulamenta a Lei nº 16.673, de 13 de junho de 2017, que institui o Estatuto do Pedestre no Município de São Paulo.

SALDIVA, P. *Vida urbana e saúde*: os desafios dos habitantes das metrópoles. São Paulo: Contexto, 2018.

SALDIVA, P. Por uma cidade mais saudável. Entrevista a Carlos Fioravanti. São Paulo, 2016. Disponível em: http://revistapesquisa.fapesp.br/wp-content/uploads/2016/03/022-027_Entrevista-Saldiva_241.pdf. Acesso em: 23 abr. 2022.

SOUTHWORTH, M. Designing the walkable city. *Journal of Urban Planning and Development*, v. 131, n. 4, 2005.

SPECK, J. *Walkable city*: how downtown can save America, one step at a time. New York: FSG Books, 2012.

STEEMERS, K.; STEANE, M. A. (ed.) *Environmental diversity in architecture*. London; New York: Spoon Press, 2004.

STEVENSON, M.; THOMPSON, J.; SÁ, T. H.; EWING, R.; MOHAN, D.; MCCLURE, R. Land use, transport, and population health: estimating the health benefits of compact cities. *The Lancet*, Series Urban Design, Transport, and Health, v. 388, n. 10062, p. 2925-2935, 10 Dec. 2016.

VASCONCELLOS, E. A. *Transporte urbano, espaço e equidade*: análise das políticas públicas. São Paulo: Annablume, 2001.

WASHBURN, A. *The nature of urban design*: a New York perspective on resilience. New York: Island Press, 2013.

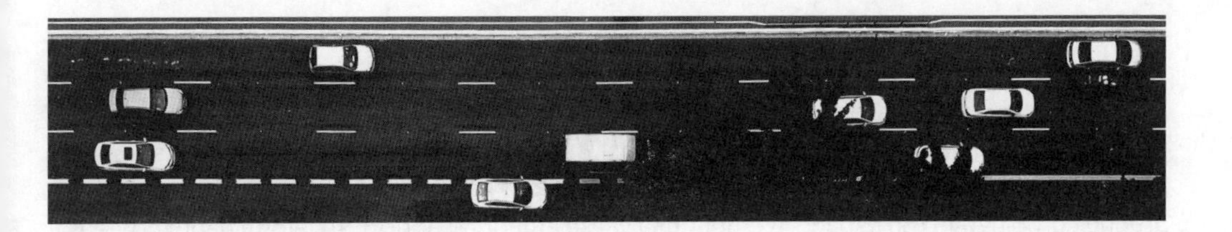

CAPÍTULO 5

Em Busca do Conforto ao Caminhar: a ergonomia e a avaliação dos espaços urbanos

André Eiji Sato

"A calçada por si só não é nada. É uma abstração. Ela só significa alguma coisa junto com os edifícios e os outros usos limítrofes a ela ou a calçadas próximas. [...] As ruas e suas calçadas, principais locais públicos de uma cidade, são seus órgãos mais vitais. Ao pensar numa cidade, o que lhe vem à cabeça? Suas ruas. Se as ruas de uma cidade parecerem interessantes, a cidade parecerá interessante; se elas parecerem monótonas, a cidade parecerá monótona." (JANE JACOBS, 2009, p. 29)

É interessante notar que, apesar de muitos não terem essa consciência, a ergonomia se acha presente em todos os aspectos de nossas vidas. Basta olharmos para nós mesmos e encontraremos os seus primeiros indícios. Quando ampliamos o nosso olhar e vemos que esse nosso próprio corpo habita um espaço, a ergonomia vai se amadurecendo. Em determinado momento, essa relação Corpo × Espaço vai se tornando cada vez mais complexa a ponto de estarmos vivenciando – ou não – o espaço espontaneamente, sendo que muitas dessas vivências não são nem sequer percebidas de forma consciente.

Portanto, se a ergonomia se acha presente em todos os aspectos de nossas vidas, não seria inusitado admitirmos que ela também se acha presente na nossa vida urbana, certo? Quando circulamos na cidade por meio de seus inúmeros espaços urbanos, estamos vivenciando todos esses aspectos provindos da ergonomia. Assim, seja a partir dos elementos que a estruturam (físico, ambiental, psicológico e cultural), seja a partir da relação "Pessoa *no* Ambiente" (provinda da psicologia ambiental), a ergonomia também pode funcionar como um elo estruturador entre o ambiente construído da cidade, o usuário urbano e a sua percepção espacial. Funcionando dessa maneira, ela pode nos trazer diversas informações sobre, por exemplo, o conforto ambiental e a segurança do pedestre e, assim, embasar estratégias e decisões de desenho urbano. É por essa razão que é tão importante a avaliação ergonômica dos espaços urbanos sob a ótica do pedestre e da caminhabilidade.

5.1 Meio físico: os espaços (livres) urbanos

Se falamos de pedestres, é de importância analisarmos um pouco mais o meio no qual essa figura se insere. O pedestre encontra à sua disposição os espaços urbanos e, dentro deles, há uma sobreposição de diversos tipos de espacialidades que contribuem para a complexidade da vida urbana. Dentro desse tema, cabe analisar de forma geral o "meio" em que o pedestre se insere a partir dos espaços livres urbanos. Segundo Queiroga e Benfatti (2007, p. 81),

> "desde os primórdios da existência das cidades os espaços livres urbanos vêm se constituindo um importante elemento para a vida citadina. Ruas, largos, praças, pátios, quintais, jardins privados e públicos, parques, avenidas, entre os mais frequentes tipos de espaços livres, formam o sistema de espaços livres de cada cidade".

Assim, podem-se entender os espaços livres urbanos como espaços livres de edificação (MAGNOLI *apud* QUEIROGA; BENFATTI, 2007) e que formam "um tecido pervasivo" (PINHEIRO *apud* QUEIROGA; BENFATTI, 2007) sem o qual não há a existência urbana, já que se encontram por toda parte mais ou menos processados e apropriados pela sociedade. Eles também "constituem, quase sempre, o maior percentual do solo das cidades brasileiras" (QUEIROGA; BENFATTI, 2007, p. 86). Os autores ainda argumentam que, seja em qualquer formação urbana que for, a visão sistemática do conjunto desses espaços livres em sua totalidade constitui um "importante fator para a análise, diagnóstico, proposição e gestão dos espaços livres, notadamente para os espaços públicos" (QUEIROGA; BENFATTI, 2007, p. 81). Aqui, cabe a ressalva de que o conceito de espaço público é diferente do de espaço livre urbano. Por espaço público, entende-se o espaço da esfera pública, ou seja, o espaço do sistema de objetos e ações da esfera da vida pública. Esta, por sua vez, é própria da *vita activa*, segundo Hannah Arendt (*apud*

QUEIROGA; BENFATTI, 2007), e da vida política que envolve a produção cultural e a construção da cidadania (*Ibidem*).

É interessante trabalharmos neste livro com o conceito de Queiroga e Benfatti (2007), pois é apresentada a ideia de que os espaços livres urbanos formam um verdadeiro sistema no qual se manifestam relações de conectividade, complementaridade e hierarquia em que são sobrepostas questões de circulação, drenagem, atividades do ócio, convívio público, marcos referenciais, memória, conforto ambiental etc. Todos esses aspectos têm relação com o ser pedestre nas cidades e, portanto, são de fundamental importância em uma avaliação ergonômica nesse mesmo âmbito. Assim, é possível afirmar que os espaços livres urbanos são todos inerentes aos pedestres. A partir de todos aqui citados, foca-se deste ponto em diante no estudo das calçadas, por serem consideradas o principal espaço onde podemos ser pedestres da forma mais direta e explícita possível.

5.2 Meio físico dos pedestres: o papel das calçadas

> "O caminhar, mesmo não sendo a construção física de um espaço, implica uma transformação do lugar e dos seus significados. A presença física do homem num espaço não mapeado – e o variar das percepções que daí ele recebe ao atravessá-lo – é uma forma de transformação da paisagem que, embora não deixe sinais tangíveis, modifica culturalmente o significado do espaço e, consequentemente, o espaço em si, transformando-o em lugar. O caminhar produz lugares. Antes do neolítico, e, assim, antes dos menires, a única arquitetura simbólica capaz de modificar o ambiente era o caminhar, uma ação que, simultaneamente, é ato perceptivo e ato criativo, que ao mesmo tempo é leitura e escrita do território." (CARERI, 2015, p. 51)

Para caminharmos, necessitamos de um meio físico. O arquiteto italiano Francesco Careri (2015), ao tratar do caminhar como prática estética, mostra em seu livro que, antes mesmo de o homem erguer qualquer tipo de construção, ele possuía uma fórmula simbólica simples com a qual transformar a paisagem:

> "Essa forma era o caminhar, uma ação aprendida com fadiga nos primeiros meses da vida e que depois deixa de ser uma ação consciente para tornar-se natural, automática. Foi caminhando que o homem começou a construir a paisagem natural que o circundava." (CARERI, 2015, p. 27)

Dessa maneira, foi a partir de tal ação que o homem começou a modificar o ambiente em que vive.

Decorridos mais de 200 mil anos de existência do *Homo sapiens*, chegamos a um ponto em que o ser humano transformou tanto a paisagem que a produção de lugares com novos significados atingiu níveis caóticos. Ao caminharmos, somos capazes de modificar o ambiente no qual estamos presentes, pois, ao mesmo tempo que é um ato perceptivo, é também um ato criativo, ou seja, é leitura e escrita constante do território (CARERI, 2015).

Alcançamos um nível de desenvolvimento humano e urbano tão grande que acabamos institucionalizando o trajeto do nosso caminhar. Para esse resultado criativo e perceptivo da e na cidade é que damos a nomeação de calçada. A palavra *calçada* tem origem latina e raiz em *calcatura, ae* – que quer dizer ação de calcar, pisar (YÁZIGI, 2000). De acordo com o Código de Trânsito Brasileiro – CTB (Lei Federal nº 9.503, de 23/9/1997), a calçada pode ser definida como: "parte da via, normalmente segregada e em nível diferente, não destinada à circulação de veículos, reservada ao trânsito de pedestres e, quando possível, à implantação de mobiliário urbano, sinalização, vegetação e outros fins".

Para a Prefeitura Municipal de São Paulo, as calçadas "têm uma única função: possibilitar que os cidadãos possam ir e vir com liberdade, autonomia e, principalmente, segurança". A Prefeitura afirma ainda que a livre circulação de pessoas é garantida por legislações federal, estadual e municipal. Ou seja, o direito de ir e vir de qualquer cidadão é garantido por lei.

Dentro dessas conceituações, há o conceito de "passeio", que, segundo o CTB (1997), significa: "parte da calçada ou da pista de rolamento, neste último caso, separada por pintura ou elemento físico separador, livre de interferências, *destinada à circulação exclusiva de pedestres* e, excepcionalmente, de ciclistas".

Vivemos em um contexto no qual é urgente entendermos as ruas e, principalmente, as calçadas como os "órgãos mais vitais de uma cidade" (JACOBS, 2009), para que, assim, possamos dar um importante impulso para maior qualidade de vida urbana. Segundo Jane Jacobs (2009), assim como as ruas das cidades servem para várias finalidades além de comportar os veículos,

> "As calçadas – a parte das ruas que cabe aos pedestres – servem a muitos fins além de abrigar pedestres. Esses usos estão relacionados à circulação, mas não são sinônimos dela, e cada um é, em si, tão fundamental quanto a circulação para o funcionamento adequado das cidades." (JACOBS, 2009, p. 29)

O que a jornalista norte-americana afirma aqui é que as calçadas possuem uma complexidade maior que vai muito além do seu caráter de passagem de pedestres. A autora explica que o que garante a segurança e a liberdade de uma cidade é uma ordem complexa do uso das calçadas, que traz consigo grande variedade de olhares. A partir de movimentos e mudanças constantes, a autora compara as calçadas com o palco de um grande e complexo balé, no qual cada indivíduo e cada grupo possuem papéis distintos, mas que, apesar de não serem sincronizados, são complementares e se reforçam:

> "Sob a aparente desordem da cidade tradicional, existe, nos lugares em que ela funciona a contento, uma ordem surpreendente que garante a manutenção da segurança e a liberdade. É uma ordem complexa. Sua essência é a complexidade do uso das calçadas, que traz consigo uma sucessão permanente de olhos. Essa ordem compõe-se de movimento e mudança, e, embora se trate de vida, não de arte, podemos chamá-la, na fantasia, de forma artística da cidade e compará-la à dança – não a uma dança mecânica, com os figurantes erguendo a perna ao mesmo tempo, rodopiando em sincronia, curvando-se juntos, mas um balé complexo, em que cada indivíduo e os grupos têm todos papéis distintos, que por milagre se reforçam mutuamente e compõem um todo ordenado. O balé da boa calçada urbana nunca se repete em outro lugar, e em qualquer lugar está sempre repleto de novas improvisações." (JACOBS, 2009, p. 52)

5.3 O papel das calçadas, as atividades no meio urbano e o convite do passear a pé

Entre as frequentes sobreposições e mudanças desse balé da caminhada, as calçadas servem como meio físico para suportar as mais diversas ações espontâneas que geram a movimentação e a permanência do pedestre no meio urbano. Para essas ações podemos dar o nome de atividades no meio urbano. Jan Gehl (2014) identifica certo padrão dentro dessa complexidade de atividades, colocando-as em categorias de acordo com a sua escala e o seu grau de necessidade (ver Figura 5.1). A primeira delas diz respeito às atividades obrigatoriamente necessárias, ou seja, aquelas que as pessoas geralmente têm de fazer e que acontecem sob qualquer condição como, por exemplo, ir trabalhar ou ir à escola. Do outro lado dessa escala se encontram as atividades opcionais, as quais se relacionam com atividades prazerosas e recreativas, como contemplar a cidade ou o local, sem o caráter de ser apenas transitório. Segundo o autor, esse tipo de atividade é pré-requisito para uma boa qualidade urbana já que, se as condições ao ar livre são boas, as pessoas se entregam para além das atividades necessárias e, assim, o número de atividades opcionais cresce. Dessa maneira, as calçadas têm papel imprescindível na origem e na perpetuação dessas atividades.

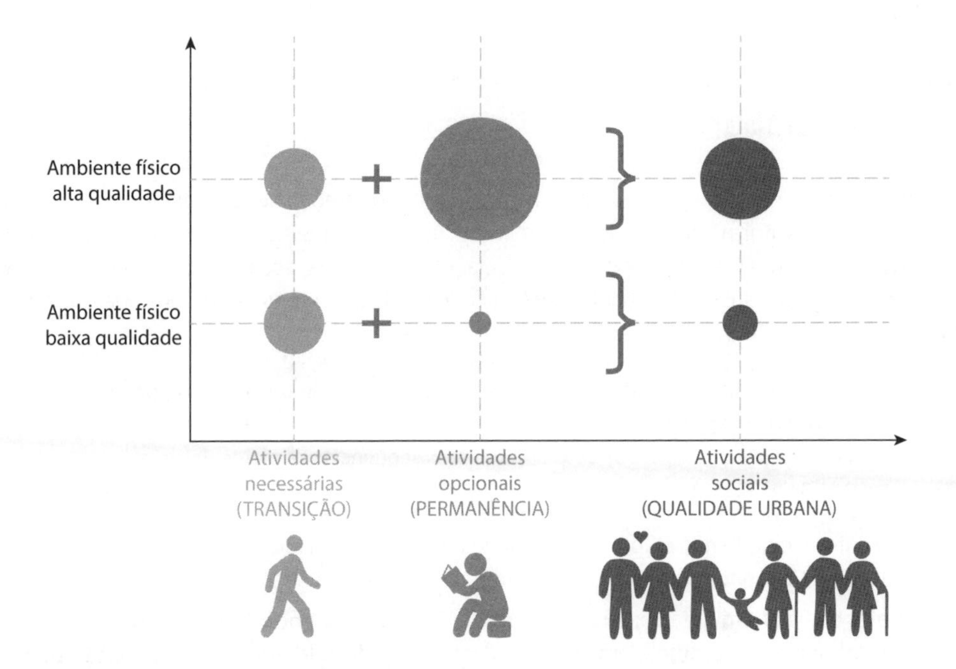

Figura 5.1 Diagrama de tipos de atividades que podem ser realizadas no meio urbano. Fonte: adaptada de Gehl (2014).

Outro aspecto a se destacar nesse contexto é em relação a outros fatores que influenciam essas atividades destacadas. Um desses fatores é a influência do clima, já que é um importante aspecto para o alcance e o caráter das atividades ao ar livre. Se condições de clima fossem muito extremas no meio urbano, as atividades diminuiriam significativamente. Além desse aspecto, a qualidade física não apenas da calçada, mas de todo o conjunto urbano, é de extrema importância. O planejamento, o projeto e o desenho urbanos podem e devem ser usados para influenciar o alcance e o caráter das atividades ao ar livre. É de tal maneira que o convite das calçadas surge. Esse convite do meio físico pode estimular o pedestre a exercer outras atividades para além das necessárias, incluindo questões de proteção, segurança, espaço razoável, mobiliário e qualidade visual. Tudo isso é de extrema importância, já que um convite do meio construído feito cuidadosamente às pessoas pode fazer com que elas participem de uma vida urbana mais versátil e variada, de forma muito mais ativa (GEHL, 2014).

> "'Convite' é a palavra-chave e a qualidade urbana na pequena escala – ao nível dos olhos – é crucial." (GEHL, 2014, p. 115)

A partir desse contexto, podemos afirmar que as calçadas trazem questões muito além de um simples caminhar. Todavia, o ponto central de toda essa complexidade é a percepção espacial do pedestre em relação ao próprio ambiente, que pode vir a estimulá-lo sensorialmente. Dessa maneira, ao estudarmos as calçadas, fica claro que devemos atentar também aos estudos de nós mesmos, da escala humana. Ou seja, a ergonomia assume um papel bem importante dentro dessa questão.

5.4 A ergonomia das cidades e a percepção espacial urbana

Trazendo a lógica da ergonomia para o meio urbano, podemos nos utilizar dos pensamentos do urbanista e escritor norte-americano Kevin Lynch (1997), que nos mostra como a nossa capacidade de percepção espacial pode trazer relações muito interessantes com e na cidade. Em seu livro *A Imagem da Cidade*, Lynch (1997) discorre sobre a intensidade com que o ambiente urbano nos estimula constantemente:

> "A cada instante, há mais do que o olho pode ver, mais do que o ouvido pode perceber, um cenário ou uma paisagem esperando para serem explorados. Nada é vivenciado em si mesmo, mas sempre em relação aos seus arredores, às sequências de elementos que a ele conduzem." (LYNCH, 1997, p. 1)

Para o autor, a cidade não é apenas um objeto percebido, mas também um produto de milhões de construtores (cidadãos) que nunca deixaram de modificar a sua estrutura.

Ao tratar da fisionomia das cidades, Lynch (1997) explora a importância que a fisionomia da paisagem urbana tem para nós, em relação a ser algo visto e lembrado ou não e também em relação a ser algo que nos dê prazer ou não. Para atingir tal finalidade, o autor começa discorrendo sobre as imagens ambientais que percebemos:

> "As imagens ambientais são o resultado de um processo bilateral entre o observador e seu ambiente. Este último sugere especificidades e relações, e o observador – com grande capacidade de adaptação e à luz de seus próprios objetivos – seleciona, organiza e confere significado àquilo que vê." (LYNCH, 1997, p. 7)

Uma imagem ambiental pode ser decomposta e classificada em três componentes: identidade, estrutura e significado. Cabe ressaltar que um se manifesta simultaneamente em relação ao outro, tendo conexão direta. Primeiramente, uma imagem viável requer a identificação do objeto, o que implica sua própria diferenciação em relação às outras coisas, ou seja, requer o seu reconhecimento enquanto entidade separável das demais. Vale também observar que o sentido de "identidade", aqui, se refere ao significado de individualidade ou unicidade, e não de igualdade. Em segundo lugar, a imagem precisa incluir a relação espacial ou paradigmática do objeto com o observador e também com os outros objetos em si, isto é, deve se estruturar em algum plano ou lugar. Por último, o objeto em questão deve ter algum significado para o observador, seja ele prático ou emocional. Pode-se considerar que o significado também é uma relação, mesmo sendo bastante diferente da relação espacial ou paradigmática, ao se aproximar da afetividade (LYNCH, 1997).

5.5 Os sentidos humanos e as diferentes escalas urbanas

Dada a enorme complexidade que a relação da pessoa com o ambiente traz consigo, existem muitas variáveis que influenciam a percepção espacial dos humanos. Uma delas é poder relacionar os sentidos humanos com o meio urbano. Quanto às calçadas, é importante ter em mente que se trata de um ambiente polidimensional, já que não podem ser consideradas apenas como planos meramente estáticos (CIDADE DE NOVA YORK, 2013a). Para além da tridimensionalidade, as calçadas podem promover uma experiência multissensorial em que desde as limitações visuais existentes até o tato com a materialidade do revestimento do piso são de extrema importância. A administração de Nova York, ao compor um documento exclusivo para as calçadas chamado *Active Design* (CIDADE DE NOVA YORK, 2013b), define certas escalas a serem trabalhadas nesse contexto.

Além da escala humana propriamente dita, o documento destaca mais outras duas escalas que influenciam no conforto e na segurança do caminhar pelas calçadas. A escala da dimensão vertical é composta por uma série de planos provenientes das fachadas dos elementos presentes no passeio, sejam eles edifícios propriamente ditos ou postes e árvores. A visão humana percebe o espaço dentro de 50 a 55 graus acima da linha do horizonte e dentro de 70 a 80 graus abaixo da linha do horizonte, conforme se vê na Figura 5.2 (CIDADE DE NOVA YORK, 2013a). Gehl (2014) também concorda com esses valores e vai além, explicando que conseguimos enxergar em uma angulação maior abaixo da linha do horizonte, pois, desde a origem do homem, sempre tínhamos de nos atentar mais para ver onde iríamos pisar. Enquanto isso, para enxergarmos acima da linha do horizonte, temos de verdadeiramente esticar o nosso pescoço, fazendo mais esforço. O autor argumenta dizendo que, com o decorrer da nossa evolução, as ameaças vindas de cima (das árvores) foram se tornando cada vez menores. Dessa maneira, ao andar pela rua um pedestre consegue usufruir a dimensão vertical de forma adequada e confortável a partir do nível do térreo e não mais que o segundo andar, ou seja, um limite vertical de aproximadamente 6 a 6,50 metros. Já a conexão entre o plano da rua e os edifícios mais altos se perde totalmente a partir do quinto andar (GEHL, 2014).

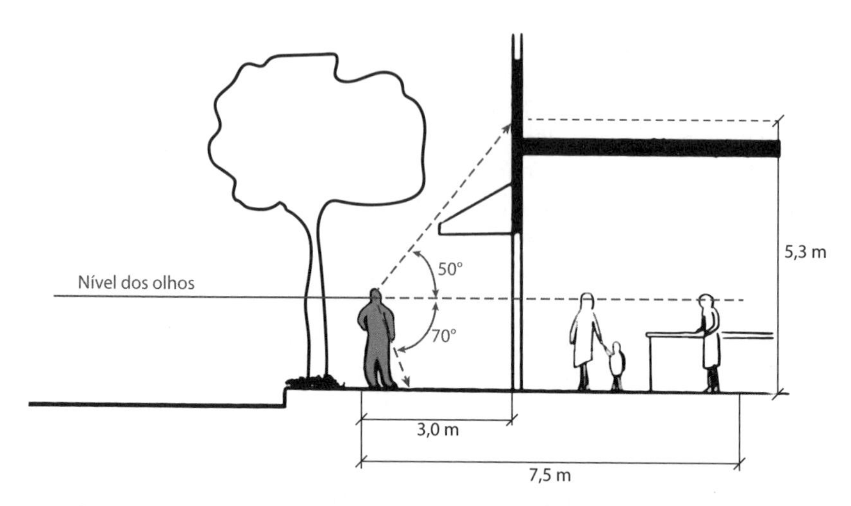

Figura 5.2 Escala da dimensão vertical. Fonte: adaptada de Cidade de Nova York (2013a).

A segunda escala se refere à dimensão horizontal, que, por sua vez, pode ser subdividida em mais três escalas: a escala da unidade, a escala do edifício e a escala da rua (ver Figura 5.3). A primeira é o contato mais próximo do pedestre em relação à horizontalidade, pois é o ponto em que os sentidos humanos mais se manifestam diante dos detalhes arquitetônicos, como texturas e acabamentos. O espaço percorrido dentro dessa escala varia de 0 a 7 metros de distância. A segunda escala abrange um conteúdo maior, já que o pedestre tem contato com as comunicações arquitetônicas entre diferentes edifícios. É o ponto em que o ritmo da caminhada começa a ser moldado dentro de uma distância de até 21 metros. Por fim, a terceira escala diz respeito à complexidade de um quarteirão dentro de 100 metros percorridos a pé. Geralmente, essa é a medida tida como a distância limite na qual o olho consegue enxergar pessoas e objetos em movimento (CIDADE DE NOVA YORK, 2013b).

Fazendo algumas observações perante a escala da dimensão horizontal, temos que a escala da unidade é a que traz o maior estímulo sensorial humano e, portanto, a que traz mais emoção e sentimento de uma forma mais intensa. A escala do edifício traz o reconhecimento facial e de expressões, fazendo com que a pessoa enxergue primeiro parte do rosto, depois o rosto e só por fim o corpo inteiro. Finalmente, a escala da rua possibilita menos informações, já que, a uma distância maior, o ser humano consegue enxergar apenas o movimento e a linguagem corporal de outros em linhas gerais. É por isso que essa última escala tem o nome de "campo social de visão" (GEHL, 2014).

Outra escala pertinente que cabe destacar aqui é a da velocidade, ilustrada na Figura 5.4. Gehl (2014) atenta para esse cuidado tão esquecido no meio urbano pela esfera pública e também pelos arquitetos e urbanistas. O autor inicia seu argumento dizendo que o nosso aparelho locomotor e os nossos sistemas de interpretação de impressões sensoriais estão adaptados para caminhar. Dessa maneira, é a partir da velocidade de 4 a 5 km/h – a velocidade aproximada de um caminhar – que captamos e absorvermos a maior quantidade de informações do meio urbano, porque temos tempo para ver o que está acontecendo à nossa frente e também para ver onde colocamos os nossos próprios pés. Assim, não sofremos perdas de informações ou pressões para reagirmos rapidamente nas cidades.

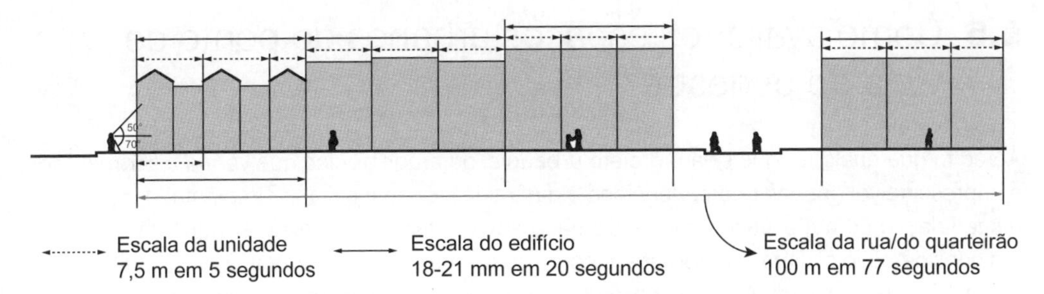

Figura 5.3 Escala da dimensão horizontal. Fonte: adaptada de Cidade de Nova York (2013a).

> "A arquitetura (e o urbanismo) de 5 km/h baseia-se numa cornucópia de impressões sensoriais, os espaços são pequenos, os edifícios mais próximos e a combinação de detalhes, rostos e atividades contribui para uma experiência sensorial rica e intensa." (GEHL, 2014, p. 44)

Isso contrasta com a arquitetura e o urbanismo dos 50, 60, 70, 90 km/h. A essas velocidades, a demanda por espaços maiores e mais largos é imprescindível, já que o movimento é mais importante do que o prazer de contemplar a cidade. Dessa maneira, acaba sendo uma experiência sensorial empobrecedora, desinteressante e cansativa, porque os espaços devem ser amplificados e simplificados ao máximo para que motoristas e passageiros possam entender o local (GEHL, 2014). Enquanto motoristas e passageiros entendem o local, o pedestre se torna uma coisa cada vez mais ínfima e insignificante que não precisa entender o local, já que, afinal, ele nem deveria estar nesse local.

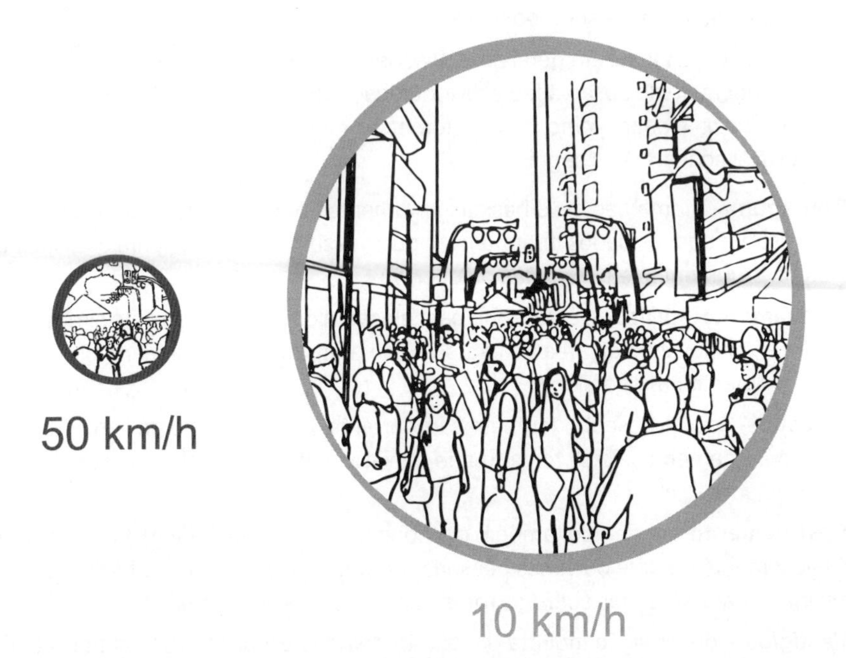

Figura 5.4 Escala da velocidade.

5.6 Como avaliar os espaços urbanos do ponto de vista do pedestre?

Acredito que qualquer que seja o projeto urbano e/ou arquitetônico que venha a ser realizado, é imprescindível observar como funciona a dinâmica real do local a ser implantado, bem como a sua relação com a escala humana. De nada adianta fazer um projeto em que não se levem em consideração o clima, a topografia, o contexto urbano, entre outras variáveis; e muito menos se o projeto não leva em conta as pessoas que o utilizarão. Sem essa análise, que deve se fundamentar em visitas ao local seguindo critérios, um projeto dificilmente terá reais qualidades e usos humanos futuros (SATO, 2021).

É por isso que a avaliação do espaço, nesse caso o urbano, é importante, pois é a partir dela que conseguimos extrair as informações significativas que embasarão qualquer projeto. Essas informações podem ser consolidadas como uma ferramenta que gera diretrizes e estratégias projetuais (MÜLFARTH, 2017).

Atualmente, existem vários tipos de abordagens e avaliações dos espaços urbanos. De forma geral e preliminar, podemos avaliar um espaço urbano sob dois grandes critérios: a avaliação quantitativa e a qualitativa (SATO; MÜLFARTH, 2020). A primeira se refere aos dados materiais, objetivos e mensuráveis que possam ser quantificados a partir de números e informações e que, portanto, possibilitam a medição de objetos, pessoas e eventos. Já a segunda se refere aos dados imateriais, subjetivos e imensuráveis que possam interpretar certos fenômenos e certas sensações a partir da percepção de um indivíduo ou grupo. Esse tipo de avaliação gera dados mais descritivos, enquanto o outro, dados mais assertivos. Vale ressaltar que ambas podem ser feitas com o uso de vários métodos, visto que, para cada demanda e necessidade de informação, o método das avaliações deve ser modificado.

Sob a ótica da ergonomia, em geral as avaliações quantitativas e qualitativas são realizadas principalmente por meio da observação e da inquirição (MÜLFARTH, 2017). Gehl e Svarre (2018), em seu livro *A vida na cidade: como estudar*, fornecem-nos vários métodos para que possamos realizar essas avaliações. Há os seguintes:

- **Contagem** – é uma das mais básicas ferramentas para se estudar a vida nas cidades e se registram aqui os dados quantitativos que possam ser usados para qualificar projetos e como argumentos em tomadas de decisão.
- **Mapeamento** – utiliza-se o desenho para alocar informações mediante símbolos em uma planta e/ou elevação da área de estudo. Esse método fornece uma imagem de determinado momento em dado local.
- **Traçado** – aqui, o desenho também é importante, mas por meio de linhas de movimentos e deslocamentos. Esse registro não é exato, mas é possível ver fluxos dominantes e subordinados.
- **Rastreamento** – chamado também de monitoramento (*shadowing*). Pode-se desenhar o deslocamento de uma ou várias pessoas seguindo-a(s) a partir da observação, para que assim tenham-se dados sobre as rotas que as pessoas seguem.
- **Vestígios** – observação indireta das atividades nos espaços urbanos por meio dos caminhos e rastros no chão e/ou na grama.

- **Fotografia** – serve para ilustrar situações humanas e urbanas, congelando momentos para documentação e análise posterior. Consegue-se extrair mais informações do que apenas observando uma cena presencialmente.
- **Diário** – pode identificar problemas ou o potencial para a vida humana em determinada rota, sendo algo menos sistemático e formal. Anota-se tudo o que vier à mente sobre a avaliação de um lugar.
- **Caminhada-Teste** – por meio da seleção de rotas importantes, anotam-se o tempo de espera, os obstáculos e/ou desvios no caminho, as sensações etc. Tira-se, portanto, uma avaliação qualitativa sobre a fruição do caminhar.

5.7 Avaliação ergonômica do ambiente urbano

A Avaliação Ergonômica do Ambiente Urbano de Mülfarth (2017) é uma metodologia que se pauta em levantamentos empíricos como seu objeto e tem por objetivo principal avaliar qualidades urbanas do ambiente construído sob a ótica do pedestre. Tais qualidades, que podem ser positivas e/ou negativas, são fundamentais na construção de análises comparativas que revelam e evidenciam os elementos-chave do ambiente construído urbano, os quais podem ser melhorados visando a uma caminhabilidade mais positiva. A partir dessas análises, é possível embasar com maior assertividade propostas projetuais de melhoria no desenho urbano das cidades (SATO; MÜLFARTH, 2020).

Ressalta-se ainda que esse método é também uma ferramenta inédita dentro do campo científico da ergonomia, visto que este ainda se limita, infelizmente, à conceituação provinda da própria etimologia do termo. Em outras palavras, os estudos, métodos e pesquisas mais discutidos dentro dessa disciplina se dão fundamentalmente atrelados ao contexto do trabalho, do esforço físico e da eficiência na produção. Aqui, fica a seguinte reflexão: "[...] será que ainda devemos carregar essas limitações depois de passados mais de 60 anos e diante de uma crise pandêmica?" (SATO; MÜLFARTH, 2020, p. 6)

A seguir, explicam-se melhor as variáveis que compõem cada uma das duas etapas dessa metodologia: a etapa quantitativa (elementos materiais, objetivos e mensuráveis) e a etapa qualitativa (elementos imateriais, subjetivos e imensuráveis).

5.8 Avaliação ergonômica quantitativa dos pedestres nos espaços urbanos

Em relação à avaliação ergonômica quantitativa, objetiva-se aqui quantificar basicamente os aspectos físicos e ambientais das cidades, ou seja, variáveis estabelecidas dentro de certos parâmetros presentes fisicamente no espaço avaliado. Portanto, podem-se levantar:

- Quantidade e fluxo de pedestres.
- Quantidade e fluxo de carros.
- Velocidade das vias.

- Dimensionamento das calçadas.
- Presença de ciclovias.
- Presença de estacionamentos nas vias.
- Presença de atrativos verdes.
- Presença de transporte público.
- Uso misto do solo.
- Variáveis ambientais térmicas.
- Variáveis ambientais acústicas.
- Variáveis ambientais de iluminação.

É importante frisar que a escolha das variáveis irá depender muito do que se objetiva obter de informações. Os dados quantitativos oferecem a oportunidade de uma análise comparativa para que se possam tirar avaliações positivas ou negativas. É pertinente ressaltar que geralmente, dentro da ergonomia, os dados quantitativos funcionam como base para uma avaliação qualitativa do espaço e da fruição do pedestre.

5.9 Avaliação ergonômica qualitativa dos pedestres nos espaços urbanos

Em relação à avaliação ergonômica qualitativa, foca-se em obter questões subjetivas, mais ligadas à percepção espacial e fruição do passeio a partir das variáveis socioculturais e comportamentais dos pedestres. Podemos, então, levantá-las tanto a partir de uma abordagem mais passiva, pela observação do comportamento e das atividades dos pedestres, como também a partir de uma abordagem mais ativa, pela aplicação de questionários para obter a opinião e a percepção (de sensação e de conforto) das pessoas.

Podemos ainda utilizar as duas abordagens ao mesmo tempo e analisar os dados qualitativos comparativamente a partir da visão do pesquisador e dos pesquisados. Isso pode fornecer avaliações interessantes, já que o pesquisador, por estar munido de teoria e metodologia, pode comparar o seu levantamento com a opinião dos pesquisados, que possuem percepções diferentes. Ressalta-se também que, por mais que cada indivíduo pesquisado possua uma história e um contexto de vida – com personalidade e visão de mundo próprias –, as opiniões no geral possibilitam a convergência para determinada avaliação. Ou seja, pode-se dizer que, apesar de cada indivíduo ser diferente, no final, as pessoas reagem de modo semelhante como um todo.

Assim, quando realizamos uma avaliação qualitativa a partir de levantamentos de dados observados *in loco*, podemos aferir variáveis que influenciem o caminhar e o seu prazer, dentre elas:

- Uso dos edifícios (residencial, comercial, institucional, de serviços).
- Escala entre calçada e edifício (altura).
- Fachada ativa, fachada problema e fachada inativa (GEHL, 2014).
- Obstáculos físicos fixos e obstáculos físicos móveis nas calçadas.
- Dimensão das calçadas (vem dos dados quantitativos).

- Material e cor utilizados na superfície das calçadas.
- Acessibilidade física, visual e emocional.
- Segurança contra acidentes de trânsito.
- Segurança contra violência e crimes.
- Iluminação pública.
- Presença de refúgios do clima (sol, chuva, calor e frio).
- As atividades que as pessoas realizam no local:
  - passagem;
  - permanência:
    - sentar-se;
    - conversar;
    - ver e ouvir;
    - lazer e esporte.

Ao fazermos o levantamento de dados a partir de questionários e entrevistas com os pedestres, há certas questões que merecem ser levadas em conta. É interessante de início possuir uma escala avaliativa (do muito bom ao muito ruim, de +1 a –1, do muito satisfeito ao muito insatisfeito etc.) e também ter em mente o que é necessário extrair da opinião das pessoas. Com isso já estabelecido, é importante que sejam registrados pelo entrevistador dados mais gerais dos usuários, como, por exemplo, o local, o dia e o horário da entrevista. Em seguida, podemos também observar certos aspectos caracterizadores dos entrevistados, como gênero, faixa etária, vestimenta e se a pessoa possui ou não acessórios que a protejam da ação do ambiente como óculos de sol, chapéus e/ou fones de ouvido. Finalmente, parte-se para as perguntas que forneçam dados perceptivos pessoais via opiniões individuais, como:

- Como você se sente neste local? (percepção geral da opinião do entrevistado)
- Como você se sente em relação à beleza do local?
- Como você se sente em relação à qualidade do ar? Ao ruído? À temperatura? Ao Sol? À claridade? Ao vento?
- Como você se sente em relação ao risco de atropelamento neste local?
- Como você se sente em relação ao risco de assalto neste local?
- Como você se sente em relação à calçada?
- Como você se sente em relação à dimensão da calçada? E quanto ao material?
- Como você se sente em relação à vegetação?
- Como você se sente em relação aos obstáculos?
- Como você se sente em relação ao lixo?
- Como você se sente em relação a permanecer neste local?
- Como você se sente em relação aos assentos existentes?
- De quais serviços sente falta na região?

Considerações finais

Cabe aqui ressaltar que a ideia deste capítulo é dar uma breve conceituação e entendimento sobre o que são e como podem ser feitas as avaliações ergonômicas dos espaços urbanos sob a ótica do pedestre e da caminhabilidade, principalmente a partir da Avaliação Ergonômica do Ambiente Urbano. Procurou-se também explicitar quem é a "Pessoa", o que é o "Meio" e quais relações são feitas quando a ergonomia é trazida para o âmbito urbano. Ao se fazer isso, ela funciona também como uma ferramenta para avaliar a presença ou não dessas relações e sob qual qualidade elas se manifestam.

Assim, mostramos aqui quais questões e dados podem ser levantados a partir dos critérios quantitativos e qualitativos. O objetivo destas duas últimas seções é conferir ao leitor uma abordagem bem geral sobre o que são elas e como elas podem contribuir para a avaliação total dos espaços urbanos sob a ótica do pedestre.

Por fim, podemos dizer que, quando estruturada como elo entre o ambiente construído, o usuário, a percepção espacial e também entre o conforto ambiental e o ato de projetar, a ergonomia pode ter um papel fundamental nos métodos de se avaliar a adequação ou não de um espaço para a escala humana. No entanto, a ergonomia não trata somente dos aspectos físicos de adequação do ambiente construído limitados às medidas do corpo humano, mas vai além, explorando aspectos psicológicos e emocionais de ligação com o meio no qual a pessoa está inserida. É por tal motivo que a ergonomia necessita de uma nova identidade, já que ela possui um grande potencial integrador entre diversas áreas do conforto ambiental, podendo assim, com sua avaliação e análise, objetivar não apenas a adequação de um espaço ao usuário, mas sobretudo uma transformação para que as cidades sejam mais urbanas e humanas.

RESUMO

- **A Ergonomia deve estar mais atrelada ao estudo das cidades, visto que lida com a relação "Corpo × Espaço" e "Pessoa *no* Ambiente".**
- **Os espaços livres urbanos são espaços livres de edificação e que formam a maior parte do território brasileiro. São os tecidos essenciais para que qualquer cidade exista (QUEIROGA; BENFATTI, 2007). Um exemplo dessa tipologia de espaço é a calçada.**
- **A calçada pode ser definida como uma formalização da trajetória do nosso caminhar. O CTB (Lei Federal nº 9.503, de 23/9/1997) a define como: "parte da via, normalmente segregada e em nível diferente, não destinada à circulação de veículos, reservada ao trânsito de pedestres e, quando possível, à implantação de mobiliário urbano, sinalização, vegetação e outros fins". Segundo Jacobs (2009), as calçadas são os "órgãos mais vitais de uma cidade".**
- **As calçadas abrigam as atividades dentro do espaço urbano que mais se relacionam com a qualidade de vida urbana. Há dois tipos de atividades: as obrigatoriamente necessárias e as opcionais. As primeiras estão atreladas ao próprio caminhar como forma de deslocamento, enquanto as segundas, ao parar e contemplar a cidade (GEHL, 2014).**
- **Há três tipos de escalas dentro do ambiente urbano: a escala vertical (atrelada ao campo de visão do usuário); a escala horizontal (atrelada ao alcance do caminhar**

nas calçadas); e a escala da velocidade (atrelada à quantidade de informação que é possível captar em um ambiente pelo usuário).

- **A avaliação do espaço urbano é importante, pois é a partir dela que conseguimos extrair as informações significativas que embasarão qualquer projeto. Essas informações podem ser consolidadas como uma ferramenta que gera diretrizes e estratégias projetuais (MÜLFARTH, 2017).**
- **Na Avaliação Ergonômica do Ambiente Urbano (MÜLFARTH, 2017) há duas etapas: a quantitativa (que avalia os elementos materiais, objetivos e mensuráveis) e a qualitativa (que avalia os elementos imateriais, subjetivos e imensuráveis).**
- **Há inúmeras formas e variáveis a se levantar em cada uma das etapas, sendo necessário adaptá-las de acordo com os objetivos da pesquisa e do contexto do local.**
- **Por fim, diante do processo de avaliação ergonômica, é imprescindível a compreensão de alguns conceitos e relações que estão por trás, principalmente no que diz respeito à relação "Pessoa" no "Ambiente". São necessárias a compreensão separada e a conjunta, mesmo que geral, da figura do indivíduo e do meio no qual está inserido. Essa relação se manifesta nas cidades quando justamente somos pedestres no meio urbano. No entanto, engana-se quem pensa que não é pedestre ou quem pensa que nunca foi ou será um. Somos e sempre seremos pedestres! Pedestre é aquele que também utiliza o transporte público, a bicicleta e até mesmo o carro. Não paramos para pensar que, para chegarmos a determinado destino, sempre acabamos usando os nossos próprios pés, já que outros meios de locomoção não nos levam exatamente ao ambiente que desejamos. Engana-se também quem pensa que ser pedestre está condicionado a uma situação socioeconômica. Muitos acreditam que o pedestre é pedestre por ser a última ou a única opção de locomoção disponível. Isso é um erro, pois o ser humano precisa ser pedestre todos os dias, a qualquer momento e sob qualquer condição. O que diferencia as pessoas é a duração do tempo em que os pés são necessários para a mobilidade do dia a dia.**

Bibliografia

CARERI, F. *Walkspaces*: o caminhar como prática estética. São Paulo: Editora Gustavo Gili, 2015.

CIDADE DE NOVA YORK. *Active design guidelines*: promoting physical activity and health in design. New York, 2013a.

CIDADE DE NOVA YORK. *Active design*: shaping the sidewalk experience. New York, 2013b.

CÓDIGO DE TRÂNSITO BRASILEIRO (CTB). Lei Federal nº 9.503. Brasília, 1997.

GEHL, J. *Cidades para pessoas*. São Paulo: Perspectiva, 2014.

GEHL, J.; SVARRE, B. *A vida na cidade*: como estudar. São Paulo: Perspectiva, 2018.

JACOBS, J. *Morte e vida de grandes cidades*. São Paulo: Martins Fontes, 2009.

LYNCH, K. *A imagem da cidade*. São Paulo: Martins Fontes, 1997.

MAGNOLI, M. *Espaços livres e urbanização*: uma introdução a aspectos da paisagem metropolitana. 1982. Tese (Livre-Docência) – Faculdade de Arquitetura e Urbanismo, Universidade de São Paulo, São Paulo, 1982.

MÜLFARTH, R. C. K. *Proposta metodológica para avaliação ergonômica do ambiente urbano*: a inserção da ergonomia no ambiente construído. 2017. Tese (Livre-docência) - Universidade de São Paulo, Faculdade de Arquitetura e Urbanismo, São Paulo, 2017.

PINHEIRO, C. Natureza e cultura: o conflito de Gilgamesh. *Paisagem e Ambiente*, São Paulo, 2004. p. 7-57.

PREFEITURA DE SÃO PAULO. Calçadas. Disponível em: https://www.prefeitura.sp.gov.br/cidade/secretarias/subprefeituras/calcadas/. Acesso em: 24 abr. 2022.

QUEIROGA, E. F.; BENFATTI, D. M. Sistemas de espaços livres urbanos: construindo um referencial teórico. *Paisagem e Ambiente: Ensaios*, São Paulo, n. 24, p. 81-88, 2007.

SATO, A. E.; MÜLFARTH, R. C. K. Ambiente urbano e ergonomia - uma proposta metodológica de avaliação: reflexões e aplicações. *In*: CONGRESSO BRASILEIRO DE ERGONOMIA - VIRTUAL, 20, 2020. *Anais*... Lorena: ABERGO, 2020.

SATO, A. E. *Streetscapes para São Paulo*: caminhabilidade & ergonomia. 2021. Dissertação (Mestrado) - Universidade de São Paulo, Faculdade de Arquitetura e Urbanismo, São Paulo, 2021.

YÁZIGI, E. O mundo das calçadas. *Humanitas*, São Paulo: FFLCH/USP: Imprensa Oficial do Estado, 2000.

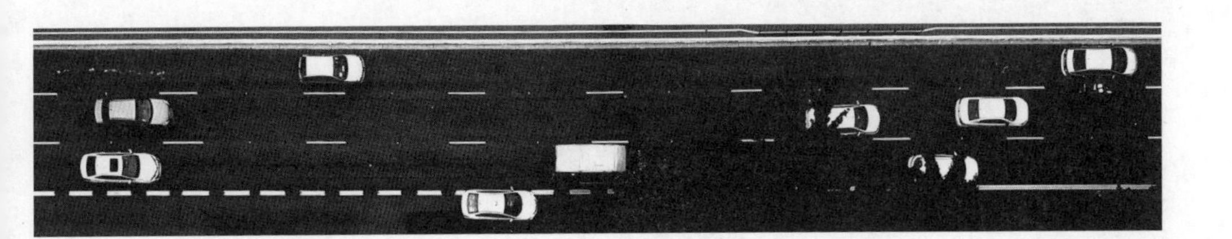

PARTE 2

Algumas Proposições: a Ergonomia no Ambiente Construído

CAPÍTULO 6

Ergonomia na Requalificação de Edificações

Nathália Mara Lorenzetti Lima

"Acredito piamente na importância da cidadania e na vitalidade e humanidade que ela estimula. [...] As cidades permanecem sendo o grande ímã demográfico de nossos tempos, porque facilitam o trabalho e são a sementeira de nosso desenvolvimento cultural. [...] A vitalidade informal do espaço público é a mistura de espaços de trabalho, lojas e casas que tornam os bairros vivos." (RICHARD ROGERS, 1998)

6.1 Cidade compacta

O uso massivo do automóvel gerou um meio urbano configurado por um modelo de ocupação dispersa, em que moradia, trabalho e lazer não se encontram em um mesmo espaço físico na maioria dos casos, o que gera necessidade de grandes deslocamentos diários dentro da mesma cidade. Assim, essa dinâmica diária faz com que os trajetos passem a ser contabilizados pelo tempo de viagem, e não mais pela distância.

Uma medida voltada a minimizar essa problemática é a compactação das cidades para aproximar os ambientes que abrigam as principais atividades exercidas pelo homem no cotidiano – moradia, trabalho e lazer – a uma infraestrutura adequada, como tratamento de água, coleta seletiva de lixo, acesso a meios de transporte público e híbridos, entre outros, que garantam moradias salubres e saudáveis.

Miana (2010, p. 78) destaca as vantagens de se compactarem as cidades, que consistem em:

> "[...] menor consumo de solo urbano; grande versatilidade de morfologias urbanas possíveis, existência de transporte público que ofereça mobilidade a toda população, a redução dos tráfegos de veículo privado, existência de áreas multifuncionais, às quais é possível chegar andando, a sociabilidade e os câmbios pessoais e a segurança da população. A forma de cidade compacta é considerada bastante sustentável frente a outras opções".

A cidade compacta nem sempre pode ser relacionada com edifícios altamente verticalizados. Na verdade, sua relação está diretamente relacionada à mistura de usos, que maximiza a utilização da infraestrutura urbana, reduz o tempo das viagens diárias e, além disso, gera novos empregos e retoma a vitalidade de muitos espaços a princípio abandonados e esquecidos pelo poder público, como é o caso dos centros urbanos históricos de diversas cidades.

Essa dinâmica é ilustrada pelo diagrama da Figura 6.1.

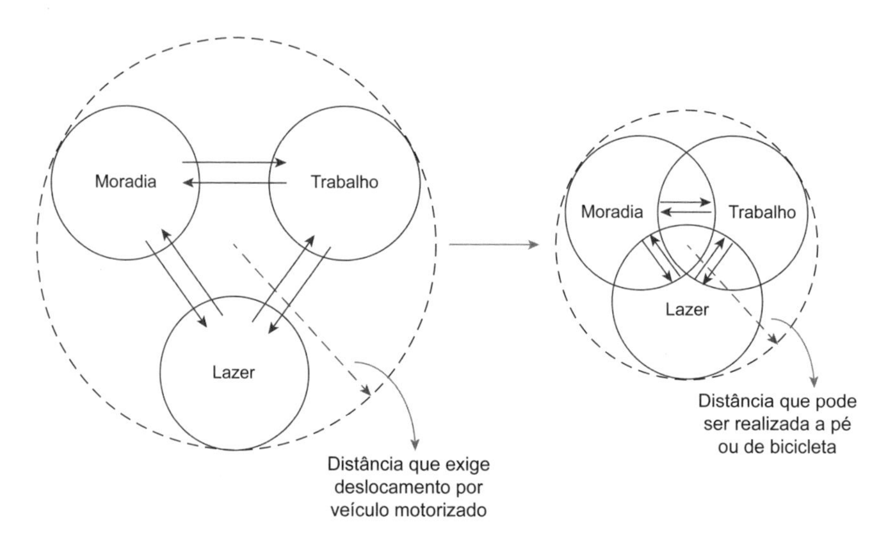

Figura 6.1 Os núcleos compactos e multifuncionais reduzem deslocamentos e promovem vitalidade à região. Fonte: adaptada de Rogers (1997).

A diminuição da necessidade dos deslocamentos diários por meio de automóveis é um dos principais fatores intrínsecos ao uso multifuncional do solo, já que mantém próximos moradia, trabalho e lazer, podendo ser acessados por alternativas de transporte de baixo custo e impacto ambiental, como o público ou por bicicletas e a pé – deslocamentos ativos. Essas novas práticas contribuem para a melhora do meio ambiente urbano, já que incentivam a implantação de bicicletários, aumentam a oferta de transporte público e incentivam a melhoria de vias de pedestre e bicicletas.

Espaços que atendem apenas a uma função, seja ela trabalho, moradia ou mesmo lazer, geram deslocamentos periódicos que variam de acordo com o uso, ou seja, em vários momentos a vida urbana é praticamente inexistente. Isso pode gerar, como consequência, violência e perda de vitalidade desses espaços. Além disso, o uso esporádico da infraestrutura urbana não permite que esta seja utilizada em toda a sua capacidade.

De acordo com Rogers (1997), "à medida que a vitalidade dos espaços públicos diminui, perdemos o hábito de participar da vida urbana da rua". Sendo assim, o "policiamento" natural exercido por moradores, que se baseia em participar e transitar pelo espaço público que os envolve, diminui, forçando assim a necessidade do policiamento oficial que gera a percepção de um lugar violento, que deve ser protegido permanentemente. O fator da violência faz com que a população passe a adotar um modelo de vida considerado mais "seguro", seguindo padrões monofuncionais, como morar em condomínios fechados e frequentar *shopping centers* em vez de comércios de bairro, o que contribui para sociedades desiguais e segregadas.

Por isso, a multifuncionalidade dos espaços urbanos atrelados à oferta de infraestrutura é fator que tem contribuído para a mudança do olhar sobre as regiões centrais das cidades. Isso porque, atualmente, são cenários em que essa dinâmica pode ser aplicada e, em consequência, a urbanidade dessas áreas poderá ser retomada. O aumento no número de residências desses locais garante sua multifuncionalidade, aproximando moradia, trabalho e lazer, além de garantir o uso contínuo da infraestrutura já existente.

6.2 O centro urbano

A grande disponibilidade de transporte público coletivo no centro, quando comparado às demais áreas da cidade, e a vacância de um grande número de edifícios estimularam a criação de iniciativas que exploram esse potencial subutilizado com o objetivo de trazer novos moradores para essas áreas, aplicando o conceito de cidade compacta, bem como atrair "vida" a alguns desses espaços, que acabaram por perder totalmente a urbanidade.

> "Atrelado ao *boom* imobiliário, o mercado de *retrofit* vem crescendo nos grandes centros urbanos do país, onde as áreas para novos empreendimentos estão cada vez mais escassas e caras. Disputados pelos investidores do setor imobiliário, esses edifícios antigos, depois de modernizados, oferecem, além de localização privilegiada, retorno do investimento após um período curto de obra." (MOURA, 2008)

Apesar de seu aparente uso intenso, o centro da cidade de São Paulo é dotado de infraestrutura parcialmente ociosa, já que, em períodos diurnos, seu uso supera o noturno em até 400 %. Isso se justifica pelo fato de as áreas centrais deterem mais de 24 % dos empregos, enquanto a grande maioria de seus trabalhadores provém de regiões distantes do local de trabalho. Isso fica explícito ao se comparar a quantidade de empregos ofertados pela região da Sé com a quantidade de moradores. Essa relação chega a seu extremo: uma média de 4,3 empregos por habitante da região.[1]

Além disso, atualmente, a taxa de vacância da região central é de, aproximadamente, 30 %, com vários edifícios degradados e abandonados, gerando a possibilidade de invasões que resultam em habitações precárias e sem as mínimas condições de habitabilidade e salubridade, sem segurança tanto física quanto fisiológica para o usuário, e que contribuem para a degradação do espaço urbano. Essa vacância demonstra a possibilidade de reabilitação desses edifícios, otimizada pela infraestrutura existente (CUSINATO, 2004). No entanto, a demolição de edifícios, ou mesmo de quadras inteiras, ainda é uma prática recorrente apesar de, muitas vezes, não corresponder às demandas do local ou mesmo não representar a opção mais viável tanto no contexto da região, ou mesmo da cidade, quanto nos aspectos econômicos envolvidos.

Uma das tentativas do poder municipal em reutilizar os edifícios existentes dessas regiões se faz mediante o Programa Renova Centro, que, por meio de pesquisa e avaliação de edifícios nessas áreas centrais, propõe-se a selecionar unidades aptas a serem reabilitadas e, assim, atender cerca de 3 mil famílias.[2] Grande parte dos edifícios selecionados nesse programa está em estado de abandono ou subutilizada, com exceção, em alguns casos, do andar térreo, que, majoritariamente, é de uso comercial e alugado. Além disso, o programa também aborda edifícios tombados, já que muitos deles se encontram abandonados tanto pela dificuldade em torná-los habitáveis, em função das dificuldades referentes às novas legislações, quanto pelo interesse de valorização do imóvel. Em contrapartida, o motivo de o centro abrigar uma quantidade significativa de edifícios nesse estado é o de preservar sua história e memória, o que acaba não acontecendo da maneira esperada, já que acabam por degradar suas características e seu entorno. Com esses novos programas de revitalização e atração para as áreas centrais com seus edifícios, pretende-se reverter essa dinâmica de deslocamento atual que tanto prejudica a cidade.

6.3 Reabilitação de edifícios

A reabilitação permite reintegrar os edifícios que foram perdendo as características desejadas de desempenho ao longo dos anos e geralmente está relacionada com as mudanças de necessidade dos usuários ou mesmo da própria região e suas demandas. No entanto, também muito recorrentes são as mudanças tecnológicas, a degradação gerada pelo uso cotidiano e, sobretudo, a falta de manutenção. O gráfico da Figura 6.2 explicita a influência que a falta de manutenção pode ocasionar na diminuição do tempo de vida útil do edifício, que se encurta quando ela não ocorre e se prolonga se a manutenção é feita periodicamente.

---

1 Dados obtidos a partir da apresentação do Programa Renova Centro em: http://www.habitacao.sp.gov.br/casapaulista/downloads/ppp/apresentacao_programa_renova_centro.pdf. Acesso em: 24 abr. 2022.

2 Dados obtidos a partir da apresentação do Programa Renova Centro em: http://www.habitacao.sp.gov.br/casapaulista/downloads/ppp/apresentacao_programa_renova_centro.pdf. Acesso em: 24 abr. 2022.

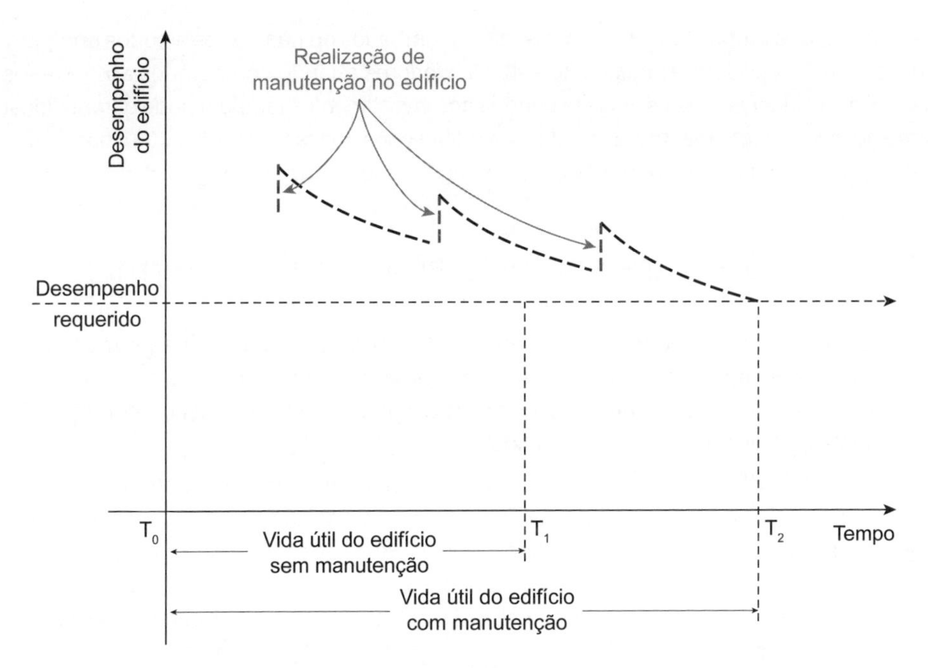

Figura 6.2 Manutenção × não manutenção. Fonte: adaptada de Sabbatini (2007) 2007 *apud* Uzum (2011, p. 29).

Segundo Uzum (2011), os projetos de requalificação diferem muito dos projetos de edifícios novos pelo fato de que nem sempre o que se projeta para requalificar um edifício é realmente construído, pois, em muitos casos, os desenhos do antigo edifício não são compatíveis com a realidade. Além disso, existem restrições aos projetos de reabilitação – muitas vezes inexistentes quando comparados a construções novas. Alguns desses fatores devem-se a:

- Limites do edifício.
- Área das unidades habitacionais, dependendo do órgão que custeará as modificações.
- Restrições de espaço para o manuseio da obra (para canteiro de obra, recebimento e armazenamento de materiais).
- Adequação às legislações sobre segurança contra incêndio, acessibilidade e patrimônio histórico.

A análise do conforto ambiental também se mostra fundamental no processo de *retrofit*, na medida em que as condições ambientais são alteradas com a verticalização do entorno e o aumento do fluxo de veículos, causando o estresse pelo ruído, como também em razão do aumento da temperatura em função do adensamento do solo e má ventilação entre os edifícios vizinhos, mudança de uso que possa ocorrer, alteração nas normas que regem as construções, entre outros fatores. Nesse contexto, a inserção do conforto ambiental na concepção e avaliação de edificações existentes (como também nos projetos de arquitetura) é de extrema importância e nos remete ao questionamento e definição de conforto ambiental, que "caracteriza uma percepção individual do espaço, de qualidades, influenciada por valores de conveniência, adequação, expressividade, comodidade e prazer" (VIRILIO, 1993).

Apesar desses empecilhos, seja com edifícios tombados ou não, vários estudos apontam que as requalificações podem ter custos 30 a 40 % inferiores quando comparados aos gerados por construções residenciais novas. Essa economia nos investimentos também pode garantir locações de mesmo custo ou até mesmo superiores às edificações novas (SECOVI, 2009), possivelmente por sua localização com maior oferta de transporte e acesso facilitado.

6.4 Interação entre conforto ergonômico e térmico

A interação entre conforto térmico e luminoso com a ergonomia pode agregar muito positivamente ao conforto ambiental do edifício de forma geral, isso porque existem meios de o projeto ergonômico contribuir na melhoria dos aspectos relacionados com iluminação e condição térmica dos ambientes, potencializando suas qualidades.

Segundo Mülfarth (2015), ao identificar-se uma não conformidade quanto aos aspectos de conforto térmico ou luminoso, existem ações no espaço edificado que podem contribuir para melhorar esse fato. Assim, ela elaborou duas tabelas[3] relacionando os quesitos do conforto térmico e luminoso do edifício com a ergonomia que, ao serem combinados da maneira adequada, resultam na melhor situação de conforto ambiental que o edifício, em tais circunstâncias, é capaz de promover aos usuários.

Sobre essas tabelas, voltadas para análise de edifícios existentes e as atuais atividades exercidas em seus espaços internos, foi elaborada uma análise a fim de avaliar como poderiam ser aplicadas ao tratar da reabilitação de edifícios, ou seja, para avaliar espaços sem uso que receberão novas atividades, diferentes das projetadas originalmente. Isso porque o projeto de *layout* interno, de móveis, equipamentos e definição do uso dos espaços ainda não existe e seria devidamente feito a partir dessa análise, colaborando para o melhoramento dos parâmetros térmicos e luminosos quando o edifício passasse a ser ocupado. Tais análises são apresentadas nas Tabelas 6.1 e 6.2.

Apesar de nem todos os aspectos listados nas tabelas serem aplicáveis a edifícios sem uso, alguns critérios tornam-se metas a serem alcançadas nos projetos de reabilitação, produzindo situações em que os elementos analisados estejam com fácil acesso, com facilidade de controle pelo usuário, implantados adequadamente etc.

É muito comum, em projetos nos quais o acesso a elementos de aberturas e proteções é difícil, que os usuários desistam de interagir com eles e optem por ignorá-los, escolhendo de antemão equipamentos de condicionamento e ventilação artificiais, diminuindo assim a autonomia e a eficiência que o edifício poderia estar desempenhando.

---

3 Tabelas Ergonomia + Conforto Térmico no edifício existente. Elaboradas por Roberta Consentino Kronka Mülfarth.

Tabela 6.1 Ergonomia + Conforto Térmico do edifício existente. Com avaliação da autora sobre utilização para edifícios em desuso

<table>
<tr><th></th><th>Ação</th><th>Como avaliar</th><th colspan="3">Critério</th></tr>
<tr><td rowspan="2">Quantitativo</td><td rowspan="2">Cálculo simplificado temperatura interna máxima</td><td>MÉTODO CSTB (Frota, 1995)</td><td colspan="3" rowspan="2">A ser definido pelo modelo de conforto térmico adaptativo escolhido (que vai depender do clima)</td></tr>
<tr><td>Medições in loco (ISO 7726)</td></tr>
<tr><td rowspan="19">Qualitativo</td><td rowspan="3">LAYOUT: facilidade de acesso ou controle da ventilação natural</td><td rowspan="3">Observação (análise de tarefa – fluxograma, organograma do local)</td><td colspan="3">Facilidade de acesso</td></tr>
<tr><td colspan="3">Pouco controle</td></tr>
<tr><td colspan="3">Nenhum acesso</td></tr>
<tr><td rowspan="3">ESQUADRIAS: facilidade de controle das aberturas para ventilação natural</td><td rowspan="3">Teste de uso (padrões ergonômicos)</td><td colspan="3">Facilidade de acesso</td></tr>
<tr><td colspan="3">Pouco controle</td></tr>
<tr><td colspan="3">Nenhum acesso</td></tr>
<tr><td rowspan="8">SOMBREAMENTO DAS ABERTURAS</td><td rowspan="8">Observação no local</td><td rowspan="4">Interno</td><td rowspan="2">Fixo</td><td>Não adequado</td></tr>
<tr><td>Adequado</td></tr>
<tr><td rowspan="2">Móvel</td><td>Não adequado</td></tr>
<tr><td>Adequado</td></tr>
<tr><td rowspan="4">Externo</td><td rowspan="2">Fixo</td><td>Não adequado</td></tr>
<tr><td>Adequado</td></tr>
<tr><td rowspan="2">Móvel</td><td>Não adequado</td></tr>
<tr><td>Adequado</td></tr>
<tr><td rowspan="3">OUTROS RECURSOS PARA O CONFORTO: ventilador/aquecedor</td><td rowspan="3">Observação no local</td><td rowspan="2">Existente</td><td colspan="2">Uso frequente</td></tr>
<tr><td colspan="2">Pouco uso</td></tr>
<tr><td colspan="3">Não existente</td></tr>
</table>

É possível realizar nos edifícios em desuso.

Não é possível realizar nos edifícios em desuso.

Objetivo na requalificação do edifício em desuso.

Tabela 6.2 Ergonomia + Iluminação Natural no edifício existente. Com avaliação da autora sobre utilização para edifícios em desuso

<table>
<tr><th></th><th>Ação</th><th>Como Avaliar</th><th colspan="3">Critério</th></tr>
<tr><td rowspan="2">Quantitativo</td><td rowspan="2">Cálculo simplificado de iluminâncias</td><td>Simulação computacional (opções atuais de softwares Dialux, DIVA, DAYSIM)</td><td rowspan="2" colspan="3">Norma Brasileira (ABNT, 2013/NABIL, 2006)</td></tr>
<tr><td>Medições in loco (ABNT, 1985)</td></tr>
<tr><td rowspan="21">Qualitativo</td><td rowspan="3">LAYOUT E DISPOSIÇÃO DO ESPAÇO INTERNO facilidade de acesso (proximidade dos usuários, das áreas iluminantes-janelas)</td><td rowspan="3">Observação formato da planta: profundidade, disposição layout em relação às aberturas (análise de tarefa: fluxograma, organograma do local)</td><td colspan="3">Facilidade de acesso (boa proximidade – possibilidade de localização junto às áreas iluminantes)</td></tr>
<tr><td colspan="3">Pouco acesso (o usuário tem visão da área iluminante, mas não se beneficia significativamente da luz natural)</td></tr>
<tr><td colspan="3">Nenhum acesso</td></tr>
<tr><td rowspan="3">SOMBREAMENTO DAS ABERTURAS controle da luminosidade natural por meio do controle de elementos de sombreamento interno e/ou externo</td><td rowspan="3">Teste de uso (padrões ergonômicos)</td><td colspan="3">Facilidade de acesso</td></tr>
<tr><td colspan="3">Rouco controle</td></tr>
<tr><td colspan="3">Nenhum acesso</td></tr>
<tr><td rowspan="3">MANUTENÇÃO DE ÁREAS ILUMINANTES</td><td rowspan="3">Observação no local</td><td rowspan="3" colspan="2">Presença de obstruções internas e/ou externas junto às superfícies iluminantes que venham a causar a redução de áreas iluminantes</td><td>Muita</td></tr>
<tr><td>Pouca</td></tr>
<tr><td>Nenhuma</td></tr>
<tr><td rowspan="9">CONTROLE DE OFUSCAMENTO</td><td rowspan="9">Observação no local</td><td colspan="3">Não é necessário</td></tr>
<tr><td rowspan="4">Interno</td><td rowspan="2">Fixo</td><td>Não adequado</td></tr>
<tr><td>Adequado</td></tr>
<tr><td rowspan="2">Móvel</td><td>Não adequado</td></tr>
<tr><td>Adequado</td></tr>
<tr><td rowspan="4">Externo</td><td rowspan="2">Fixo</td><td>Não adequado</td></tr>
<tr><td>Adequado</td></tr>
<tr><td rowspan="2">Móvel</td><td>Não adequado</td></tr>
<tr><td>Adequado</td></tr>
<tr><td rowspan="3">ILUMINAÇÃO ARTIFICIAL COMPLEMENTAR iluminação específica de tarefa</td><td rowspan="3">Observação no local</td><td rowspan="2" colspan="2">Existe</td><td>Uso frequente</td></tr>
<tr><td>Pouco uso</td></tr>
<tr><td colspan="3">Não existe</td></tr>
</table>

É possível realizar nos edifícios em desuso.

Não é possível realizar nos edifícios em desuso.

Objetivo na requalificação do edifício em desuso.

6.5 Estudo e projeto de reabilitação de edifícios

Após observarem-se as tipologias mais recorrentes no centro da cidade de São Paulo, com ênfase nos edifícios que permanecem na situação de abandono ou subutilização, foram escolhidas duas tipologias a serem exploradas nessa pesquisa a fim de, por meio delas, conseguir propor soluções adaptáveis a essa maioria edificada.

Foram destacadas algumas características mais recorrentes a essa maioria pela análise de plantas, apresentadas posteriormente:

- Edifício projetado como de uso misto.
- Térreo de uso comercial.
- Pavimentos acima do térreo projetados para atender serviços (a não ser mezanino voltado ao uso comercial do térreo).
- Acesso aos pavimentos acima do térreo por uma área pequena do térreo.
- Área de circulação vertical dotada de elevador e escada (um deles com escada enclausurada e outro com escada aberta para abranger diversas soluções).

A partir disso, duas tipologias se destacaram: a primeira com planta profunda, com mais de 15 metros, apresentando empenas laterais cegas ou mesmo sem recuos laterais e com largura não ultrapassando os 10 metros. Assim, o posicionamento das aberturas se faz nas duas extremidades, sem possibilidade de aberturas nas laterais. A segunda tipologia destacou-se por sua fachada mais ampla, cerca de 20 metros e profundidade não muito maior que isso, com cerca de 25 metros. Diferentemente da anterior, essa tipologia apresenta átrios que recortam o edifício e podem ser maiores na medida em que estão nos mais altos patamares, o que contribui para ventilação e iluminação dos pavimentos mais inferiores.

A partir dessas etapas, foram selecionados dois edifícios. Um deles localizado na rua Paula Souza e o outro, na rua Capitão Salomão.

Para os ambientes internos, foram realizadas avaliações ergonômicas a fim de identificar os possíveis usos e, consequentemente, os espaços necessários para atendê-los de maneira adequada. Para isso, foram analisadas as possíveis tarefas corriqueiras para os ambientes domésticos, mas também determinou-se um espaço voltado às atividades não convencionais que, cada vez mais, estão sendo inseridas no ambiente doméstico, voltadas ao trabalho e ao complemento de renda, como artesanato, cozinha em maior escala que a doméstica, trabalho em computadores, como é o caso de *freelancer* e *home office*, entre outras. Tal avaliação ocorreu da seguinte maneira:

- Definição do programa de necessidades.
- Estudo das funções e atividades de uso na habitação.
- Análise de tarefas.

A definição de um *programa de necessidades* representa geralmente o primeiro passo do processo do projeto, em que se identificam os dados do problema e se organizam os objetivos e exigências que a solução deve satisfazer. Geralmente, o *programa* define parâmetros de dimensionamento, parâmetros econômicos e níveis de qualidade estabelecidos pelo promotor e pelas condicionantes físicas, socioculturais e técnico-administrativas; dessa maneira, permite a concepção de um lar ao usuário.

Para que o dimensionamento de um ambiente atinja resultados no mínimo eficientes, o *estudo das funções e atividades de uso na habitação* deve ser considerado no início do processo do projeto e para que seja possível também determinar rapidamente o fluxo de informação obtida com conhecimento sobre as limitações humanas relativas à tarefa e previsíveis no processo do projeto. Isto certamente evita algumas situações em que o projeto do mobiliário/equipamento dite as exigências projetuais que irão conduzir ajustes mais tarde no projeto.

As *funções* são determinadas a partir do conceito de morar, e não em decorrência do espaço físico previsto para as suas atividades. Pretende-se que o espaço físico seja definido a partir da determinação das funções e atividades necessárias ao funcionamento da moradia.

Atualmente, a *análise da tarefa doméstica* agrega todos esses esforços valiosos em uma metodologia que consegue avaliar de maneira sistemática a racionalização das demandas dos movimentos no interior dos ambientes essencialmente contíguos com os padrões dimensionais e a ergonomia aplicados no projeto da habitação.

A *análise da tarefa* é o resultado da busca pelo desempenho dos ambientes e, por consequência, da produção de projetos mais atentos às reais necessidades e ao conforto dos usuários na sua forma mais ampla. A conceituação e a metodologia das *funções e atividades de uso na habitação* são definidas claramente com bases conceituais estritamente relacionadas ao projeto arquitetônico.

A fim de complementar as alterações propostas a esses edifícios, foram pensadas e simuladas algumas alternativas para melhorar as condições térmicas e lumínicas internas aos edifícios. Com isso, determinou-se a implantação de *brises* em algumas fachadas e novas aberturas, a fim de adequar alguns ambientes a luminosidade, renovações de ar e temperatura necessárias.

6.6 Projeto ergonômico para a mudança de uso

Essa fase corresponde à análise dos pavimentos que abrigam as unidades habitacionais, ou seja, cada andar, suas peculiaridades e capacidade de receber diferentes unidades e atividades. Nesse momento, foram determinados os espaços que abrigaram cada unidade, a proposta de divisão interna de cada uma e as análises de circulação e utilização de equipamentos e *layout* propostos.

Para isso, foi utilizado o método baseado na análise de tarefas e, para que esse método fosse analisado de maneira mais abrangente, listaram-se os espaços a princípio indispensáveis ao ambiente doméstico aliados às tarefas que poderão ser realizadas em tais espaços e, assim, prever as posições e movimentos necessários para realizá-las adequadamente (Tabela 6.3).

Sendo assim, os projetos ergonômicos abrangeram todas essas atividades básicas, além de destinar maior espaço às áreas das salas de jantar/estar, a fim de que abriguem atividades não previstas na tabela. Obviamente, certas atividades não poderão ser exercidas em tais ambientes, por demandarem espaços muito maiores, assim como também poderiam não ser realizadas em casos de projetos ergonômicos de espaços não consolidados.

Tabela 6.3 Lista das possíveis atividades exercidas em ambientes domésticos

Ambiente	Atividade	Movimento/posição
Quarto	dormir	deitar, levantar/permanecer deitado
	ler	sentar, levantar/permanecer sentado
	descansar	sentar, levantar/permanecer sentado ou deitado
	vestir-se	agachar, levantar, movimentar braços e pernas/ manter-se em pé e sentando
Cozinha	cozinhar	movimentar braços/manter-se em pé
	confeitar	movimentar braços/manter-se em pé
	utilizar forno	agachar, levantar, movimentar braços/manter-se agachado
	utilizar fogão	movimentar braços/manter-se em pé
	utilizar móveis altos	esticar o corpo para cima
	utilizar móveis baixos	agachar, levantar/manter-se agachado
	alimentar-se	sentar, levantar/manter-se sentado
Sala de estar/ jantar	descansar	sentar, levantar/permanecer sentado ou deitado
	alimentar-se	sentar, levantar/manter-se sentado
	trabalhar em computador/ escrever/ler/desenhar (atividades sentadas)	sentar, levantar/manter-se sentado
	assistir à TV e receber pessoas	sentar, levantar/manter-se sentado ou em pé
Banheiro	utilizar bacia sanitária	sentar, levantar/manter-se sentado
	banhar-se	agachar, levantar, movimentar braços e pernas/ manter-se agachado e em pé
	utilizar lavatório	movimentar braços/manter-se em pé

Para espaços voltados à circulação, tal análise de tarefas ficou restrita a atividades de deslocamento, o que inclui pessoas portadoras de cadeira de rodas, andadores, muletas, além de carrinho de carregar bebês, entre outros equipamentos que auxiliem a locomoção, independentemente da idade ou deficiência física. Além disso, tais peculiaridades foram atendidas de forma abrangente, permitindo autonomia e independência desses usuários, sem restringir o acesso a quaisquer que sejam os espaços comuns do projeto de reabilitação.

6.6.1 Edifício da rua Paula Souza

Os pavimentos tipo do edifício da rua Paula Souza são desimpedidos e basicamente mantêm toda a ventilação e iluminação através das aberturas na fachada frontal e posterior. As laterais, por avançarem até o limite do lote, são cegas (Figura 6.3).

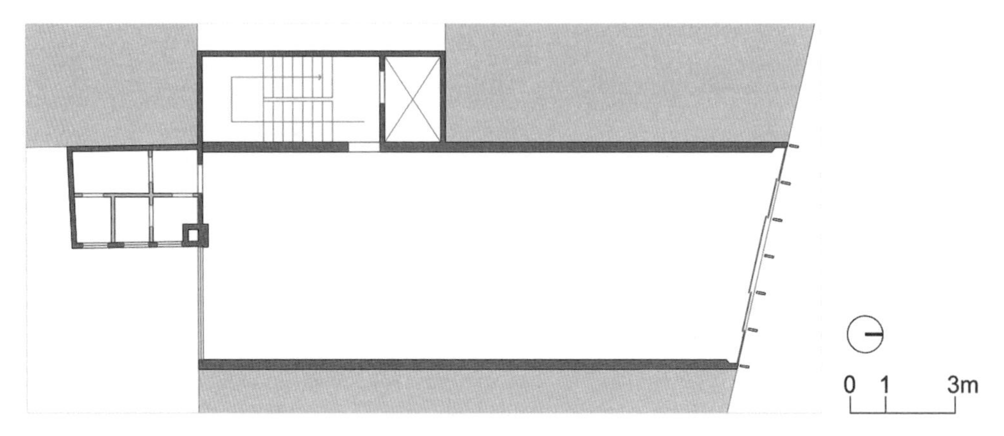

Figura 6.3 Planta original do pavimento tipo do edifício da rua Paula Souza.

Originalmente, o edifício foi construído voltado para o uso de serviços e comércio apenas no pavimento térreo e no mezanino. O único pavimento pensado para acomodar uma habitação foi a cobertura (7º pavimento) para o zelador (Figura 6.4).

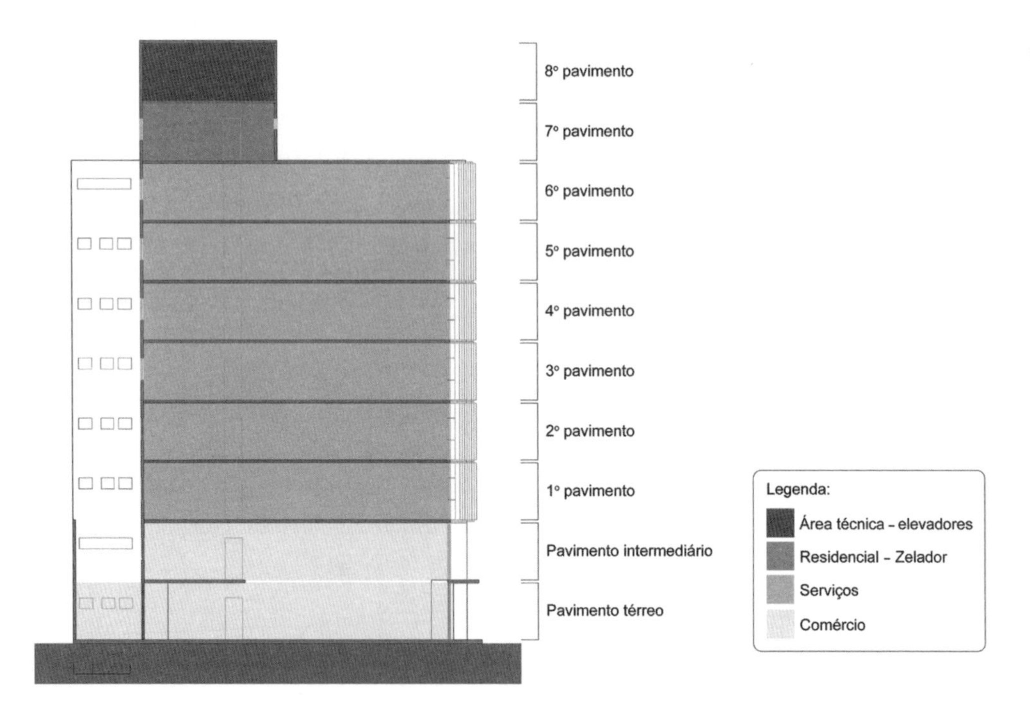

Figura 6.4 Corte longitudinal com os usos do edifício da rua Paula Souza quando projetado originalmente.

A proposta de reabilitação reconsidera essa composição e volta os pavimentos – do 1º ao 6º – ao uso residencial, mesclando duas propostas para eles, uma com duas unidades de *kitchenettes* e outra com uma unidade de três dormitórios. O térreo e o mezanino tiveram o uso original mantido a fim de se respeitar a tipologia da região (Figura 6.5).

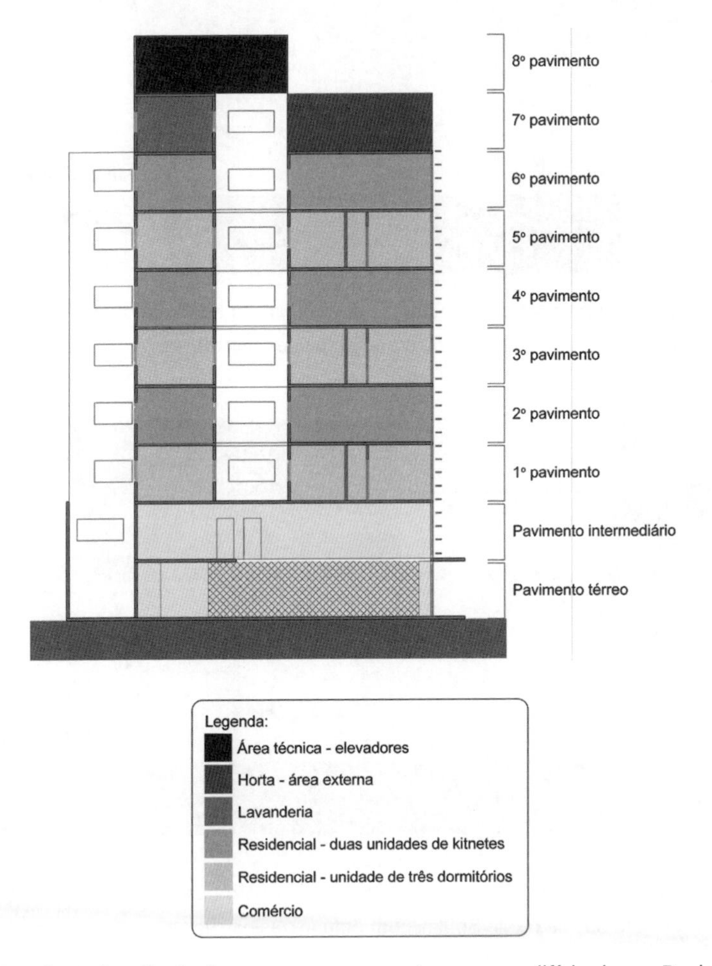

Figura 6.5 Corte longitudinal com os usos propostos para o edifício da rua Paula Souza.

As duas opções de pavimento voltado ao uso residencial podem ser alternadas entre unidades de *kitchenettes* e unidades de três dormitórios (Figura 6.6). Com isso, pretendeu-se permitir que o edifício abrigue diferentes tipos de usuários e famílias, atendendo a uma gama maior de pessoas que têm interesse em morar na região central da cidade.

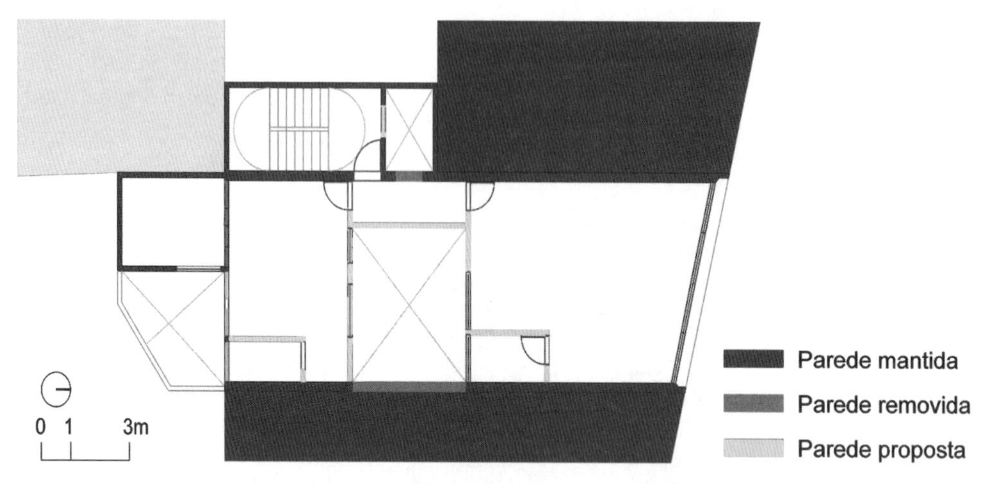

Figura 6.6 Planta com proposta de reabilitação do pavimento tipo com duas unidades residenciais do edifício da rua Paula Souza, com ênfase nas estruturas removidas e propostas.

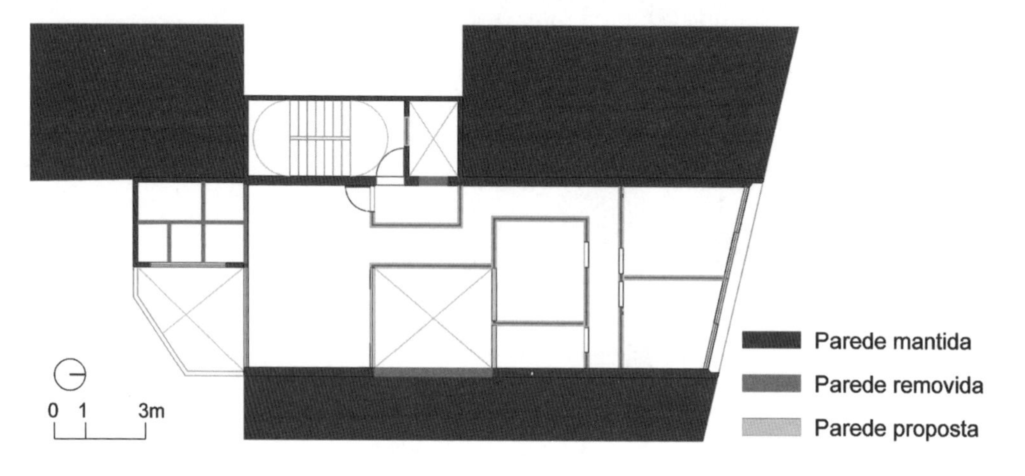

Figura 6.7 Planta com proposta de reabilitação do pavimento tipo com uma unidade residencial do edifício da rua Paula Souza, com ênfase nas estruturas removidas e propostas.

Foi proposto um átrio no centro do pavimento, pois trata-se de um edifício muito profundo, e não promover um átrio em seu interior impediria tanto a ventilação adequada para uma unidade residencial quanto a iluminação mínima nas porções mais profundas dos pavimentos. Assim, esse átrio permite maior flexibilidade tanto de planta e *layout* interno quanto de número de unidades por pavimento.

Esse átrio também possibilitou a inserção de um dormitório a mais, voltado para ele, na unidade com dormitórios. Além disso, na unidade de três dormitórios, dividiu os espaços íntimos (dormitórios) dos espaços comuns (salas e cozinha) e permitiu a iluminação adequada e ventilação cruzada de qualidade ao longo de todo o pavimento, proporcionando ambientes salubres e aptos a receber atividades exercidas no ambiente doméstico.

As propostas foram pensadas a fim de evitar ao máximo grandes alterações. No entanto, priorizaram-se o bem-estar e melhor disposição dos espaços, a fim de garantir iluminação e ventilação adequadas e, assim, assegurar um ambiente que seja capaz de atender cada atividade a ser exercida nos ambientes propostos.

O ambiente que compete à sala de estar/jantar foi pensado para atender demais atividades que possam ser implementadas no ambiente doméstico, mesmo que para fins de complementação de renda, como *home office*, artesanato, culinária, entre outras. Por isso, o projeto de tais espaços foi um pouco mais generoso em dimensão, de modo a abrigar as mais distintas atividades e acomodar mais de um membro da família que ali residirá. A cozinha também foi pensada de forma mais ampla e aberta - sem paredes limitando sua extensão - a fim de que, com um *layout* apropriado para a atividade que poderá abrigar, consiga ser adaptada facilmente, já que a produção de alimentos e doces é uma atividade muito explorada para servir de complemento da renda familiar.

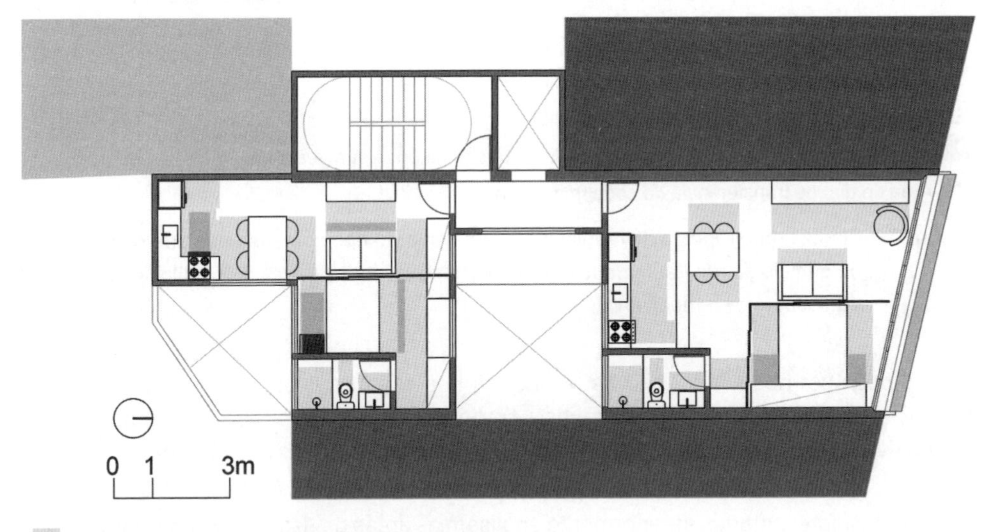

Área de uso de um equipamento ou mobiliário.
Área de uso de dois equipamento ou mobiliário.
Área de uso de três equipamento ou mobiliário.
Área de uso de um equipamento ou mobiliário obstruída por algum elemento.
Área de giro ou transferência de cadeira de rodas.

Figura 6.8 Planta com proposta de reabilitação do pavimento tipo com duas unidades residenciais do edifício da rua Paula Souza, com ênfase no *layout* e áreas de uso de equipamentos, mobiliário e circulação.

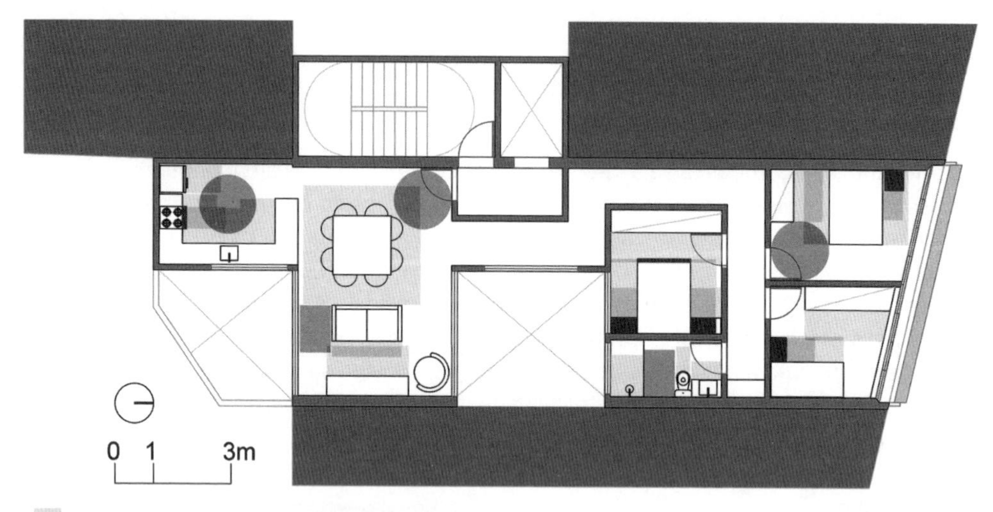

- Área de uso de um equipamento ou mobiliário.
- Área de uso de dois equipamento ou mobiliário.
- Área de uso de três equipamento ou mobiliário.
- Área de uso de um equipamento ou mobiliário obstruída por algum elemento.
- Área de giro ou transferência de cadeira de rodas.

Figura 6.9 Planta com proposta de reabilitação do pavimento tipo com uma unidade residencial do edifício da rua Paula Souza, com ênfase no *layout* e na área de circulação e uso de equipamentos e mobiliário.

Como pode ser observado, não há lavanderia nos espaços propostos nas unidades; isso porque o pavimento da cobertura foi proposto como auxiliar a essas atividades, sendo, portanto, equipado com máquinas de lavar e secar roupas. Dessa maneira, áreas subutilizadas no ambiente doméstico concentram-se para atender a todas as unidades em um espaço único.

Os estudos apresentados anteriormente analisam as áreas de uso de equipamentos e mobiliários de acordo com Panero e Zelnik (2014), que determinam essas áreas por meio da análise da tarefa ao se utilizar cada um desses elementos. Assim, torna-se viável o manuseio com segurança e conforto ergonômico. Além disso, para esse edifício foi proposta a unidade que comporta três dormitórios totalmente apta para atender usuário portador de cadeira de rodas, garantindo a circulação dele por toda a unidade de forma independente e os giros e áreas de transferência necessários nos espaços estratégicos.

Com a análise das áreas de circulação por meio das unidades, é possível garantir que todos os trajetos sejam garantidos, sem causar riscos ou incômodos nessas trajetórias diárias. Assim, também é possível garantir o acesso às aberturas e elementos de controle de iluminação natural e ventilação e, consequentemente, garantir a autonomia do usuário.

A partir dessas modificações, o edifício passa a atender às necessidades básicas exigidas pela atividade de morar e também as que serão agregadas por cada morador, dependendo de suas necessidades e aptidões específicas.

Área de circulação dos usuários.

Figura 6.10 Planta com proposta de reabilitação do pavimento tipo com duas unidades residenciais do edifício da rua Paula Souza, com ênfase no *layout* e na área de circulação interna.

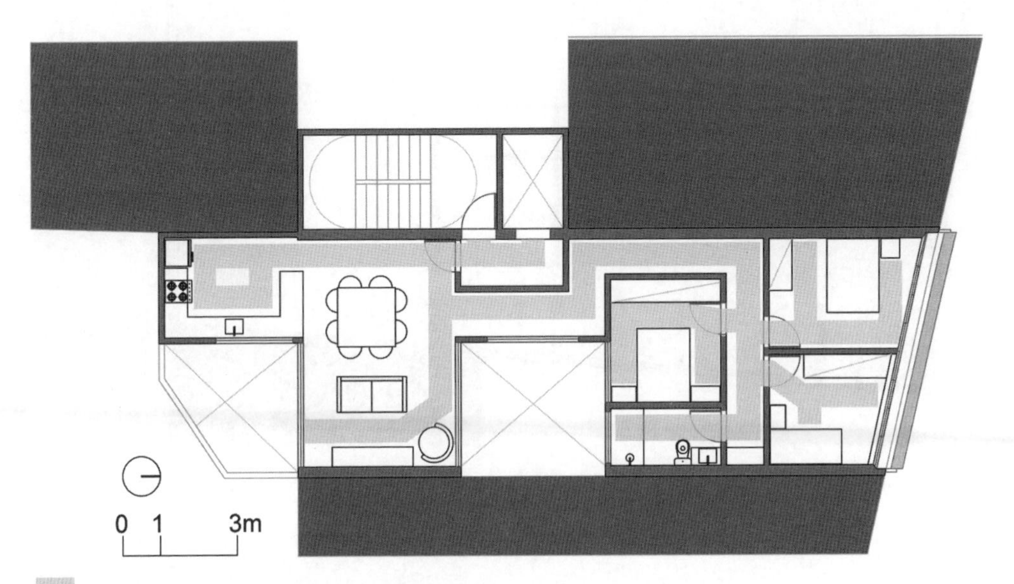

Área de circulação dos usuários.

Figura 6.11 Planta com proposta de reabilitação do pavimento tipo com uma unidade residencial do edifício da rua Paula Souza, com ênfase no *layout* e na área de circulação interna.

6.6.2 Edifício da rua Capitão Salomão

O edifício da rua Capitão Salomão caracteriza-se por seus átrios, que aumentam em duas etapas conforme a altura aumenta, ou seja, resulta em três diferentes plantas, desconsiderando-se o pavimento térreo, o pavimento 1 (em que a parte voltada para a rua possui pé-direito duplo) e o pavimento intermediário (que engloba apenas as áreas posteriores ao edifício). Com isso, são várias plantas e peculiaridades que circundam esse edifício, ampliando, assim, as possibilidades para diferentes propostas de intervenção (Figura 6.12).

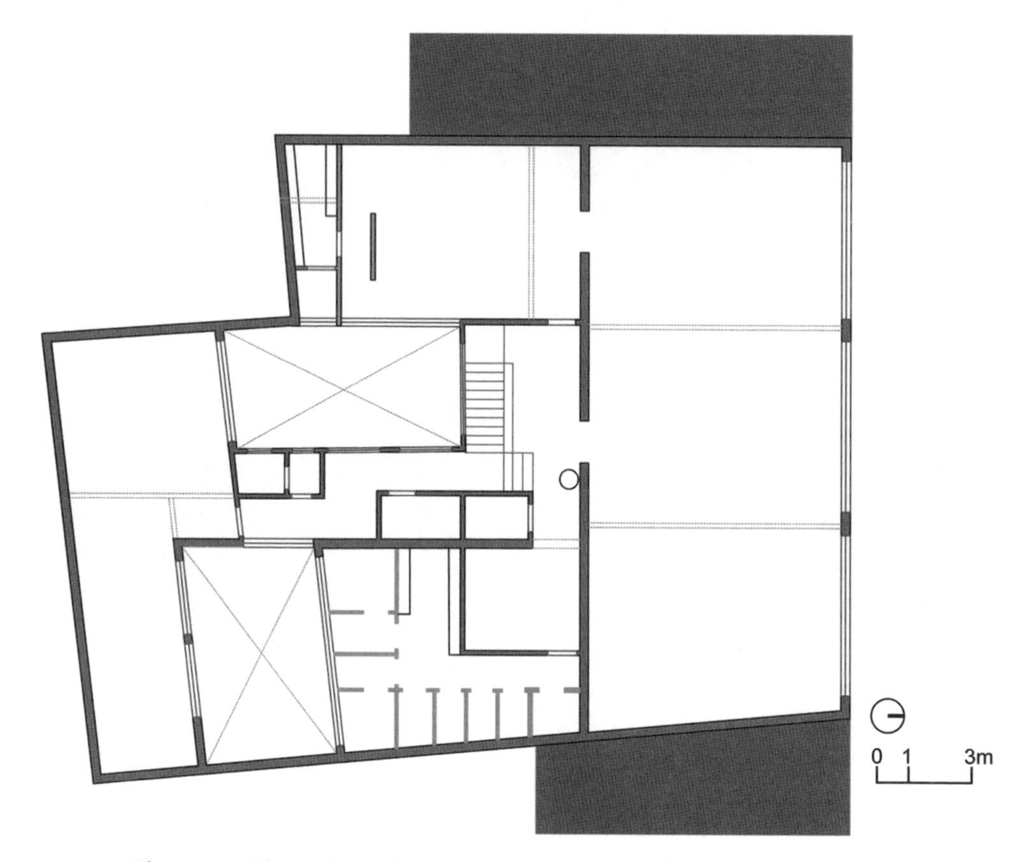

Figura 6.12 Planta dos pavimentos 2, 3 e 4 do edifício da rua Capitão Salomão.

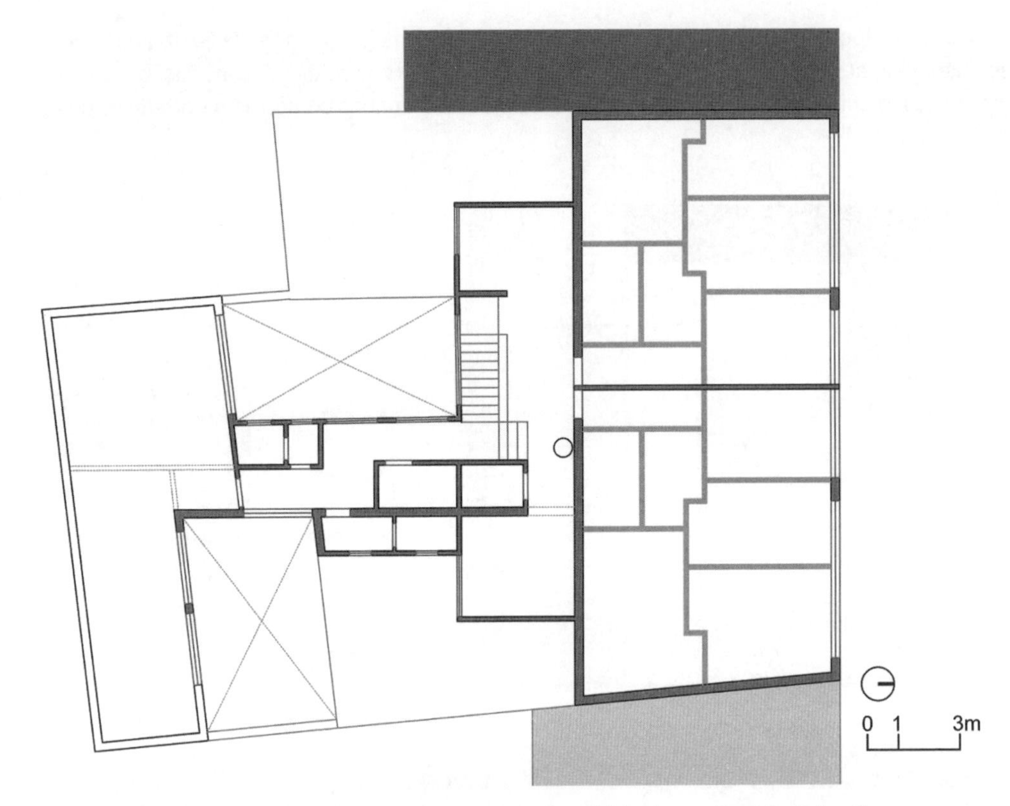

Figura 6.13 Planta dos pavimentos 5 e 6 do edifício da rua Capitão Salomão.

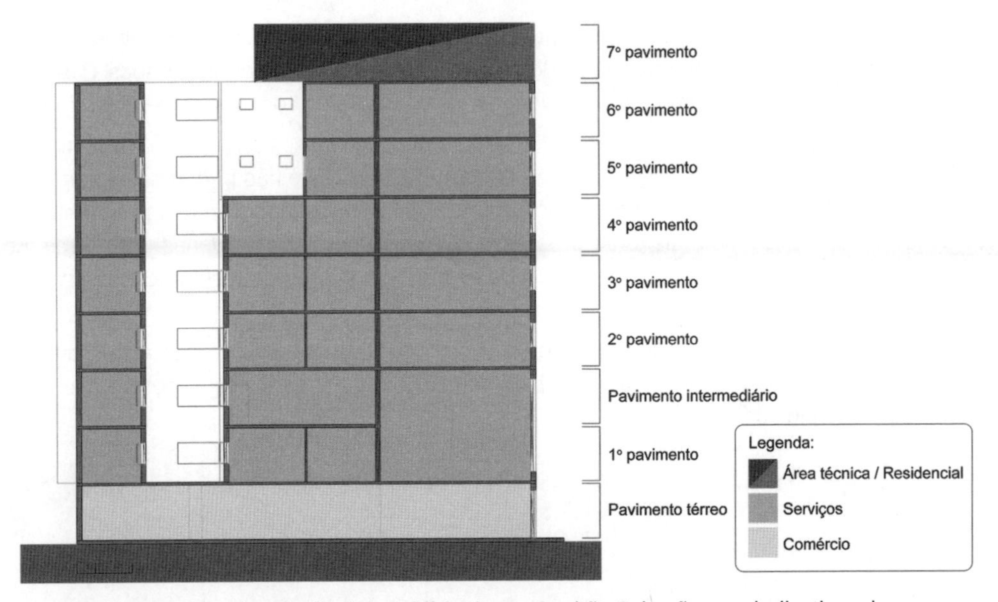

Figura 6.14 Corte longitudinal do edifício da rua Capitão Salomão com indicativos de uso.

Com a proposta de reabilitação, assim como para o edifício da rua Paula Souza, o térreo teve seu uso original – comercial – mantido e os demais pavimentos voltados à habitação, com outras áreas de uso comum aos moradores permeando esses espaços conforme o corte esquemático da Figura 6.15.

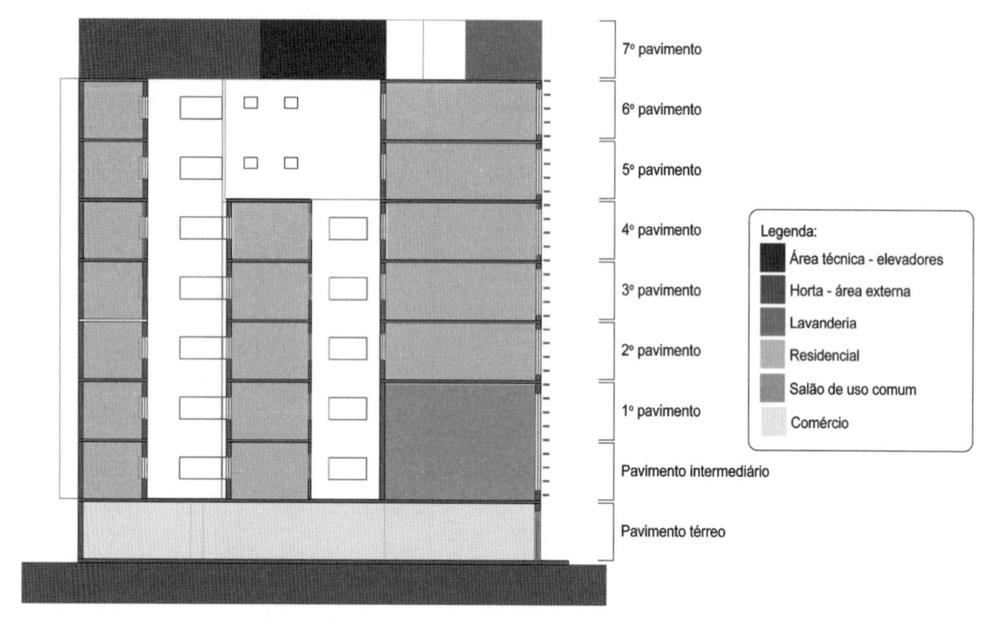

Figura 6.15 Corte longitudinal com os usos propostos para o edifício da rua Capitão Salomão.

As unidades foram propostas a fim de atender a diferentes usuários, com diferentes composições familiares e, assim, abranger o uso do edifício a um número maior de pessoas. Para isso, foram propostas, por pavimento, uma *kitchenette*, duas unidades com um dormitório, duas de dois dormitórios e uma com três dormitórios.

A parte voltada para a rua possui profundidade muito elevada e não permitiria explorar unidades de dois dormitórios. Por esse motivo, foram propostos mais dois átrios, que promovem ventilação e iluminação naturais tanto a essas unidades quanto às de apenas um dormitório. Assim, ampliaram-se as possibilidades de *layout* e projeto, garantindo resultados com melhor qualidade ambiental.

Assim como no edifício da rua Paula Souza, a cobertura também foi proposta para atender a uma horta na porção desobstruída desse pavimento. Na área coberta, foi proposto um espaço voltado para exercícios físicos.

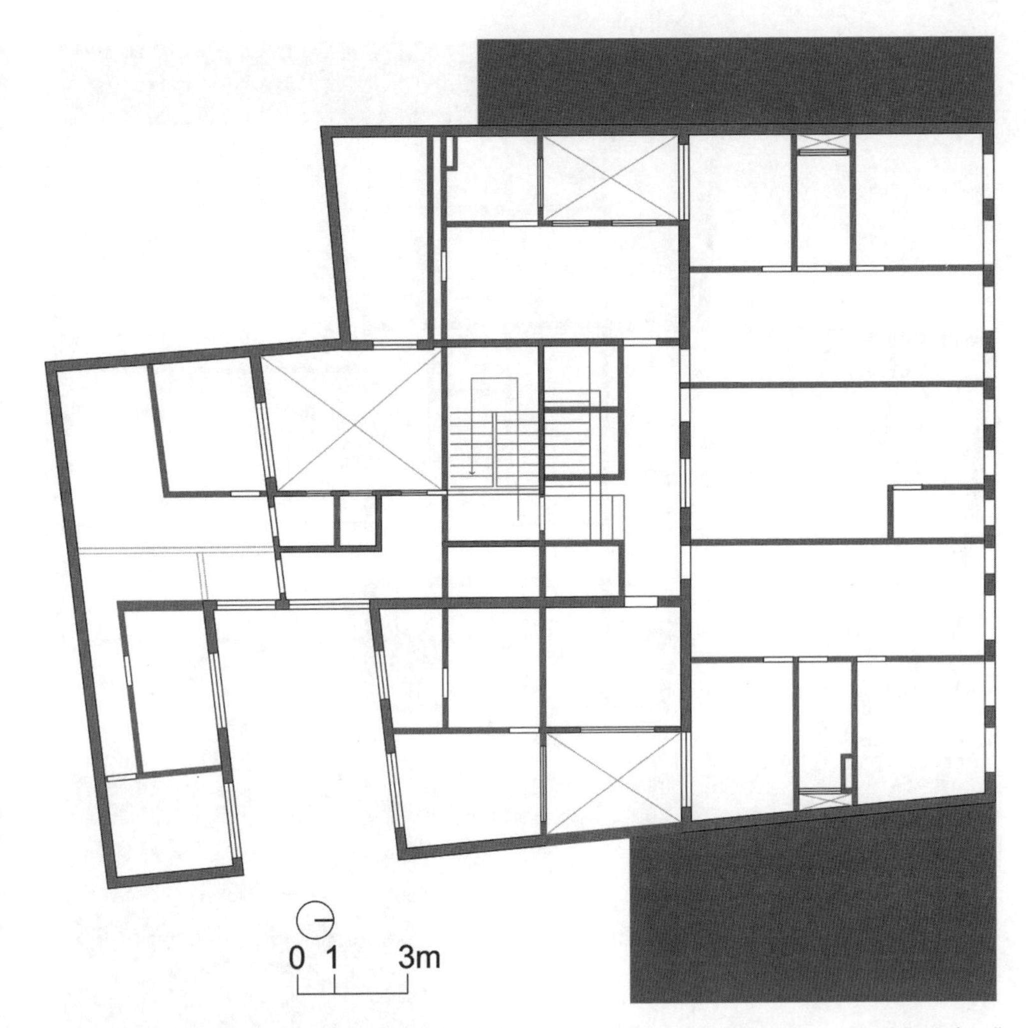

Figura 6.16 Planta com proposta de reabilitação do pavimento tipo do edifício da rua Capitão Salomão, com ênfase nas estruturas removidas e propostas.

Foram analisados os espaços de circulação pelo patamar do edifício e de uso de equipamentos e mobiliários, a fim de garantir o uso adequado do *layout* proposto. Além disso, foram propostas três unidades por pavimento voltadas a atender usuários portadores de cadeiras de rodas.

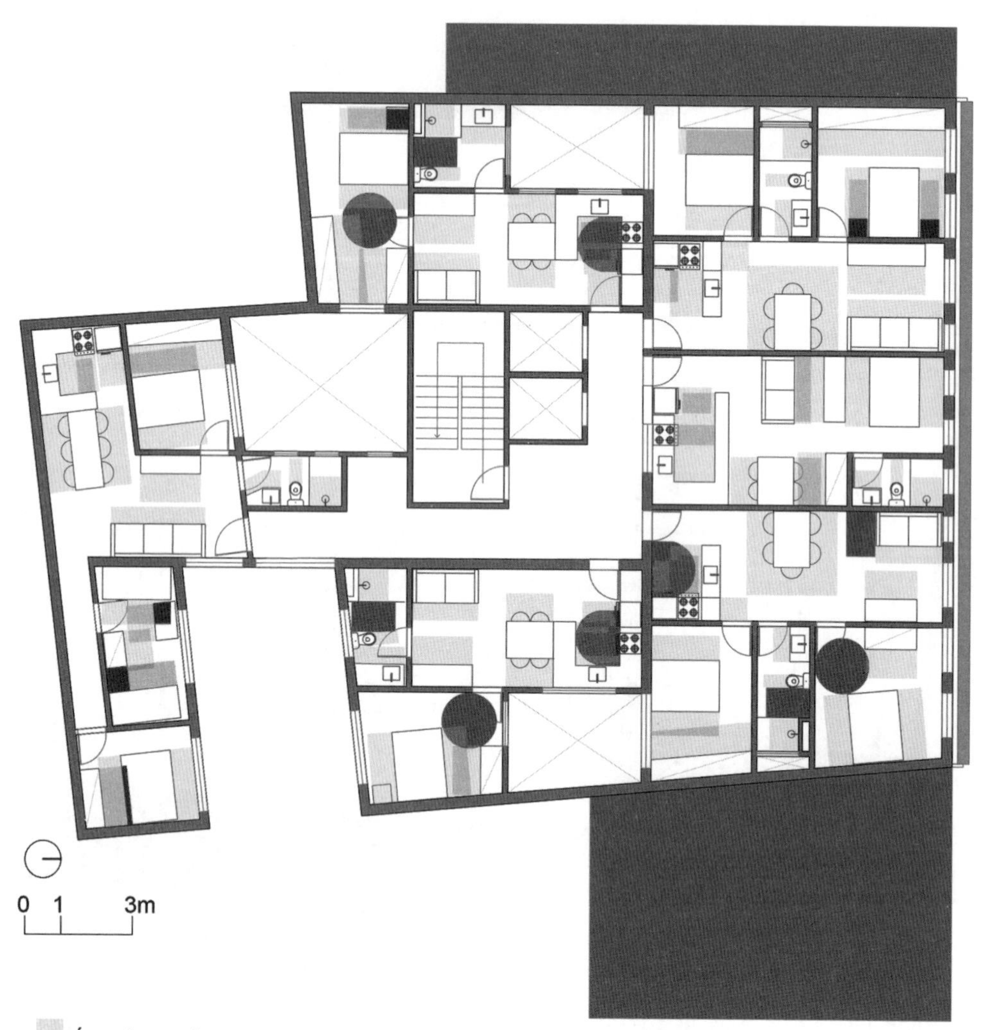

- Área de uso de um equipamento ou mobiliário.
- Área de uso de dois equipamento ou mobiliário.
- Área de uso de três equipamento ou mobiliário.
- Área de uso de um equipamento ou mobiliário obstruída por algum elemento.
- Área de giro ou transferência de cadeira de rodas.

Figura 6.17 Planta com proposta de reabilitação do pavimento tipo do edifício da rua Capitão Salomão, com ênfase no *layout* e áreas de uso de equipamentos e mobiliário.

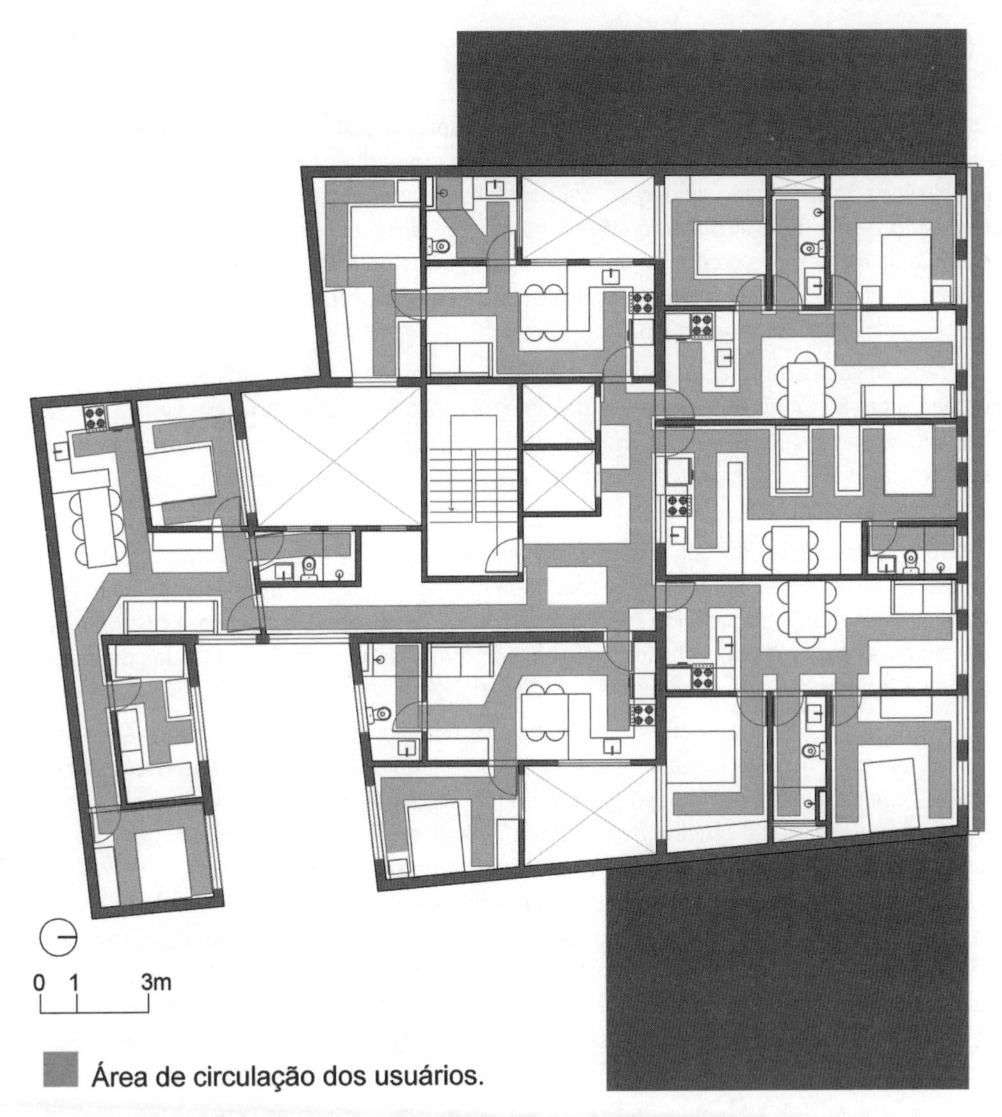

Figura 6.18 Planta com proposta de reabilitação do pavimento tipo do edifício da rua Capitão Salomão, com ênfase no *layout* e na área de circulação interna.

Considerações finais

Com esta pesquisa, foi verificada a demanda por moradia que cresce nas regiões centrais da cidade de São Paulo. Na contramão, há uma grande quantidade de edifícios que permanecem subutilizados ou em estado de desuso, seja por falta de adequação com as legislações vigentes ou mesmo pela falta de investimento e manutenção. Um meio para se lidar com essa busca por moradia nas regiões centrais é unindo moradia, trabalho e lazer em espaços reduzidos que possam ser acessados por alternativas de transporte de baixo custo e impacto ambiental, como o público, bicicletas ou mesmo a pé.

A requalificação de edifícios permite integrá-los aprimorando as qualidades de desempenho que perderam ao longo dos anos, que geralmente estão relacionadas às mudanças de necessidade dos usuários ou mesmo da própria região e suas demandas. No entanto, também muito recorrentes são as mudanças tecnológicas, degradação gerada pelo uso cotidiano e, principalmente, falta de manutenção.

A requalificação de edifícios nesses estados é um objetivo viável que a cidade deve começar a adotar e, de modo a contribuir para tais trabalhos, esta pesquisa apresentou dois exemplos com diferentes soluções, podendo servir como fonte de pesquisa para os novos projetos voltados à questão habitacional dos edifícios, que, em sua forma original, foram pensados para abrigar atividades comerciais e de serviços.

A fim de potencializar a autonomia e o conforto ambiental dos edifícios, o usuário é um grande agente interventor, capaz de alterar as condições ambientais no interior dos espaços, mediante a possibilidade de alterar as angulações de *brises* móveis, a porcentagem de abertura das janelas, além da possibilidade de escolha de onde permanecer de acordo com o que é, para o usuário, confortável, como a quantidade de iluminação e de ventilação naturais, sentando-se mais perto ou longe das aberturas, por exemplo. Para que esse agente realmente intervenha no espaço e em suas condições ambientais, é importante aliar a ergonomia a essas intenções, isso porque é preciso que o usuário tenha fácil acesso às estruturas capazes de modificar essas relações entre meio interno e externo. Em casos nos quais essa facilidade não existe, tal elemento pode permanecer fechado, sem contribuir para o desempenho do edifício da maneira pela qual foi pensado, ou, então, resultar na falta de segurança ao usuário ao tentar manuseá-lo.

RESUMO

- **As cidades e as distâncias que permeiam áreas residenciais, de trabalho e de lazer exigem grandes deslocamentos diários, que promovem grandes congestionamentos, dado o excesso de carros. Essas distâncias passam a ser contabilizadas pelo tempo necessário para percorrê-las, não mais pela distância em si.**
- **A compactação das cidades pode ser uma opção muito viável para diminuir o tempo de deslocamento, já que propõe que as necessidades diárias sejam mantidas em locais muito próximos, passíveis de serem acessados de forma ativa – a pé ou de bicicleta.**

- **A reabilitação dos edifícios em desuso ou subutilizados pode - e deve - ser uma medida adotada, já que, além de ir ao encontro da compactação das cidades, também garante o reúso de edifícios minimizando a quantidade de lixo gerado, seja pelo aproveitamento de estruturas já construídas ou mesmo pela não demolição desses edifícios. Também, e principalmente, promove o aproveitamento de espaços já consolidados em áreas cada vez mais visadas para a moradia.**
- **Foram analisados e reabilitados dois exemplares de edifícios originalmente comerciais da região central da cidade de São Paulo, a fim de que recebessem novas unidades residenciais, considerando questões de conforto térmico e ergonômico para melhor projetar essa mudança de uso, além de garantir a adequação às atuais normativas que incidem sobre tais edifícios.**
- **A interatividade entre o usuário e o ambiente construído foi uma premissa nessa reabilitação, já que ela entende as diferentes necessidades do usuário, bem como percepções em relação ao conforto ambiental, e garante, portanto, melhor capacidade em atender às diferentes demandas.**

Bibliografia

CUSINATO, V. B. *Os espaços edificados vazios na área central da cidade de São Paulo e dinâmica urbana*. 2004. Dissertação (Mestrado) – Poli-USP, São Paulo, 2004.

MIANA, A. C. *Adensamento e forma urbana*: inserção de parâmetros ambientais no processo de projeto. 2010. Tese (Doutorado) – Faculdade de Arquitetura e Urbanismo da Universidade de São Paulo, São Paulo, 2010.

MÜLFARTH, R. C. K. A reocupação de edifícios multifamiliares no centro de São Paulo: uma reflexão sobre a questão ergonômica. *In*: GONÇALVES, J. C. S.; BODE, K. (org.). *O edifício ambiental*. São Paulo: Oficina de Textos, 2015.

MOURA, É. Retrofit em alta. *Revista Construção Mercado*, São Paulo: PINI, n. 81, abr. 2008.

PANERO, J.; ZELNIK, M. *Dimensionamento humano para espaços interiores*. Barcelona: Gustavo Gili, 2014.

ROGERS, R. *Cities for a small planet*. *In*: GUMUCHDJIAN, P. (ed.). Westview Press, 1998. 180 p.

SABBATINI, F. H. *Sugestões para conceituação da durabilidade e vida útil* – Projeto norma de desempenho, 2007. Disponível em: https://teses.usp.br/teses/disponiveis/16/16132/tde-07062011-103607/pt-br.php. Acesso em: 6 maio 2022.

SECOVI-SP – SINDICATO DO SETOR IMOBILIÁRIO DE SÃO PAULO. Legislação. Disponível em: http://www.secovi.com.br/. Acesso em: 2 maio 2022.

UZUM, M. S. D. *A requalificação de edifícios altos residenciais no centro da cidade de São Paulo*: em busca de qualidade ambiental. 2011. Dissertação (Mestrado) – Faculdade de Arquitetura e Urbanismo da Universidade de São Paulo, São Paulo. 2011.

VIRILIO, P. *O espaço crítico*. Rio de Janeiro: Editora 34, 1993.

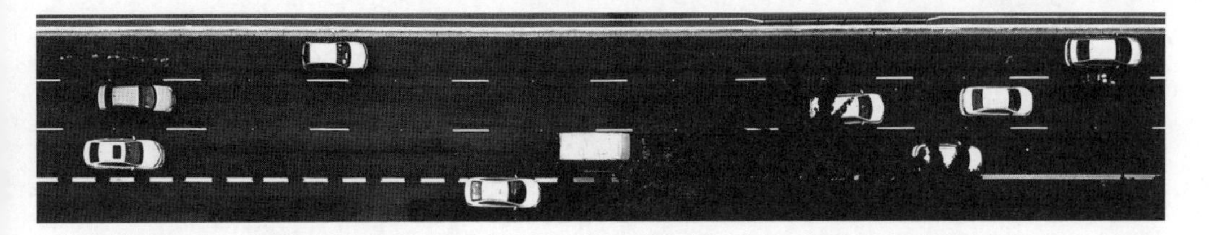

CAPÍTULO 7

Copan: uma proposta ainda atual de uma geração passada

Reflexões sobre o morar no centro a partir da ergonomia como eixo de análise

Eduardo Gasparelo Lima

Sylvia Tavares Segovia

"O Copan é, acima de tudo, um projeto de cidade.
Ele é um fortíssimo... Um eloquente projeto de cidade através de um grande edifício.
E que cidade é essa?
Justamente, é uma cidade vertical. Uma cidade densa. Uma cidade próxima ao metrô. Uma cidade servida de equipamentos. E uma cidade de coletividade e de mistura. E de diferença.
Isso é que é muito bonito. Justamente hoje, num mundo como o nosso em que proliferam as guaritas, as cercas, as '*privatividades*' de tudo e das mentes, o Copan é o contrário. É um lugar inclusivo, é um lugar que comporta as diferenças. Inclusive as diferenças sociais nos tamanhos de apartamentos, dos mais diversos.
Portanto, *ele é um modelo de uma cidade que nós queremos*. E é curioso que ele esteja a 60 anos atrás. Então, tem uma espécie de retorno temporal.
Ele é um modelo que foi abortado e que hoje retorna como, talvez, nova potência."

Depoimento de Guilherme Wisnik para o *Jornal Nexo*, maio de 2016.

Assista à **videoaula**

7.1 Introdução

A temática do morar é recorrente na vida do homem desde o início dos tempos. Vigliecca (2017) afirma que "a habitação é o tema mais antigo da formação do homem. É possível escrever a história da civilização, desde os primórdios do homem primitivo até hoje, analisando apenas a evolução dos modos de viver". O conceito de morar, no entanto, é mais complexo e envolve aspectos quantitativos e qualitativos. E, mais que isso, tem um peso afetivo e de reconhecimento pessoal consideráveis. Estudar a civilização por meio do morar, como propõe o autor, é um fio condutor possível e necessário, mas não fácil de se percorrer. A questão pode ser avaliada por diversos âmbitos, configurando uma teia intrincada e densa. Nesse sentido, a ergonomia pode ser um modo para se obter pistas de um possível caminho a ser percorrido.

Em entrevista concedida à revista eletrônica de estudos urbanos e regionais *E-metropolis*[1] (2011), a arquiteta e urbanista Raquel Rolnik dá indícios da *moradia adequada* defendida pela Organização das Nações Unidas (ONU). Relatora Internacional do Direito à Moradia Adequada do Conselho de Direitos Humanos da ONU, no período de 2008 a 2014, Rolnik, de antemão, enquadra o tema como um direito humano e, por isso, inserido nos preceitos contidos na Declaração Universal dos Direitos Humanos (DUDH), devendo atender a uma série de elementos universais que caracterizam essa habitação.

O primeiro deles - e, segundo ela, o mais óbvio - está relacionado com a moradia como forma de abrigo, como meio de proteção do habitante às possíveis intempéries do meio, garantindo-lhe segurança. Também indica a necessidade de essa moradia estar ligada a uma infraestrutura básica que garanta "condições de acesso à água segura, de esgoto e de lixo. [...] deve ser possível, também, acessar uma rede de equipamentos de saúde, de educação, de cultura, que permita a família [...] as possibilidades de desenvolvimento econômico, de desenvolvimento social" (ROLNIK, 2011).

Um interessante ponto levantado pela urbanista, contudo, corresponde ao acesso aos meios de vida. Em outras palavras, a habitação adequada só é alcançada quando estiver de acordo com as demandas e condições cotidianas e de vida dos moradores. Como exemplo, ela cita os industriários, cuja moradia deve ser "no lugar onde o emprego existe ou que ele tem transporte rápido e acessível de acordo com seu bolso para poder acessar as oportunidades de trabalho e emprego" (ROLNIK, 2011). É claro que, ao lado desses elementos, caminha o conceito de *affordability*, ou seja, a vivenda não pode custar mensalmente ou integralmente mais do que o residente possa pagar durante sua vida de trabalho.

---

1 Periódico vinculado à rede interinstitucional do Observatório das Metrópoles (UFRJ).

Em São Paulo, cidade que ocupa a décima posição no ranking *Demographia World Urban Areas*, realizado anualmente pelo centro de estudos estadunidense *Demographia*,[2] e que recebe classificação de *Cidade Global Alpha* pela *Globalization and World Cities Study Group & Network (GaWC)*,[3] a área do centro expandido e, mais especificamente, o centro composto sobretudo pelos distritos que conformam a Subprefeitura da Sé são as áreas mais propícias à ocorrência da moradia delineada pela ONU.

Hoje em dia, pode-se afirmar que o centro está em processo de atingir o potencial de receber contingentes populacionais condizentes com seu estoque habitacional imobiliário. No entanto, tal configuração é notada apenas a partir da última década.

Desde os anos 1960 e 1970, período de intenso investimento público em infraestrutura urbana e de desenvolvimento econômico, São Paulo passa a constituir novas centralidades que acabam disputando os investimentos imobiliários até então aplicados majoritariamente na área central. A Av. Paulista é um exemplo desses novos polos.

Remodelada e alargada durante o início da década de 1970, a tessitura urbana do entorno da avenida passa a abrigar em simbiose casarões antigos com os primeiros edifícios modernistas. Com o passar dos anos, a região sofre um processo de verticalização e, posteriormente, saturação, recomeçando o ciclo em busca de novas áreas para se tornarem centralidades urbanas, como é o caso da Av. Faria Lima durante a década de 1990.

A criação desses novos focos comerciais abriu espaço para o negligenciamento e o esvaziamento do centro paulistano. Dados da Secretaria Municipal de Planejamento (Sempla) apontam que, entre 1990 e 2001, os distritos da República e da Sé perderam cerca de 20 mil habitantes, passando de 82 mil para cerca de 62 mil habitantes (SANDRONI, 2018).

Segundo Sandroni (2018), essa evacuação também se relaciona com a política rodoviarista, que tinha no veículo privado o principal modal de transporte na cidade da época. Os incentivos ao uso do carro próprio foram tantos que a morfologia urbana do centro acabou não sendo mais adequada a esse tipo de movimentação. Suas ruas mais estreitas e a grande quantidade de calçadões peatonais tornaram-se um empecilho para a locomoção de automóveis na região central – o que não se pode afirmar com relação ao transporte público. Isso sem mencionar a dificuldade de estacionar enfrentada pelos motoristas. Tudo isso corroborou o desinteresse pelo centro.

Com esse processo de esvaziamento, investimentos públicos e privados ali passaram a ser escassos e a desvalorização econômica e social foram o próximo estágio a ser atingido.

---

2 Relatório disponível em: http://www.demographia.com/db-worldua.pdf. Acesso em: jul. 2020.

3 Criada no Departamento de Geografia da Universidade de Loughborough, essa rede se concentra na pesquisa das relações externas das cidades globais, buscando entender os processos de evolução de cada cidade e, assim, classificá-las em três níveis de cidades globais: alfa, beta e gama. Essa classificação leva em consideração aspectos como: (I) ter economia forte, diferenciada e ágil; (II) possuir intensa urbanização; (III) conseguir assegurar um mercado de trabalho diversificado, oportuno e intenso; (IV) ter elevado número de serviços, que passam dos administrativos até os tecnológicos; (V) possuir uma gama de opções culturais para a população; (VI) oferecer instituições de ensino e centros de pesquisa de alta qualidade; (VII) abrigar centros de telecomunicações com alto nível de desenvolvimento tecnológico; (VIII) ter forte e diversificado setor de transportes, levando em consideração rodoviárias, aeroportos, metrô, avenidas etc.; e (IX) ter em seu território sedes de bancos, empresas multinacionais e bolsa de valores. A saber, a categoria Alpha, na qual São Paulo se enquadra, corresponde às aglomerações das cidades mais influenciáveis do mundo. A classificação completa está disponível em: https://www.lboro.ac.uk/microsites/geography/gawc/. Acesso em: maio 2022.

A partir do momento em que imóveis passam a não obter a mesma renda de antes, seus proprietários os abandonam, não executando a manutenção necessária e, com isso, levando à deterioração física.

Apesar de os reflexos do panorama de degradação se estenderem até a primeira década do século XXI, datam dos anos 1980 e 1990 os primeiros documentos jurídicos com ações pontuais voltadas a intervenções na área central. Diversos foram os incentivos públicos na tentativa de conter o espraiamento da Região Metropolitana de São Paulo, visando à requalificação urbana do centro para, dessa maneira, torná-lo mais atrativo.

É importante ressaltar aqui o uso do termo *requalificação* e não *revitalização*. Segundo Rolnik (2011 *apud* CALEGARI, 2017), o termo *revitalização* remete à ideia de devolver vida a algo que está morto. O centro, mesmo perdendo contingente populacional, continuou sendo uma área viva na cidade e de importância ímpar dentro do dinamismo urbano. Sendo assim, o termo *requalificação*, com o sentido de atribuir novamente qualidade a algo, torna-se mais coeso e adequado para a questão.

Representados nas Operações Urbanas, os incentivos legais chamaram a atenção do mercado imobiliário. Isso associado à instalação de equipamentos públicos culturais e sociais nas proximidades e à gradativa substituição do automóvel privado pelos transportes coletivo e alternativo, como é o caso da promoção do uso de bicicletas pela instauração de ciclofaixas, configurou as características necessárias que serviram de pontapé para reverter o quadro de abandono pelo qual a área passava.

O processo de negligenciamento e de requalificação da região é nitidamente notado quando se analisam alguns dados levantados pelo Instituto Brasileiro de Geografia e Estatística (IBGE) no censo de 2000 e de 2010.

Durante o censo realizado em 2000, São Paulo ainda apresentava reflexos do forte adensamento populacional das áreas periféricas mais precárias e do esvaziamento central. Analisando o primeiro mapa da Figura 7.1, nota-se que todos os distritos da Subprefeitura da Sé apresentaram Taxas Geométricas de Crescimento Anual da População (TGCA) negativas. Com exceção da Bela Vista, todos os demais distritos tiveram taxas variando entre –2 e –5 %. Enquanto isso, alguns distritos periféricos chegaram a crescer entre 6 e 9 % ao ano – o distrito de Anhanguera, ao norte da RMSP, chegou a atingir uma TGCA de 13,38 %.

Ao analisar o segundo mapa da mesma figura, referente ao censo de 2010, todos os distritos da Sé tiveram ganho de contingente populacional variando entre 0,01 e 3 %. O distrito do Cambuci foi o que apresentou maior taxa, aferindo 2,55 % de crescimento. Notou-se, também, crescimento mais homogêneo dos distritos, não seguindo mais a lógica do espraiamento urbano das décadas anteriores.

Essa mudança na dinâmica urbana também é clara ao observar os dados de taxa de vacância nos mesmos períodos (Figura 7.2). Segundo Informativo da Prefeitura de São Paulo (2014), a taxa de vacância domiciliar no município caiu 30 % entre 2000 e 2010. A Subprefeitura da Sé, em particular, teve acentuada queda na taxa de vacância dos imóveis, indo de 25 %, em 2000, para cerca de 10,3 %, em 2010 (IBGE, 2000 e 2010). Os distritos que a constituem, que no início do século excediam os 14 % de desocupação, apresentaram as maiores reduções nos levantamentos do último censo. O índice no distrito da Santa Cecília caiu de 17,53 %, em 2000, para 7,42 %, em 2010, por exemplo.

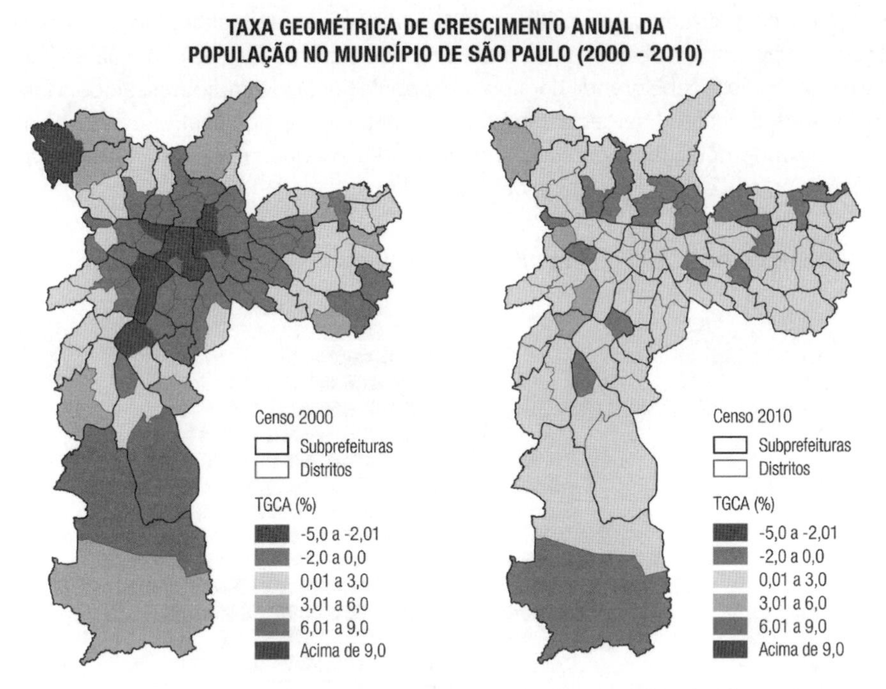

Figura 7.1 Taxa geométrica de crescimento anual da população. Município de São Paulo. 2000-2010. Fonte: IBGE – Censos de 2000 e 2010.

DISTRIBUIÇÃO DOS DOMICÍLIOS VAGOS NO MUNICÍPIO DE SÃO PAULO (2000 - 2010)

Censo 2000
Subprefeituras
Distritos
Domicílios vagos (%)
0,0 a 8,0
8,1 a 10,0
10,1 a 12,0
12,1 a 14,0
Acima de 14,0

Censo 2010
Subprefeituras
Distritos
Domicílios vagos (%)
0,0 a 8,0
8,1 a 10,0
10,1 a 12,0
12,1 a 14,0
Acima de 14,0

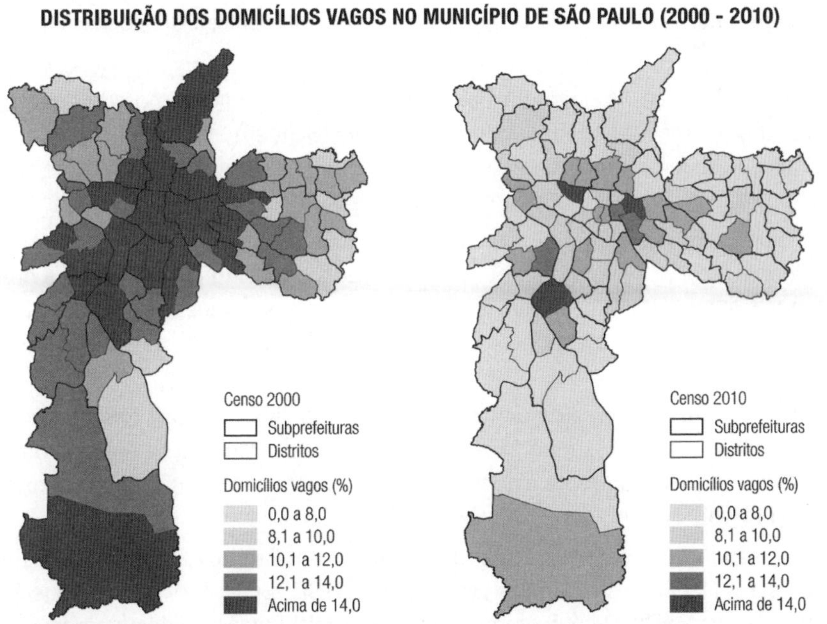

Figura 7.2 Distribuição dos domicílios vagos. Município de São Paulo. 2000-2010. Fonte: IBGE – Censos de 2000 e 2010.

As sondagens realizadas pelo IBGE em 2010 também são excelentes fontes de dados para perfilar quem hoje reside no centro. A partir da pirâmide etária da Subprefeitura da Sé (Figura 7.3), nota-se que a região recebe grande contingente populacional jovem, sobressaindo a faixa etária de 20 a 34 anos. É possível perceber também uma quantidade significativa de idosos acima de 80 anos. A taxa de natalidade, contudo, é relativamente pequena quando comparada com as demais faixas etárias e com a pirâmide etária brasileira.

DISTRIBUIÇÃO DOS DOMICÍLIOS VAGOS NO MUNICÍPIO DE SÃO PAULO (2000 - 2010)

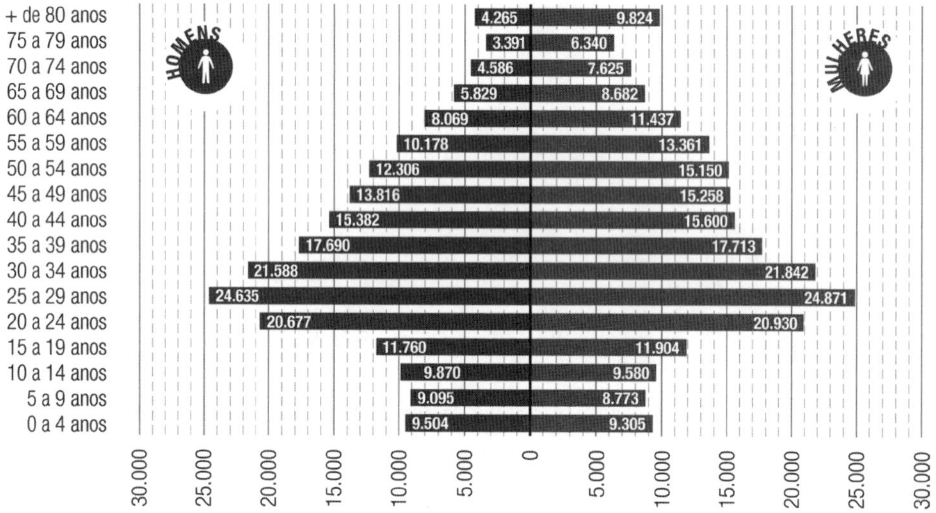

	HOMENS	MULHERES
+ de 80 anos	4.265	9.824
75 a 79 anos	3.391	6.340
70 a 74 anos	4.586	7.625
65 a 69 anos	5.829	8.682
60 a 64 anos	8.069	11.437
55 a 59 anos	10.178	13.361
50 a 54 anos	12.306	15.150
45 a 49 anos	13.816	15.258
40 a 44 anos	15.382	15.600
35 a 39 anos	17.690	17.713
30 a 34 anos	21.588	21.842
25 a 29 anos	24.635	24.871
20 a 24 anos	20.677	20.930
15 a 19 anos	11.760	11.904
10 a 14 anos	9.870	9.580
5 a 9 anos	9.095	8.773
0 a 4 anos	9.504	9.305

30.000 25.000 20.000 15.000 10.000 5.000 0 5.000 10.000 15.000 20.000 25.000 30.000

Figura 7.3 Pirâmide etária. Subprefeitura da Sé, 2010. Fonte: IBGE - Censo 2010.

Como se vê na Figura 7.4, unidades habitacionais com um ou dois moradores ocupam mais da metade da proporção da sondagem realizada pelo IBGE em 2010. Isso mostra alteração no arranjo familiar de quem ali vive. Grande é a parcela de jovens que moram sozinhos e buscam no centro todas as facilidades e o dinamismo por ele oferecidos.

Tornou-se muito comum, também, um novo arranjo familiar conhecido como DINC – acrônimo para *Double Income, No Children* ou, em português, duplo ingresso, nenhuma criança. São casais sem filhos cujos homens e mulheres trabalham fora. O conceito norte-americano inclui, ainda, jovens que protelam a chegada de filhos, pessoas de meia-idade que já criaram seus filhos e parceiros homossexuais.

No ano de 1997, existia cerca de um milhão de casais DINC no Brasil. Esse valor saltou para mais de dois milhões em 2007, segundo os dados da Pesquisa Nacional de Amostra de Domicílios (PNAD) do IBGE. Isso só corrobora a necessidade de se pensar em habitações condizentes com esse núcleo familiar.

No Brasil, segundo o professor titular do mestrado em Estudos Populacionais e Pesquisas Sociais da Escola Nacional de Ciências Estatísticas (ENCE/IBGE), Prof. Dr. José Eustáquio Diniz Alves (2010), os casais DINC crescem no Brasil pela combinação de dois fatores: (I) queda na taxa de fecundidade agregada à parcela que não quer ter filhos e (II) maior número de mulheres absorvidas pelo mercado de trabalho e mais direitos femininos.

Segundo apontam pesquisas do IBGE, grande parte dos casais DINC heterossexuais é constituída por um casal relativamente jovem em que ambos trabalham, têm nível educacional acima da média da população, moram em áreas urbanas das regiões Sul e Sudeste e possuem renda média domiciliar *per capita* bem mais elevada do que a dos demais arranjos familiares.

Além disso, segundo a renda nominal mensal domiciliar *per capita*, pode-se afirmar que cerca de 30 % dos moradores da Subprefeitura da Sé possuem receita correspondente a mais de cinco salários-mínimos (Figura 7.5), indicando padrões econômicos entre médio e alto na região.

QUANTIDADE DE MORADORES POR DOMICÍLIO* NA SUBPREFEITURA DA SÉ EM 2010

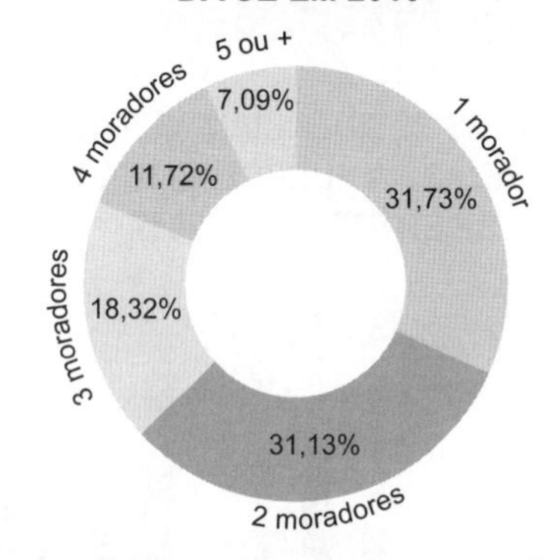

* Cálculo para casas, condomínios e/ou apartamentos.

Figura 7.4 Quantidade de moradores por domicílio. Subprefeitura da Sé. 2010. Fonte: IBGE - Censo 2010.

RENDIMENTO NOMINAL MENSAL *PER CAPITA NA SUBPREFEITURA DA SÉ EM 2010**

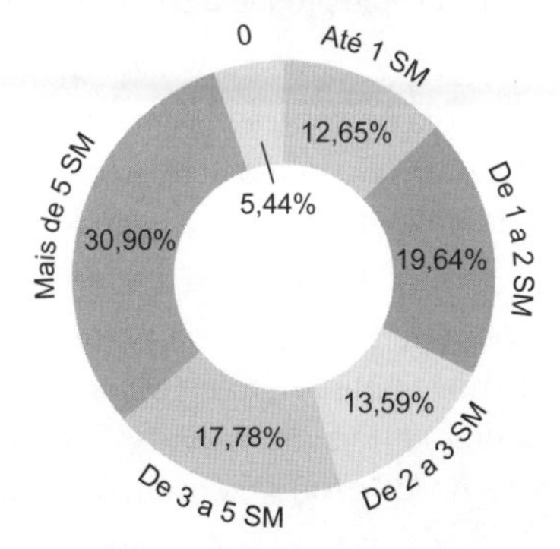

* Salário-mínimo em 2010 = R$ 510,00.

Figura 7.5 Rendimento nominal mensal *per capita*. Subprefeitura da Sé. 2010. Fonte: IBGE - Censo 2010.

Entendidas essas dinâmicas espaciais pelas quais a área central – representada neste capítulo pela Subprefeitura da Sé – passou desde os anos 1960 e o atual perfil de seus moradores, surge um questionamento: *O que se está construindo hoje nessa região?* Um informativo da Prefeitura de São Paulo de 2018 traz uma noção das tipologias mais comuns de acordo com os dados da Empresa Brasileira de Estudos de Patrimônio (Embraesp).

Segundo o informativo, que, para fins de análise, também faz o recorte do centro como a Subprefeitura da Sé, entre 2007 e 2017, tal região atraiu o lançamento de 33.582 novas unidades residenciais verticais, valor que equivale a 10 % do total da produção do município, sendo a subprefeitura que teve o maior número de unidades lançadas (Figura 7.6). Levantou-se, também, que a Sé possui mais de 3,1 milhões de metros quadrados de novas áreas a serem edificadas (sétima colocada), simbolizando 246 novos edifícios construídos nesse período, ou seja, uma média de 22 novos edifícios ao ano (Figura 7.7).

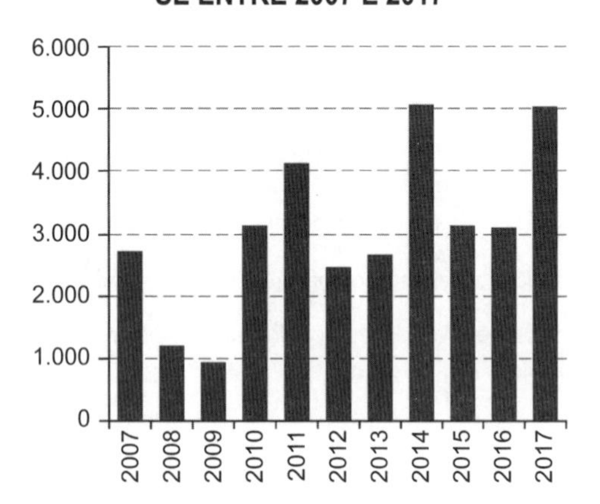

Figura 7.6 Unidades residenciais verticais lançadas. Subprefeitura da Sé. 2007-2017. Fonte: Embraesp; elaboração própria a partir de SMUL/Geoinfo.

Ainda segundo o documento, a produção imobiliária recente apresenta características próprias quando comparada ao restante da cidade. De forma geral, são edifícios com gabarito equivalente a cerca de 18 andares, construídos em monobloco e implantados em um único lote. O coeficiente de aproveitamento real desses edifícios é de 6,5 vezes a área do terreno, em média.

É característica também a variedade tipológica de unidades residenciais nesses prédios, que comportam aproximadamente nove apartamentos por andar. Essas unidades têm tamanho reduzido, em torno de 41 m^2, com um ou dois dormitórios. São igualmente comuns projetos de unidades conhecidas atualmente como *loft* e/ou *studio*, em que a planta é resolvida em um único ambiente multifuncional.

Percebe-se, contudo, que os preços do metro quadrado da Subprefeitura da Sé são inversamente proporcionais ao tamanho dos apartamentos recém-lançados, tornando a região uma das mais caras da cidade.

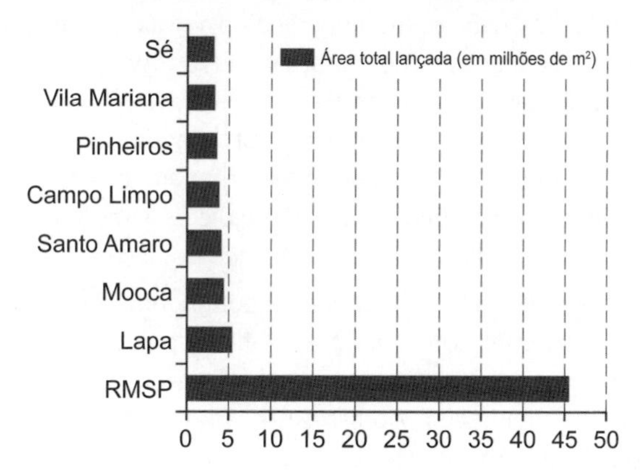

Figura 7.7 Subprefeituras com as maiores áreas lançadas. Município de São Paulo. 2007-2017. Fonte: Embraesp; elaboração própria a partir de SMUL/Geoinfo.

Muitos desses empreendimentos são lançados com reduzidas vagas de garagem ou até mesmo sem sua provisão em projeto, uma vez que os moradores geralmente usufruem da vasta gama de possibilidades de transporte oferecida pela região.

Essa grande quantidade de novos edifícios contemporâneos convive em harmonia com diversos exemplares arquitetônicos de gerações passadas, configurando a atual morfologia do centro da cidade. Algumas dessas antigas obras tiveram a região como palco necessário para despontarem como ícones da arquitetura paulistana, como é o caso do Edifício Copan.

Apesar de o projeto do arquiteto carioca Oscar Niemeyer datar dos anos 1950, o edifício segue algumas das características da atual produção imobiliária da região, conseguindo atender às demandas do morar contemporâneo.

Este capítulo mostra uma análise do Edifício Copan sob uma perspectiva ergonômica, no intuito de se entender como é esse novo morar que tão bem se adaptou à proposta do edifício. O que é morar hoje em uma metrópole como São Paulo? O que se espera desse morar? Como esse morar reflete nas configurações da planta dos apartamentos? Quais as demandas desse morar? Essas são algumas das questões que este estudo buscou esclarecer. Além disso, serão analisados os aspectos positivos que poderiam servir de base para diretrizes de novos edifícios e moradias com maior qualidade ambiental, no recorte da temática das habitações compactas.

Além de ser um conceito bastante complexo, é importante ressaltar que não é possível definir o ato de morar em um espaço apenas pelas atividades ali realizadas, mas também entender que o morar é buscar a compreensão de uma somatória de fatores, que vão desde aspectos meramente objetivos e quantificáveis como também condicionantes de caráter subjetivo.

A proposição apresentada aqui aborda a visão deste livro e parte do pressuposto de que a ergonomia possui fatores físicos, ambientais, culturais e psicológicos, que coadunam exatamente com os aspectos quantitativos e qualitativos que deveriam ser avaliados em uma habitação sob a ótica ergonômica.

7.2 Histórico do Edifício Copan

São Paulo é uma das cidades que mais se beneficiou com a economia cafeeira, servindo de pontapé para um processo de expansão como nunca se havia visto antes. Foi graças ao grão que, em 1867, a primeira ferrovia se instala aqui, cruzando seu território para escoar o café produzido em Jundiaí, indo até o porto de Santos. A São Paulo Railway (SPR), além de cumprir sua função primeira de transportar o produto, trouxe consigo aproximadamente 4 milhões de imigrantes entre o final do século XIX e início do XX, vindos majoritariamente da Europa. Trouxe, também, a matéria-prima utilizada na construção civil, como tijolos e cimento e, com eles, o ecletismo arquitetônico que começou a tomar o lugar dos edifícios tradicionais de taipa de pilão.

A cidade estava despreparada para receber tal contingente populacional e os imigrantes proletariados que aqui chegavam começaram a sentir na pele a crise habitacional. Crise que até hoje não foi possível sanar. A solução encontrada por eles foi habitar os então conhecidos cortiços nas áreas centrais: habitações populares precárias de quartos contíguos e com instalações sanitárias de uso coletivo. Houve, também, a parcela populacional que conseguia comprar, a prestações, algum lote onde viria a construir a sua casa própria. Contudo, essas pessoas eram minoria e iam na contramão do mercado de aluguel que se arraigava na cidade.

São Paulo, então, cresceu. Cresceu tanto que, em determinado momento, seus limites municipais foram ultrapassados. A partir da metade da década de 1930, os lotes das regiões mais periféricas da cidade começaram a ser ocupados, evidenciando claramente o processo de expansão horizontal da cidade, corroborado pelo déficit habitacional agravado pela Crise de 1929 – momento em que a iniciativa privada deixou de investir na construção de moradias para aluguel.

Como forma de tentar diminuir o espraiamento da mancha urbana e de aproveitar da melhor maneira todo o potencial dos lotes das áreas centrais, a verticalização da cidade tomou contornos definitivos, apresentando reflexos até os dias atuais. O Edifício Copan (Figura 7.8), ícone da arquitetura modernista de Oscar Niemeyer em São Paulo, foi concebido no ano de 1952, durante o fervor da produção imobiliária da Companhia Nacional de Indústria e Construção (CNI), tornando-se um dos maiores ícones da cidade até hoje. Para entender melhor o histórico de projeto, construção e lançamento do edifício, é preciso discorrer um pouco mais sobre o cenário vivido pelas personagens àquela época.

O período compreendido entre os anos de 1930 e 1945 foi de grande importância para o processo de verticalização – ainda que tímido e concentrado na região central, impulsionado pelo uso do concreto armado e a popularização do elevador na cidade (MORENO, 2001). Isso porque ocorreram o aprofundamento e a consolidação da industrialização do país, abarcando dois importantes momentos em nossa história: os anos de recuperação pós-crise de 1929 e a Segunda Guerra Mundial, marcados por restrições às importações.

Isso suscitou demanda imediata por uma indústria nacional de substituição, responsável pela não estagnação da cidade como ocorrera durante a Primeira Guerra Mundial, em que a produção imobiliária cessou completamente. São Paulo tornou-se o principal polo econômico e industrial do país. Assim, em 1939, pela primeira vez, a produção proveniente das indústrias desse estado já ultrapassava o valor da produção agrícola (SOMEKH, 1997, p. 118), apresentando os fatores necessários para o desenvolvimento de projetos mais ousados.

Figura 7.8 Edifício Copan. Foto: Nelson Kon.

É preciso apontar também a mudança, na passagem dos anos 1920 para os 1930, da corrente arquitetônica aplicada às edificações altas. A década de 1920 foi marcada pelos primeiros passos modernos em meio ao ecletismo hegemônico à época. No entanto, foi durante os anos 1940 que o Modernismo passou a ser mais bem quisto pela sociedade e mudanças no modo de habitar tiveram reflexos diretos nos partidos arquitetônicos de projeto.

Um último ponto a ser elucidado seria a criação, em 1942, da Lei do Inquilinato, por Getúlio Vargas, que favorecia paternalmente as famílias locatárias ao invés dos donos dos imóveis, congelando os preços dos aluguéis por dois anos. Isso acabou por desestimular a produção rentista de casas, fonte segura de investimento dos empresários do ramo do café. Apontou-se para a necessidade de novas formas de provisão habitacional, o que ocorreu junto a uma verdadeira profissionalização do mercado imobiliário por meio das primeiras empresas especializadas. Morar em imóvel próprio passou a ser o maior anseio dos cidadãos paulistanos (BONDUKI, 1998).

Depois de salientar esses pontos, fica claro o déficit habitacional pelo qual a cidade passava. Detentora dos meios necessários para a construção civil em razão do processo de industrialização e vivendo dias de bonança graças ao fim da Segunda Grande Guerra, colhendo os frutos da associação com os vencedores, São Paulo passou por um grande *boom* imobiliário, dentro do qual se enquadra o Edifício Copan.

Apesar de o Modernismo começar a ganhar espaço durante os anos 1940, a tradição cafeeira e a organização dos cômodos da casa ainda eram largamente disseminadas. O habitar moderno ainda não apresentava notório espaço na pauta da provisão habitacional. Em outras palavras, a total independência entre as três áreas constituintes de uma casa - social, serviço e de repouso - ainda imperava e, além disso, para ir de uma área a outra, não era conveniente cruzar a terceira delas, surgindo, com isso, as entradas de serviço: áreas capitaneadas pela cozinha e que deveriam ter acesso direto à rua. Em princípio, um vestíbulo distribuidor de espaços e a existência das dependências de empregados eram preceitos básicos para qualquer projeto habitacional (LEMOS, 1972).

Os imóveis para alugar, que chegavam a 70 % da produção habitacional no início da década de 1940, começaram a dar lugar aos condomínios habitacionais, apartamentos cujas unidades eram postas à venda para diferentes pessoas, reguladas pela Lei de Condomínios de 1928. Leite aponta que na década de 1940, reforçada pelos moradores que não eram mais atendidos pela produção rentista de casas, a média anual de moradias no mercado de compra e venda saltou de dois mil ao ano para a quantia de 14 mil, depois para 28 mil na década de 1950 e, em seguida, para 41 mil entre os anos 1960 e 1970.

Os edifícios de apartamentos mostraram-se a melhor opção tipológica a ser projetada e logo começaram a se adequar ao "morar à francesa", como ficou conhecida a forma de habitar descrita, assemelhando-se aos grandes palacetes. Assim, começou a construção de diversos edifícios, todos eles constituídos de unidades amplas, com duas entradas: a social e a de serviço. Na maioria deles, as unidades apresentavam dois ou três quartos e um único banheiro - sem contabilizar, quando existia, o quarto e banheiro de empregadas que deveriam fazer parte da área de serviço.

Como já dito, o Modernismo ganhava cada vez mais espaço na cidade, influenciando não somente as fachadas dos edifícios, mas também sua organização interna. O número de adeptos ao novo morar moderno crescia cada vez mais. Prova disso é o surgimento de uma nova modalidade de habitação: os apartamentos mínimos compostos de quarto, banheiro e diminuta cozinha, que muitas vezes se restringia a um fogareiro no corredor. As conhecidas *kitchenettes*. O arquiteto Carlos Lemos relata, em seu livro *A história do Edifício Copan*, de 2014, que o surgimento desse novo programa se deu por acaso no fim da década de 1940. O proprietário de um hotel colocou suas unidades à venda depois que o edifício ficou sem hóspedes em razão das obras do viaduto planejado na Rua do Gasômetro. A venda dos pequenos apartamentos foi um sucesso. Foi quando notaram todo o lucro que poderiam ganhar com essa tipologia, já que conseguiriam construir mais unidades nos terrenos caros do centro de São Paulo, suprindo uma demanda de mercado de unidades pequenas e bem localizadas (SAMPAIO *et al.*, 2002).

Bastava agora saber onde esses novos edifícios seriam implantados e para qual parcela da população eles seriam direcionados. Com um transporte coletivo deficitário na cidade, era preciso se pensar em um local próximo a escolas, bancos e repartições públicas. A região central foi logo a escolhida para receber esse novo mercado imobiliário e, prontamente, perceberam que a classe média é quem deveria ser o público-alvo desses empreendimentos. Porém, como a parcela da classe média de menor poder aquisitivo iria conseguir comprar a tão sonhada casa própria?

Foi no fim da década de 1940 que surgiram as primeiras construções a "preço de custo", nas quais o preço do terreno seria dividido entre os participantes da empreitada e a construtora receberia comissões calculadas a partir dos gastos de cada mês.

Foi nesse quadro que surgiram, pela primeira vez em São Paulo, as empresas especializadas no setor de provisão habitacional do mercado. Os incorporadores eram figuras centrais na viabilização do empreendimento, "maestro de toda a operação de prover imóveis para o mercado privado. Ele planeja toda a ação, desde providenciar o terreno, o projeto, a fonte financiadora, a construtora e a venda" (MARICATO, 1983). Data de 1945 a criação do Banco Nacional Imobiliário (BNI), de Orozimbo Roxo Loureiro, especializado em negócios imobiliários e investimentos.

Passados alguns anos, os ativos imobiliários do BNI foram destinados a uma nova empresa concebida por Loureiro, a Companhia Nacional de Investimentos, que, logo em seguida, passou a se chamar Companhia Nacional de Indústria e Construção. Assim, a empresa poderia se responsabilizar, sem a necessidade de terceirização das obras, pelas construções concebidas pelo banco, que passou a ter a alcunha de Banco Nacional Interamericano. Dentre os edifícios construídos por ela, pode-se citar o Edifício Califórnia, o Montreal e o Copan, todos assinados por Oscar Niemeyer.

O Copan é resultado de uma ideia de Loureiro de erigir um complexo hoteleiro em São Paulo em homenagem às comemorações do IV Centenário da cidade. No entanto, o projeto do edifício, bem como sua construção, percorreu longo percurso, apresentando diversas alterações. Quem o vê hoje, imponente na Avenida Ipiranga, nem imagina que esse megalomaníaco empreendimento é apenas uma parte fragmentada do seu projeto original.

O complexo não se restringia a um hotel. É claro que ele seria a peça-chave do empreendimento, mas acoplado a ele existiria ampla gama de instalações turísticas com o intuito de fomentar esse nicho econômico até então pouco estimulado.

Ansiando por dar vida à grande ideia, Loureiro vai, em 1951, aos Estados Unidos acompanhado pelo arquiteto Henrique Mindlin, para contatar os técnicos da *Hollabird, Root and Burgees*, empresa especializada em projetos hoteleiros. O estudo preliminar que eles viriam a desenvolver já seria implantado no terreno de 11.500 m^2 em que hoje se encontra o tão famoso edifício.

Em julho do mesmo ano, os representantes da companhia norte-americana chegaram em São Paulo. A vinda deles tinha como objetivo fazer os primeiros acertos com a corretora de Loureiro. Foi formalizada, então, a Companhia Panamericana de Hotéis e Turismo – a Copan –, como veio a ser conhecida.

Dois meses depois, os representantes voltaram e consigo trouxeram os estudos concluídos para o projeto: um luxuoso hotel com 500 apartamentos, dotado de piscina, cinema, teatro, salões de arte e lojas. O empreendimento, que viria a ser o maior hotel da América do Sul, chegou a ser chamado de *Rockfeller Center Paulistano*, fazendo alusão ao complexo de edifícios da cidade de Nova York.

Transcorridos 16 dias, foi publicada, na *Folha de S.Paulo*, uma notícia acerca da empreitada. Nela, relatava-se que o incorporador acompanhado dos técnicos e, agora consigo, do arquiteto Oscar Niemeyer foram até o então prefeito Armando Arruda Pereira "discutir" a respeito da possibilidade da "execução facilitada" do projeto, visto que excedia em altura o gabarito exigido pelo Código de Obras Arthur Saboya, vigente no período (LEMOS, 2014).

Curiosamente, a imagem que ilustrava a reportagem era diferente da volumetria apresentada pelos norte-americanos (Figura 7.9). Era, na verdade, uma fotomontagem da maquete de um novo projeto desenvolvido pelo arquiteto modernista, muito parecida com o prédio hoje existente (Figura 7.10). Além dos itens contemplados pelos técnicos, o projeto brasileiro contava ainda com um terraço jardim, um edifício de apartamentos separado do conjunto hoteleiro ligados por uma marquise, formando praças internas, boates, restaurantes etc. Isso leva a crer que, concomitantemente ao desenvolvimento do projeto nos EUA, outro era pensado aqui. Não se sabe bem ao certo o motivo, mas o projeto escolhido para ser construído foi o de Niemeyer.

FOLHA DA MANHÃ

ATUALIDADES E COMENTARIOS

TENDE A CRESCER O DEFICIT COMERCIAL DA GRÃ-BRETANHA

RECEBIDOS PELO PREFEITO OS IDEALIZADORES DO HOTEL A SER CONSTRUIDO NA AV. IPIRANGA

SERIA PRATICAMENTE INFIMO O "CARRY-OVER" DE ALGODÃO EM 28 DE FEVEREIRO DE 1952

Estimado em 218.000 toneladas o consumo de um ano em todo o país — A safra do Nordeste não deveria ir além de 35.000 toneladas

ROXO LOUREIRO S/A.

TRANSFORME SEU DINHEIRO EM MAIS DINHEIRO, DEPOSITANDO NO BANCO BANDEIRANTES DO COMERCIO S/A

há sempre lugar para mais um...

cadeiras de aço BÉRGOM desarmáveis

BÉRGOM

Ideal para pequenas fazendas

JOHN DEERE

MODELO MT

Professores e funcionarios publicos

LION S.A.

Figura 7.9 Reportagem com fotomontagem publicada na primeira página da *Folha da Manhã*, em 07 de outubro de 1951. Fonte: Acervo *Folha*.

Figura 7.10 Fotomontagem do projeto do arquiteto carioca. Fonte: Acervo do Edifício Copan.

Oscar busca nas fachadas livres e pilotis que sustentam a laje de transição – opções arquitetônicas recorrentes nos projetos de seu amigo Le Corbusier – a solução estrutural funcionalista para o seu projeto de maior magnitude até aquele momento. Além desses pontos, também incorpora, como já dito, o terraço jardim, outro ponto modernista defendido pelo arquiteto francês. Assim, o carioca conseguiu disfarçar a galeria tortuosa do térreo de seu projeto, que não seguia nenhuma lógica geométrica para disposição dos pilares, com o terraço jardim – futuramente não implantado e ocupado pela empresa de telefonia Telesp.[4] As soluções projetuais eram tão próximas às utilizadas por Le Corbusier que o Copan, por diversas vezes, é comparado a *Unité d'Habitation*, recém-inaugurada em 1952, na França.

Acredita-se que a proposta feita pelo arquiteto de se agregar um novo volume de habitações para venda tinha a intenção de complementar o capital – parte internacional e parte nacional – investido na construção do edifício. É interessante notar que Niemeyer apenas se deteve ao projeto do edifício habitacional. O hotel, bem como suas áreas comuns, seria projetado pelos engenheiros norte-americanos especialistas nesse tipo de programa.

Dessa forma, os desenhos foram enviados à prefeitura em 5 de maio de 1952, sendo aprovados em fevereiro do ano seguinte. Na administração do edifício, constam cópias dos documentos de aprovação da obra. Na primeira etapa de aprovação, consta o pavimento térreo de configuração similar à existente, englobando a área que receberia o hotel. Contudo, apenas o edifício residencial fora aprovado.

Durante o processo de aprovação, financiamento e construção, o maciço turístico Copan – como foi chamado em diversas propagandas (Figura 7.11) – sofreu diversas alterações, começando pela própria volumetria. Primeiro, a volumetria fora pensada para privilegiar o hotel com suas 500 suítes. Era um edifício retangular, sem recuo frontal junto à Av. Ipiranga e de altura superior à do prédio habitacional de 32 andares, o tão famoso "S" existente desde os estudos preliminares do arquiteto e que havia sido pensado para se acomodar à sinuosidade da divisa do terreno. Antes mesmo de encaminhar o projeto à prefeitura, alterações em sua morfologia foram feitas, diminuindo o gabarito do hotel para 20 andares, privilegiando, dessa forma, o bloco posterior que nesse momento acabara de ganhar os tão marcantes *brises* horizontais em sua fachada sudeste/sul.

As mudanças não se restringiram às formas. Seu programa projetual também não foi implantado de forma integral. Dele restaram os quatro corpos de edificações que constituíam o *S*, o cinema e a galeria no térreo. O terraço jardim não foi executado, acarretando a diminuição considerável do número de lojas postas à venda. Os cálculos estruturais para a piscina sequer foram realizados. O teatro pertencente ao complexo foi deixado de lado, mantendo-se apenas uma sala de cinema, que originalmente ficaria acima dele. Pode-se, inclusive, ver até hoje as aberturas na laje onde deveriam ser instaladas as escadas rolantes que levariam ao *foyer* do teatro, espaço no qual também existiriam lojas, restaurante e bar. O edifício habitacional acabou sobressaindo ao hotel, perdendo as características turística e hoteleira tanto propagandeadas por Loureiro.

---

4 Companhia Telefônica de São Paulo S.A.

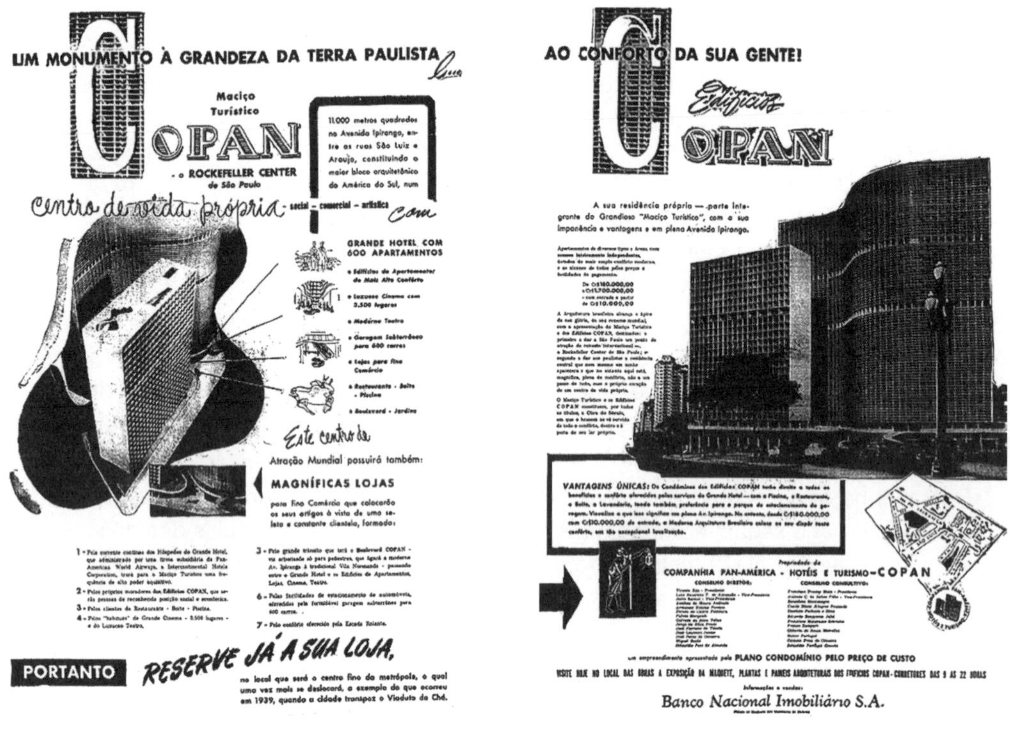

Figura 7.11 Propagandas veiculadas para a venda das unidades do edifício.
Fonte: Acervo do Edifício Copan.

No segundo semestre de 1954, logo após o suicídio de Getúlio Vargas, as autoridades da política monetária pressionaram o Banco Nacional da Indústria e Construção, motivadas pelo fato de ele não apresentar o saldo de caixa mínimo perante a reserva monetária dos bancos comerciais, normas estabelecidas pelo novo ministro Eugênio Gudin. Depois de negados empréstimos que completariam a saldo de caixa pelo Ministério da Fazenda e de qualquer tipo de ajuda pela Superintendência da Moeda e do Crédito (Sumoc), a solução encontrada foi a intervenção federal sobre seu estabelecimento. Os incorporadores optaram, então, pela liquidação extrajudicial. Nesse momento, as obras do Copan foram estagnadas e seu nome passou a ser do gênero masculino, referindo-se ao edifício desenhado por Niemeyer.

Depois do ocorrido, a Intercontinental Hotels, de onde proveria o capital internacional para a construção do complexo, saiu da empreitada e suas obras foram retomadas apenas em 1956, após a compra do BNI pelo Bradesco, responsável por retomar a obra. Com a mudança de incorporadores, o complexo perdeu de vez o edifício do hotel. Contudo, ainda não haviam descartado a possibilidade de integrar o uso hoteleiro ao prédio residencial. Data de 3 de agosto de 1959 uma prancha do contorno do Bloco B, em escala 1:200, com o assunto "*pavimento tipo - 1º ao 32º - estudo para o hotel*", indicando tentativas para reformular as *kitchenettes* em suítes de hotéis (GALVÃO, 2007).

O edifício hoteleiro deu lugar ao atual prédio do Banco Bradesco. Fato curioso é que, depois de longa argumentação contra o banqueiro, que queria construir um edifício baixo, com cerca de três andares, de estilo neoclássico para abrigar o banco, manteve-se a volumetria imaginada por Niemeyer para o hotel, preservando a plasticidade pensada por ele: um prédio sinuoso de parcial visibilidade que ganha movimento a partir do contraponto entre seus *brises* e as edificações do entorno (LEMOS, 2014).

Assim, a construção do Copan foi marcada por três fases. A primeira compreendendo o período de 1952, lançamento do empreendimento, até dezembro de 1954. Foi caracterizada por um período de preparativos, solicitação do alvará de construção, instalação das fundações e concretagem das lajes do subsolo. A segunda, não se sabe ao certo o início, mas acredita-se que seja em meados de 1955, abarcando o período de intervenção da Sumoc, personificado na imagem do economista Petrônio de Medeiros Guimarães. Depois de algum tempo parado, essa fase é marcada pela determinação das empresas construtoras que, juntas, dariam continuidade à construção. Ela perdurou até o final de 1960 e, até a decisão tomada, a CNI comandou isoladamente a obra. A demora na solução de tal impasse se deu por causa dos conflitos de interesses entre os três grupos envolvidos, a saber: os compradores das unidades habitacionais, os acionistas da CNI e a promotora do maciço turístico, a Copan, dona de diversas lojas e apartamentos. Por fim, iniciou-se o período mais longo, levando 11 anos para a conclusão de todos os corpos do edifício, obtendo o último *habite-se*[5] em 1974. Nessa etapa, a CNI já havia sido incorporada pelo Bradesco, que a manteve ativa até a conclusão das obras do Copan. O banco acreditava, contudo, ser mais interessante ter apenas a CNI no comando das obras e, dessa forma, as outras empresas foram "aconselhadas" a desistir de suas parcelas, recebendo as remunerações contratuais cabíveis.

Foi durante essa etapa que os promotores do empreendimento exigiram uma das, quiçá a maior, mudanças no projeto. Julgando os apartamentos dos Blocos E e F, originalmente com quatro dormitórios, de difícil venda no mercado imobiliário, os incorporadores retalharam as unidades, dividindo-as em plantas mal resolvidas de unidades de um dormitório e *kitchenettes*. Assim poderiam obter mais lucro com as vendas.

Carlos Lemos, arquiteto que havia recebido qualidade de amplo procurador do escritório de Oscar Niemeyer em São Paulo – o arquiteto carioca, em 1958, passou a morar no que viria a ser Brasília para se dedicar aos seus projetos ali –, chegou a pensar em desistir da empreitada, mas como as mudanças eram internas ao volume, preferiu relevar o ocorrido.

Na realidade, Lemos sempre esteve comprometido com o projeto do Copan. Antes mesmo de enviar as plantas à prefeitura para serem aprovadas, o arquiteto já comandava a filial do escritório de Niemeyer em São Paulo. É curioso notar os carimbos das pranchas executivas do projeto. Até 1954, quando ocorreu a liquidação extrajudicial, o projeto era assinado apenas por Oscar Niemeyer. Após a retomada da obra, as pranchas, a partir de 1958, já tinham a assinatura dos dois arquitetos e, de 1963 em diante, apenas Carlos Lemos é quem as assina. Isso indica o distanciamento de Niemeyer no transcorrer da construção do edifício ocasionado pela já mencionada dedicação do carioca às obras de Brasília.

Oscar Niemeyer não exaltava suas obras habitacionais em São Paulo. E com motivos. Grande parte construída pelo BNI, seus projetos eram retalhados, ajustados, alterados e reformulados

---

5 Tecnicamente chamado de auto de conclusão de obra, o "habite-se" é a certidão expedida pela Prefeitura atestando que o imóvel está pronto para ser habitado e foi construído ou reformado conforme as exigências legais estabelecidas pelo município, seguindo devidamente o Código de Obras local.

visando a maior lucro e facilidade nas vendas. Além disso, também ficava descontente quando tomava conhecimento de que os condôminos insatisfeitos realizavam modificações em suas obras. O Copan não foi exceção à regra. Por anos, o arquiteto não tocava no assunto em entrevistas e, quando perguntado, muitas vezes respondia um lacônico "Isso é uma bobagem" (FOLHA DE S.PAULO, 2006) sem realmente perceber a grandiosidade de sua obra para a cidade de São Paulo e para a Arquitetura Modernista.

Figura 7.12 Construção do Edifício Copan, data de janeiro de 1956. Fonte: Acervo do Copan.

Figura 7.13 Construção do Edifício Copan, data de dezembro de 1956. Fonte: Acervo do Copan.

Figura 7.14 Construção do Edifício Copan, data de outubro de 1958. Fonte: Acervo do Copan.

Figura 7.15 Construção do Edifício Copan, data de agosto de 1961. Fonte: Acervo do Copan.

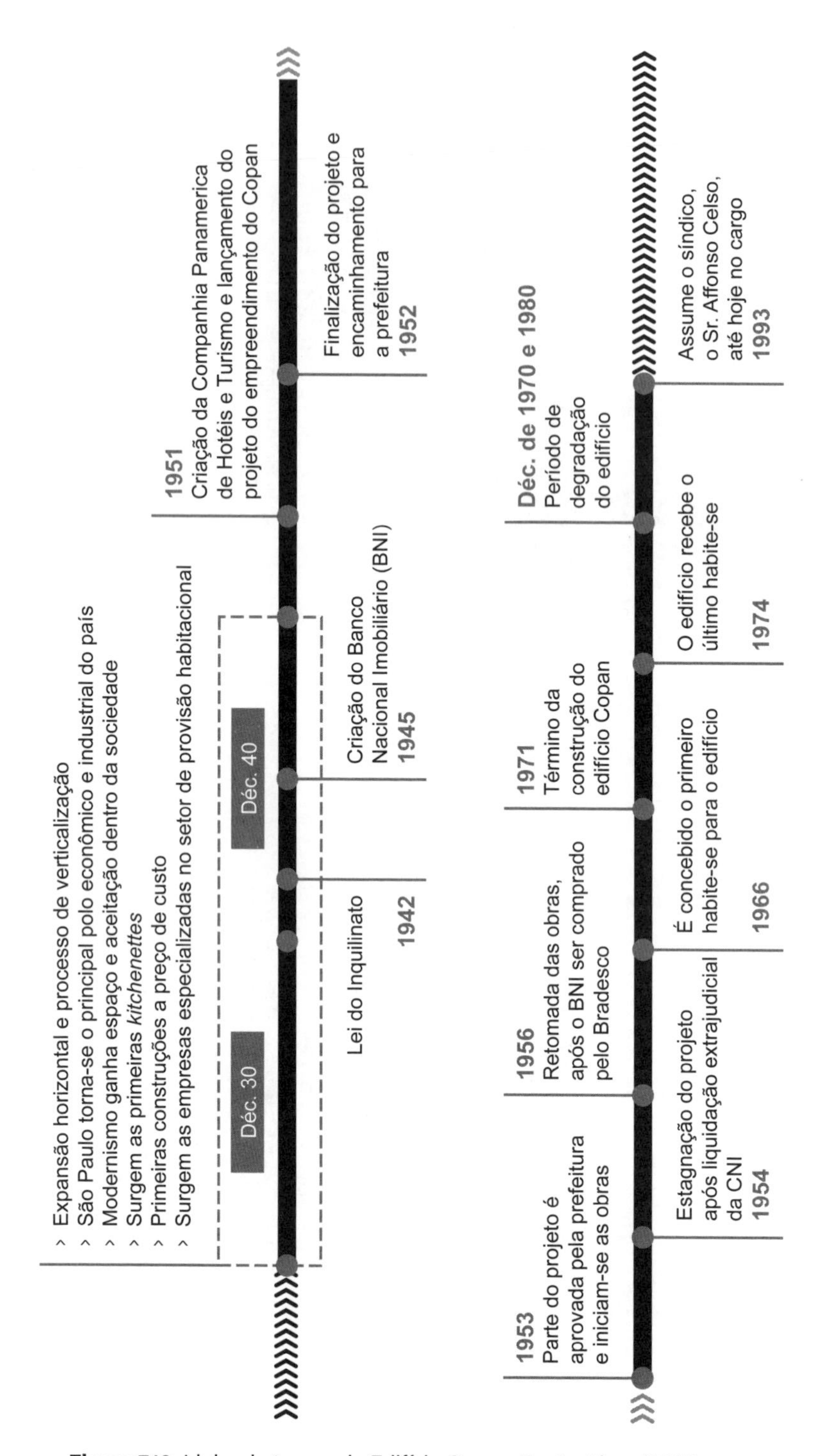

Figura 7.16 Linha do tempo do Edifício Copan. Fonte: Lima (2017).

7.3 O edifício

Ainda que apenas um fragmento de todo o maciço turístico planejado para ocupar aquele terreno à Av. Ipiranga, o Edifício Copan rouba a atenção de qualquer um que passe pelo cruzamento da Rua Araújo com a Av. Ipiranga, no centro de São Paulo (Figura 7.17). A galeria projetada para seu térreo é composta por 73 lojas entremeadas pelas portarias dos seis blocos habitacionais, mais o cinema (hoje fechado pelos bombeiros por não cumprir as normas quanto às rotas de fuga). Seu desenho orgânico configura cinco acessos distintos, abertos entre 6h30 e 22h. Após esse horário, apenas a entrada em frente à intersecção entre a Av. Ipiranga e a Rua Araújo fica aberta (Figura 7.18).

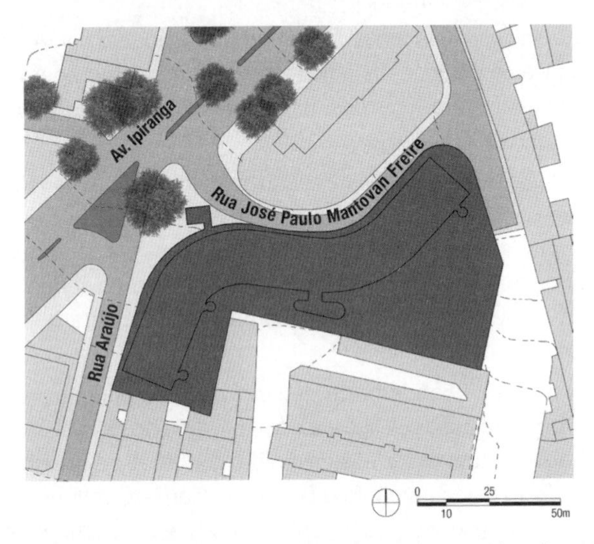

Figura 7.17 Implantação do Edifício Copan. Fonte: Lima (2017).

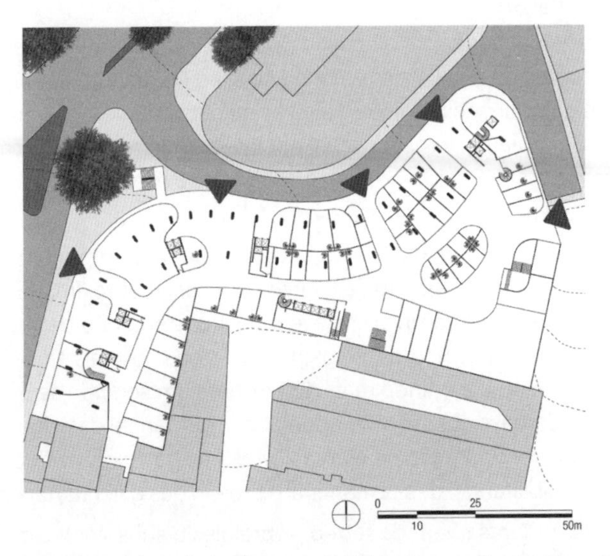

Figura 7.18 Planta da galeria térrea do Edifício Copan. Fonte: Lima (2017).

A galeria ocupa uma área de aproximadamente 6.000 m^2 do terreno, fazendo divisa com os terrenos apenas nos fundos e nas laterais com a Rua Araújo e a antiga Rua Vila Normanda, hoje Rua José Paulo Mantovan Freire. A fachada sudeste do edifício faz limite com a linha da rua interna desenhada entre o Copan e o Bradesco.

As galerias paulistanas surgiram durante a década de 1930 e se tornaram recorrentes nos térreos de diversos edifícios modernistas durante as décadas de 1950 e 1960 na região que ficou conhecida como Centro Novo de São Paulo – quadrilátero formado pelas ruas entre a Rua Xavier de Toledo, a Av. Ipiranga, a Av. São João e a Av. São Luiz. A dissociação dos fluxos de pedestres e de veículos já vinha sendo discutida internacionalmente por Le Corbusier e pelos Congressos Internacionais de Arquitetura Moderna (CIAM).

Essa tipologia tinha, inclusive, incentivo legal do poder municipal. A Lei nº 5.114, de 28 de fevereiro de 1957, obrigava as edificações cujos lotes tinham testada para as Ruas Direita, São Bento, 24 de maio e 7 de abril a terem térreos dotados de galeria (PREFEITURA DO MUNICÍPIO DE SÃO PAULO, 1957, *apud* COSTA, 2010).

Assim, diversos edifícios começaram a conectar seus térreos de maneira a configurar novos arranjos espaciais em seus interiores, com lojas, bares e cafés, adquirindo o apelo necessário para chamar a atenção do grande fluxo de pessoas que por ali passava na época. Era comum, dessa forma, o pedestre criar o seu caminho como bem entendesse, não sendo obrigado a caminhar apenas nas calçadas durante seu deslocamento, promovendo uma arquitetura projetada junto ao urbanismo, como sempre deve ser feita.

O Copan não foge à regra. Grande parte de seus acessos encontra-se junto à rua interna projetada por Oscar Niemeyer. Essa rua liga-se com a galeria do Edifício Conde Sílvio Penteado, chegando à Av. São Luiz. Ao atravessar essa avenida, chega-se ao principal acesso da Galeria Metrópole, que também tem saída para a Rua Basílio da Gama. Continuando por essa rua, avista-se o Edifício Esther e sua galeria – atualmente fechada – e, assim, pode-se chegar à Praça da República. Isso mostra claramente a diversa gama de possibilidades de caminhar que o transeunte tem nessa região.

Voltando para as explicações sobre o Edifício Copan, a concretagem de seu pavimento térreo se deu seguindo as curvas de nível do terreno, ou seja, ao caminhar nele é possível perceber o seu desnível. Além de garantir acessibilidade total às milhares de pessoas que cruzam seu térreo diariamente, tal solução projetual é responsável por integrar de maneira ímpar o espaço externo público ao interno semiprivativo, configurando um verdadeiro espaço de transição entre o espaço comum e de convívio e o espaço do morar.

Tanto esse nível quanto a sobreloja – antigo *foyer* do teatro, no projeto original –, o terraço e os dois subsolos possuem duas fileiras de pilares com seção aproximada de 0,6 × 2,4 m e de arestas curvas. Essas duas filas são responsáveis pela sustentação de toda a megaestrutura construída para abrigar os apartamentos, cujos peso e forças normais à laje são descarregados em vigas de transição, algumas medindo mais de 1 m, para em seguida serem redistribuídos por essa "malha" de pilares da base. É essencial apontar a importância das vigas de transição como solução estrutural para a configuração de plantas livres nos pavimentos que compõem o embasamento do edifício, possibilitando, dessa maneira, o projeto das galerias, tão recorrentes à época.

O Copan possui 32 andares (além do térreo, sobrelojas e subsolos) compostos por diversas unidades habitacionais. É dividido em seis grandes torres independentes – nomeadas de A a F –, cada qual com seus acessos social e de serviço, além de saída de emergência em caso de incêndio. Pode ser também agrupado em quatro grandes corpos segundo suas juntas de dilatação. Do primeiro corpo fazem parte o Bloco A e uma parte do B. O restante deste último bloco constitui o Corpo 2. O Corpo 3, os Blocos C e D e, finalmente, o Corpo 4, Blocos E e F (Figura 7.19).

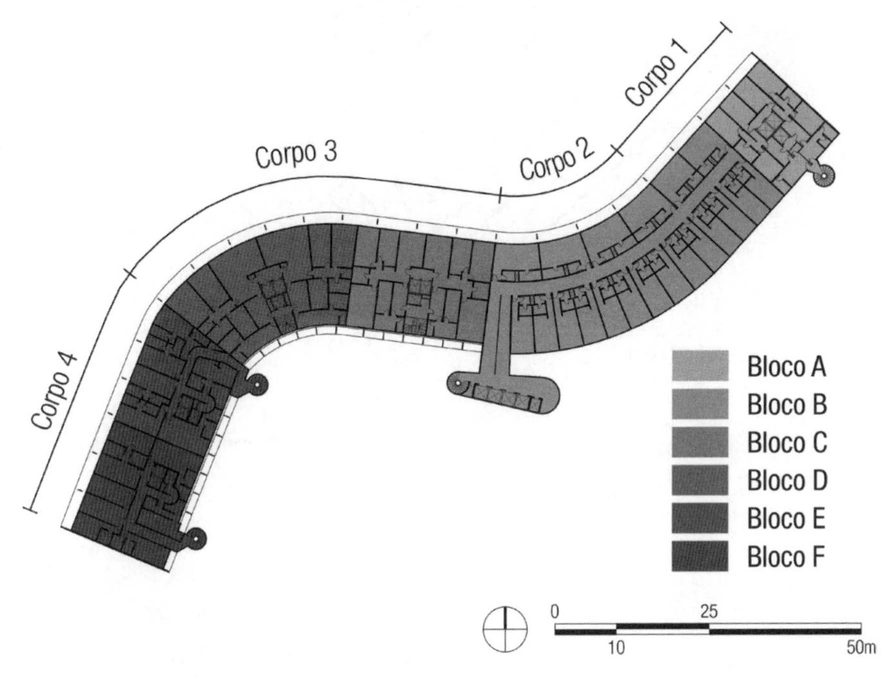

Figura 7.19 Planta tipo do Edifício Copan. Fonte: Lima (2017).

O Bloco A, localizado na extremidade nordeste da planta, possui 64 unidades, cada uma delas apresentando área útil de aproximadamente 85 m^2. As unidades apresentam fachadas tanto para a orientação sudeste - área de serviço - quanto noroeste - área social. São dotadas de área de estar, cozinha, dois quartos, um banheiro, área de serviço e dependências de empregada (quarto e banheiro) (Figura 7.20).

O Bloco B é composto apenas de *kitchenettes*, totalizando 640 unidades, 20 por andar, apresentando duas tipologias distintas. Uma delas mais retangular, que ocupa a fachada sudeste, com aproximadamente 25 m^2, dotada de espaço multifuncional, banheiro e diminutas cozinhas. A outra é voltada a noroeste, tem formato mais quadrangular, com cerca de 35 m^2, e segue o mesmo programa. É possível, contudo, ser transformada em uma unidade de um dormitório, solução muito corriqueira entre os moradores. É curioso ressaltar que a circulação vertical que dá acesso aos andares foi pensada em um volume separado e as paradas acontecem a meio nível, ou seja, as paradas dos elevadores acontecem em patamares intermediários aos das unidades, havendo duas rampas de acesso, uma que desce e chega ao andar inferior e outra que sobe em direção ao superior (Figura 7.21).

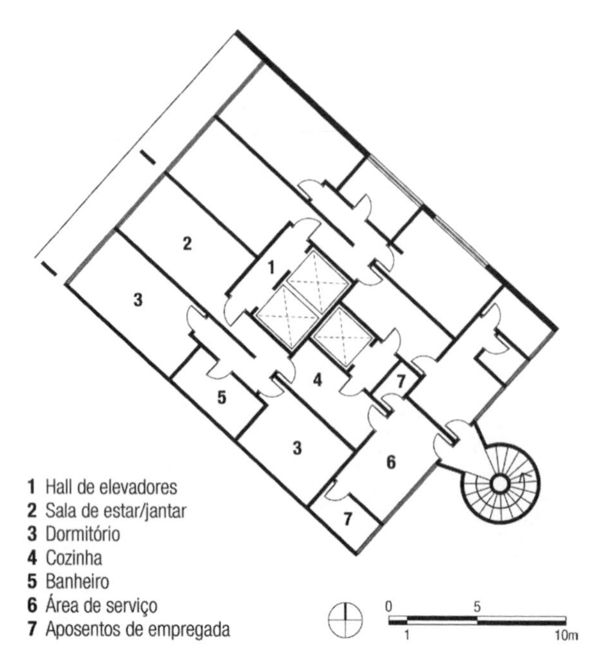

Figura 7.20 Bloco A. Fonte: Lima (2017).

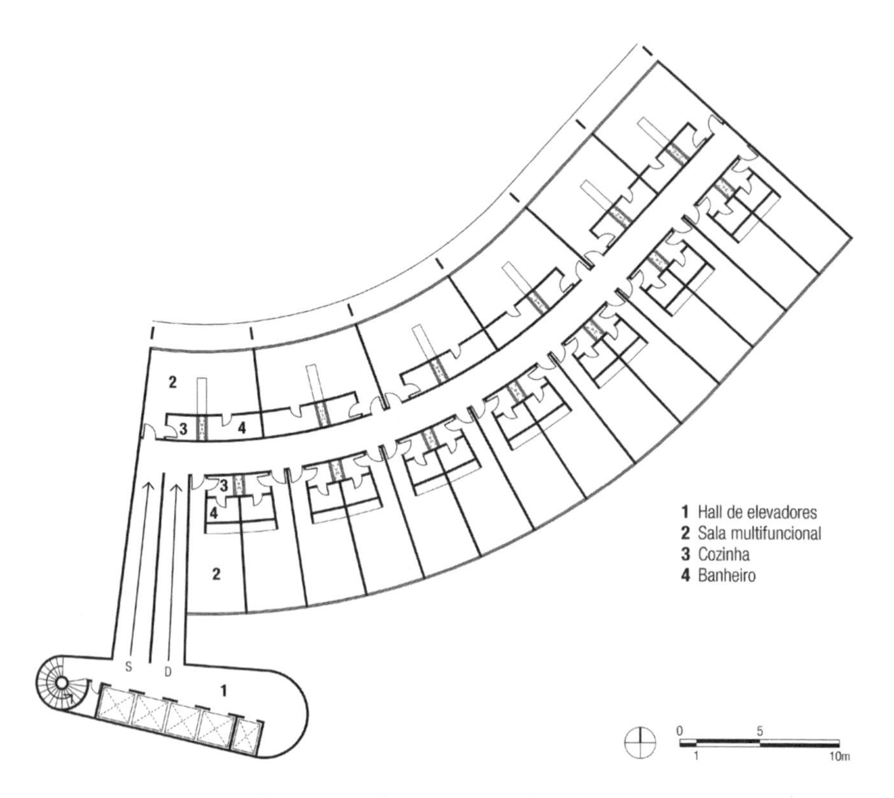

Figura 7.21 Bloco B. Fonte: Lima (2017).

O Bloco C é o que abriga as maiores unidades, 64 no total. São compostas por área de estar, cozinha, três quartos, um banheiro e dependências de empregadas (quarto e banheiro), totalizando uma área útil de aproximadamente 125 m^2. Assim como o Bloco A, as unidades são divididas em duas por andar, ambas com área de serviço ao sul e social ao norte, permitindo que haja ventilação cruzada caso as portas fiquem abertas. O Bloco D se assemelha muito ao Bloco C, apresentando mesma quantidade de unidades e programa habitacional similar. As diferenças observadas dizem respeito à área de estar mais avantajada, configurando unidades com cerca de 160 m^2, e à inclusão de mais um banheiro social à habitação (Figura 7.22).

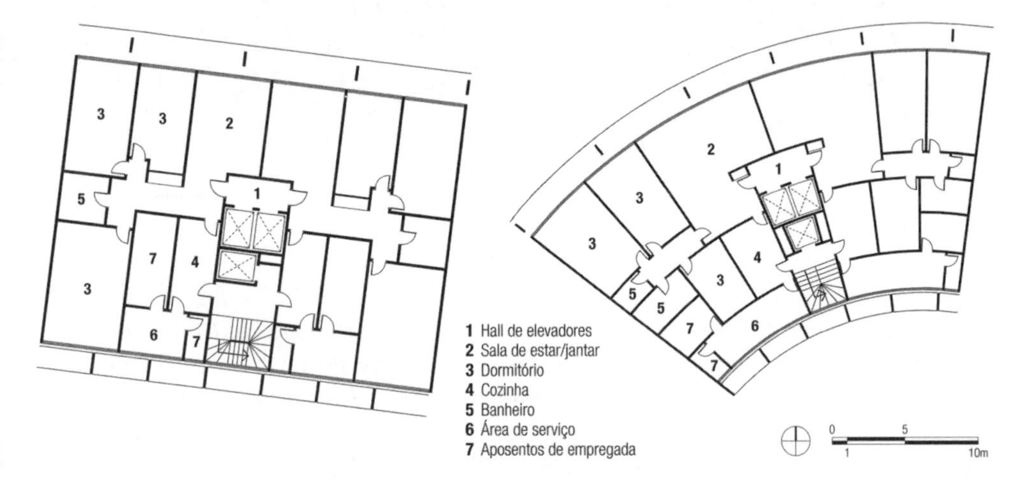

Figura 7.22 Blocos C e D. Fonte: Lima (2017).

As plantas dos Blocos E e F, como dito anteriormente, foram as que sofreram alteração durante sua construção. Suas unidades de quatro dormitórios que ocupavam todo o andar dos blocos foram divididas, surgindo em seu lugar unidades de um dormitório e *kitchenettes*. Isso levou ao surgimento de plantas mal resolvidas, com excesso de áreas de circulação comum e com algumas unidades de *layouts* incomuns, com corredores de entrada que acabam sendo um espaço "perdido" na habitação – comuns aos cantos das plantas do Bloco E.

O Bloco E apresenta duas plantas-tipo diferentes. Até o 12º andar, a planta-tipo é constituída em quatro unidades, duas delas têm área útil de aproximadamente 60 m^2 e são apartamentos de um dormitório, compostos por área de estar, cozinha, banheiro e quarto. Aqui se nota que os aposentos de empregadas são suprimidos do programa, levando a crer que foram projetados para uma classe inferior à dos Blocos A, C e D. As outras duas unidades são *kitchenettes*, uma com cerca de 35 m^2 e a outra com 40 m^2 de área útil. Os apartamentos de um dormitório ocupam a fachada noroeste, enquanto as *kitchenettes* estão na fachada sudeste. A partir do 13º andar, os apartamentos de um dormitório foram substituídos por mais *kitchenettes*, totalizando seis por andar e com área útil variável (as menores com cerca de 27 m^2 e as maiores com cerca de 40 m^2). Ao todo, o bloco apresenta 168 unidades: 144 *kitchenettes* e 24 apartamentos de um dormitório (Figura 7.23).

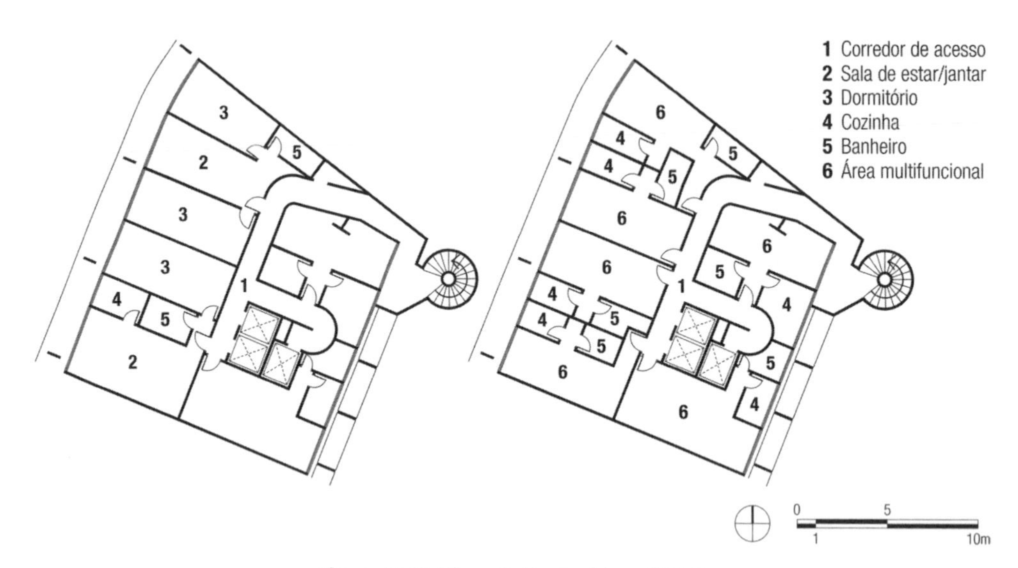

Figura 7.23 Bloco E. Fonte: Lima (2017).

O Bloco F é composto por planta-tipo com cinco unidades por andar: três *kitchenettes* de área útil variável (26, 30 e 37 m^2, aproximadamente) e duas unidades de um dormitório, com cerca de 60 m^2, seguindo o mesmo programa das unidades do Bloco E. Totalizam-se 160 unidades em todo o bloco (Figura 7.24).

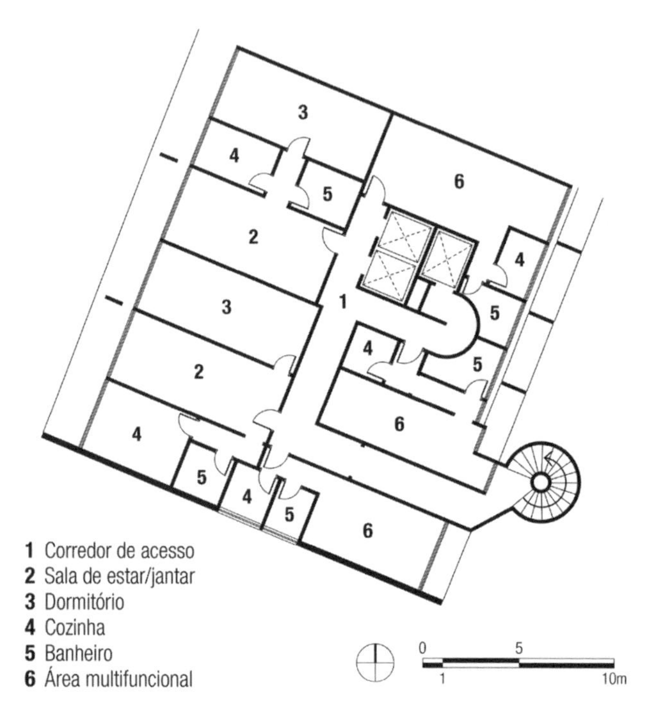

Figura 7.24 Bloco F. Fonte: Lima (2017).

O Copan é um edifício que reflete bem o início de um período de mudanças entre a produção habitacional voltada para uma classe mais abastada e tradicional – vinculada ao "morar à francesa" – para a produção da habitação mínima, tão discutida internacionalmente pelo movimento modernista nos CIAM. Esse reflexo é claramente notado pela grande variação tipológica existindo em consonância nos seis blocos que compõem o projeto.

Devido ao formato em S da construção, as fachadas têm orientações diversificadas. No entanto, a fachada principal voltada para a Av. Ipiranga, dotada de *brise*, é majoritariamente voltada para a orientação noroeste, apresentando alguns trechos voltados ao norte. O lado oposto é majoritariamente sudeste e sul. Essa fachada no Bloco B é permanentemente exposta à radiação solar – quando não mascarada pelo entorno urbano –, cabendo aos moradores a decisão de usar ou não mecanismos de sombreamento no interior de suas habitações. Já as fachadas dos Blocos A, C, D, E e F são protegidas por uma parede de cobogós de concreto, externos à edificação.

Os *brises* do Copan são construídos em concreto e revestidos por pastilhas cerâmicas. São do tipo horizontal e, pela sua composição modulada, podem ser enquadrados como infinitos em grande parte de seus pontos (Figura 7.25).

Além disso, em razão da sinuosidade do volume, o prédio acaba fazendo sombra nele mesmo em determinados momentos do ano, como também é responsável por bloquear parte da abóbada celeste no traçado das máscaras solares de determinadas unidades, como é o caso das máscaras da fachada sudeste dos blocos E e F ou noroeste do Bloco A e parte do B. Cada *brise* tem espessura total de 0,1 m e profundidade de 1,45 m, encontrando-se recuados da fachada em 0,3 m e distantes entre si em 0,95 m. Por questão de composição das fachadas, os andares 15º e 23º apresentam uma quebra na repetição dos *brises*, eliminando duas lâminas de concreto intermediárias que ficam ao centro da janela. Apesar da proibição atual, era comum o fato de os moradores utilizarem o *brise* como "extensão" de seus lares, usando correntemente esses espaços como jardins ou como pequenas hortas.

A fachada principal é formada por um pano de vidro estruturado por caixilharia de ferro. De modo geral, é composta por peitoril de vidro aramado com 0,9 m de altura a partir do piso acabado, seguida de caixilho de 1 m de altura com quatro folhas: duas móveis e duas fixas. Finalizando, há uma bandeira com folhas fixas e duas janelas basculantes, uma em cada extremidade superior, com aproximadamente 0,8 m.

As paredes internas são de alvenaria de tijolos cerâmicos maciços, com camada de acabamento nas duas faces, totalizando uma espessura de aproximadamente 0,15 m. A laje do edifício é do tipo "caixão perdido",[6] apresentando laje superior com cerca de 0,04 m de espessura, seguida por uma malha de modulação irregular de vigotas de 0,24 m de altura e 0,05 ou 0,07 m de espessura e com fechamento inferior em estuque com espessura aproximada de 0,025 m.

---

6 São lajes do tipo nervuradas, porém com fechamento inferior. O espaço livre entre as vigotas da laje nervurada é obtido pela colocação de um material inerte entre as duas camadas de laje, seja ele caixotes de madeira, isopor ou tubos de papelão. Esse tipo de laje acaba sendo mais leve, econômico e pode vencer vãos maiores. Com os avanços na tecnologia da construção, esse tipo de laje caiu em desuso. A maior desvantagem talvez seja o fato de ser impossível o aproveitamento das formas, visto que elas ficam confinadas dentro da laje – por isso são conhecidas como lajes do tipo "caixão perdido".

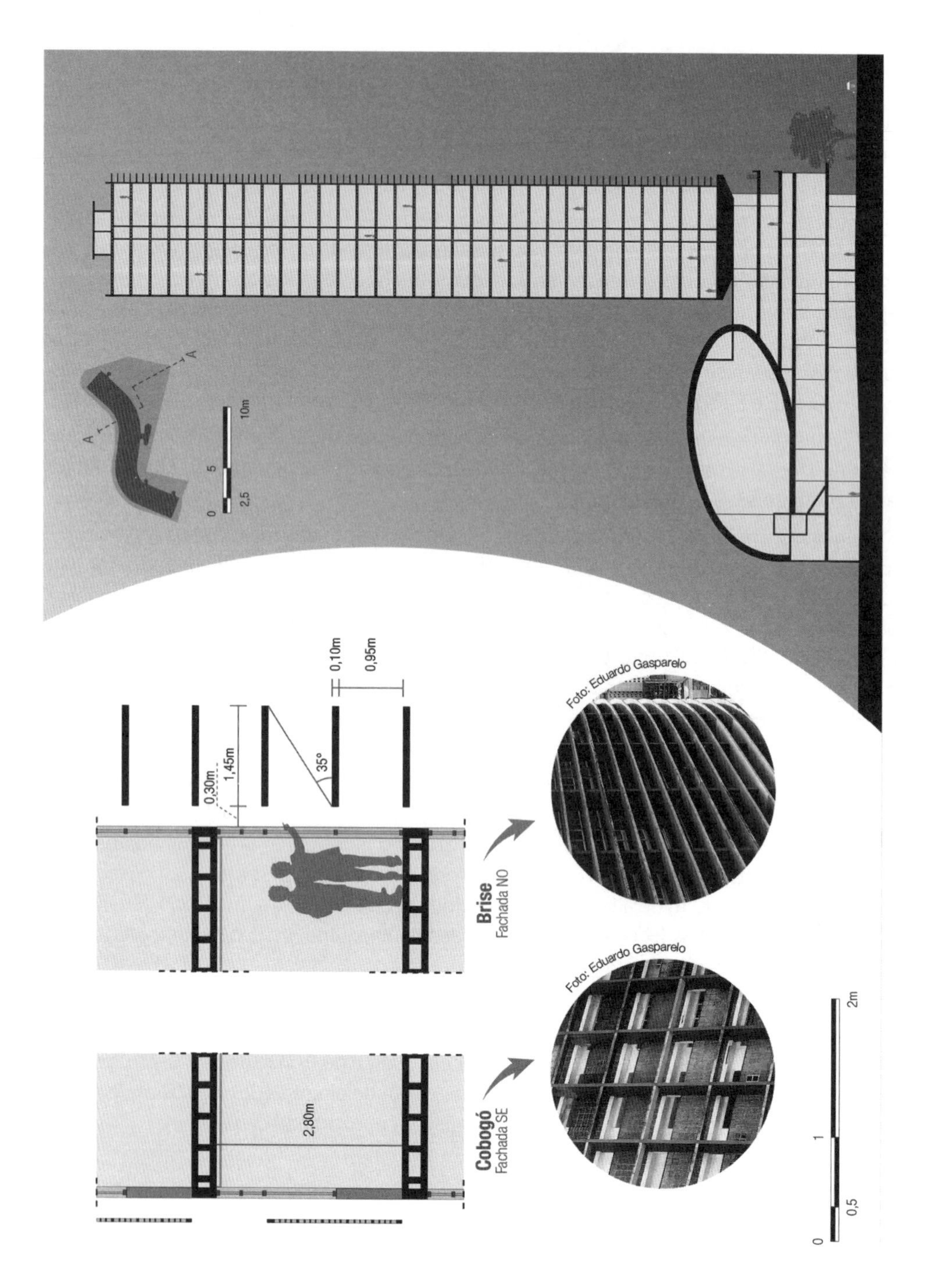

Figura 7.25 Corte AA com detalhe de andares do Edifício Copan.
Fonte: Lima (2017), com base em Galvão (2007) e Lemos (2014).

Para o projeto de fundações, optaram, a partir dos resultados das sondagens do terreno, pelas fundações pneumáticas apoiadas em terreno compactado por estacas cravadas e a empresa escolhida para a realização foi a Companhia Nacional de Construções e Civis e Hidráulicas (Civilhidro). Assim, o terreno foi compactado pela ação de estacas pré-moldadas de seção de 0,2 × 0,2 m, cravadas a cada metro quadrado do terreno. Quando posicionadas definitivamente, ficam situadas 5 m abaixo da cota de fundação. E, então, sobre elas foram posicionados os blocos de concreto das fundações.

No entanto, os recalques sempre foram um ponto crítico para o edifício, que chegou a afundar 30 cm em uma prumada de 110 m, na parte do terreno em que existia maior camada de areia fofa - Bloco B. Para solucionar tal problema, o engenheiro Tadeusz Starzynski, que acompanhava a obra, teve a ideia de comprimir a terra sob o Corpo 2 por meio de sapatas que seriam pressionadas contra o terreno com o auxílio de macacos hidráulicos instalados em pares nas colunas do subsolo do edifício, formando o desenho de uma grande cruz. Os resultados da intervenção foram satisfatórios, acomodando da forma esperada aquele trecho do prédio, permitindo que o recalque do Copan, dali para a frente, ocorresse com certo equilíbrio.

Como era de conhecimento a qualidade da estratificação daquele terreno, desde 1953, quando fizeram a sondagem do solo e começaram a construir as fundações, o Instituto de Pesquisas Tecnológicas (IPT), ligado à Universidade de São Paulo, vem analisando, até hoje, os recalques sofridos pelo Copan por meio de referenciais de nível programados e de peças de referência de nível instalados nas colunas do subsolo.

7.4 Metodologia

A metodologia apresentada a seguir para a avaliação ergonômica de edifícios existentes foi elaborada por Mülfarth durante suas orientações de trabalhos finais de graduação, mestrados e doutorados enquanto docente da Faculdade de Arquitetura e Urbanismo da Universidade de São Paulo. As etapas que a compõem foram pensadas sob a ótica de dois eixos de análise.

O primeiro deles diz respeito a uma avaliação descritiva, quantitativa e qualitativa, do ambiente, que, apesar de já ser bastante completa e esclarecedora enquanto estudo ergonômico, demanda outro viés de ponderação quando se engloba um caráter propositivo e de intervenção para o estudo levantado.

O segundo eixo, complementar ao supracitado, é analítico-comparativo e tem por objetivo entender, após medições e análises com foco no conforto térmico e luminoso - enfoque na luz natural -, como possíveis problemas apontados podem ser amenizados, ou até mesmo sanados, a partir de alterações de cunho ergonômico, mais bem explicadas adiante.

Assim, tal metodologia foi desenvolvida a partir de três etapas complementares entre si. São elas:

- 1ª Etapa: **Avaliação ergonômica**

  Consiste em uma avaliação ergonômica, observando os seguintes passos: *análise de tarefa* - amostra da tarefa, análise dos obstáculos e estudo da tarefa; *análise antropométrica da tarefa* - avaliação da adequação dos ambientes e dimensionamento para as atividades; *levantamento do mobiliário utilizado*; e *análise preliminar de conforto ambiental* - aferições pontuais de conforto térmico-luminoso.

- 2ª Etapa: **Percepção do usuário**

  Consiste na análise da *percepção do usuário*, com enfoque nos fatores *físicos, ambientais, psicológicos* e *culturais*.

- 3ª Etapa: **Ergonomia + Conforto ambiental** (enfoque em térmica e iluminação natural)

  Consiste em medições completas de conforto térmico (temperatura, umidade relativa e ventilação) e conforto luminoso (iluminação natural). Busca avaliar, ainda, como a ergonomia pode melhorar o desempenho ambiental do edifício em questão.

É importante ressaltar que a primeira e a segunda etapas fazem referência ao eixo de análise descritivo e não precisam ocorrer obrigatoriamente nessa sequência, podendo, inclusive, se dar de forma simultânea. A terceira etapa, no entanto, deve ser realizada após a conclusão das primeiras e tem peso expressivo quando a análise ergonômica apresenta, também, natureza propositiva.

A *Avaliação Ergonômica* dos ambientes das edificações (1ª Etapa) é aplicada com as seguintes fases:

(A) **Aplicação da análise de tarefa**. É realizada a partir da análise dos usos e das funções dos ambientes avaliados. A análise pode ser realizada por meio da observação e/ou da inquirição. Na observação, a tarefa a ser avaliada é analisada por meio dos instrumentos mais adequados ao pesquisador/arquiteto. Alguns instrumentos para essa fase são: fotos, croquis, filmagens, organogramas, fluxogramas, entre outros. A inquirição é realizada por meio de entrevistas e/ou questionários cujo objetivo principal foca no entendimento da tarefa analisada e, sempre que possível, na quantificação dos resultados. Essa análise deve contemplar: (I) estudo da tarefa (local, função, atividade); (II) amostra da tarefa; e (III) análise dos obstáculos.

(B) **Análise antropométrica da tarefa**, reflexo da avaliação da adequação dos ambientes e dimensionamento para as atividades ali exercidas.

(C) **Levantamento do mobiliário utilizado**, bem como recomendações para adequação ergonômica.

(D) **Análise preliminar de conforto ambiental**, realizada a partir de medições momentâneas e/ou cálculos simplificados de desempenho térmico-luminoso.

Tanto a análise antropométrica da tarefa (B) como o levantamento do mobiliário utilizado (C) realizam-se por meio de estudo mais detalhado do dimensionamento dos ambientes, incluindo parâmetros dimensionais e, quando possível, abrangidos em normatização específica. É importante lembrar que os passos (B) e (C) se referem a um espaço existente. Assim, para avaliações que compreendam a 3ª Etapa, recomenda-se a execução dessas fases para dois momentos distintos: o projeto existente e o projeto proposto.

A *percepção do usuário* (2ª Etapa) tem por objetivo principal a avaliação da interação entre os quatro fatores ergonômicos apresentados no Capítulo 1: *O conforto ambiental entre o ambiente construído, o usuário e a percepção do espaço: a ergonomia como elo estruturador* – a saber: físico, ambiental, sociocultural e psicológico – e a percepção do usuário.

A etapa é realizada com base em observações assistemáticas (ocasionais) ou sistemáticas (planejadas), registros de comportamento e inquirição (entrevistas, questionários, escalas de avaliação). Os produtos dessa etapa podem ser tabelas, fotos, croquis, entre outros recursos que o pesquisador/arquiteto julgar necessário.

Nessa etapa, confrontam-se as análises realizadas na 1ª Etapa com os resultados das observações, registros de comportamento e inquirições. O resultado dessa avaliação possibilita um diagnóstico mais apurado da primeira etapa e embasa possíveis ações de projeto dentro do espaço analisado. Nesse momento, já é possível propor reorganizações espaciais baseadas primordialmente nas análises de tarefa. Majoritariamente, essas proposições dizem respeito ao estudo ergonômico, ainda não exigindo uma correlação direta com térmica ou com iluminação natural, mesmo já sendo possível.

As medições de conforto térmico e luminoso associadas à 3ª Etapa devem ocorrer para verificar as interações entre as variáveis. As aferições de térmica deverão coletar dados de temperatura do ar interna e externa, temperatura de globo interna, umidade relativa do ar interna e externa, velocidade de ar interna e radiação solar externa, sendo realizadas segundo as normas ISO 7726 (ISO, 1998), NBR 15575 (ABNT, 2013) e ASHRAE Standard 55 (ASHRAE, 2013). Aconselha-se um período mínimo de dez dias para as medições de térmica, visando captar dados em dias úteis e finais de semana, uma vez que é comum a alteração de rotina do morador entre esses dias.

A coleta de dados de iluminação deve ser realizada concomitantemente ao período de medições de dados térmicos. Na falta de normativa específica para residências, as medições devem ser realizadas segundo a norma NBR 15215-4 (ASSOCIAÇÃO BRASILEIRA DE NORMAS TÉCNICAS, 2005).

Dessa forma, essa última etapa visa identificar como a ergonomia pode contribuir na melhoria dos aspectos relacionados com o conforto ambiental, a partir da correlação direta com o conforto térmico e o conforto luminoso no edifício existente. Ou seja, ao identificar uma não conformidade quanto aos aspectos de conforto em estudo, quais as alterações de *layout*, por exemplo, a serem feitas no espaço edificado que podem contribuir para melhoria desses aspectos?

O método propõe a avaliação do *layout* quanto à configuração do espaço interno e o projeto de aberturas e suas proteções (quando existentes) para que, dessa forma, o usuário controle suas condições térmicas e luminosas.

Quanto aos aspectos de conforto térmico, propõe-se a avaliação da facilidade de acesso ao controle da ventilação natural, além da possibilidade de mobilidade no espaço. Quanto à iluminação natural, propõe-se a facilidade de acesso ao controle da luminosidade interna, acesso ao sombreamento, proximidade das áreas iluminantes e facilidade de manutenção.

Esse tipo de avaliação vai ao encontro do que é defendido pelo Modelo Adaptativo, que tem por pressuposto fundamental a total liberdade, dentro dos parâmetros possíveis, do usuário de se ajustar e se adaptar às condições ambientais por meio do arranjo que mais achar pertinente, seja de vestuário, localização ou comportamento (ASHRAE, 2013).

A seguir, são apresentadas duas tabelas desenvolvidas por Mülfarth que correlacionam as ações, o método de aferição a ser aplicado e os critérios a serem estipulados para os aspectos quantitativos e qualitativos, tanto para a analogia *Ergonomia e Conforto Térmico* (Tabela 7.1) quanto para a de *Ergonomia e Iluminação Natural* (Tabela 7.2).

Tabela 7.1 Ergonomia + conforto térmico no edifício existente

<table>
<tr><th></th><th>Ação</th><th>Como avaliar</th><th colspan="3">Critério</th></tr>
<tr><td rowspan="2">Quantitativo</td><td rowspan="2">Cálculo simplificado temperatura interna máxima</td><td>Método CSTB
(FROTA, 2015)</td><td colspan="3" rowspan="2">A ser definido pelo modelo de conforto térmico adaptativo escolhido (que dependerá do clima)</td></tr>
<tr><td>Medições in Loco
(ISO 7726)</td></tr>
<tr><td rowspan="17">Qualitativo</td><td rowspan="3">Layout: facilidade de acesso ou controle da ventilação natural</td><td rowspan="3">Observação
(análise de tarefa – fluxograma, organograma do local)</td><td colspan="3">Facilidade de acesso</td></tr>
<tr><td colspan="3">Pouco controle</td></tr>
<tr><td colspan="3">Nenhum acesso</td></tr>
<tr><td rowspan="3">ESQUADRIAS: facilidade de controle das aberturas para ventilação natural</td><td rowspan="3">Teste de uso
(padrões ergonômicos)</td><td colspan="3">Facilidade de acesso</td></tr>
<tr><td colspan="3">Pouco controle</td></tr>
<tr><td colspan="3">Nenhum acesso</td></tr>
<tr><td rowspan="8">Sombreamento das aberturas</td><td rowspan="8">Observação no local</td><td rowspan="4">Interno</td><td rowspan="2">Fixo</td><td>Não adequado</td></tr>
<tr><td>Adequado</td></tr>
<tr><td rowspan="2">Móvel</td><td>Não adequado</td></tr>
<tr><td>Adequado</td></tr>
<tr><td rowspan="4">Externo</td><td rowspan="2">Fixo</td><td>Não adequado</td></tr>
<tr><td>Adequado</td></tr>
<tr><td rowspan="2">Móvel</td><td>Não adequado</td></tr>
<tr><td>Adequado</td></tr>
<tr><td rowspan="3">Outros recursos para o conforto</td><td rowspan="3">Observação no local</td><td colspan="2" rowspan="2">Existente
Pouco uso</td><td>Uso frequente</td></tr>
<tr><td></td></tr>
<tr><td colspan="3">Não existente</td></tr>
</table>

Fonte: elaborada por Mülfarth (2014).

Tabela 7.2 Ergonomia + iluminação natural no edifício existente

<table>
<tr><th></th><th>Ação</th><th>Como avaliar</th><th colspan="3">Critério</th></tr>
<tr><td rowspan="2">Quantitativo</td><td rowspan="2">Cálculo simplificado de iluminâncias</td><td>Simulação computacional (opções atuais de softwares: Dialux, DIVA, DAYSIM)</td><td rowspan="2" colspan="3">A ser definido pelo modelo de conforto térmico adaptativo escolhido (que vai depender do clima)</td></tr>
<tr><td>Medições in loco
(ABNT, 1985)</td></tr>
<tr><td rowspan="21">Qualitativo</td><td rowspan="3">Layout e disposição do espaço interno:
facilidade de acesso (proximidade dos usuários, das áreas iluminantes-janelas)</td><td rowspan="3">Observação
formato da planta: profundidade, disposição layout em relação às aberturas (análise de tarefa: fluxograma, organograma do local)</td><td colspan="3">Facilidade de acesso (boa proximidade – possibilidade de localização junto às áreas iluminantes)</td></tr>
<tr><td colspan="3">Pouco acesso (o usuário tem visão da área iluminante, mas não se beneficia significativamente da luz natural)</td></tr>
<tr><td colspan="3">Nenhum acesso</td></tr>
<tr><td rowspan="3">Sombreamento das aberturas:
controle da luminosidade natural por meio de elementos de sombreamento interno e/ou externo</td><td rowspan="3">Teste de uso
(padrões ergonômicos)</td><td colspan="3">Facilidade de acesso</td></tr>
<tr><td colspan="3">Pouco controle</td></tr>
<tr><td colspan="3">Nenhum acesso</td></tr>
<tr><td rowspan="3">Manutenção das áreas iluminantes</td><td rowspan="3">Observação no local</td><td rowspan="3" colspan="2">Presença de obstruções internas e/ou externas junto das superfícies iluminantes que venham a causar redução de áreas iluminantes</td><td>Muita</td></tr>
<tr><td>Pouca</td></tr>
<tr><td>Nenhuma</td></tr>
<tr><td rowspan="9">Controle de ofuscamento</td><td rowspan="9">Observação no local</td><td colspan="3">Não é necessário</td></tr>
<tr><td rowspan="4">Interno</td><td rowspan="2">Fixo</td><td>Não adequado</td></tr>
<tr><td>Adequado</td></tr>
<tr><td rowspan="2">Móvel</td><td>Não adequado</td></tr>
<tr><td>Adequado</td></tr>
<tr><td rowspan="4">Externo</td><td rowspan="2">Fixo</td><td>Não adequado</td></tr>
<tr><td>Adequado</td></tr>
<tr><td rowspan="2">Móvel</td><td>Não adequado</td></tr>
<tr><td>Adequado</td></tr>
<tr><td rowspan="3">Iluminação artificial complementar
Iluminação específica de tarefa</td><td rowspan="3">Observação no local</td><td rowspan="2" colspan="2">Existente
Pouco uso</td><td>Uso frequente</td></tr>
<tr><td></td></tr>
<tr><td colspan="3">Não existente</td></tr>
</table>

Fonte: elaborada por Mülfarth (2014).

A metodologia de pesquisa aplicada nas análises das unidades do Edifício Copan tomou por base as etapas desenvolvidas por Mülfarth descritas nas Tabelas 7.1 e 7.2, apresentando pequenas alterações. A diferença mais notável é a omissão da 3ª Etapa. Isso porque os resultados que serão apresentados aqui buscaram avaliar apenas a atual configuração dos ambientes. Ainda assim, questões sobre conforto térmico e lumínico foram discutidas com os moradores por meio de conversas e questionários.

Somado a isso, paralelamente ao desenvolvimento desse estudo ergonômico, outra pesquisa de escopo térmico era desenvolvida nas mesmas unidades e foi encabeçada pela Profa. Dra. Joana Carla Soares Gonçalves, facilitando o intercâmbio de informações e análises.[7] Com isso, apesar de a metodologia aplicada aqui apresentar caráter majoritariamente descritivo, qualitativo e quantitativo, o enfoque térmico nas análises e discussões esteve presente de forma indireta.

Antes de as avaliações ergonômicas serem iniciadas, foi preciso fazer um levantamento histórico do Edifício Copan para entender o seu funcionamento e sua importância para a cidade e para a arquitetura moderna. Além disso, a história da construção do edifício e de seu processo de projeto foi muito esclarecedora como meio para entender o tipo do morar da época e um outro tipo de morar que era buscado por Niemeyer em seu projeto, o que levou à conclusão acerca da audácia e da atualidade do projeto para as décadas de 1950 e 1960.

Feito esse levantamento, pôde-se dar início às avaliações ergonômicas que seguiram as premissas estipuladas pela 1ª e 2ª Etapas da metodologia de Mülfarth. As análises, então, começaram na tentativa de apurar a percepção dos moradores do Copan como um todo. Para tanto, desenvolveu-se um questionário on-line que vai ao encontro dos propósitos de uma Avaliação Pós-Ocupação (APO), definida como um conjunto de métodos e técnicas que buscam identificar se os ambientes construídos estão atendendo às expectativas dos ocupantes (BETCHEL *et al.*, 1987).

Assim, diferentemente de avaliações tradicionalistas, os resultados são obtidos a partir do levantamento não apenas de avaliações técnicas, como também do grau de satisfação de seus usuários, e, em seguida, do cruzamento dessas informações. O questionário produzido, no entanto, não abrange todo o escopo de uma APO. Ele foi focado, principalmente, nas percepções de conforto térmico e luminoso, as duas bases abordadas na 3ª Etapa da metodologia supracitada.

Em seguida, foram selecionadas quatro unidades, todas *kitchenettes*, em diferentes blocos, com distintos graus de intervenção no projeto original e de proteção solar. Após contato estabelecido, visitas ao edifício e às unidades foram feitas, bem como entrevistas com os moradores. Tanto o questionário geral quanto as entrevistas individuais visam ao cumprimento da 2ª Etapa de *percepção dos moradores*, mas também das análises de tarefa da 1ª Etapa. Isso corrobora o que foi dito anteriormente sobre a concomitância na realização dos primeiros passos.

Concluídas essas fases, partiu-se para a execução de aferições pontuais de conforto térmico e luminoso e de medições dos mobiliários para o desenvolvimento das plantas dos *layouts* das habitações, necessárias para o desenvolvimento das análises antropométricas de tarefa.

As análises de tarefa utilizam-se de uma área de atividade para cada móvel de um ambiente para mostrar se há ou não sobreposição delas, com intuito de avaliar ergonomicamente o espaço.

---

7 Os resultados dessa pesquisa foram publicados na *Revista Energy and Buildings*, v. 175, de setembro de 2018, sob o título "Revealing the thermal environmental quality of the high-density residential tall building from the Brazilian bioclimatic modernism: the case-study of Copan building".

Deve-se ressaltar que nem sempre um espaço com múltiplas tarefas é realmente problemático ergonomicamente, já que a frequência do uso de cada uma delas deve ser levada em consideração, além da probabilidade de serem realizadas ao mesmo tempo e da quantidade de pessoas na unidade. Essas avaliações foram realizadas com base no livro *Dimensionamento humano para espaços interiores: um livro de consulta e referência para projeto*, de Julius Pañero. A imagem resultante mostra um gradiente em que quanto mais escura a cor, maior a quantidade de tarefas sobrepostas no mesmo espaço, além de uma opção em quadriculado para quando o espaço apropriado para certa tarefa extrapola o cômodo em que ela originalmente é executada.

Em seu livro, Panero e Zelnik (2015) ressaltam que a diferença étnica, de idade, sexo e até fatores socioeconômicos influenciam nos dados antropométricos, de modo que uma mesma tarefa possa necessitar de diferentes dimensões para pessoas distintas, além de que dimensões corporais "médias" nem sempre são significativas ou suficientes. Os dados utilizados no livro foram majoritariamente retirados de pesquisas antropométricas pelo setor militar e devem ser lidos de acordo com o tipo de tarefa em que se deseja aplicá-los.

No caso de medidas de alcance, deve-se usar o dado percentil 5, no qual 95 % da população terá maiores graus de alcance. Já para casos de espaço livre, deve-se usar o dado percentil 95, em que o resto da população terá menores dimensões e, portanto, também terá área hábil para realizar a tarefa. Desse modo, os dados utilizados devem sempre tentar abranger o máximo de pessoas possível e dependerão do usuário, tipo de tarefa e limitações existentes no espaço.

Assim, as dimensões mínimas exigidas para algumas das tarefas referentes à moradia foram sintetizadas na Tabela 7.3. Contudo, "[...] É importante alertar o designer ou arquiteto para não encarar os dados antropométricos apresentados como informações tão precisas e 'cientificamente corretas', a ponto de serem consideradas infalíveis. [...] os dados devem ser visualizados como uma das inúmeras fontes de informações ou ferramentas disponíveis para projeto" (PANERO; ZELNIK, 2015).

Tabela 7.3 Dimensões para o conforto ergonômico

<table>
<tr><td rowspan="8">Dados gerais</td><td rowspan="4">Alcance</td><td rowspan="2">Altura</td><td>Homem:</td><td>193 cm (máx)</td></tr>
<tr><td>Mulher:</td><td>182,9 cm (máx)</td></tr>
<tr><td rowspan="2">Profundidade</td><td>Maior conforto:</td><td>61-66 cm</td></tr>
<tr><td>Altura máx.:</td><td>30,5-33 cm</td></tr>
<tr><td>Circulação</td><td>1 pessoa</td><td colspan="2">76,2-91,4 cm</td></tr>
<tr><td rowspan="2">Assentos</td><td>Profundidade × Largura</td><td colspan="2">39,4-40,6 × 40,6-43,2 cm</td></tr>
<tr><td>Altura do chão</td><td colspan="2">40,6-43,2 cm</td></tr>
<tr><td>Sentado</td><td>Largura ocupada</td><td colspan="2">76,2-91,4 cm</td></tr>
</table>

(continua)

(continuação)

Áreas de estar e refeição	Bancadas e gabinetes	Profundidade	45,7–61 cm	
		Com portas	Homem:	91,4–101,6 cm
			Mulher:	76,2–91,4 cm
		Com gavetas	Homem:	121,9–147,3 cm
			Mulher:	116,8–132,1 cm
	Sofás e poltronas	Sentado, contando o assento	Homem:	106,7–116,8 cm
			Mulher:	101,6–116,8 cm
		Entre sofá e mesa de centro	40,6–45,7 cm	
	Mesas de refeição	Zona de refeição (Profundidade × Largura)	Ótima:	45,7 × 76,2 cm
			Mínima:	40,6 × 61 cm
		Largura da mesa para 1 pessoa	Ótima:	137,2 cm
			Mínima:	106,7 cm
		Espaço livre mínimo entre cadeira e outra obstrução/paredes em mesas retangulares	30,5 cm	
		Espaço livre mínimo entre cadeira e outra obstrução/paredes em mesas retangulares com circulação restrita	45,7 cm	
	Zona da cadeira	Zona do indivíduo sentado, a partir da mesa	45,7–61 cm	
		Zona mínima de atividade sem circulação	76,2–91,4 cm	
Quartos	Zona de atividade	Entre cama e obstáculo	Mínimo:	91,4 cm
		Entre cama e obstáculo E caso haja gaveteiro sob a cama, sem circulação	116,6–157,5 cm	
		Closets/Armários com porta de correr (em pé ou abaixado)	86,4–91,4 cm	
		Escrivaninhas e penteadeiras	45,7–61 cm	
Cozinhas	Zona de atividade	Em bancadas livres com gavetas e/ou portas de abrir inferiores	91,4 cm	
		Em bancadas livres	45,7 cm	
		Entre bancadas e paredes/obstrução	101,6 cm	
		Pias com gavetas e/ou portas de abrir inferiores	101,6 cm	
		Geladeiras	91,4 cm	
		Fogão e forno	101,6 cm	
Banheiros	Vaso	Entre vaso e obstáculo frontal	61 cm	
		Entre vaso e obstáculo lateral	30,5 cm	
	Box	Profundidade × Largura	106,7 × 91,4 cm	
	Pia	Zona de atividade	45,7 cm	
		Zona de atividade + Zona de circulação	121,9 cm	

(continua)

(continuação)

Escritórios*	Cadeira ocupada	Profundidade	61-76,2 cm
	Zona livre	Atrás de cadeira sem circulação ou outro uso	15,2-61 cm
		Da cadeira a partir da mesa (uso de algum equipamento + área de trás da cadeira)	76,2-91,4 cm
	Execução de tarefa	Profundidade × Largura	76,2-91,4 × 152,6-182, 9 cm
	Zona de atividade/ trabalho	Entre mesa e obstáculo	76,2-121,9 cm
		Entre mesa e armário com porta de abrir	116,8-147,3 cm

* Utilizaram-se os dados de escritórios coletivos por apresentarem dimensões menores.
Fonte: adaptada de Panero e Zelnik (2015).

Além das análises de tarefa, também foram realizadas ponderações quanto aos fluxos dentro da unidade, segundo observações e conversas com os moradores, e de acessibilidade visando a pessoas com deficiência, desenvolvido segundo as dimensões de um giro completo de uma cadeira de rodas (1,5 m).

Para as análises de fluxo, optou-se por utilizar diferentes espessuras de linha/setas, sendo mais espessa para fluxos maiores e vice-versa, indicando os possíveis caminhos do morador para cada cômodo ou área da unidade.

No caso das análises de acessibilidade, o cadeirante em planta se encontra em preto quando possui espaço para o giro de sua cadeira de rodas e a unidade é acessível; em cinza-claro quando possui espaço para o giro, mas a unidade não é acessível e, por consequência, não conseguiria chegar até ali; e em cinza-escuro quando não possui espaço para o giro.

Como forma de compilar todas as análises elaboradas para cada unidade e de modo a permitir fácil e rápido entendimento, bem como de consulta dos dados gerados, foram desenvolvidas fichas-resumo que contêm: (I) os dados gerais da unidade; (II) uma série de ícones que sintetizam as entrevistas com os moradores; (III) a localização da unidade no edifício e o atual *layout*; (IV) o mascaramento da abóbada celeste ao centro da janela e à altura do peitoril; (V) as análises de acessibilidade, de tarefa e de fluxos; e (VI) fotos dos ambientes.

Os ícones desenvolvidos para o Item (II) estão divididos em cinco grupos – (1) Moradores; (2) Atividades; (3) Ventilação; (4) Térmica; e (5) Iluminação – e servem para auxiliar a análise e a comparação entre as fichas. Partiu-se da lógica de que preto significa bom, cinza-claro razoável, cinza-escuro ruim e cinza médio ausente. Em casos como equipamentos de conforto, como aparelhos de ar-condicionado ou lâmpadas para iluminação artificial, seu uso recorrente foi considerado ruim, já que significa a existência de problemas na unidade, que são solucionados por meio do uso de tais dispositivos. Os ícones foram explicados de melhor maneira e reunidos na Tabela 7.4.

Tabela 7.4 Iconografia

QUADRO-RESUMO – ICONOGRAFIA

	OPÇÕES	OBSERVAÇÕES
MORADORES	1 Adulto	Ícones em preto quando se aplica e em cinza médio quando não se aplica. *DINC: *Double Income, No Children*. Tipo de arranjo familiar formado por um casal, heterossexual ou homossexual, sem filhos.
	DINC*	
	2 Adultos + crianças	
	Vários adultos	
	Presença de idosos	
ATIVIDADES	Dormitório	O ícone de dormitório indica que a residência é utilizada apenas para a função de dormir. O ícone leitura é usado quando o morador precisa de certa organização para uma atividade, mas não um espaço específico para realizá-la. O ícone de trabalho/estudo indica que o morador também usa o ambiente como *home office*, necessitando de espaços adaptáveis ou até mesmo específicos para tal. Ícones em preto quando se aplica e em cinza médio quando não se aplica.
	Leitura	
	Trabalho / Estudo	
VENTILAÇÃO	Efeito chaminé	Caso exista, o selo será preto; quando é passível de existir, mas não ocorre, estará em cinza-escuro. No caso de o ícone se encontrar em cinza-claro, indica a possibilidade, mas de maneira limitada e em cinza médio, a ausência total de possibilidade.
	Ventilação cruzada	

	OPÇÕES	OBSERVAÇÕES
TÉRMICA	Uso de ventiladores	Seguindo a lógica de que o uso constante desses dispositivos reflete a existência de problemas térmicos no ambiente, o símbolo estará em cinza-escuro quando eles forem utilizados com frequência. Para pouco uso, o ícone estará em cinza-claro. Quando o morador não sente a necessidade de ligar esses itens, o ícone será preto. O cinza médio indica que na residência não há o dispositivo.
	Uso de ar-condicionado	
	Uso de aquecedores	
ILUMINAÇÃO	Iluminação Natural	Para o ícone de iluminação natural, quando o ambiente tiver quantidade suficiente de luz natural sem demandar o uso de luminárias, o ícone estará em preto. Quando a luz natural presente é insuficiente e, por isso, o usuário também faz uso da luz artificial complementar de tarefa, o ícone será cinza-claro. Quando a luz natural presente é insuficiente ou o usuário não considera adequada, então, faz-se o uso constante da luz artificial em todo o ambiente, o ícone estará em cinza-escuro. O raciocínio para a iluminação artificial é oposto à natural e segue a lógica de térmica. O uso constante da luz artificial indica problemas de iluminação, assim estará na cor cinza-escuro. O uso esporádico é contemplado pela cor cinza-claro. O uso de luminárias apenas no período noturno indica que durante o dia a luz natural é suficiente e, por isso, o ícone de luz artificial é preto.
	Iluminação artificial	
ACESSIBILIDADE	Acessibilidade	Esse item encontra-se em preto quando todos os ambientes da unidade abrigam espaço suficiente para que o usuário de cadeira de rodas consiga fazer uma rotação de 360°, ou seja, uma circunferência com diâmetro de 1,50 m. Quando as unidades possuírem questões de falta de acessibilidade, estará em cinza-escuro.

7.5 Resultados obtidos

7.5.1 Pesquisa de percepção dos moradores

O questionário geral elaborado está dividido em cinco principais blocos. A seguir, são apresentados esses blocos, bem como os resultados obtidos, seguidos dos gráficos sínteses (Figura 7.26):

1. Quanto ao usuário: sabe-se que a sensação de conforto térmico é particular a cada indivíduo. Assim, é importante levar em consideração um perfil de seus usuários, tendo em consideração sexo, idade, período em que habita o prédio etc., fatores que influenciam a forma de perceber o espaço.

   Foram respondidos 55 formulários entre pessoas de todos os blocos. Desses 55 moradores, 33 eram mulheres (60 %) e 22, homens (40 %), majoritariamente adultos (faixa etária de 20 a 59 anos) e uma pequena, mas considerável, parcela de idosos com idade a partir de 60 anos (12,7 %). Há 27 pessoas, ou seja, metade da amostra, que são residentes do Bloco B – o bloco constituído apenas por *kitchenettes* –, nove delas residem no Bloco F (16,4 %), oito no Bloco A (14,5 %), outras oito no Bloco E (14,5 %) e apenas uma no Bloco C (1,8 %).

2. Quanto à residência: aqui, além de se obterem informações sobre a localização da unidade no prédio (bloco, pavimento, tipo, fachada), já se tenta depreender, de forma geral, questões de conforto ambiental.

   Do total de respostas coletadas, 41,8 % dos moradores moram em *kitchenettes*, 38,2 %, em apartamentos de um dormitório, 14,5 % em apartamentos de dois dormitórios e 5,5 %, em apartamento de três dormitórios. Como esperado, a porcentagem de moradores vivendo em *kitchenettes* é a maior, uma vez que, só no Bloco B, há 640 unidades. No entanto, o número de pessoas vivendo sozinhas é ainda maior: 60 % das respostas. Do restante, 29,1 % das pessoas dividem a residência com mais alguém, 7,3 % vivem em três pessoas e apenas uma pessoa divide a unidade com mais de três pessoas.

   Em linhas gerais, os habitantes mostraram-se satisfeitos com o edifício, com seu aspecto visual e, especialmente, com seu acesso e localização. Com relação ao espaço que ocupa, as pessoas julgam como "bom" o espaço como um todo, o tamanho (área) da unidade, o *layout* e a distribuição dos cômodos, o conforto térmico e o acústico. As dimensões das janelas e o conforto luminoso, segundo levantado, são ótimos.

3. Quanto ao conforto térmico no verão: optou-se por dividir o conforto térmico em dois tópicos para que ficassem claros, ao usuário, os períodos em questão. Assim, esse tópico aborda questões relacionadas com os métodos de bloqueio solar e resfriamento térmico que interferem no desempenho do edifício.

   No verão, 60 % das respostas caracterizam a temperatura na unidade, sem o uso de ar-condicionado, como "bom" e 29,1 % como "ruim", e 50,9 % creem que a ventilação natural também é boa, sendo que a parcela majoritária afirma manter as janelas abertas no período da manhã, da tarde e da noite. Quando existem persianas, cortinas e/ou similares, são utilizadas predominantemente durante a madrugada. Além disso, 50,9 % também foi a parcela de moradores que afirma ser o ventilador o principal meio para resfriar o ambiente. Já 41,8 % valem-se apenas da ventilação natural e apenas 7,3 % resfriam o ambiente com o auxílio de ar-condicionado. Metade dos entrevistados afirma que o processo de resfriamento da unidade é rápido e 34,5 % creem que esse processo seja lento.

4. Quanto ao conforto térmico no inverno: como o tópico 3, este também está relacionado com o conforto térmico, mas no solstício de inverno.

   Durante o inverno, a maioria dos moradores não usa nenhum tipo de sistema de aquecimento para elevar a temperatura da unidade (78,2 %) e 63,6 % acreditam que ela, sem o uso de equipamentos, seja boa, mas a maioria julgou não perceber temperaturas elevadas internamente (81,8 %).

5. Quanto ao conforto luminoso: por fim, esse tópico trata de algumas questões relacionadas com a iluminação natural e artificial da unidade.

   A luz natural, para grande parte dos entrevistados, é ótima (56,4 %) ou boa (36,4 %) e eles creem não haver excesso de incidência luminosa. Todas as unidades apresentam vidros incolores. Da mesma forma, eles caracterizam a luz artificial também como ótima (32,7 %) ou boa (63,6 %). Além disso, 41 respostas afirmam que a luz artificial costuma estar desligada durante o dia, e as demais respostas apontam que a luz fica ligada por, preponderantemente, três razões: para trabalhar ou para atividades de maior acuidade visual, pelo fato de a cozinha e o banheiro não receberem luz natural ou pelo fato de o prédio do Bradesco impedir o acesso solar ao cômodo.

Além desses cinco blocos organizacionais com perguntas de múltipla escolha, havia uma questão aberta que solicitava uma pequena apreciação quanto ao edifício e ao espaço que ocupava, livre para expressar os pontos positivos e negativos. Os depoimentos que se encontram no decorrer deste capítulo são excertos de algumas dessas respostas.

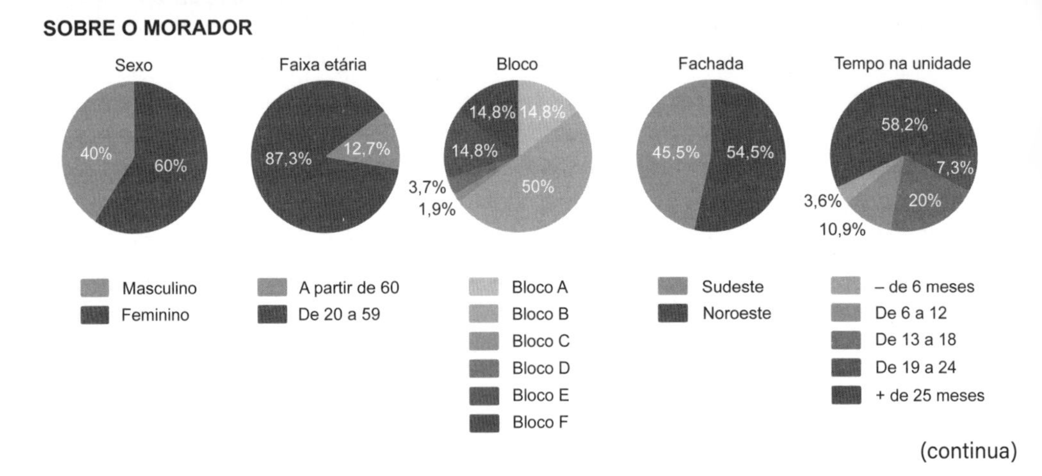

(continua)

(continuação)

SOBRE A RESIDÊNCIA

Satisfação quanto ao EDIFÍCIO

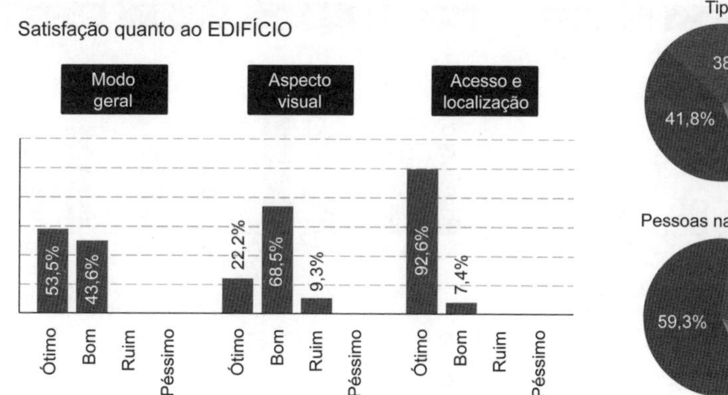

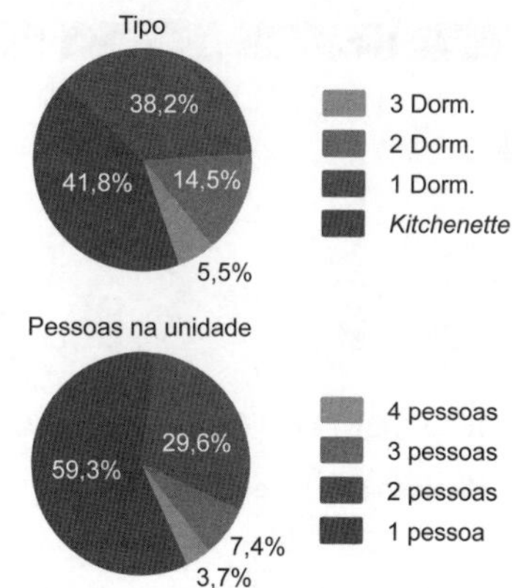

Satisfação quanto ao espaço que ocupa

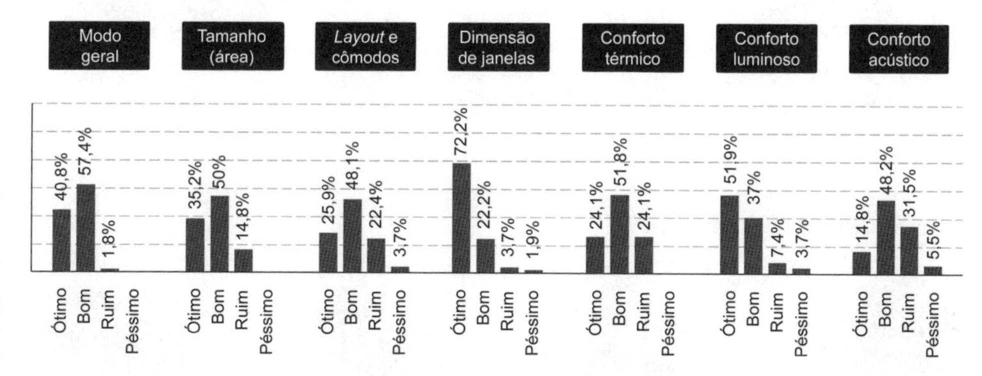

SOBRE O CONFORTO TÉRMICO NO VERÃO

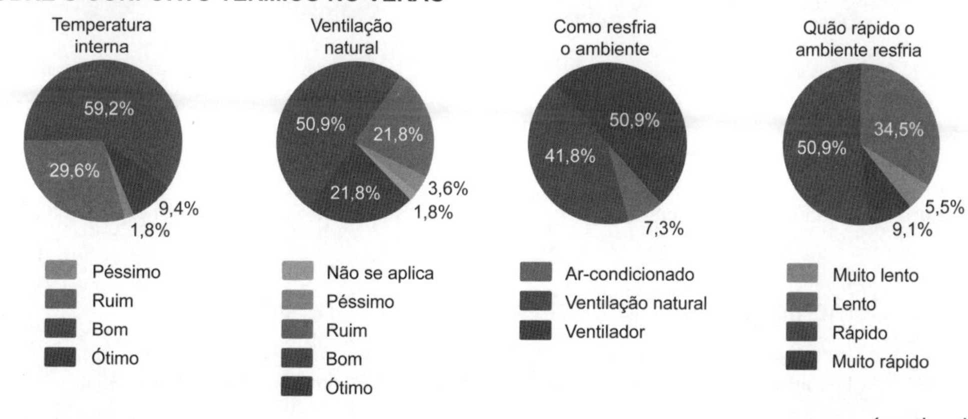

(continua)

(continuação)

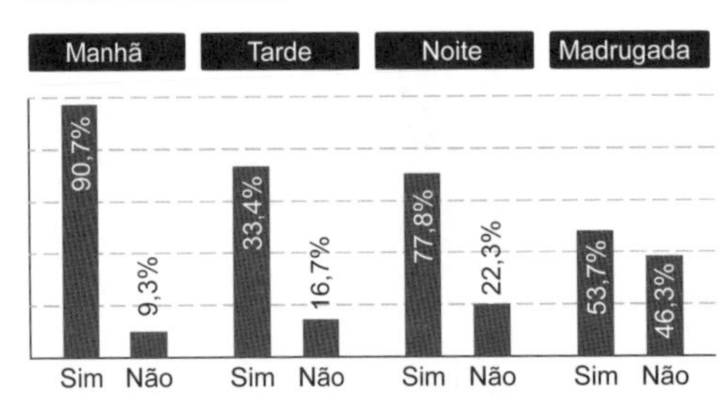

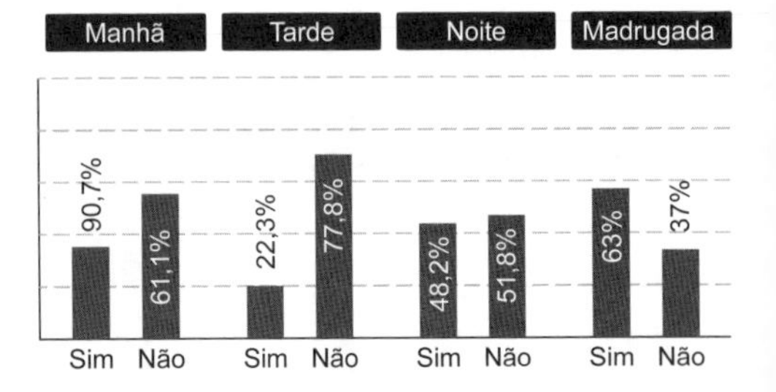

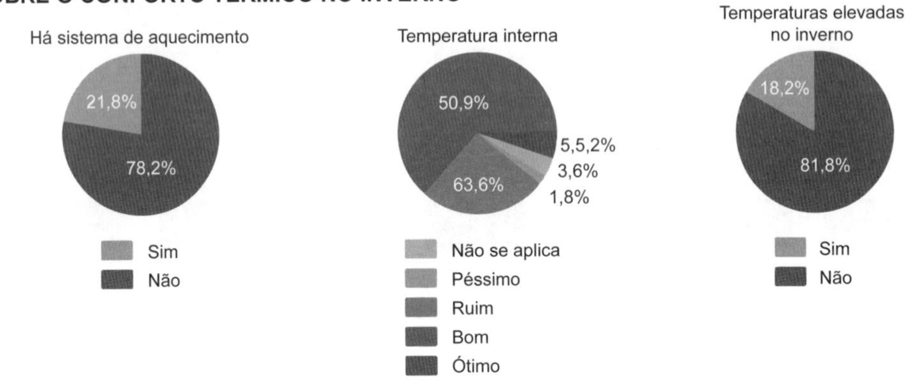

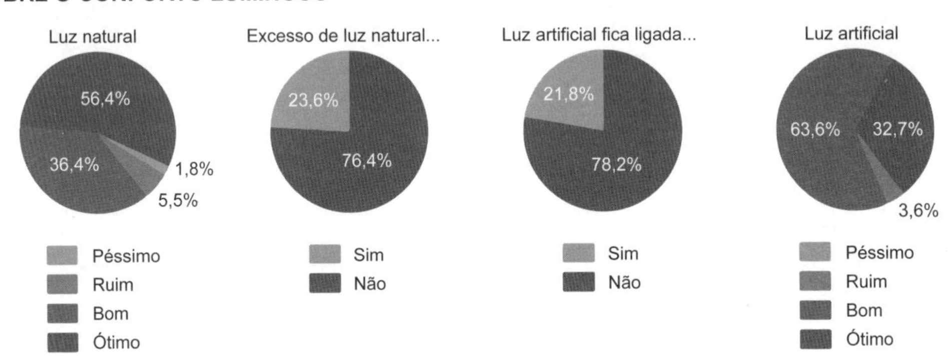

Figura 7.26 Quadro-resumo acerca da percepção dos moradores do Edifício Copan. Fonte: Lima (2017).

7.5.2 Comentários dos moradores no questionário *on-line*

"Localização e arquitetura. O Copan sempre foi para mim um modelo de moradia."

Morador do Bloco F

"De maneira geral, acho extremamente agradável morar no Copan e, mais especificamente, no meu apartamento. Acho a iluminação da unidade uma das melhores características, juntamente com a vista [...]. Uma questão que me desagrada é a ausência de ventilação cruzada, a qual é possível apenas com a porta da unidade aberta. Também acho complicada a pouca manutenção dada ao *brise*, sujo e mal conservado. Vim morar no Copan principalmente pela sua localização, próximo ao meu local de trabalho e cercado por todos os tipos de comércio e serviços de que necessito."

Morador do Bloco B

"O Copan tem um aspecto histórico e de convivência como poucos lugares na cidade de São Paulo. Sinto-me realmente integrado ao edifício e à cidade desde minha mudança [...]. Existem problemas dos projetos das unidades, principalmente no que se refere a ventilação e luminosidade de banheiro e cozinha das *kitchenettes* do projeto original. Tem problema de umidade e de mofo que não consigo resolver. Mas o apartamento é confortável de forma geral e morar nos fundos é tranquilo."

Morador do Bloco B

"Sinto como se morasse numa cidade do interior - onde todos se "conhecem" - mas dentro de uma megalópole com toda a infraestrutura."

Morador do Bloco B

"Ventilação no bloco A é excelente; vai da fachada frontal aos fundos, formando corredor de vento. O que, por sua vez, torna um pouco mais frio no inverno. Planta do apartamento é muito boa."

Morador do Bloco A

"As janelas são maravilhosas [...]. Infelizmente o Bradesco é um incômodo de iluminação e privacidade."

Morador do Bloco B

"Considero o Copan muito bem localizado, em área privilegiada do centro. O prédio tem boas condições, está bem conservado comparado com tantos outros edifícios antigos pelo centro [...]. Queria conseguir furar a parede. O concreto não permite. Sou historiadora, me interesso muito pelo processo de urbanização de São Paulo, e morar no centro e no Copan é um ensinamento diário. Tenho muito prazer em morar aqui."

Morador do Bloco B

"Sou arquiteta, natural de Santos. Quando mudei para São Paulo, quis um local bem localizado. O apartamento atende a todas as minhas necessidades, desde espaço físico a localização, além de ter inúmeros serviços no entorno e segurança à noite."

Moradora do Bloco B

"Vim morar aqui por causa da localização e por saber que o prédio oferece uma certa segurança para quem mora sozinho. Eu faria uma reforma na minha unidade se fosse proprietária para melhorar ventilação e otimizar espaço da cozinha e da sala, talvez incluir um tipo de área de serviço. O ruído que me incomoda é o da rua. Entre os apartamentos, é tranquilo."

Moradora do Bloco B

"[...] As divisões de cômodos daqui também são excessivas. Tem uma parede que eu gostaria que não existisse. Da divisão da cozinha com a sala. Tenho certeza de que melhoraria o jeito de sentir o lugar e a sensação de espaço. [...]"

Morador do Bloco E

"Embora pequeno, é o suficiente para uma única pessoa. Sinto falta de janelas na cozinha e banheiro. Penso em ir para uma [unidade] maior, somente por conta de visita da família e netos. Já morei aqui e resolvi voltar. Gosto dos funcionários, da localização, de tudo necessário que temos por perto [...]. A varanda do Copan, no último andar, poderia ficar de livre acesso para caminhadas seguras, um pouco de lazer, ler um livro etc."

Morador do Bloco B

"É uma *kitchenette*, a menor de todas. Para uma pessoa só é ótimo. Por morar em andar baixo, não tenho uma vista linda, mas não é ruim. Vim morar aqui porque acho seguro, está perto do metrô. Um excelente custo × benefício."

Morador do Bloco B

"Creio que pelo valor do aluguel seria quase impossível morar tão bem. Ótima localização, vista incrível, prédio calmo, apesar de ser *kitchenette* tem um ótimo espaço para duas pessoas (exceto a cozinha, que é péssima), luz natural o dia todo, mesmo no frio... Praticamente perfeito, a única coisa que incomoda é o barulho da rua, mas nada que fechando as janelas não melhore."

Morador do Bloco B

"A experiência em morar no Copan é única. A sua localização é importante fator [...], mas além disso, a dinâmica de vizinhança que se estabelece em pleno centro da cidade de São Paulo faz com que questões como segurança, limpeza etc. sejam transpostos. A opção do projeto em prever o uso comercial no térreo é fator de grande relevância, pois além das facilidades práticas do dia a dia, o desenho do térreo cria ambiente de transição entre o público e o privado. Outro ponto importante do programa é a diversidade de tipologia que traz dinâmica social extremamente urbana mas ao mesmo tempo demonstra a qualidade do projeto, uma vez que essa diversidade é 'camuflada' na fachada, a qual dá uma unidade nesse complexo universo que é o Copan [...]."

Morador do Bloco A

7.6 Unidades estudadas e análises

Além do levantamento da percepção dos habitantes, foi feito o contato com alguns moradores que gentilmente permitiram a realização dos estudos dentro de suas casas. Por sorte, as unidades visitadas, todas *kitchenettes*, encontram-se em diversos blocos, com diferentes *layouts* e tratamento de fachadas. As *kitchenettes* avaliadas foram:

- Caso 1: Bloco B, 15º pavimento, *kitchenette* nº 1518, fachada noroeste.
- Caso 2: Bloco B, 24º pavimento, *kitchenette* nº 245, fachada sudeste.
- Caso 3: Bloco E, 27º pavimento, *kitchenette* nº 273, fachada noroeste.
- Caso 4: Bloco F, 9º pavimento, *kitchenette* nº 92, fachada sudeste.

Esta seção será voltada para a caracterização dessas unidades, bem como para descrever as análises produzidas.

7.6.1 Caso 1: Bloco B, *kitchenette* nº 1518

Com cerca de 38,1 m^2 de área total, essa unidade é constituída de sala integrada com cozinha, um quarto e um banheiro. No projeto original, costumava ser uma *kitchenette* de formato quadrangular, em que a divisão dos espaços era feita pelo guarda-roupa. O proprietário optou por dividi-los com uma parede de *drywall* com cerca de 10 cm de espessura.

No novo *layout*, a área de estar (sala + cozinha) tem área útil de 18,34 m^2, o quarto, 14,24 m^2, e o banheiro, 5,22 m^2. A unidade encontra-se na fachada principal (noroeste), que é dotada de *brises* horizontais, recebendo luz solar direta no período da tarde e, por consequência, carga térmica.

A *kitchenette* encontra-se justamente no andar em que o *brise* sofre uma pausa em sua modulação, perdendo as duas lâminas ao centro da janela. Mesmo assim, ela ainda é sombreada pela modulação superior.

Na situação atual, há penetração solar no solstício de inverno a partir das 11h da manhã até o pôr do sol. Durante o verão, o *brise* bloqueia toda a incidência de raios solares. Já nos equinócios, a entrada solar ocorre a partir das 15h e cessa 1h30 depois. A entrada de luz é bloqueada a partir desse horário não por causa do desenho do *brise*, mas pelo mascaramento provocado pelo Edifício Hilton. Além deste, o próprio Copan é responsável por mascarar grande parte dos raios solares, adquirindo um papel parecido com o desempenhado por um *brise* vertical. Os demais prédios do entorno, responsáveis por mascarar a abóbada celeste, não impedem a entrada de luz direta, apenas da luz difusa. Considerando o *brise* com a pausa na modulação e o entorno, a situação atual enxerga uma porcentagem de céu de 14,23 %.

Caso não houvesse pausa na modulação do *brise*, no solstício de inverno, os raios solares penetrariam no ambiente somente a partir das 14h30 e bloqueariam toda a entrada de luz direta durante os equinócios.

O proprietário optou pela manutenção da caixilharia original: fachada cortina cuja parte inferior tem vidros aramados fixos com 0,9 m de altura, seguidos de um caixilho com 1 m de altura dividido em três folhas, as duas laterais fixas e a central móvel, permitindo uma área de circulação de ar de 1/3 do total dessa faixa. Por fim, tem-se bandeira de vidros fixos e basculantes, que permitem a circulação de ar de 30 % da sua área. Manteve-se, também, o fechamento do caixão perdido da laje superior e há fechamento em forro.

Além da eliminação da parede que separava a cozinha da área multifuncional, outra alteração na habitação foi a retirada do acabamento do piso, originalmente de tacos de madeira, e substituição por acabamento epóxi branco. As paredes foram mantidas na cor branca, exceto a área da cozinha, que recebeu acabamento em pastilhas cerâmicas pretas.

Para o único morador, a *kitchenette* também é utilizada como espaço de trabalho e estudo, além de sua moradia. Não utiliza nenhum outro recurso para conforto térmico no ambiente, como aparelhos de ar-condicionado e/ou ventiladores, pois há uma possibilidade muito boa para ventilação cruzada entre a janela e o corredor, mantendo a janela aberta grande parte do dia. O elevador desse bloco está localizado a meio nível, o que faz com que tenha uma grande camada de ar que dá à unidade a possibilidade de ter ventilação cruzada.

Entretanto, essa ventilação é utilizada de forma limitada, já que, por questões de segurança, não é possível manter a porta da unidade aberta. Esse problema poderia ser facilmente sanado colocando algum tipo de abertura acima da porta da unidade, como uma bandeira, por exemplo, que possibilitaria ao usuário o controle sobre a entrada de ar, principalmente à noite.

Quanto à iluminação, a qualidade da iluminação natural é boa, evitando o uso contínuo das luzes gerais ou de tarefa. Essa qualidade luminosa se dá em grande parte pelo fato de as cores das superfícies da unidade (parede, teto e piso) serem na cor branca, aumentando a quantidade de reflexões dos raios solares. Além disso, tanto o quarto quanto a sala/cozinha se beneficiam das grandes janelas dessa unidade.

A partir da análise de tarefa do ambiente, é possível constatar que o espaço não possui grandes conflitos de atividade, apresentando um número maior de pequenas áreas com duas atividades sobrepostas. O espaço de uso da mesa de jantar é apontado como o mais conflituoso, com áreas de três ou mais atividades acontecendo simultaneamente. No corredor para a cozinha, há conflitos entre a abertura e o uso da geladeira com o espaço para sentar em uma das cadeiras da mesa de jantar. Somado a isso, o espaço para uso do forno/fogão também entra em conflito com a região, chegando até a área de tarefa de uma das cadeiras.

O espaço de uso do armário no quarto, principalmente mais próximo à porta de entrada ao cômodo, pode entrar em conflito com o espaço de passagem e com o de uso da cama. Apesar disso, como o morador apenas recebe visitas ocasionalmente, esses problemas acabam sendo pouco recorrentes e, quando da existência de um número maior de visitas, podem ser facilmente sanados movimentando a cadeira da mesa de jantar.

A *kitchenette* não possui acessibilidade para cadeirante, não havendo espaço onde ele possa fazer seu giro ou sequer entrar na unidade. Seus maiores fluxos se concentram na entrada do apartamento para a sala e para o quarto, onde é preciso se desviar de alguns móveis para passar.

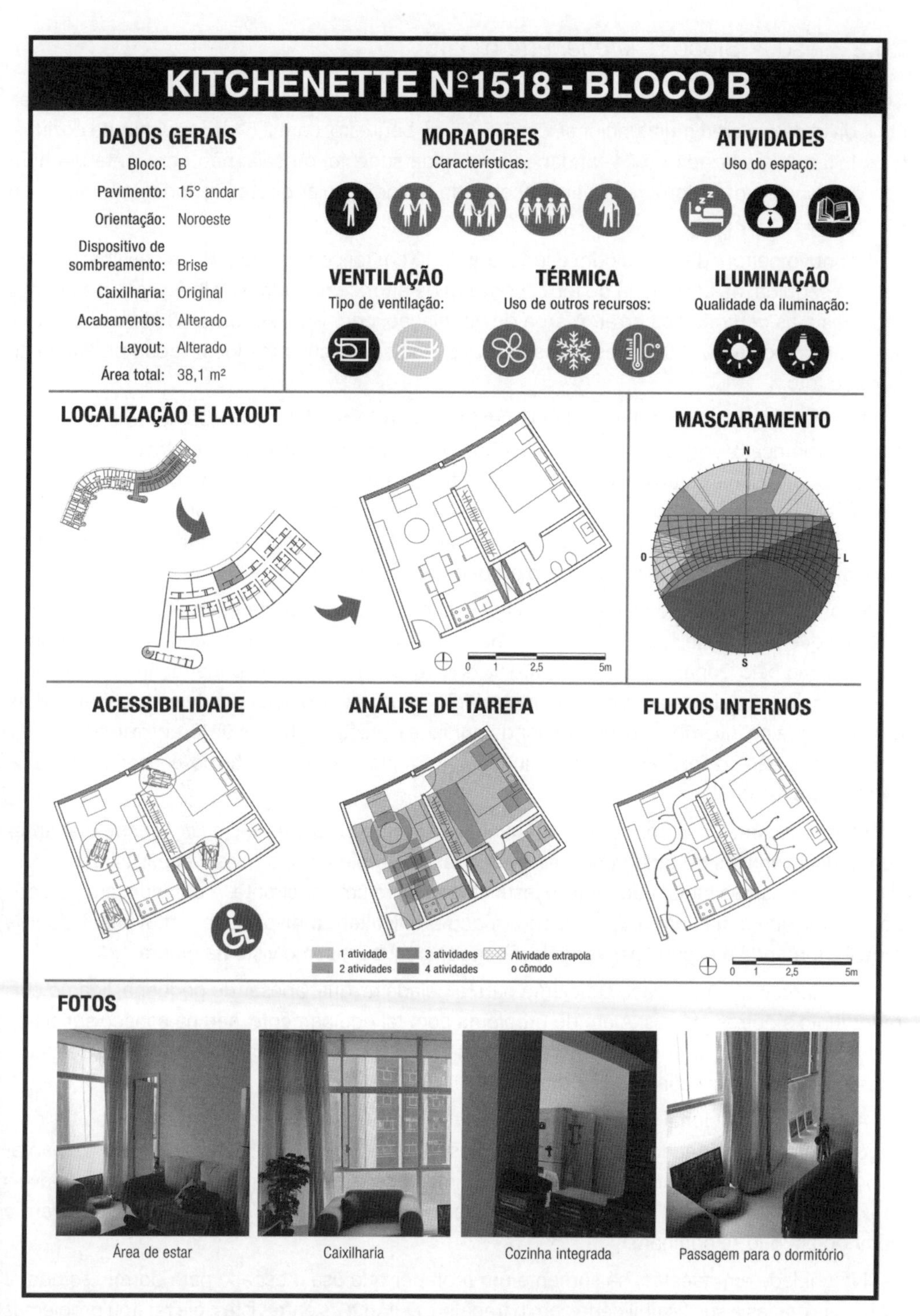

Figura 7.27 Ficha-resumo *kitchenette* nº 1518, Bloco B.

7.6.2 Caso 2: Bloco B, *kitchenette* nº 245

Com 24,9 m² de área total, a *kitchenette* manteve configuração muito próxima à original. Sua área útil é dividida em área multifuncional, com 19,45 m², banheiro, com 2,54 m², e diminuta cozinha, com 1,55 m². Localizada no 24º andar, tem fachada sudeste, ou seja, não apresenta nenhum tipo de dispositivo de sombreamento, recebendo radiação solar direta predominantemente no período da manhã.

Um novo peitoril de tijolos com espessura de 10 cm foi construído junto à caixilharia original. Em seguida, há caixilharia de ferro, com 1 m de altura, com quatro folhas: as duas laterais são fixas e as centrais de correr. A área de ventilação, com isso, se torna 50 % dessa faixa e ainda é acrescida por 30 % das áreas de duas janelas basculantes localizadas próximas ao forro do teto.

A unidade também manteve o fechamento do caixão perdido, o acabamento e cores das paredes (brancas), apenas alterando o acabamento do piso, substituindo os tacos de madeira por pisos cerâmicos. Outra alteração pode ser encontrada no banheiro. O proprietário optou por "movimentar" a parede do box, tomando parte do espaço que era destinado ao armário, para a colocação do chuveiro e, ainda assim, ter espaço para uma máquina de lavar, o que acabou agravando os problemas relacionados à ergonomia no ambiente.

Pelo fato de a unidade se encontrar no 24º andar e não existir nenhum edifício no entorno próximo que ultrapasse esse gabarito, não há nenhum mascaramento ocasionado pelo entorno, nem mesmo pelo Copan, enxergando 100 % do céu. Dessa forma, há penetração solar durante os equinócios e os dois solstícios. Durante o verão, há incidência solar desde o nascer do sol até o meio-dia. Já no inverno, o sol no interior da unidade cessa a partir das 9h10, aproximadamente. Por fim, nos equinócios, o período de iluminação direta ocorre a partir do nascer do sol e se estende até às 10h30.

Ergonomicamente, o apartamento tem alguns pontos-problema, e é a *kitchenette* que apresenta mais conflitos de tarefa entre as estudadas. O ambiente não possui acessibilidade, com dimensões internas muito pequenas e insuficientes para um cadeirante. A unidade tem paredes anguladas, que diminuem ainda mais o espaço e dificultam a disposição e movimentação da mobília, tornando o espaço para circulação muito pequeno, como visto na Figura 7.28.

A cozinha não tem espaço suficiente para a geladeira, que, apesar de pequena, fica no corredor junto a outros móveis. Além do problema com tal equipamento, não há espaço suficiente nesse cômodo para abrir totalmente a porta do forno, sendo necessário ficar ao lado dele para possibilitar a abertura completa.

A área multifuncional possui alguns conflitos de tarefa, principalmente em áreas de passagem, como mencionado anteriormente e ilustrado na Figura 7.27, além de a mesa de jantar não possuir a largura mínima suficiente para uma pessoa e a cadeira conflitar com os móveis próximos. Como apontado pela análise de tarefa, algumas áreas de tarefa ainda extrapolam o cômodo em que se originam.

Na unidade em questão, há somente um morador que usa o espaço para dormir, estudar e trabalhar, graças à sua flexibilidade com o trabalho. Durante as entrevistas, ele relatou problemas de ventilação no apartamento, o mesmo mencionado por outros moradores do prédio, causados pela dificuldade em gerar ventilação cruzada entre a porta de entrada e a janela na fachada.

Figura 7.28 Espaço disponível para passagem entre cama e sofá.

Mesmo a planta não sendo muito profunda, a circulação de ar não é suficiente para ventilar a cozinha e o banheiro, o que faz com que o morador se adapte abrindo parcialmente a porta de entrada para o corredor principal do edifício. Isso permite a ventilação cruzada, porém o obriga a manter a porta aberta. Assim como no Caso 1, esse problema poderia ser sanado com uma abertura acima da porta de entrada da unidade.

Outra reclamação feita pelo morador durante as entrevistas diz respeito ao excesso de iluminação natural, que acaba causando ofuscamento durante as atividades realizadas na área de trabalho, próxima à janela. Como a fachada desse apartamento não tem dispositivos de proteção externa, como os *brises*, o problema do ofuscamento ocorre e é contornado com o uso de cortinas *blackout* internas. Desse modo, utiliza-se pouco de luz artificial nos cômodos com acesso à janela.

Apesar disso, o ocupante diz gostar bastante do prédio por sua localização e praticidade, além de utilizar a galeria no térreo quando pode.

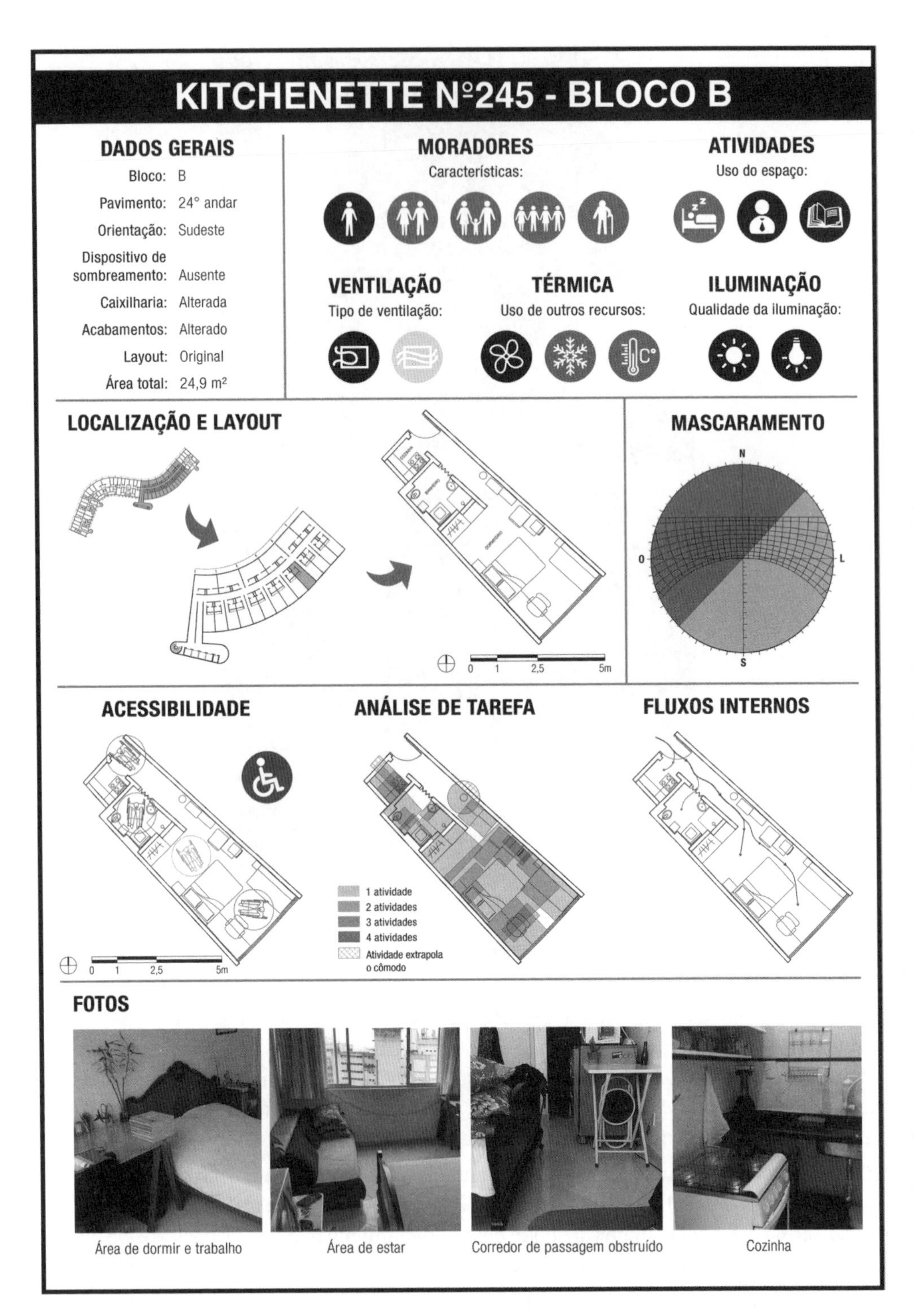

Figura 7.29 Ficha-resumo *kitchenette* nº 245, Bloco B.

7.6.3 Caso 3: Bloco E, *kitchenette* nº 273

Dentre todas as unidades estudadas, a *kitchenette* do Bloco E é a que apresenta as características mais próximas ao projeto original. Com área total de 29,9 m², possui área funcional de 22,67 m² úteis, banheiro de 3,3 m² e cozinha de 3,64 m².

Tem orientação noroeste e é protegida pelos *brises* horizontais da fachada. O único edifício que ultrapassa a cota do 27º andar, onde a unidade se localiza, é o Edifício Hilton e, ainda assim, ele impede mais a entrada de luz difusa do que direta. Apenas bloqueia a entrada de sol durante o período das 16h30 até 17h45 no solstício de inverno.

O *brise* da fachada, no entanto, é responsável por bloquear a entrada solar das 10h45 até as 14h30 no solstício de inverno, das 12h até as 16h40, no solstício de verão e das 11h20 até as 16h35 nos equinócios. A partir desses horários, há incidência solar direta na *kitchenette*. Nessa configuração, a unidade enxerga 47,02 % do céu.

O morador manteve todas as características construtivas e de acabamentos do original: paredes de tijolo maciço, rebocadas dos dois lados, totalizando 15 cm de espessura; tacos de madeiras no chão; forro e caixão perdido da laje; e caixilharia original, idêntica à do Caso 1.

Para separar os ambientes da sala multifuncional, o proprietário optou por um armário. Diferentemente do usual, ele preferiu deixar a área de descanso mais próxima à entrada e área social e de trabalho mais próxima ao *brise*. Essa decisão foi feita levando em consideração a iluminação, já que não há nenhum tipo de proteção interna que barre a entrada de luz.

Na *kitchenette* em questão há apenas um morador, que utiliza o espaço principalmente para morar e realizar tarefas que não demandam um espaço específico. É uma das unidades mais ortogonais entre as estudadas, o que facilita a disposição e a movimentação dos móveis. Apesar da ortogonalidade, há um corredor de entrada no apartamento fruto do remembramento do Bloco E, como foi mencionado anteriormente, que acaba não tendo nenhum uso, configurando uma "perda" de metragem para a unidade e que poderia ter sido mais bem aproveitada com outro *layout*.

O apartamento não tem outro recurso para conforto térmico do ambiente além de um ventilador que habitualmente permanece desligado. Existe a possibilidade para ventilação cruzada de forma limitada entre as janelas e a porta de entrada. Assim como nas outras unidades mencionadas, a porta de entrada não pode ser deixada aberta e necessitaria de uma abertura para uma ventilação cruzada mais efetiva. A iluminação natural do ambiente é insuficiente, chegando apenas às áreas mais próximas à fachada. A área destinada ao dormir recebe pouca insolação por conta da presença do armário que divide os ambientes.

A partir da análise de tarefa do ambiente, é possível constatar que, assim como a *kitchenette* do Caso 1, o espaço não possui grandes conflitos de tarefa, porém com algumas áreas de conflito de duas atividades e duas áreas de conflito de três ou mais atividades. Apesar da maior sobreposição de tarefas nessas áreas, dificilmente haveria desconforto ou grandes conflitos, já que isso demandaria mais de uma pessoa utilizando o espaço ao mesmo tempo.

A mesa de apoio localizada em frente ao armário pode dificultar o acesso a ele e a cozinha não permite a abertura da porta e o uso da geladeira ao mesmo tempo, tampouco o uso do forno/fogão com uma pessoa sentada à mesa. A mesa de jantar tem dimensões bem menores que as consideradas mínimas para uma pessoa por Panero e Zelnik (2015). Apesar de o espaço apresentar certa quantidade de conflitos, ele se configura sem muitos problemas quando se considera que apenas uma pessoa mora no apartamento. Entretanto, o morador recebe convidados, o que pode acarretar nos conflitos mencionados anteriormente. Alguns espaços de tarefa, assim como no Caso 2, extrapolam o cômodo em que se originam.

A *kitchenette* não possui acessibilidade para um cadeirante, problema recorrente nas unidades estudadas. Mesmo tendo espaço para o giro de uma cadeira de rodas na sala, um cadeirante não teria espaço suficiente para passar pelas portas ou passagens. Seus maiores fluxos se concentram na entrada do apartamento para o quarto e para a sala de estar, que são também os locais mais espaçosos da unidade.

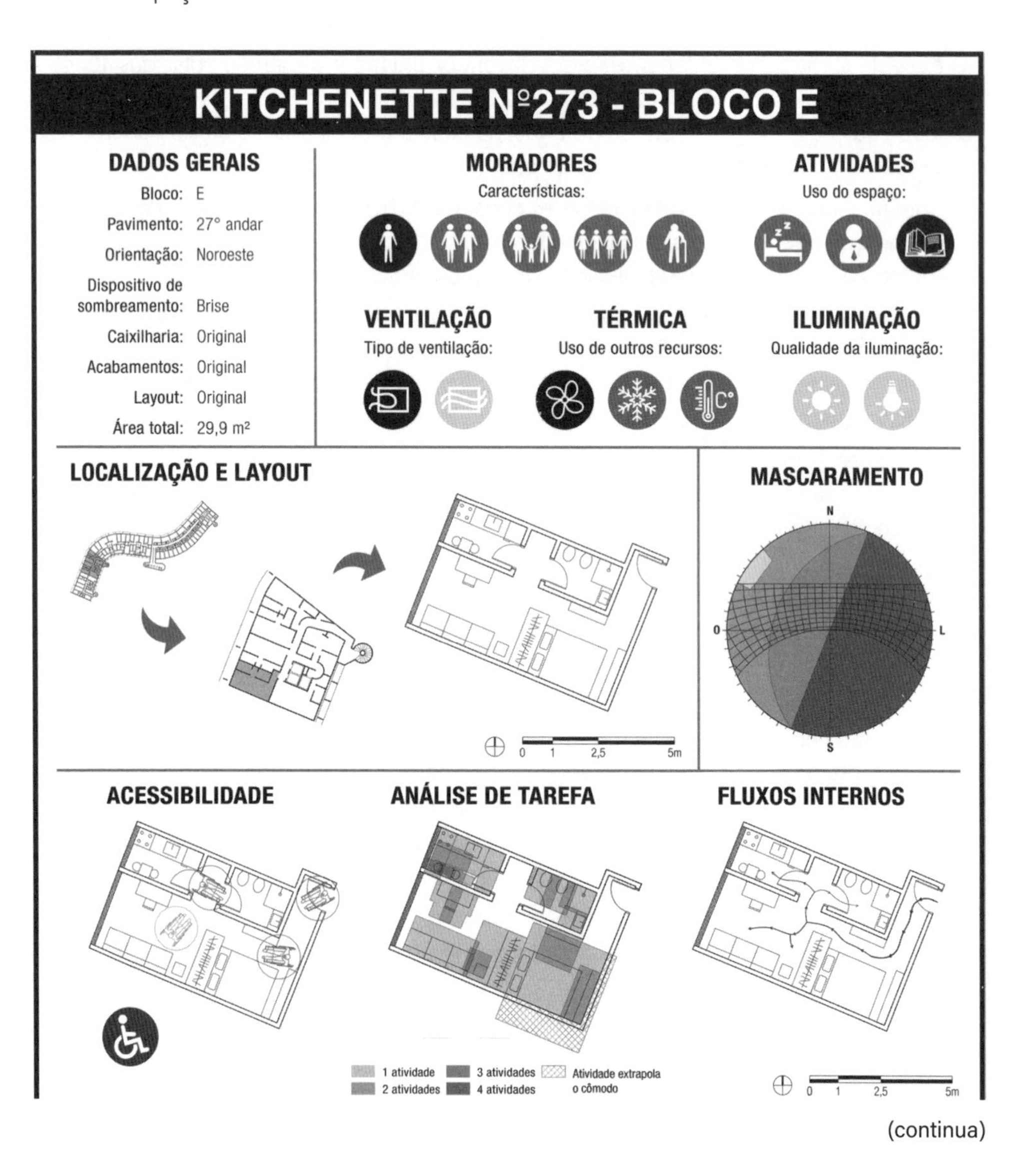

(continua)

(continuação)

Figura 7.30 Ficha-resumo *kitchenette* nº 273, Bloco E.

7.6.4 Caso 4: Bloco F, *kitchenette* nº 92

Essa unidade é que mais sofreu alterações. Com área total de 30,4 m², o proprietário demoliu as paredes da cozinha, transformando o espaço em uma área social, com cerca de 9,8 m² úteis. A parede do banheiro (com 3,34 m² úteis) foi retirada também e ele fica aberto para a área social, isolado do ambiente por uma cortina móvel. A antiga área funcional, com 16,89 m² úteis, foi reformulada, abrigando uma cozinha compacta – localizada próximo à janela – e área de descanso, cujos móveis foram planejados para serem otimizados e alguns retráteis, com a possibilidade de liberar mais espaço.

Possui fachada sudeste, mas, diferentemente do Bloco B, esse bloco apresenta uma parede de cobogós de concreto que barra a entrada de luz direta. Ao contrário das outras unidades que estão em andares mais elevados, essa *kitchenette* se encontra no 9º andar, existindo diversos edifícios que ultrapassam a cota desse pavimento. Assim, grande parte de sua abóbada é mascarada pelo seu entorno, especialmente pelos prédios à Rua da Consolação e à Av. São João. É, contudo, o próprio Copan quem mais mascara o céu. Desconsiderando-se a parede de cobogós e levando em conta apenas o mascaramento, a penetração de luz solar no ambiente aconteceria no solstício de verão, durante o período das 6h40 até às 12h, e nos equinócios, entre 7h10 e 9h.

O mascaramento de uma das aberturas do cobogó é responsável por barrar a entrada de sol com eficiência total no solstício de verão a partir das 8h, no equinócio, a partir das 8h15, e todo o solstício de inverno. Sua eficiência parcial se dá no solstício de verão entre as 7h10 e 8h e no equinócio, das 6h20 às 8h15.

A caixilharia foi alterada para uma janela de três folhas móveis, de 1,1 × 1,6 m cada, que, quando abertas, liberam 2/3 da área total para ventilação na área social. Além disso, foi instalada cortina *blackout*, mas que, segundo o morador, quase nunca é baixada.

Além disso, os tacos de madeira foram retirados e o piso recebeu pintura epóxi branca como acabamento. Tanto o forro quanto o fechamento inferior em estuque do "caixão perdido" foram retirados, mantendo as vigotas aparentes. Apenas o banheiro manteve o fechamento. Com isso, é possível ver por onde o *shaft* do banheiro, responsável por canalizar o ar quente e úmido dali, passava.

O apartamento, com apenas um morador, é utilizado para trabalho e estudo além do morar. Não possui nenhum outro recurso para conforto no ambiente, além de duas possibilidades para ventilação cruzada, uma de forma limitada, entre as aberturas na fachada e a porta de entrada, e outra sem impedimentos, entre as próprias janelas que, pelo fato de não estarem alinhadas na fachada, podem gerar ventilação cruzada entre si.

A qualidade da iluminação natural relatada pelo morador é considerada precária por estar em um andar mais baixo quando comparado com os demais casos, além de a parede de cobogós diminuir consideravelmente a entrada de luz na unidade.

A partir da análise de tarefa do ambiente, é possível constatar que o espaço possui diversas áreas com conflito de duas atividades e alguns espaços no banheiro com áreas com três atividades ou mais acontecendo simultaneamente. Considerando apenas um morador, que com frequência recebe o parceiro no apartamento, o banheiro pode configurar-se uma área conflituosa se duas pessoas forem utilizá-lo ao mesmo tempo. Outros espaços têm menor chance de se tornarem conflituosos, apesar de possuírem algumas sobreposições e serem muitas vezes menores do que o recomendado, além de a área de tarefa em frente à cama extrapolar o quarto.

Mesmo existindo o espaço para o giro de uma cadeira de rodas na sala e no quarto, a *kitchenette* não possui acessibilidade adequada para um cadeirante, já que inviabiliza sua entrada pelas portas de acesso, além de ter degraus em uma parte do apartamento (acesso ao guarda-roupa).

Grande parte dos móveis dessa unidade foi feita sob medida, o que possibilitou grande liberação de espaço e maior conforto ergonômico já planejado em estágio de projeto. A cama, por exemplo, é retrátil, transformando-se em sofá quando recuada, e as mesas na área social podem ser juntadas e separadas para formar diversos *layouts* diferentes. Móveis sob medida como esses, apesar de mais caros, adaptam-se melhor ao ambiente, sobretudo em espaços pequenos, e possibilitam grande melhora na utilização do espaço pelo usuário, tanto ergonomicamente como em outras formas de conforto, já que obstruem menos o espaço.

(continua)

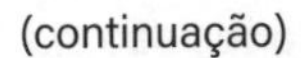

(continuação)

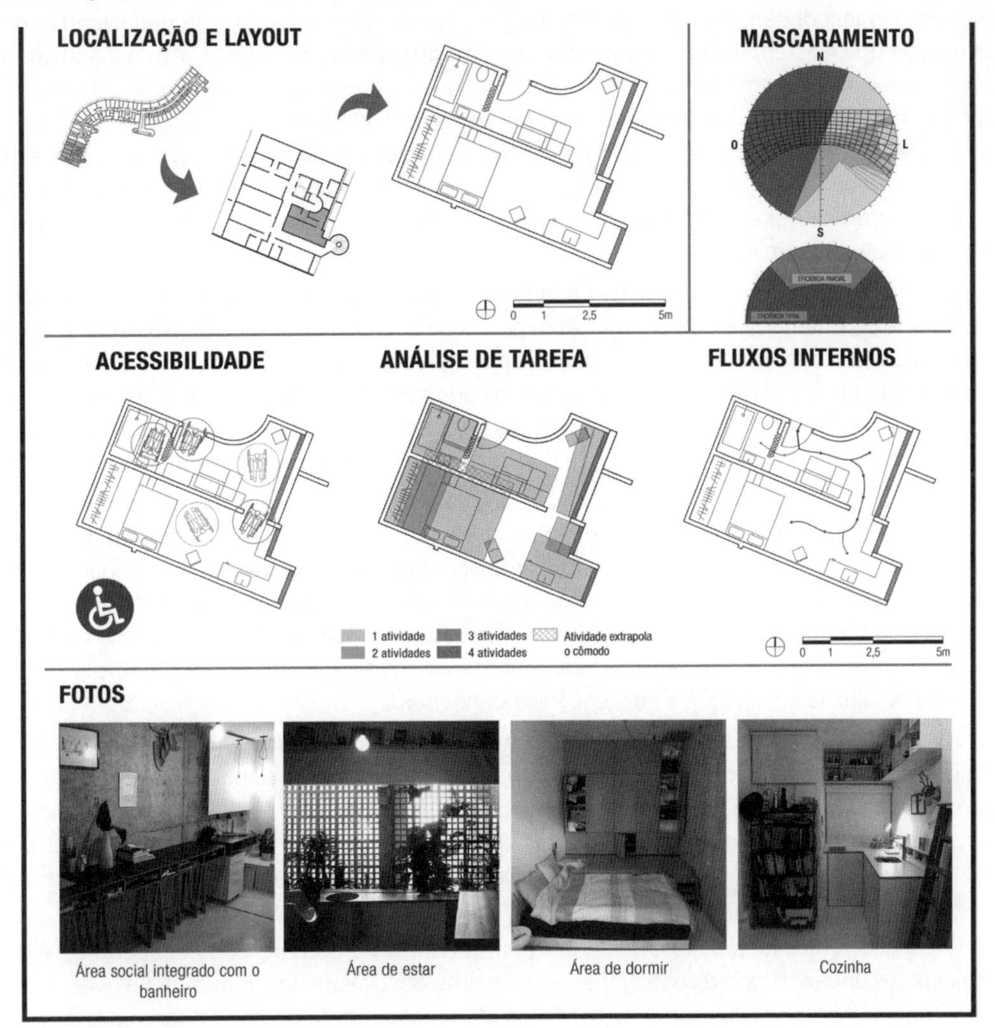

Figura 7.31 Ficha-resumo *kitchenette* nº 92, Bloco F. Fonte: fotos de Marcos Leite Rosa.

Conclusões

O Edifício Copan, como muitos edifícios modernistas da época, apresenta a utilização de estratégias passivas para a obtenção do conforto ambiental, como dispositivos de sombreamento, ventilação cruzada e massa térmica. O *brise* horizontal em uma de suas fachadas, os cobogós, entre outras características corroboram para trazer qualidade e conforto ao espaço. Contudo, como visto nas análises individuais de cada unidade estudada, ainda possui obstáculos para atingir esse objetivo.

Após a realização dos questionários e das análises de ergonomia mencionadas (de fluxos, acessibilidade e tarefa), chegou-se à conclusão de que todas as unidades apresentam algum tipo de problema. O principal fator para isso é que todos os apartamentos estudados são *kitchenettes*, que, por serem de pequena metragem, apresentam grande incompatibilidade com os móveis que existem hoje no mercado. Isso fica claro ao analisar o Caso 4, que é a unidade com melhor aproveitamento de espaço, uma vez que possui móveis feitos sob medida. Esse tipo de mobiliário ajuda no fluxo das unidades, pois permite diferentes configurações e possibilidades. O uso de móveis *pop up*,[8] com diferentes usos em diferentes momentos, torna-se um valioso recurso nesses casos. Isso, contudo, é algo que ainda não é muito comum ao modo de morar brasileiro, mais acostumado a comprar móveis já prontos no mercado por crer ser a opção menos onerosa.

Essa incompatibilidade com o mercado também se dá com móveis antigos, como visto na *kitchenette* do Caso 2, que possui uma cama herdada da família e que ocupa um grande espaço em seu apartamento. Isso é algo que influencia diretamente na acessibilidade, já que o espaço do cômodo tem potencial de ser adaptado para um cadeirante, mas, para isso, seria necessário um projeto sob medida de mobiliário com alterações no banheiro e na cozinha (quando fosse o caso) e o uso de equipamentos específicos que demandem menos espaço, como frigobar e *cooktops*.

Nenhuma *kitchenette* avaliada possui acessibilidade para cadeirantes. Alguns apartamentos, como o dos Casos 3 e 4, até possuem espaço interno para que o cadeirante possa fazer seu giro, porém não têm portas grandes o suficiente para que ele consiga acessar a unidade ou os cômodos. Isso demonstra ainda outra incompatibilidade com o projeto: apesar de o térreo do edifício não possuir degraus e acompanhar a topografia do terreno, a acessibilidade cessa aí. Todos os fluxos internos têm seu principal movimento em direção aos quartos e às salas, com os menores fluxos em direção à cozinha e aos banheiros.

Algumas das unidades levantadas mostraram potencial para se adaptar ao cadeirante. Essa possibilidade, no entanto, é limitada pela própria solução de *layout* das unidades. Ao avaliar o *layout* do Caso 2, nota-se a presença do banheiro entre a cozinha e a área multifuncional, tornando mais oneroso um projeto que busque integrar a cozinha com a área social. Esse não é o caso das outras *kitchenettes*, que se enquadram mais no padrão do morar contemporâneo – ainda que ideia de integração total dos ambientes esteja cada vez mais se propagando.

O espaço reduzido, principalmente em apartamentos como o do Caso 2, acaba gerando espaços secundários, como as cozinhas e banheiros bem pequenos, e que muitas vezes não permitem eletrodomésticos como os utilizados atualmente. Tanto o Caso 1 quanto o 2 têm geladeiras deslocadas da área principal da cozinha por não possuírem espaço junto à bancada e ao fogão para tal.

No que diz respeito ao uso das *kitchenettes*, também foi visto que muitas são utilizadas para outras funções além do morar em si, como trabalho e estudo, e, dessa forma, são adaptadas para o uso do morador. Atividades que demandam maior acuidade visual são muitas vezes localizadas próximas às janelas, por apresentarem valores de iluminância mais próximos aos exigidos pela norma, como visto nas unidades dos Casos 2 e 3. Além disso, é recorrente a adaptação do uso

---

8 Também conhecidos como mobiliário multifuncional, têm como requisito otimizar funções e espaços, sendo próprios para apartamentos com áreas reduzidas. Possuem versatilidade a partir da criação de mecanismos para atender diferentes funções em um mesmo móvel como o uso de articulações, elementos deslizantes, entre outros.

de mobiliário como um divisor do espaço de estar e de dormir, como também visto no Caso 3, que utiliza uma estante para dividir o "quarto" e a "sala de estar".

O fato de ser um edifício tombado pode trazer alguns empecilhos, sobretudo ergonomicamente, que impedem o morador de trocar elementos na fachada que poderiam corroborar para uma maior qualidade do espaço, como menor infiltração de ar e maior facilidade para abertura de janelas. Entretanto, foi observado que em certos casos isso é possível de ser "contornado", como na unidade do Caso 4, que trocou a caixilharia de seu apartamento, já que suas janelas se encontram atrás de cobogós e, portanto, não compõem diretamente a fachada do edifício.

Além disso, o formato do edifício em "S" faz com que muitas unidades possuam paredes inclinadas, como nos Casos 1 e 2, além de paredes curvas, como no Caso 4, que podem causar dificuldades para a disposição de móveis e acabar ocasionando quinas e áreas de difícil solução ergonômica.

Apesar dos problemas mencionados, em muitas ocasiões em que há uma maior sobreposição de tarefas isso não significa que ela seja necessariamente conflituosa, como verificado na unidade do Caso 3. A quantidade de pessoas que usam o espaço e a frequência com que aquela tarefa é realizada também devem ser levadas em consideração na análise.

Os locais em que a sobreposição de tarefa se torna mais complicada são normalmente espaços de passagem, como no Caso 2, ou de sobreposição de usos por mais de uma pessoa ao mesmo tempo. Esses casos são menos frequentes na tipologia estudada, já que todas as unidades avaliadas possuem apenas um ou dois moradores, sendo mais comuns quando recebem visitas.

Muitas das reclamações relatadas também poderiam ser facilmente sanadas, como em relação à falta de ventilação natural. Além disso, o edifício já demonstra algumas características que melhoram a qualidade do espaço interno, como o uso de acabamentos em tons claros, que, independentemente do andar em que a unidade se encontra, auxiliam na melhor iluminação natural do ambiente.

O pano de vidro, muito criticado por permitir o maior acesso solar e, por consequência, maior carga térmica, aqui apresenta um papel benéfico. Quando utilizado em unidades diminutas, funciona como um fator de "aumento" por alterar a percepção do ocupante, garantindo uma sensação de maior amplitude. Esse fato pode ser otimizado ainda mais quando se tem um pé-direito avantajado que, além de ajudar na ventilação natural, possibilita maior utilização de volumes verticais para armazenamento, liberando o fluxo para a realização de outras tarefas.

Dessa forma, o Edifício Copan demonstra diversas qualidades que o tornam um local de moradia cobiçado por muitos. Como visto anteriormente, possui grande adaptabilidade para o mercado imobiliário atual, com unidades de diversos tamanhos e destinadas a diferentes públicos, além de excelente localização no centro da cidade, próximo a pontos turísticos e de infraestrutura. O fato de ser considerado um ícone para a arquitetura paulista faz com que ele também seja muito procurado por arquitetos que têm um cuidado maior com a espacialidade e as soluções de *layout* dadas às unidades.

Considerações finais

O Copan é um edifício que compila diversas preocupações bioclimáticas. O tratamento de fachada com *brises* e cobogós dependendo da orientação, o uso de ventilação cruzada e massa térmica, o pé-direito adequado e a flexibilidade de adaptação do espaço pelo morador são alguns exemplos que o configuram como tal e tornam esse projeto modernista ainda atual.

Diferentemente de outros edifícios da mesma época, ele ainda é muito cobiçado como interesse de moradia. As qualidades do edifício são muitas, mas não se comportam apenas dentro de seu contorno. Sua localização compensa as unidades reduzidas com grande oferta de infraestrutura, lazer e cultura em questão de poucos metros do local, impulsionando os moradores a saírem de seus apartamentos e usufruírem da cidade, inclusive com o uso de sua galeria no piso térreo.

Suas unidades demonstram uma qualidade que muitas vezes não vemos mais nos projetos atuais. Sempre tentando lucrar mais com menores metragens, o mercado imobiliário atual deixou em segundo plano questões relacionadas com o conforto ambiental, algo que ainda vemos no edifício. Desse modo, utilizando-se de análises de ergonomia, que não devem restringir as soluções, mas, sim, reforçar os aspectos positivos de cada unidade, o Copan deve servir como exemplo para novos projetos, de forma a integrarem qualidade e urbanidade ao morar.

A qualidade interna de suas unidades também se mostra nas diferentes formas do morar. Sempre em modificação, o morar atual difere quanto ao tipo de usuário e suas expectativas, bem como suas demandas para o espaço de acordo com suas necessidades, por exemplo, a exigência de realizar outras atividades como, trabalhar e estudar no mesmo ambiente em que vive. Diante disso, esses espaços devem responder a essas necessidades atuais, algo que não se encontra em todos os projetos no mercado, mas que existe no projeto de Niemeyer.

O conforto sempre foi visto como algo supérfluo, de menor importância que outros aspectos projetuais. No Copan, não. É possível observar como esses cuidados elevam imensamente a qualidade do projeto, de forma que, além de questões como dimensionamento e conforto interno a unidade, ele também serve como exemplo de como morar em um espaço pequeno, com qualidade ambiental e que atenda a todas as necessidades dos usuários, tanto dentro quanto fora de seu apartamento. Além disso, atende a questões de eficiência energética, cada vez mais discutidas atualmente.

Tratando-se das necessidades do usuário além de sua unidade, as cidades modernas estão cada vez mais percebendo que precisam resgatar sua urbanidade, e o Copan também é um grande exemplo disso. Há, cada vez mais, uma tendência exclusiva e de negar a cidade, vivendo-se encapsulado em condomínios e frequentando *shoppings centers*. A obra demonstra o oposto disso, já que, além de sua localização central, com disponibilidade de infraestrutura e lazer, tem também no próprio edifício conectores com a cidade, como é a sua galeria térrea, onde as definições de cidade se confundem com as noções de edifício e vice-versa.

Um dos grandes medos do morar no centro de São Paulo está relacionado com as questões de segurança. Entretanto, argumenta-se que é justamente ocupando as cidades e os espaços públicos que se vai resgatar a segurança e a urbanidade nelas. O Copan corrobora isso, fazendo com que a rua fique mais ativa com o uso de sua galeria e, portanto, mais segura. Ele é um grande exemplo de como a qualidade do morar pode ser resgatada nas cidades, tanto dentro de suas unidades como na utilização da cidade, já que, associada à tendência mencionada anteriormente de exclusão e negação ao centro, a falta de qualidade dos projetos atuais também faz com que as pessoas "desaprendam" o morar.

A ergonomia, portanto, além de somar às avaliações de conforto ambiental por meio do aprofundamento no entendimento e na análise dos dados, objetivando a qualificação dos espaços existentes, também auxilia no projeto de novas unidades. Entendendo-se como é o morar atual e como este se modificou durante os anos, o conforto e a ergonomia auxiliam no entendimento de como se adaptar às mudanças que virão, também tirando lições de projetos com qualidade, como do edifício estudado. Como supracitado, o Copan configura-se como um grande exemplo tanto em questões internas ao edifício quanto externas e, sem deixar em segundo plano, na relação direta com a cidade.

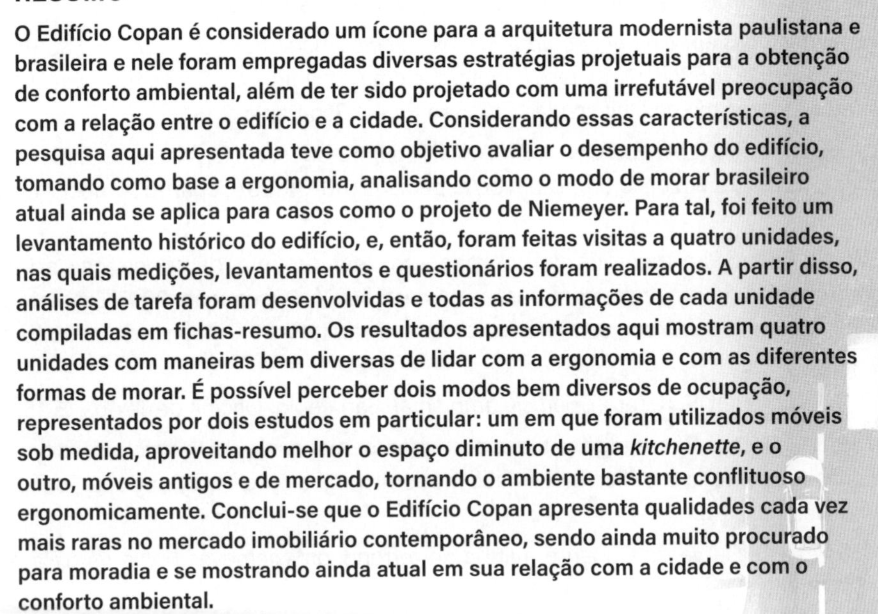

RESUMO

O Edifício Copan é considerado um ícone para a arquitetura modernista paulistana e brasileira e nele foram empregadas diversas estratégias projetuais para a obtenção de conforto ambiental, além de ter sido projetado com uma irrefutável preocupação com a relação entre o edifício e a cidade. Considerando essas características, a pesquisa aqui apresentada teve como objetivo avaliar o desempenho do edifício, tomando como base a ergonomia, analisando como o modo de morar brasileiro atual ainda se aplica para casos como o projeto de Niemeyer. Para tal, foi feito um levantamento histórico do edifício, e, então, foram feitas visitas a quatro unidades, nas quais medições, levantamentos e questionários foram realizados. A partir disso, análises de tarefa foram desenvolvidas e todas as informações de cada unidade compiladas em fichas-resumo. Os resultados apresentados aqui mostram quatro unidades com maneiras bem diversas de lidar com a ergonomia e com as diferentes formas de morar. É possível perceber dois modos bem diversos de ocupação, representados por dois estudos em particular: um em que foram utilizados móveis sob medida, aproveitando melhor o espaço diminuto de uma *kitchenette*, e o outro, móveis antigos e de mercado, tornando o ambiente bastante conflituoso ergonomicamente. Conclui-se que o Edifício Copan apresenta qualidades cada vez mais raras no mercado imobiliário contemporâneo, sendo ainda muito procurado para moradia e se mostrando ainda atual em sua relação com a cidade e com o conforto ambiental.

Bibliografia

ALVES, J. E. DINC: sem filho e com dupla renda. *EcoDebate*, 22 jun. 2010. Disponível em: https://www.ecodebate.com.br/2010/06/22/dinc-sem-filho-e-com-dupla-renda-artigo-de-jose-eustaquio-diniz-alves/. Acesso em: 22 abr. 2022.

ALVES, J. E.; CAVENAGHI, S. *Novos arranjos familiares*: o casal DINC no Brasil. Disponível em: http://www.ie.ufrj.br/aparte/pdfs/dinc_27ago07.pdf. Acesso em: fev. 2019.

AMERICAN SOCIETY OF HEATING, REFRIGERATING AND AIR CONDITIONING. *ASHRAE Standard 55-2013*: thermal environmental conditions for human occupancy. Atlanta: ASHRAE, 2013.

ASSOCIAÇÃO BRASILEIRA DE NORMAS TÉCNICAS. *NBR9050 – Acessibilidade a edificações, mobiliário, espaços*. Rio de Janeiro: ABNT, 2015.

ASSOCIAÇÃO BRASILEIRA DE NORMAS TÉCNICAS. NBR15215-4: *Iluminação natural*. Parte 4 – Verificação experimental das condições de iluminação interna de edificações – Método de medição. Rio de Janeiro: ABNT, 2005.

ASSOCIAÇÃO BRASILEIRA DE NORMAS TÉCNICAS. NBR 15575-1: 2013: *Edificações habitacionais* – Desempenho. Parte 1: Requisitos gerais. Rio de Janeiro: ABNT, 2013.

BETCHEL, R. *et al.* (eds.). *Methods in environmental and behavioral research*. New York: Van Nostrand Reinhold, 1987.

BONDUKI, N. *Origens da habitação social no Brasil*. São Paulo: Estação Liberdade/Fapesp, 1998.

CALEGARI, L. A difícil missão de recuperar o centro de SP, e modos de fazer. *Revista Exame*, São Paulo, 1º dez. 2017. Disponível em: https://exame.abril.com.br/brasil/a-dificil-missao-de-recuperar-o-centro-de-sp-e-modos-de-fazer/. Acesso em: fev. 2019.

COSTA, S. S. F. *Relações entre o traçado urbano e os edifícios modernos no Centro de São Paulo. Arquitetura e Cidade (1938/1960)*. 2010. Tese (Doutorado em Arquitetura e Urbanismo) – Faculdade de Arquitetura e Urbanismo da Universidade de São Paulo, São Paulo, 2010.

DUCROQUET, S.; MIRAGLIA, P.; TONGLET, A. COPAN, 50 anos. *Nexo Jornal*. 29 maio 2016. Disponível em: https://www.nexojornal.com.br/especial/2016/05/28/Copan-50-anos. Acesso em: fev. 2019.

GALVÃO, W. *COPAN/SP:* a trajetória de um megaempreendimento, da concepção ao uso. Estudo compreensivo do processo com base na Avaliação Pós-Ocupação. 2007. Dissertação (Mestrado em Arquitetura e Urbanismo) – Faculdade de Arquitetura e Urbanismo de São Paulo, São Paulo, 2007.

GONCALVES, J. C. S; BODE, K. (org.). *Edifício ambiental*. São Paulo: Oficina de Textos, 2015.

GONÇALVES, J. C. S. *et al.* Revealing the thermal environmental quality of the high-density residential tall building from the Brazilian bioclimatic modernism: the case-study of Copan building. *Energy and Buildings*, 2018.

FOLHA DE S.PAULO. Curva do Copan é a linha do terreno, diz Niemeyer. *Folha de S.Paulo* – Cotidiano. São Paulo, 9 de abril, 2006. p. C6.

FROTA, A. B.; SCHIFFER, S. T. *Manual de conforto térmico*. 8. ed. reimpressão. São Paulo: Studio Nobel, 2015.

INSTITUTO BRASILEIRO DE GEOGRAFIA E ESTATÍSTICA (IBGE). *Censo 2000*. Disponível em: https://sidra.ibge.gov.br/pesquisa/censo-demografico/demografico-2000/inicial. Acesso em: 22 abr. 2022.

INSTITUTO BRASILEIRO DE GEOGRAFIA E ESTATÍSTICA (IBGE). *Censo 2010*. Disponível em: https://sidra.ibge.gov.br/pesquisa/censo-demografico/demografico-2010/inicial. Acesso em: 22 abr. 2022.

INSTITUTO BRASILEIRO DE GEOGRAFIA E ESTATÍSTICA (IBGE). *Pesquisa Nacional de Amostra de Domicílios*. Disponível em: https://sidra.ibge.gov.br/pesquisa/pnad. Acesso em: 22 abr. 2022.

INTERNATIONAL ORGANIZATION FOR STANDARDIZATION (ISO). *ISO 7726*: ergonomics of the thermal environment – Instruments for measuring physical quantities. Genebra: ISO, 1998.

LEITE, L. *Estudo das estratégias das empresas incorporadoras do município de São Paulo no segmento residencial no período 1960-1980.* 2006. Dissertação (Mestrado em Arquitetura e Urbanismo) – Faculdade de Arquitetura e Urbanismo da Universidade de São Paulo, São Paulo, 2006.

LEMOS, C. *Cozinhas, etc...:* um estudo sobre as zonas de serviço da casa paulista. 1972. Tese (Doutorado) – Faculdade de Arquitetura e Urbanismo da Universidade de São Paulo, São Paulo, 1972.

LEMOS, C. *Casa paulista:* história das moradias anteriores ao ecletismo trazido pelo café. São Paulo: Edusp, 1999.

LEMOS, C. *A história do edifício Copan.* São Paulo: Imesp, 2014.

LIMA, E. G. *MINI:* um ensaio projetual para habitações compactas em São Paulo. 2017. Trabalho Final de Graduação (Arquitetura e Urbanismo) – Faculdade de Arquitetura e Urbanismo da Universidade de São Paulo, São Paulo, 2017.

LIMA, N. M. L. *Reabilitação de edifícios do centro da cidade de São Paulo – novas moradias em antigos espaços:* avaliação de desempenho, sob o enfoque ergonômico, das funções e atividades da habitação. 2017. Dissertação (Mestrado em Arquitetura e Urbanismo) – Faculdade de Arquitetura e Urbanismo de São Paulo, São Paulo, 2017.

MARICATO, E. *Indústria da construção e política habitacional.* 1983. Tese (Doutorado em Arquitetura e Urbanismo) – Faculdade de Arquitetura e Urbanismo da Universidade de São Paulo, São Paulo, 1983.

MORENO, M. *Qualidade ambiental nos espaços livres em áreas verticalizadas na cidade de São Paulo.* 2001. Tese (Doutorado em Arquitetura e Urbanismo) – Faculdade de Arquitetura e Urbanismo da Universidade de São Paulo, São Paulo, 2001.

MÜLFARTH, R. C. K. *Mobilidade e acessibilidade no desenho urbano com qualidade ambiental. In:* IV ENCONTRO NACIONAL DE ERGONOMIA DO AMBIENTE CONSTRUÍDO e V SEMINÁRIO BRASILEIRO DE ACESSIBILIDADE INTEGRAL, 2013, Florianópolis.

MÜLFARTH, R. C. K.; BELINI, I. *Avaliação ergonômica das funções e atividades da habitação*: áreas externas expectativas e necessidades de conforto, bem-estar e autonomia de idosos aptos (Saudáveis). Rio de Janeiro: Abergo, 2014.

MÜLFARTH, R. C. K.; LORENZETTI, N. M. *O morar do idoso*: avaliação ergonômica e as expectativas e necessidades de conforto. Rio de Janeiro: Abergo, 2014.

PANERO, J.; ZELNIK, M. *Dimensionamento humano para espaços interiores:* um livro de consulta e referência para projetos. São Paulo: Editorial Gustavo Gili, 2015.

PREFEITURA DO MUNICÍPIO DE SÃO PAULO. Vacância domiciliar cai 30% entre 2000 e 2010. *Informes Urbanos*, São Paulo, n. 23, dez. 2014. Disponível em: https://www.prefeitura.sp.gov.br/cidade/secretarias/upload/Informes_Urbanos/INFORME%20URBANO_VACANCIA_2015_FEV_FINAL.pdf. Acesso em: 22 abr. 2022.

PREFEITURA DO MUNICÍPIO DE SÃO PAULO. O que está sendo lançado no Centro de São Paulo? *Informes Urbanos*, São Paulo, n. 34, ago. 2018. Disponível em: https://www.prefeitura.sp.gov.br/cidade/secretarias/upload/Informes_Urbanos/IU_Centro2_2018_2.pdf. Acesso em: 22 abr. 2022.

PREFEITURA DO MUNICÍPIO DE SÃO PAULO. Lei nº 5.114, de 28 de fevereiro de 1957. *In*: Decretos-Lei e Decretos do município de São Paulo do ano de 1957. São Paulo, 1957.

ROLNIK, R. De volta ao centro, de onde nunca saímos. *SESC São Paulo*, 15 ago. 2017. Disponível em: https://www.sescsp.org.br/online/artigo/11239_DE+VOLTA+AO+CENTRO+DE+ONDE+NUNCA+SAIMOS. Acesso em: fev. 2019.

ROLNIK, R. Moradia é mais que um objeto físico de quatro paredes. *E-metropolis*, Rio de Janeiro, n. 5, a. 2, p. 37-42, junho 2011. Disponível em: emetropolis.net/system/edicoes/arquivo_pdfs/000/000/005/original/emetropolis_n05.pdf?1447896287. Acesso em: 22 abr. 2022.

SAMPAIO, M. R. do A. *et al*. *A produção privada de habitação econômica e a arquitetura moderna, 1930-1964*. São Carlos: Rima, 2002.

SOMEKH, N. *A cidade vertical e o urbanismo modernizador:* São Paulo 1920-1939. São Paulo: Nobel, 1997. p. 118.

SANDRONI, P. A dinâmica imobiliária da cidade: a região central como processo de esvaziamento, desvalorização e recuperação. *Blog Paulo Sandroni*. 2018. Disponível em: http://sandroni.com.br/?page_id=562. Acesso em: 22 abr. 2022.

VIGLIECCA, H. Casa: a razão de ser de uma cidade. *Archdaily*, 13 jun. 2017. 2017. Disponível em: https://www.archdaily.com.br/br/873521/casa-a-razao-de-ser-de-uma-cidade-hector-vigliecca. Acesso em: 22 abr. 2022.

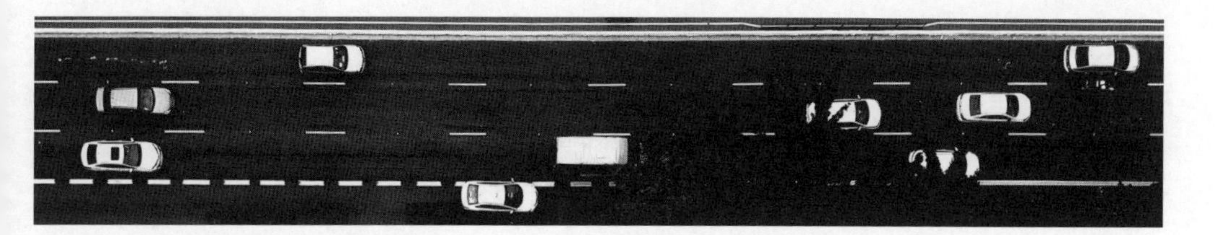

CAPÍTULO 8

Envelhecimento e Moradia: adaptação de residências para idosos

Claudia Ferrara Carunchio

"Mesmo quando enfrentamos desafios físicos ou sociais, nosso lar deve amparar nossas necessidades e desejos. Lembre-se, as coisas fundamentais que amamos em nosso estilo de vida não mudam apenas porque estamos envelhecendo." (HOLLWICH; KRICHELS, 2016, p. 143, tradução livre)

8.1 Introdução

A maneira como interagimos com o espaço muda ao longo de nossas vidas. Um mesmo ambiente representa potencialidades e expectativas diferentes para uma criança, um adulto e um idoso. Características físicas do meio podem estimular ou inibir a realização de atividades, dependendo de individualidades dos usuários, seus hábitos, habilidades, crenças e costumes sociais. Conforme envelhecemos, remodelamos esses parâmetros e redefinimos o modo como utilizamos o espaço.

As alterações biológicas, fisiológicas e psicológicas intrínsecas ao processo de envelhecimento impactam a percepção do meio físico e a reação aos estímulos do ambiente. O espaço, portanto, pode se tornar inadequado ao usuário na medida em que este envelhece, dificultando ou impossibilitando seu uso conforme as necessidades e expectativas do idoso. Para neutralizar essa inadequação, é comum que os idosos se submetam a situações que comprometem sua segurança física, ou que simplesmente deixem de realizar algumas das atividades de vida diária, perdendo sua autonomia. Um ambiente adaptado ao idoso, além de evitar riscos, deve compensar as limitações decorrentes do avanço da idade, de forma a possibilitar a manutenção das atividades rotineiras.

O ambiente construído é, portanto, uma peça-chave para o envelhecimento ativo, termo definido pela Organização Mundial da Saúde (OMS) para descrever o processo de envelhecimento que contempla não apenas saúde, mas também segurança e participação social, cultural, política e econômica, tencionando beneficiar a qualidade de vida durante o envelhecimento. Nesse contexto, habitações que atendam às reais necessidades dos idosos são fundamentais para a manutenção das atividades relacionadas com o viver e com os cuidados pessoais de forma autônoma e independente. Os acidentes domésticos são responsáveis por grande parte das internações hospitalares de idosos e é no espaço residencial que ocorre a maior parte das lesões por quedas.

Métodos de avaliação e recomendações de projeto que permitam adequar a moradia em que o idoso já reside são extremamente importantes, pois a mudança para outra residência, além de representar custos, quebra a rotina e os vínculos sociais e afetivos do idoso. Os laços do morador com a residência provocam a sensação de pertencimento e amparo, impactando no bem-estar psicológico e na sensação de segurança. A personalização do espaço, ou seja, as marcas pessoais de posse, contidas em objetos, símbolos e imaginário, contribuem para a memória de experiências vividas, que influenciam a forma como o indivíduo interpreta os estímulos recebidos.

Essa questão se torna ainda mais importante quando se observam as tendências de envelhecimento populacional e de mudança nas estruturas etárias. Em 2030, o número de idosos no Brasil estará quase igualado ao número de jovens – segundo dados do IBGE, os 42,1 milhões de idosos (acima de 60 anos) representarão 18,7 % da população, enquanto os jovens (0 a 14 anos) serão 18,9 % (42,6 milhões). Em 2020, os 30,1 milhões de idosos correspondem a 14,25 % da população nacional. Deparando-nos com esses números, é incontestável a inviabilidade de se pensar a habitação voltada ao idoso apenas em projetos novos. A grande demanda por moradias adequadas ao envelhecimento evidencia a necessidade de se trabalhar sobre o existente, adaptando as residências conforme as reais necessidades dos idosos.

Outro fator a ser considerado é que esse processo de transição demográfica está ocorrendo de forma muito acelerada, em decorrência da queda da taxa de natalidade e do avanço da medicina, sem melhoria significativa da qualidade de vida da população. Os censos do IBGE e as projeções dos dados censitários revelam que, no Brasil, a taxa bruta de natalidade (número de nascidos vivos a cada mil habitantes) decaiu de 20,86 para 13,99 entre 2000 e 2020. Já a expectativa de vida ao nascer, que em 2000 era de 69,83 anos, é em 2020 de 76,74 anos, devendo atingir os 78,64 anos em 2030. Assim, além do aumento no número de idosos, estes atingem idades cada vez mais avançadas, o que torna mais frequente o aparecimento de doenças crônicas associadas ao envelhecimento.

Além disso, houve nas últimas décadas uma mudança na estrutura familiar tradicional, surgindo uma tendência de haver futuramente grande número de idosos sem familiares que possam auxiliar nos cuidados (BUSSE; JACOB FILHO, 2015). Políticas públicas voltadas à terceira idade, sobretudo as associadas à saúde, à assistência social e à previdência, são cada vez mais necessárias, assim como orientação acerca de medidas que possam ser adotadas pela população para favorecer o envelhecimento com qualidade de vida.

Em vista desse panorama, desenvolvi em meu Trabalho Final de Graduação, intitulado *Adaptação do espaço residencial ao morador idoso*, sob orientação da Profa. Dra. Roberta Consentino Kronka Mülfarth, um estudo sobre o envelhecimento e sua relação com a moradia, focado na avaliação de espaços e na definição de requisitos e critérios de desempenho para a habitação adaptada ao idoso. Além disso, elaborei um estudo de caso em uma residência real, com três propostas de intervenção para diferentes cenários e seus respectivos custos de implantação. Neste capítulo, a temática da habitação adaptada ao idoso será discutida com base nos estudos e resultados obtidos na pesquisa.

8.2 Senescência e o ato de morar: o envelhecimento fisiológico e seus impactos sobre as atividades de vida diária

Possibilitar a manutenção de atividades durante o envelhecimento é uma questão de saúde e qualidade de vida. Quando se adapta o espaço de acordo com as novas demandas surgidas no envelhecimento, além de se prevenirem acidentes e desconfortos, evita-se a sensação de insegurança e incapacidade. Hazin (2012, p. 62) ressalta que "a qualidade de vida percebida depende dos julgamentos do indivíduo sobre a sua funcionalidade física, social e psicológica".

Nesse sentido, o estabelecimento de requisitos e critérios de desempenho pautados nas necessidades dos idosos tem muito a contribuir com o envelhecimento ativo. Primeiramente, devemos entender a quem esse grupo se refere. A idade mínima para caracterizar os idosos diverge. A Organização Mundial da Saúde apresenta a seguinte classificação: meia-idade (66 a 79 anos), idosos (80 a 99 anos) e idosos de longa vida (100 anos ou mais). No Brasil, o Estatuto do Idoso estabelece a idade de 60 anos.

Embora as definições delimitem uma faixa etária, a idade apresenta caráter multidimensional – além da forma como convencionalmente é entendida, de caráter cronológico, há as idades de cunho biológico, social e psicológico. A idade biológica manifesta as alterações físicas e mentais que ocorrem durante o envelhecimento. A social considera hábitos, comportamentos e o papel social do indivíduo, sendo bastante impactada pela aposentadoria. Já a psicológica associa-se a capacidades de aprendizagem, memória, inteligência e controle emocional, pelas quais o indivíduo responde às exigências do meio (SCHNEIDER; IRIGARAY, 2008). A população idosa é, portanto, bastante heterogênea, não apenas pelas diferenças de idade, mas pelo envolvimento em todas essas esferas relacionadas ao envelhecer.

O envelhecimento se manifesta de formas diversas, independentemente de esse processo ter caráter normal ou patológico. Néri e Cachioni, citados por Hazin (2012), afirmam que o envelhecimento normal acontece quando as alterações fisiológicas, biológicas e psicológicas ocorrem sem patologias. O envelhecimento ótimo ocorreria caso fosse possível preservar os mesmos padrões da juventude no decorrer desse processo. Já o envelhecimento patológico, designado senilidade, caracteriza-se pelo surgimento de doenças comuns na velhice e pelo agravamento de doenças preexistentes. A senilidade é descrita por Farfel e Nitrini (2015, p. 12) como o "conjunto de alterações decorrentes de situações claras de doença cerebral, em geral neurodegenerativas". Conforme Busse e Jacob Filho (2015, p. 4), "as síndromes geriátricas se desenvolvem pela interação entre as mudanças fisiológicas relacionadas à idade, doenças crônicas e estressores funcionais".

O envelhecimento fisiológico que ocorre desacompanhado de patologias, chamado de senescência, aflige os diversos sistemas do corpo humano, afetando, entre outros aspectos, a capacidade de percepção do espaço e de resposta aos estímulos do ambiente. Serão destacadas a seguir as alterações advindas do envelhecimento que mais influenciam o uso dos espaços e de seus componentes, tais como sensoriais, cerebrais, cardiorrespiratórias e antropométricas.

O sistema sensorial é afetado nos diversos órgãos do sentido. As perdas de visão mais intensas relacionam-se à visão periférica e à perda de capacidade de distinção de cores, avaliação de distâncias e velocidades, adaptação a mudanças de intensidade da luz e visão com pouca luz ou com muito reflexo (CARLI, 2004). Essas carências podem intensificar riscos pela dificuldade de percepção de elementos como obstáculos ou mudanças de nível, tornando-se importante demarcar claramente e em cores contrastantes elementos espaciais que possam gerar riscos, manter as áreas de circulação iluminadas e livres de obstáculos e evitar a ocorrência de ofuscamento.

Em relação à audição, há alterações mais acentuadas para identificação de sons de altas frequências e na ocorrência de ruído de fundo. O recrutamento, que é uma alteração na sensibilidade de intensidade do ruído desproporcional à variação real da pressão sonora, gera dificuldades de compreensão quando o som é de baixa intensidade, mas um desconforto maior quando o nível de pressão sonora é elevado, o que pode ocasionar conflitos na convivência social do indivíduo e incentivar seu isolamento (BUSSE; OLIVEIRA; SALDIVA, 2015).

A redução da camada de gordura sob a pele afeta a sensibilidade do tato, dificultando a identificação de formas e texturas e reduzindo a capacidade de percepção de dor e de calor. Por tornar-se mais fina e seca, a pele do idoso é mais suscetível a lesões, devendo-se evitar a existência de elementos no meio físico que possam provocar ferimentos, como móveis com quinas ou maçanetas sem extremidades arredondadas (CARLI, 2004).

As perdas de sensibilidade do olfato podem ser nocivas à medida que se dificulta a identificação de gases tóxicos e se propicia, concomitantemente à redução do paladar, a perda de qualidade da alimentação e desnutrição (CARLI, 2004).

O declínio de funções cognitivas decorrentes do envelhecimento cerebral afeta aspectos como memória, atenção, concentração e velocidade de processamento. Assim, impacta-se a capacidade de percepção e interpretação de informações, a velocidade de tomada de decisões e a capacidade de lidar com estímulos simultâneos e identificar o principal, gerando imprecisões na realização de tarefas e o aumento no tempo de reação a determinado estímulo. A senescência cerebral, no entanto, não prejudica a independência e a autonomia do indivíduo (FARFEL; NITRINI, 2015).

Deve-se considerar, ainda, que a vulnerabilidade física e social propicia a perda de foco dos estímulos provenientes do meio, expondo os idosos a situações de risco (CARLI, 2004). Outro tipo de vulnerabilidade surge em conjunturas de maior demanda por oxigênio, como na realização de um esforço físico, uma vez que com o envelhecimento reduz-se a capacidade pulmonar e aumenta-se o volume residual, ou seja, o volume de ar remanescente após a expiração, o que é acentuado pela redução da capacidade de bombeamento do coração (SILVA; CARVALHO, 2015).

O desgaste dos músculos e do sistema esquelético resulta em alterações antropométricas, como redução de altura, da força de flexão dos joelhos, da capacidade de empunhadura e da amplitude de abertura de braços e pernas. A redução da altura dos discos cartilaginosos da coluna modifica a curvatura do corpo e altera a capacidade de inclinação (CARLI, 2004). Consequentemente, surgem dificuldades de erguer-se e de alcançar objetos em posição de difícil acesso, que exijam grandes mudanças posturais, como mobiliário alto ou muito baixo.

As alterações sensoriais e motoras estão entre as principais causas das dificuldades de equilíbrio e das quedas. Busse e Jacob Filho (2015) afirmam que o risco de queda é afetado por fatores intrínsecos, relacionados com o próprio indivíduo, e extrínsecos, dependentes do meio físico. Entre os intrínsecos, configuram-se idade avançada, uso de determinados medicamentos, problemas de visão, alterações cognitivas, depressão, fraqueza muscular, dor articular, desequilíbrio e dificuldades de marcha. Como fatores extrínsecos, estão revestimentos de piso de baixo coeficiente de atrito, degraus ou desníveis de difícil identificação, iluminação insuficiente, tapetes não aderidos ao piso, obstáculos nas áreas de circulação, mobiliários e objetos em alturas demasiadamente grandes, utilização inapropriada de dispositivos auxiliadores de marcha e uso de calçado inadequado.

A mobilidade do idoso é afetada pela fragilidade, descrita por Busse e Jacob Filho (2015, p. 7) como a "diminuição da força, da resistência e redução da função fisiológica que aumenta a vulnerabilidade de um indivíduo para o desenvolvimento de aumento da dependência e morte". A síndrome de imobilidade é descrita por esses autores como a limitação dos movimentos no desempenho de atividades de vida diária, decorrente da redução das funções motoras, que compromete a independência do indivíduo.

Segundo Kato (2016), de 30 a 50 % dos indivíduos com mais de 85 anos não conseguem realizar pelo menos cinco atividades de vida diária (AVDs), que são aquelas atreladas à satisfação das necessidades fisiológicas e à manutenção da saúde e da higiene, como alimentar-se, vestir-se, deitar-se, tomar banho, utilizar vaso sanitário e deslocar-se. Pompeu *et al.* (2015) afirmam que a dependência funcional inicia-se normalmente com as atividades instrumentais de vida diária (AIVDs), cuja realização ocorre por meio de interação com o meio físico, e apenas depois compromete as atividades básicas de vida diária (ABVDs). Esses autores definem a mobilidade como a "capacidade de movimentação, de forma independente e segura, de um lugar para outro, contribuindo para a execução de tarefas como transferências, trocas posturais e deambulação, possibilitando a realização de atividade de vida diária (AVD)" (POMPEU *et al.*, 2015, p. 33), sendo a mobilidade normal a capacidade de marcha e equilíbrio estático e dinâmico.

As alterações decorrentes do envelhecimento apresentam, portanto, forte impacto na percepção, no processamento e na reação aos estímulos do ambiente. O meio físico deve ser projetado de forma a evitar erros na resposta humana, para que a reação aos estímulos do ambiente seja adequada (MORAES; MONT'ALVÃO, 2004). A grande frequência dos acidentes domésticos evidencia a necessidade de estabelecer requisitos que minimizem riscos, sobretudo de queimaduras e quedas, que são os tipos de acidentes domésticos mais comuns entre os idosos. As quedas decorrem de uma perturbação do equilíbrio seguida da incapacidade postural de anular essa perturbação. Assim, o meio físico deve evitar a presença de elementos e componentes que possam causar algum tipo de perturbação, como obstáculos nas áreas de circulação, desníveis mal sinalizados, pisos escorregadios e iluminação em nível insuficiente. Além disso, devem-se minimizar as consequências de uma eventual queda. Móveis instáveis, por exemplo, podem agravar acidentes ao serem utilizados como apoio na ocorrência de alguma dificuldade de equilíbrio; elementos de material quebrável ou pontiagudos, como quinas de móveis, podem causar ferimentos em um caso de queda.

Hazin (2012) aponta que, segundo estatísticas do SUS, 75 % das lesões traumáticas em idosos atendidas em hospitais ocorrem no espaço doméstico, sendo 34 % delas associadas a fraturas. As quedas ocorrem principalmente à noite, no trajeto entre dormitório e banheiro. Esses dados demonstram a necessidade de desenvolver recomendações que facilitem a adequação das habitações em relação ao desempenho para o usuário idoso, haja vista que, além das próprias lesões provocadas pelos acidentes domésticos, o idoso fica mais suscetível a doenças durante o período de recuperação, sendo essa uma questão de saúde pública.

As quedas, que apresentam como consequência mais comum as fraturas, principalmente do fêmur, impactam também em questão de vulnerabilidade. É comum entre idosos que sofreram quedas a existência de medo de voltar a cair, conhecido como síndrome do pós-queda. Essa insegurança, tanto do idoso como de seus familiares, desestimula a realização de atividades, prejudicando a autonomia e a independência do idoso e, em longo prazo, agravando a perda de capacidade funcional, tornando-o mais suscetível a novas quedas (MILANI, 2014).

As quedas apresentam, ainda, um impacto econômico significativo. Os dados disponibilizados pelo Sistema Único de Saúde (SUS) por meio do Sistema de Informação Hospitalar revelam que os valores despendidos com as internações de idosos por quedas ultrapassaram os 52 milhões de reais entre outubro de 2016 e setembro de 2017, apenas no Estado de São Paulo. Além disso, constata-se o elevado número de óbitos nesse grupo, que aumenta conforme a idade dos pacientes, com um valor médio de 6,46 %. A média de permanência dos pacientes em hospitalização foi, no período considerado, de 6,3 dias.

Além das despesas hospitalares, devem-se considerar os gastos extras com medicamentos e cuidados especiais, que precisam ser custeados pelos idosos e por suas famílias. Durante o período de recuperação, é comum a necessidade de assistência de terceiros para a realização de AVDs, o que impacta a rotina das famílias e pode, inclusive, gerar mais gastos. Além disso, a situação de insegurança e fragilidade torna o idoso mais suscetível a sofrer novas quedas. Esse cenário evidencia a necessidade de políticas públicas que atuem na prevenção de quedas e acidentes domésticos voltadas à população idosa, que representariam uma melhoria em termos de saúde pública e qualidade de vida e poderiam trazer também benefícios econômicos aos órgãos públicos.

A adaptação do espaço da moradia, portanto, é importante para a manutenção da rotina do idoso, de modo que ele permaneça realizando atividades de forma autônoma e segura, sem comprometer sua independência nem prejudicar o envelhecimento sadio e ativo.

8.3 Critérios e requisitos de desempenho para habitações adequadas aos idosos

Em razão de todas as alterações fisiológicas e antropométricas associadas ao envelhecimento, os idosos apresentam demandas diferentes dos mais jovens na realização de tarefas e uso dos espaços. O meio físico deve ser adequado às suas exigências, considerando suas necessidades e limitações, tanto na execução de movimentos como na percepção do espaço. Alguns pesquisadores fizeram considerações a respeito de critérios e requisitos de desempenho de espaços habitacionais com foco no usuário idoso.

Sandra Maria Marcondes Perito Carli, em sua tese de doutorado, intitulada *Habitação adaptável ao idoso: um método para projetos residenciais* (2004), desenvolveu um projeto de habitação voltado para idosos e, para garantir um desempenho adequado, elencou requisitos visando a segurança (contra incêndio, contra intrusão e no uso), habitabilidade (conforto ambiental, salubridade, acessibilidade, mobilidade, saúde, higiene e funcionalidade) e economia.

Márcia Maria Vieira Hazin estudou a percepção dos idosos sobre os ambientes e listou em sua dissertação, intitulada *Os espaços residenciais na percepção dos idosos ativos* (2012), algumas recomendações projetuais para banheiros, cozinhas, salas e dormitórios.

Daniela de Almeida Milani, em sua dissertação de mestrado, intitulada *O quarto e o banheiro do idoso: estudo, análise e recomendações para o espaço do usuário residente em instituição de longa permanência* (2014), comparou duas instituições, uma de caráter público e outra privada, e, ao final, especificou algumas recomendações projetuais.

Os parâmetros elencados por essas autoras foram esquematizados nas Tabelas 8.1 a 8.12, de acordo com os ambientes da habitação (dormitório, banheiro, cozinha, sala, área de serviço, circulação horizontal e escada) e elementos como revestimentos, iluminação e elétrica, mobiliário, portas e janelas. Deve-se ressaltar que os requisitos e critérios a serem aplicados podem variar em função da natureza do projeto, se a habitação é nova ou existente e se a residência é particular ou uma instituição de longa permanência.

Tabela 8.1 Critérios e requisitos de desempenho para dormitórios adequados a idosos

Dormitório			
Quesito	Autor		
	Carli	Hazin	Milani
Área	-	-	Área mínima de 7,5 m² para quarto individual e de 5,5 m² por pessoa para quartos de duas a quatro pessoas (RDC 283)
Localização	-	Próximo ao banheiro	

(continua)

(continuação)

Dormitório			
Quesito	**Autor**		
	Carli	**Hazin**	**Milani**
Revestimentos	Piso laminado nos dormitórios para amortecer quedas (piso flutuante) e permitir fácil manobrabilidade de cadeira de rodas	Piso antiderrapante	Piso antiderrapante
Acessibilidade	Espaço disponível no pavimento térreo para uso como dormitório caso necessário	-	-
Mobiliário	-	Cama em altura adequada ao usuário	Cama em altura mínima de 0,46 m
	-	Cabeceira deve permitir recosto	Cabeceira deve permitir recosto
	-	-	Mesa de cabeceira fixa, 10 cm mais alta do que a cama
	-	Gavetas devem apresentar trava de segurança	Em mesas de cabeceira, gavetas devem apresentar travas de segurança
	Armário com cabideiros em duas alturas	Armário com altura adequada ao usuário e portas de fácil manuseio	Armário com portas leves e preferencialmente de correr e cabideiros com regulagem de altura
	-	-	Armário deve estar localizado próximo à cama ou a uma poltrona
	-	Não utilizar tapetes	-
	-	Evitar tecidos de cortinas e roupas de cama no piso	Evitar cortinas longas (até o piso)
Porta	Largura mínima de 80 cm	-	Largura mínima de 1,1 m
	Maçaneta do tipo alavanca em "U" para evitar lesões	-	Maçaneta de fácil manuseio, instalada a 1 m de altura
	-	Possibilidade de abertura por fora	Travamento simples, sem trancas ou chaves

(continua)

(continuação)

Dormitório			
Quesito	Autor		
	Carli	Hazin	Milani
Iluminação	Interruptores em paralelo para o acionamento da iluminação a partir da cama	-	Interruptores próximos à cama com altura entre 1,1 e 1,2 m
	Direcionamento de luz para o teto nos dormitórios, para evitar ofuscamento	-	Iluminação geral de 100 a 200 lux, com distribuição uniforme
	Iluminação por sensor de presença no trajeto entre dormitório e banheiro	-	Iluminação balizadora com sensor de presença a 40 cm do piso acabado
	Persianas para controle de luz natural	-	-
	-	-	Iluminação pontual para leitura, de 200 a 500 lux, próxima a cama

Fonte: Carunchio (2017).

Tabela 8.2 Critérios e requisitos de desempenho para banheiros adequados a idosos

Banheiro			
Quesito	Autor		
	Carli	Hazin	Milani
Área	-	-	Área mínima de 3,6 m^2 nos banheiros dos quartos
Revestimentos	Revestimento em carpete sintético emborrachado, antiderrapante e confortável aos pés descalços	Piso antiderrapante	Piso antiderrapante, sem brilho e sem reflexo
	Diferença de cor e textura entre piso do box e do resto do banheiro	-	-
Mobiliário	-	-	Mobiliário e cortinas com resistência suficiente para serem utilizados como apoio
	-	-	Armários em altura entre 0,4 e 1,2 m do piso acabado
	Mobiliário que não obstrua a circulação	-	-

(continua)

(continuação)

Banheiro			
Quesito	Autor		
	Carli	Hazin	Milani
Registros de gaveta	Registros de gaveta em altura de fácil alcance (1,5 m)	-	-
Pia/ gabinete		-	Bancada com vão livre de 0,73 m, permitindo aproximação com cadeira de rodas
	Tampo da pia em altura regulável, que permite uso por pessoas com diferentes estaturas e cadeirantes	-	Pia e bancada a 0,8 m de altura do piso acabado
	Espelho com inclinação para permitir a utilização por usuário sentado	Espelho com inclinação de 10°	Espelho com inclinação para permitir a utilização por usuário sentado
	Cuba de sobrepor, para não ceder caso utilizada como apoio	-	Pia com resistência suficiente para ser utilizada como apoio
	-	-	Porta-toalhas instalado a no máximo 1,2 m do piso acabado
Bacia	-	Altura da bacia adequada ao usuário	Altura mínima da bacia de 0,46 m
	Possibilidade de instalação de barras de apoio ao lado da bacia	Instalação de barras de apoio ao lado da bacia	Possibilidade de instalação de barras de apoio ao lado da bacia
	-	Espaço adequado para uso de cadeira de rodas	Espaço de transferência de 0,8 × 1,2 m ao lado da bacia
	Válvula de descarga do tipo alavanca	-	Válvula de descarga a 1 m de altura do piso acabado (quando a bacia não apresentar caixa acoplada)
	Instalação de ducha higiênica próxima à bacia	-	Instalação de ducha higiênica próxima à bacia
	-	-	Papeleira instalada entre 0,4 e 1 m de altura do piso acabado, na parede lateral à bacia

(continua)

(continuação)

Banheiro			
Quesito	Autor		
	Carli	Hazin	Milani
Box	-	Largura mínima de 80 cm	Box com dimensões ideais de 0,8 × 1,5 m
	Desnível entre piso do box e do banheiro de 1,5 cm em rampa	Desnível máximo de 1,5 cm entre o piso do box e do banheiro	Sem desnível em degrau entre o piso do box e do banheiro
	Porta do box de correr ou com abertura para fora, em vidro temperado, com 80 cm de largura, ou cortina + blocos de vidro	Fechamento do box com cortina ou portas de correr de material inquebrável	Preferência por fechamento do box com cortina em vez de elemento rígido
	Possibilidade de instalação de barras de apoio	Instalação de barras de apoio	Possibilidade de instalação de barras de apoio
	-	Instalação de banco para banho	Possibilidade fixação de banco para banho
	Registros do chuveiro a 1 m de altura do piso acabado e longe do chuveiro, para regulagem da temperatura da água sem risco de escaldamento	Registro monocomando	Misturador alavanca ou monocomando a 1 m do piso acabado
	Ralo descentralizado da ducha para não ser obstruído pelos pés	-	Dreno em vez de ralo comum
	-	Chuveiro portátil	Chuveiro com desviador para ducha manual
	-	-	Porta-toalhas próximo ao box para evitar circulação do usuário molhado
	-	-	Fixar faixas adesivas antiderrapantes no box (tapete de borracha é contraindicado)
	-	Tapete com ventosas	Tapete fora do box emborrachado

(continua)

(continuação)

Banheiro			
Quesito	**Autor**		
	Carli	**Hazin**	**Milani**
Porta	Largura mínima de 80 cm	-	Largura de 1,1 m
	Fechamento com chave em vez de trinco, que pode ser retirada para não permitir o fechamento interno	Possibilidade de abertura por fora	Travamento simples, sem trancas ou chaves
	Maçaneta do tipo alavanca em "U" para evitar lesões	-	Maçaneta a 1 m de altura
	Soleira com desnível mínimo e cor contrastante em relação ao revestimento de piso	-	-
Iluminação/ tomadas	Iluminação geral moderada e direta, com iluminação específica na área do box	-	Iluminação difusa de 100 a 200 lux
	Iluminação nas laterais dos espelhos	Iluminação na área do espelho	Iluminação na área do espelho, com o cuidado de não provocar ofuscamento
	-	-	Iluminação próxima à pia para a leitura de bulas
	Iluminação por sensor de presença no trajeto entre dormitório e banheiro	-	Iluminação de balizamento no caminho até o banheiro
	Interruptores a 1 m do piso acabado	-	Tomadas e interruptores em altura entre 1,1 e 1,2 m do piso acabado
	Ponto de telefone/ interfone para emergências	-	Instalação de campainha para emergências

Fonte: Carunchio (2017).

Tabela 8.3 Critérios e requisitos de desempenho para cozinhas adequadas a idosos

Cozinha			
Quesito	**Autor**		
	Carli	**Hazin**	**Milani**
Revestimentos	Piso cerâmico antiderrapante, higiênico e de fácil limpeza	Piso antiderrapante	–
Mobiliário e equipamentos	Tampo da pia em altura regulável que permite uso adequado por cadeirantes e pessoas de diferentes estaturas	Altura de bancada entre 85 e 90 cm do piso acabado	–
	Registros em altura de fácil alcance	–	–
	Gabinete removível para uso sentado ou em cadeira de rodas	–	–
	Instalação de detector que interrompa o fluxo de gás na ocorrência de vazamento	Desligamento de gás automático no fogão	–
	Forno de parede para manuseio mais seguro e confortável	–	–
	Tampos de material não inflamável nas laterais dofogão	–	–
	Micro-ondas em altura de 1,3 m	–	–
	Bancada de apoio próxima ao micro-ondas para evitar queimaduras	Bancada de apoio próxima aos equipamentos	–
	Existência de local de armazenamento para evitar armários altos	Altura de armários adequada ao usuário e gavetas com travas de segurança	–
Iluminação	Iluminação moderada com pontos focais	Iluminação com sensor de presença	–

Fonte: Carunchio (2017).

Tabela 8.4 Critérios e requisitos de desempenho para salas adequadas a idosos

Sala			
Quesito	Autor		
	Carli	Hazin	Milani
Revestimentos	Piso cerâmico	Piso antiderrapante	–
Planta e *layout*	Planta aberta e flexibilidade de *layout*	–	–
	Espaço suficiente para circulação em cadeira de rodas	–	–
Iluminação	Iluminação moderada com pontos focais	–	–

Fonte: Carunchio (2017).

Tabela 8.5 Critérios e requisitos de desempenho para áreas de serviço adequadas a idosos

Área de serviço			
Quesito	Autor		
	Carli	Hazin	Milani
Revestimentos	Piso cerâmico antiderrapante, higiênico e de fácil limpeza	–	–
Mobiliário e equipamentos	Sem armários altos	–	–
	Registros em altura de fácil alcance	–	–
	Manivela ou controle remoto para facilitar o manuseio do varal	–	–
	Espaço livre sob a tábua de passar para permitir que a tarefa seja executada por usuário sentado	–	–
Localização	Integrada à residência, sem necessidade de circular por área externa para acessá-la	–	–

Fonte: Carunchio (2017).

Tabela 8.6 Critérios e requisitos de desempenho para circulações horizontais adequadas a idosos

Circulação horizontal			
Quesito	Autor		
	Carli	Hazin	Milani
Acessibilidade	Corredores com largura de 1 m, para permitir a instalação de corrimão, e sem ângulos fechados, para não dificultar circulação em cadeira de rodas	–	–
	Área para manobra de cadeira de rodas no *hall* de entrada	Área para manobra de cadeira de rodas na sala	Ambiente com área de giro de 1,5 m para cadeira de rodas
	Espaço suficiente para circulação em cadeira de rodas em todos os ambientes	Espaço suficiente para circulação em cadeira de rodas	–
	Abertura das portas de forma a não obstruir a circulação	–	–
Prevenção de quedas e acidentes	Iluminação por sensor de presença em escadas e no trajeto entre dormitório e banheiro para evitar circulação sem a iluminação adequada	–	–
	Tomadas para instalação de iluminação de balizamento nos corredores	–	–
	Guarda-corpo fechado		Guarda-corpo com altura mínima de 1 m
	–	Evitar tapetes	Evitar tapetes
	–	Evitar fios soltos	Evitar fios soltos

Fonte: Carunchio (2017).

Tabela 8.7 Critérios e requisitos de desempenho para escadas adequadas a idosos

Escada			
Quesito	**Autor**		
	Carli	**Hazin**	**Milani**
Dimensões	Degrau com espelho de 17,5 cm e piso de 27 cm para facilitar o uso por idosos (não atende o dimensionamento da ABNT NBR 9050)	–	–
Prevenção de quedas	Instalação de corrimão dos dois lados e em dois níveis	–	–
	Espelho fechado para evitar confusão visual	–	–
	Guarda-corpo fechado	–	–
	Iluminação por sensor de presença para evitar circulação sem a iluminação adequada	–	–

Fonte: Carunchio (2017).

Tabela 8.8 Critérios e requisitos de desempenho para revestimentos adequados a idosos

Revestimentos			
Quesito	**Autor**		
	Carli	**Hazin**	**Milani**
Acabamento	Revestimentos foscos ou acetinados para evitar ofuscamento	–	Piso sem brilho ou estampa para não causar confusão visual
Material/tipo de piso	Piso laminado nos dormitórios para amortecer quedas (piso flutuante) e para permitir fácil manobrabilidade de cadeira de rodas	–	Piso antiderrapante em todos os ambientes
	Carpete sintético emborrachado em todo o banheiro	–	–
	Piso cerâmico nas áreas sociais	–	–
	Piso antiderrapante nas áreas externas, com caimento suficiente para drenagem adequada de águas pluviais	–	–

Fonte: Carunchio (2017).

Tabela 8.9 Critérios e requisitos de desempenho para iluminação e sistemas elétricos adequados a idosos

Iluminação e elétrica			
Quesito	Autor		
	Carli	Hazin	Milani
Nível de iluminação	Iluminação adequada às diversas atividades	–	–
Prevenção de acidentes	Balizamento em áreas de circulação	–	–
	Sensor de presença nas áreas de circulação e no trajeto entre dormitório e banheiro para evitar que o usuário circule no escuro	–	Sensor de presença em quartos, banheiros e circulação para evitar que o usuário circule no escuro
	Interruptor/luminária próximo à cama	–	–
	Interruptores em paralelo nos dormitórios, sala, cozinha e área de serviço para evitar que o usuário circule no escuro	–	–
	Luminárias com altura de fácil troca de lâmpadas	–	–
Prevenção de ofuscamento	Dimerizador no *hall* de entrada para evitar ofuscamento quando o exterior está escuro	–	–
	Iluminação intermediária nas áreas de acesso e circulação para facilitar a adaptação à diferença de luminosidade	–	–
	Direcionamento de luz para o teto nos dormitórios para evitar ofuscamento	–	–
	Iluminação moderada com pontos focais na cozinha e na sala	–	–
Localização de interruptores e tomadas	Interruptores em altura de 1 m e tomadas de 46 cm e de 1 m	–	Tomadas e interruptores com altura entre 1,1 e 1,2 m do piso acabado
	Tomadas suficientes para evitar o uso de extensões (prevenção de incêndios)	–	–
	Interruptores com LED para facilitar sua localização	–	–

Fonte: Carunchio (2017).

Tabela 8.10 Critérios e requisitos de desempenho para mobiliário adequado a idosos

Mobiliário			
Quesito	Autor		
	Carli	Hazin	Milani
Prevenção de acidentes	Sem quinas/com cantos arredondados	Sem quinas/com cantos arredondados	Sem quinas/com cantos arredondados
	-	-	Mobiliário estável, sem rodas
	-	Evitar material quebrável	Evitar material quebrável
	Puxadores em alça	-	Puxadores em alça ou alavanca
	Gavetas devem estar entre 30 e 80 cm acima do piso acabado (fácil alcance e visualização do conteúdo)	-	Evitar gavetas e prateleiras a menos de 60 cm do piso acabado (evitar quedas)
	Prateleiras com profundidade máxima de 40 cm	-	-
	Evitar armários altos	-	-
Facilidade de utilização	Iluminação no interior de armários para facilitar a visualização	-	Armário com portas leves e preferencialmente de correr
	-	-	Assentos em altura mínima de 46 cm

Fonte: Carunchio (2017).

Tabela 8.11 Critérios e requisitos de desempenho para portas adequadas a idosos

Portas			
Quesito	Autor		
	Carli	Hazin	Milani
Largura	Largura mínima de 80 cm nas portas internas	-	Largura mínima de 1,1 m
	Largura mínima de 90 cm nas portas externas	-	-
Travamento	Porta de entrada apenas com trinco, sem chave (reduzir tempo de evacuação em caso de incêndio)	-	Travamentos simples, sem trancas ou chaves
Maçaneta	Maçaneta do tipo alavanca em "U" para evitar lesões	-	Maçaneta a 1 m de altura
Soleira	Soleiras com desníveis mínimos e cor contrastante em relação ao revestimento de piso	-	-

Fonte: Carunchio (2017).

Tabela 8.12 Critérios e requisitos de desempenho para janelas adequadas a idosos

Janelas			
Quesito	Autor		
	Carli	Hazin	Milani
Manuseio	Fácil manuseio e altura acessível	-	Fácil manuseio e altura acessível
Iluminação	Sempre permitir a instalação de elemento de controle da luminosidade	-	-
Limpeza	Possibilidade de limpeza por dentro da residência	-	-

Fonte: Carunchio (2017).

8.4 Estudo de caso: propostas para adaptação de uma residência na cidade de São Paulo

A partir do estudo sobre o processo de envelhecimento e os requisitos e critérios de desempenho para que uma habitação seja de fato adequada ao morador idoso, elaborou-se um estudo de caso em uma residência real na cidade de São Paulo. Em seguida, para verificar a viabilidade financeira das intervenções, foram estimados os custos de implantação das medidas recomendadas.

A definição do local para elaboração do estudo de caso pautou-se primeiro na escolha de uma tipologia habitacional frequente na cidade, para que soluções semelhantes às desenvolvidas pudessem ser aplicadas em diversas residências, embora sempre haja particularidades construtivas, de mobiliário e de necessidades dos moradores. Optou-se, assim, por desenvolver o estudo para um sobrado geminado. A partir disso, a determinação do local firmou-se em dois requisitos: a existência na região de um percentual significativo da tipologia habitacional escolhida e uma grande concentração de população idosa.

Por meio das informações contidas no Censo de 2010 no IBGE, elaborou-se um mapa do local de residência da população idosa em São Paulo. Observa-se que os distritos com maior percentual de habitantes idosos são Alto de Pinheiros (22,8 %), Jardim Paulista (22,3 %), Lapa (21,5 %), Pinheiros (21,3 %), Consolação (21 %), Santo Amaro (20,8 %), Campo Belo (20,6 %), Vila Mariana (20,3 %), Itaim Bibi (20,2 %) e Água Rasa (19,7 %).

POPULAÇÃO IDOSA NA CIDADE DE SÃO PAULO

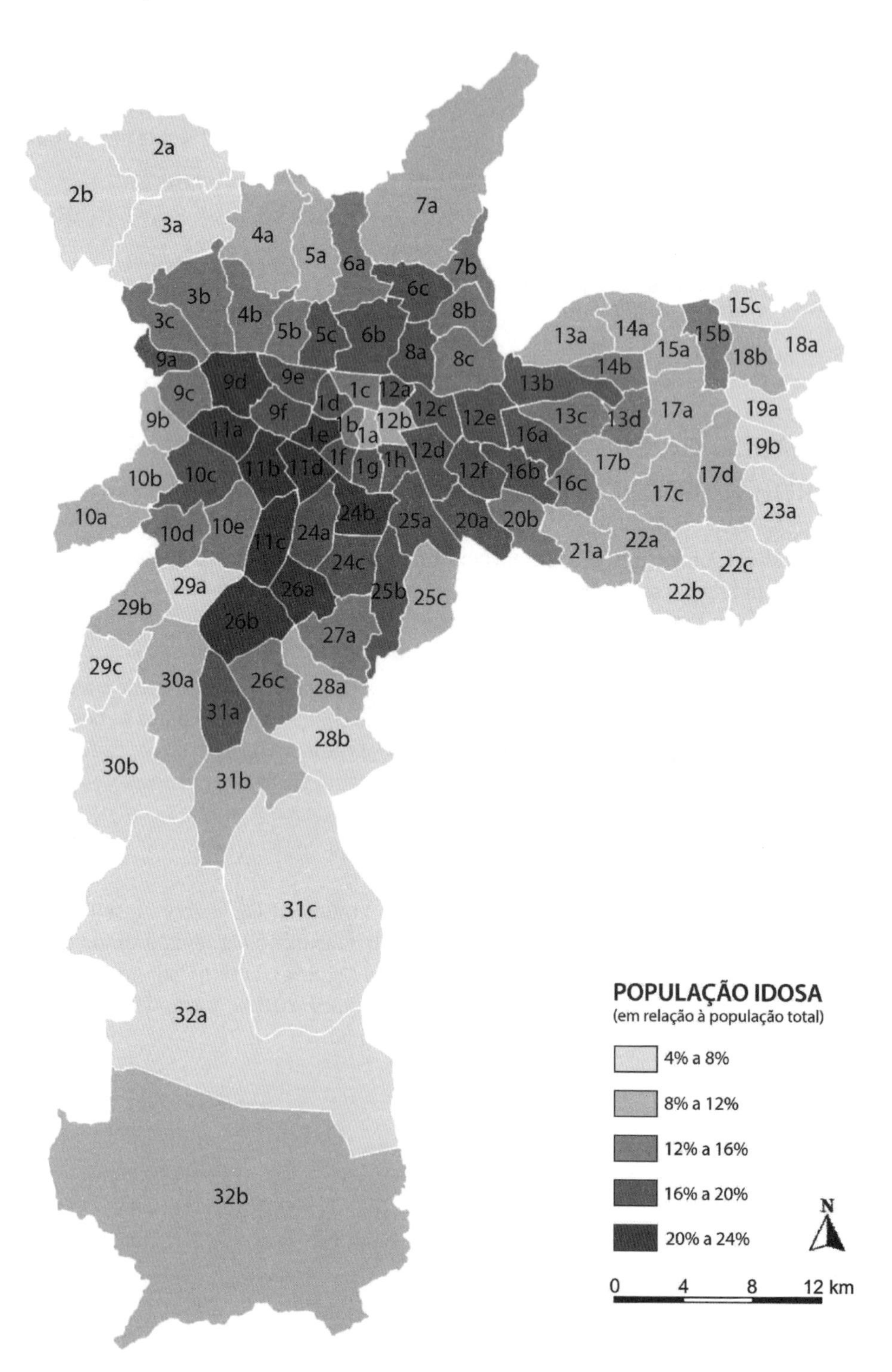

SUBPREFEITURA E DISTRITOS

CENTRO

1. SÉ
1a. Sé
1b. República
1c. Bom Retiro
1d. Santa Cecília
1e. Consolação
1f. Bela Vista
1g. Liberdade
1h. Cambuci

ZONA NORTE

2. PERUS
2a. Perus
2b. Anhanguera

3. PIRITUBA
3a. Jaraguá
3b. Pirituba
3c. São Domingos

4. FREGUESIA DO Ó/ BRASILÂNDIA
4a. Brasilândia
4b. Freguesia do Ó

5. CASA VERDE/ CACHOEIRINHA
5a. Cachoeirinha
5b. Limão
5c. Casa Verde

6. SANTANA/ TUCURUVI
6a. Mandaqui
6b. Santana
6c. Tucuruvi

7. JAÇANÃ/ TREMEMBÉ
7a. Tremembé
7b. Jaçanã

8. VILA MARIA/VILA GUILHERME
8a. Vila Guilherme
8b. Vila Medeiros
8c. Vila Maria

ZONA OESTE

9. LAPA
9a. Jaguara
9b. Jaguaré
9c. Vila Leopoldina
9d. Lapa
9e. Barra Funda
9f. Perdizes

10. BUTANTÃ
10a. Raposo Tavares
10b. Rio Pequeno
10c. Butantã
10d. Vila Sônia
10e. Morumbi

11. PINHEIROS
11a. Alto de Pinheiros
11b. Pinheiros
11c. Itaim Bibi

ZONA LESTE

12. MOÓCA
12a. Pari
12b. Brás
12c. Belém
12d. Moóca
12e. Tatuapé
12f. Água Rasa

13. PENHA
13a. Cangaíba
13b. Penha
13c. Vila Matilde
13d. Artur Alvim

14. ERMELINO MATARAZZO
14a. Ermelino Matarazzo
14b. Ponte Rasa

15. SÃO MIGUEL
15a. Vila Jacuí
15b. São Miguel
15c. Jardim Helena

16. ARICANDUVA/ VILA FORMOSA
16a. Carrão
16b. Vila Formosa
16c. Aricanduva

17. ITAQUERA
17a. Itaquera
17b. Cidade Líder
17c. Parque do Carmo
17d. José Bonifácio

18. ITAIM PAULISTA
18a. Itaim Paulista
18b. Vila Curuçá

19. GUAIANASES
19a. Lajeado
19b. Guaianases

20. VILA PRUDENTE
20a. Vila Prudente
20b. São Lucas

21. SAPOPEMBA
21a. Sapopemba

22. SÃO MATEUS
22a. São Mateus
22b. São Rafael
22c. Iguatemi

23. CIDADE TIRADENTES
23a. Cidade Tiradentes

ZONA SUL

24. VILA MARIANA
24a. Moema
24b. Vila Mariana
24c. Saúde

25. IPIRANGA
25a. Ipiranga
25b. Cursino
25c. Sacomã

26. SANTO AMARO
26a. Campo Belo
26b. Santo Amaro
26c. Campo Grande

27. JABAQUARA
27a. Jabaquara

28. CIDADE ADEMAR
28a. Cidade Ademar
28b. Pedreira

29. CAMPO LIMPO
29a. Vila Andrade
29b. Campo Limpo
29c. Capão Redondo

30. M'BOI MIRIM
30a. Jardim São Luís
30b. Jardim Ângela

31. CAPELA DO SOCORRO
31a. Socorro
31b. Cidade Dutra
31c. Grajaú

32. PARELHEIROS
32a. Parelheiros
32b. Marsilac

Figura 8.1 Porcentagem de população idosa por distrito da cidade de São Paulo. Fonte: Carunchio (2017). Fonte dos dados: IBGE (Censo 2010). Mapa base: CEM/CEBRAP. Município de São Paulo: Divisão distrital em 2007 (Lei nº 11.220/1992).

A presença da tipologia habitacional escolhida foi avaliada pelo número de lotes de habitação horizontal de médio padrão do Cadastro Territorial e Predial, de Conservação e Limpeza (TPCL). Selecionaram-se, dos distritos com maior percentual de população idosa, aqueles nos quais esses lotes representassem, no mínimo, 20 % do total de lotes de habitação e 15 % do total de lotes. Assim, os distritos eleitos como opção para o estudo foram Lapa, Santo Amaro, Campo Belo e Água Rasa. Optou-se, então, por uma residência no Campo Belo, em que já se havia estabelecido contato com uma moradora idosa, que se enquadra na tipologia escolhida.

A residência é habitada por apenas uma moradora, de 76 anos, que não apresenta doenças crônicas e que mora sozinha há 10 anos. Localiza-se em uma rua de 108 m de extensão, de relevo acidentado, com declividade de 12,2 % e com largura de cerca de 6 m, sendo que o leito carroçável possui 2,6 m de largura e cada calçada 1,7 m, em média. Os passeios apresentam condições ruins, com irregularidades, degraus e variações nos revestimentos de piso, além de dimensionamento inadequado, haja vista que diversos pontos apresentam largura livre para circulação inferior a 1,2 m, valor recomendado pela NBR 9050.

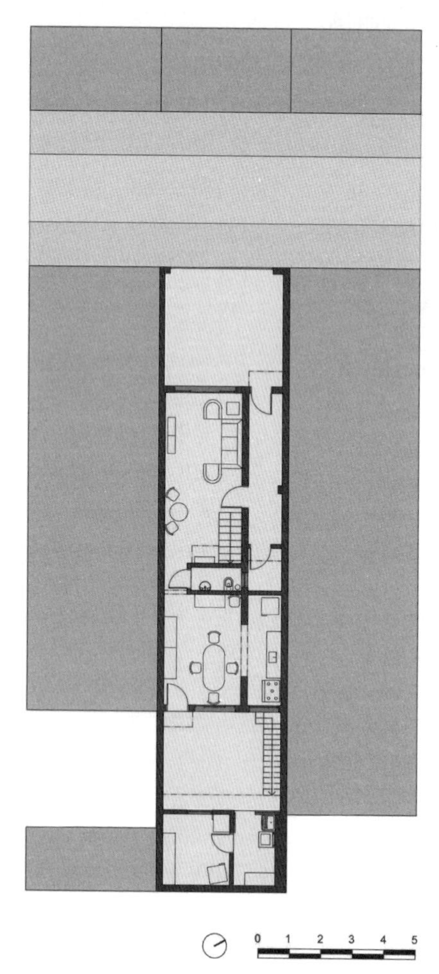

Figura 8.2 Implantação. Fonte: Carunchio (2017).

A residência foi construída durante a década de 1960, em um terreno comprado pela família da atual residente, que habita lá desde então. Originalmente, a edificação apresentava uma parede de geminação em seu limite sudoeste, e um corredor lateral descoberto na porção nordeste, que conectava a frente da edificação com a área externa ao fundo. O recuo frontal não era delimitado por muros nem cercas, característica que se repetia nas demais residências localizadas nessa via, aumentando as áreas livres para além da rua, o que proporcionava uma maior conexão entre as áreas internas das edificações e a rua e favorecia a iluminação natural e a ventilação da residência.

Nas décadas seguintes, a construção passou por reformas, nas quais foi ampliada, ocupando a porção nordeste do terreno, onde havia o corredor lateral externo. Nesse processo, alguns dos ambientes internos ficaram subdivididos por porções da parede nordeste remanescentes do projeto original, que não foi retirada por completo. O recuo frontal foi delimitado e coberto por telhas de fibrocimento. Além disso, construiu-se um anexo ao fundo do terreno, com uma área de serviço e uma pequena oficina, hoje utilizada como depósito, cuja cobertura é acessível a partir de uma escada externa.

Atualmente, a moradora utiliza para dormir o quarto da frente da edificação, identificado nas plantas como dormitório 1. Não utiliza dispositivos auxiliadores de marcha e executa sem auxílio de terceiros as atividades de vida diária, tanto as ABVDs como AIVDs, incluindo tarefas domésticas como limpar a casa, cozinhar e lavar e passar roupas.

O estudo de caso iniciou-se pela aferição métrica da edificação e do mobiliário, registro fotográfico e medições de iluminância em cada ambiente. Com isso, foram elaborados desenhos técnicos, como plantas e cortes, incluindo o *layout* do mobiliário e dos equipamentos e a localização de interruptores e tomadas, que evidenciam se há tendência de o usuário circular no escuro e de haver fios soltos que podem ocasionar quedas. Esses dados foram posteriormente estudados desenvolvendo-se esquemas das áreas de utilização do mobiliário e dos equipamentos, embasando-se nas medidas determinadas por Julius Panero e Martin Zelnik em *Dimensionamento humano para espaços interiores: um livro de consulta e referência para projetos* (2011). Verificaram-se, assim, as áreas onde se faltava espaço para o uso seguro e confortável de cada equipamento e onde havia conflitos de uso, ou seja, os locais em que a utilização de determinado equipamento prejudica ou impossibilita o uso de outro. Desenvolveu-se, também, um esquema de área necessária para a circulação, que corresponde a uma faixa livre de 90 cm de largura (dimensão especificada pela ABNT NBR 9050) interligando os diversos ambientes da residência, pelo qual se verificará se o espaço disponível, delimitado pelo *layout* do mobiliário ou pela própria distribuição espacial da construção, é suficiente para a circulação segura e confortável.

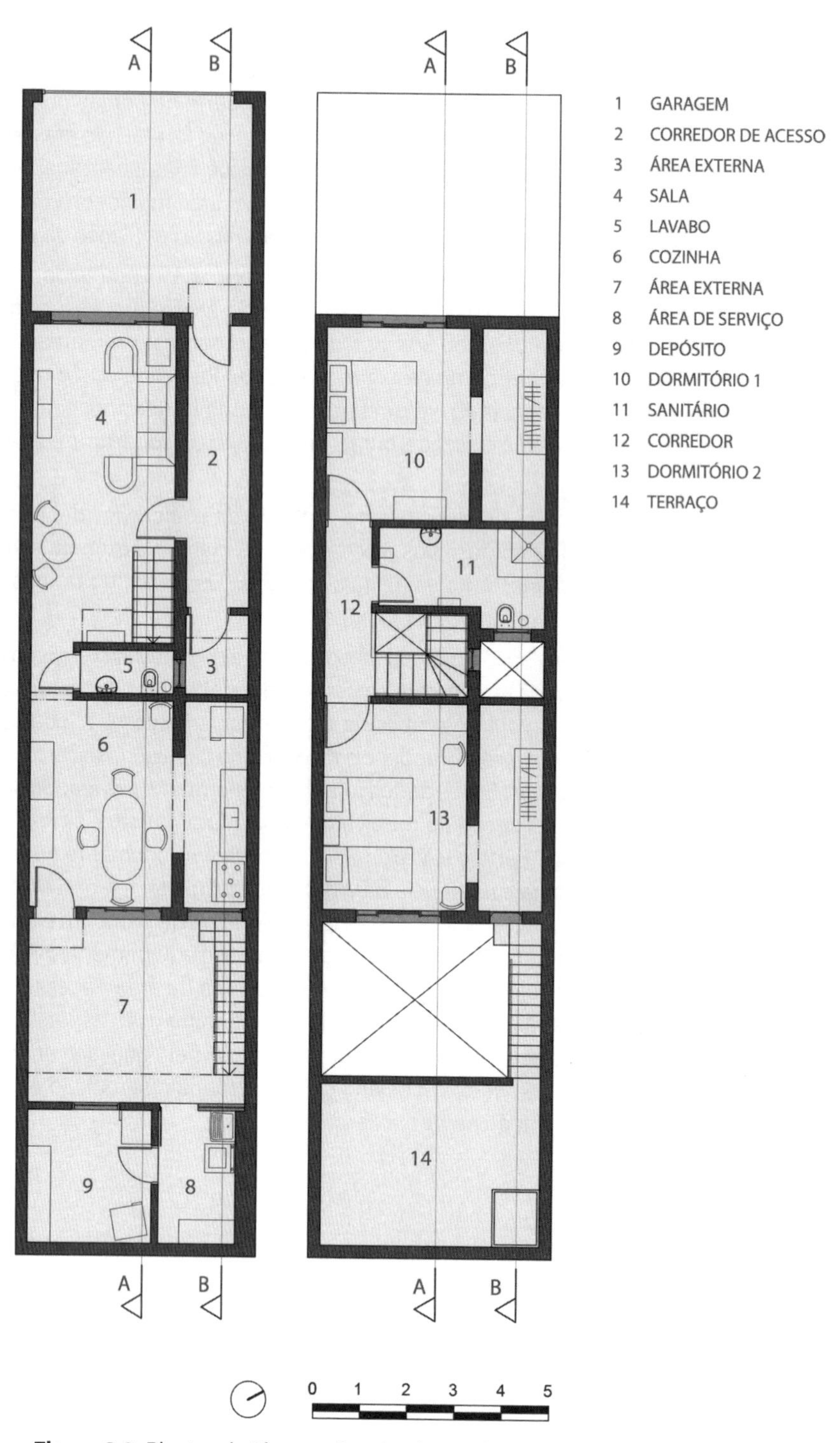

Figura 8.3 Plantas do térreo e do primeiro pavimento. Fonte: Carunchio (2017).

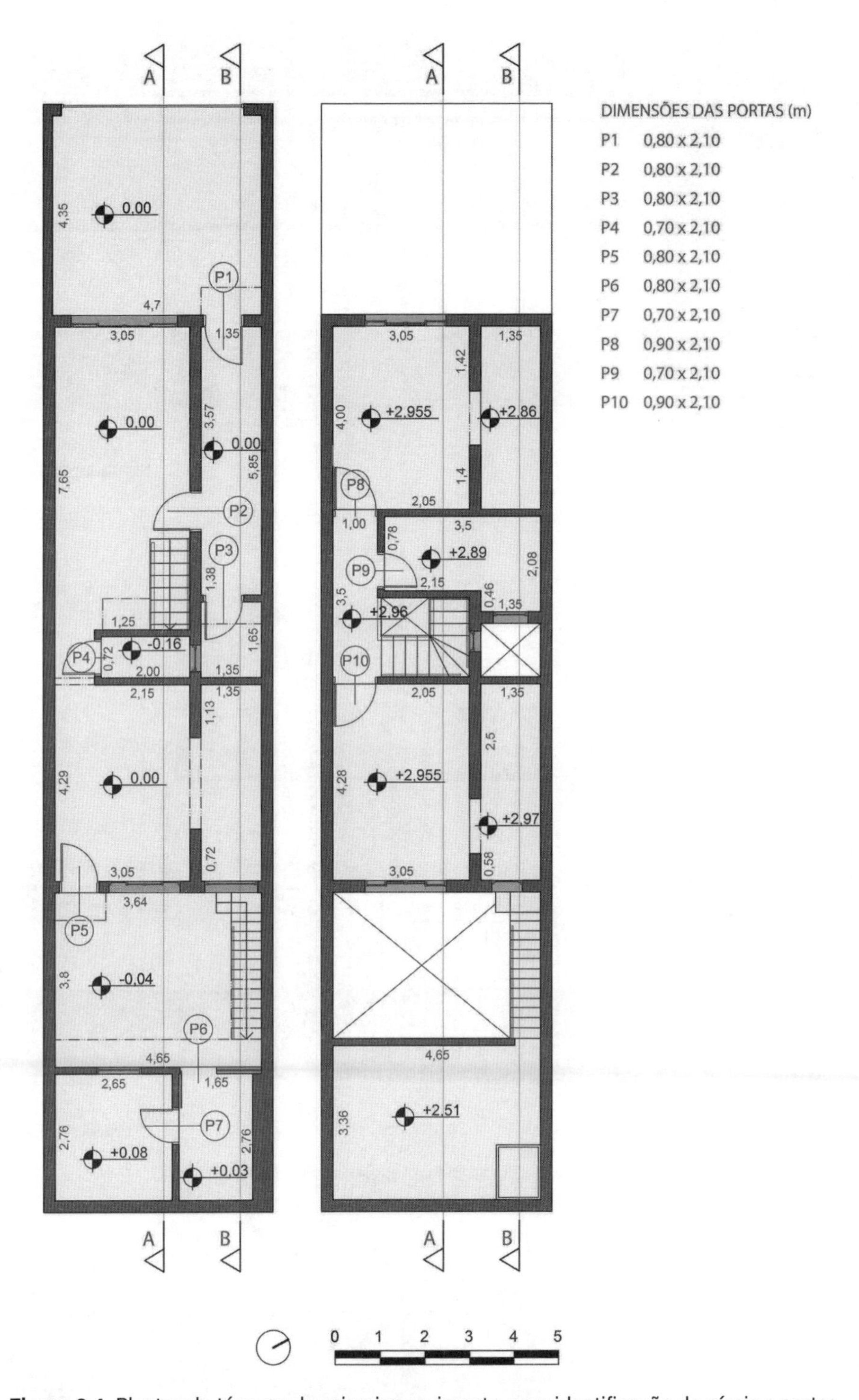

Figura 8.4 Plantas do térreo e do primeiro pavimento, com identificação de níveis e portas. Fonte: Carunchio (2017).

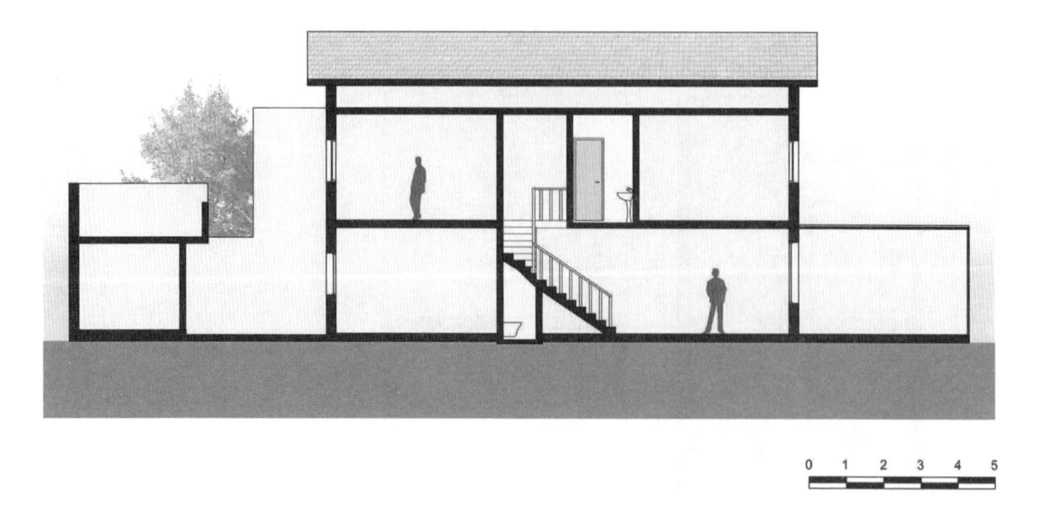

Figura 8.5 Corte A. Fonte: Carunchio (2017).

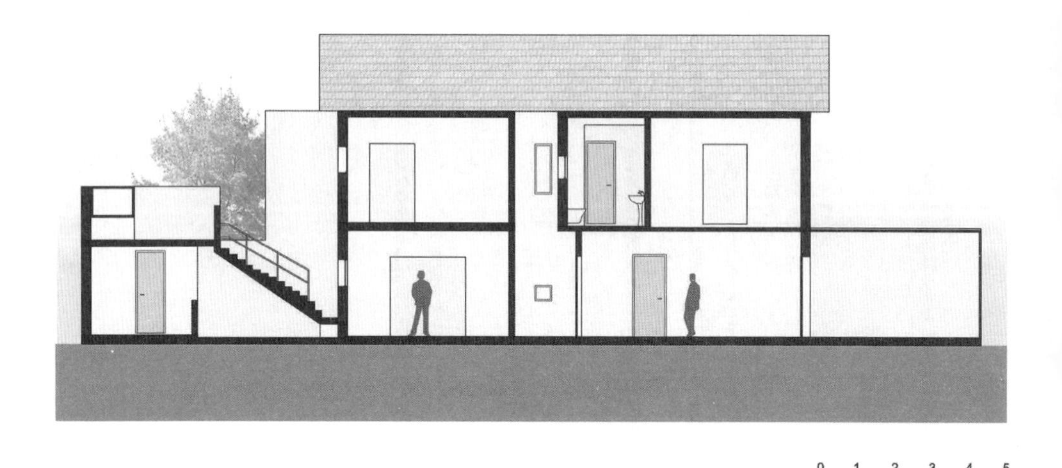

Figura 8.6 Corte B. Fonte: Carunchio (2017).

Figura 8.7 Áreas de utilização do mobiliário. Fonte: Carunchio (2017).

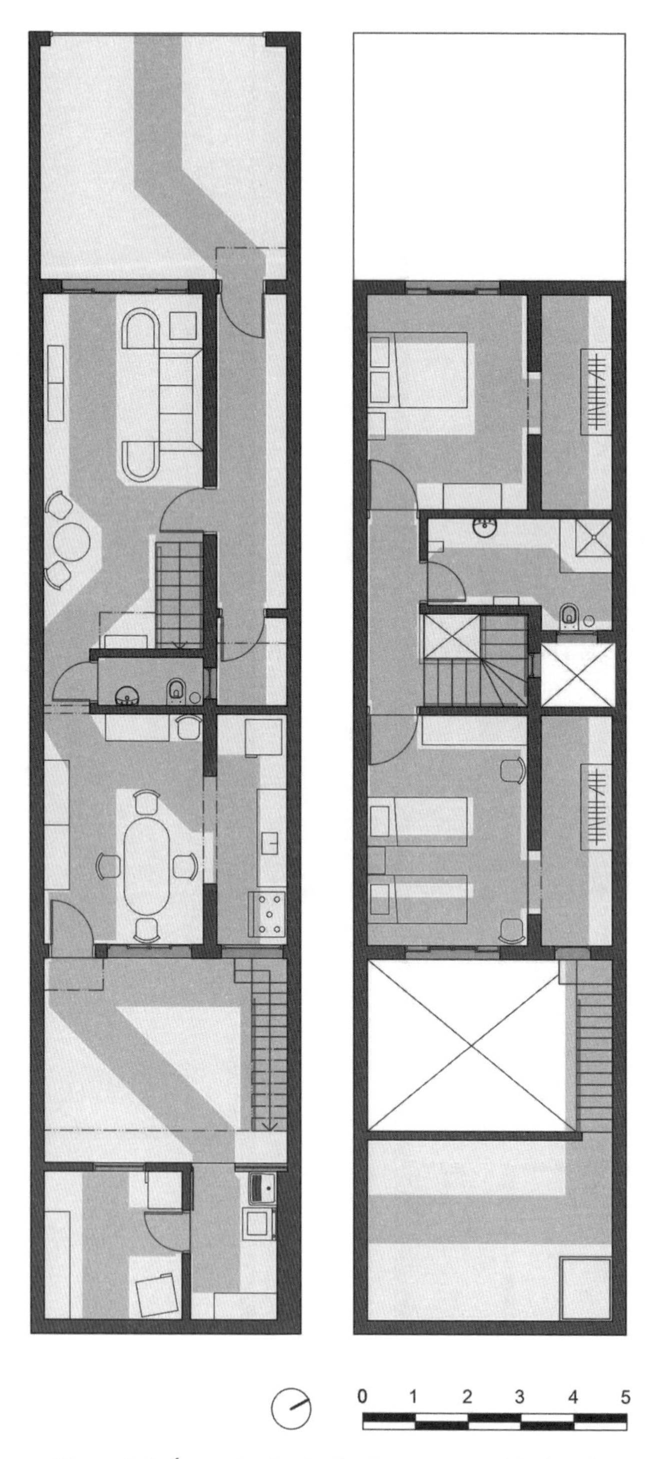

Figura 8.8 Áreas de circulação. Fonte: Carunchio (2017).

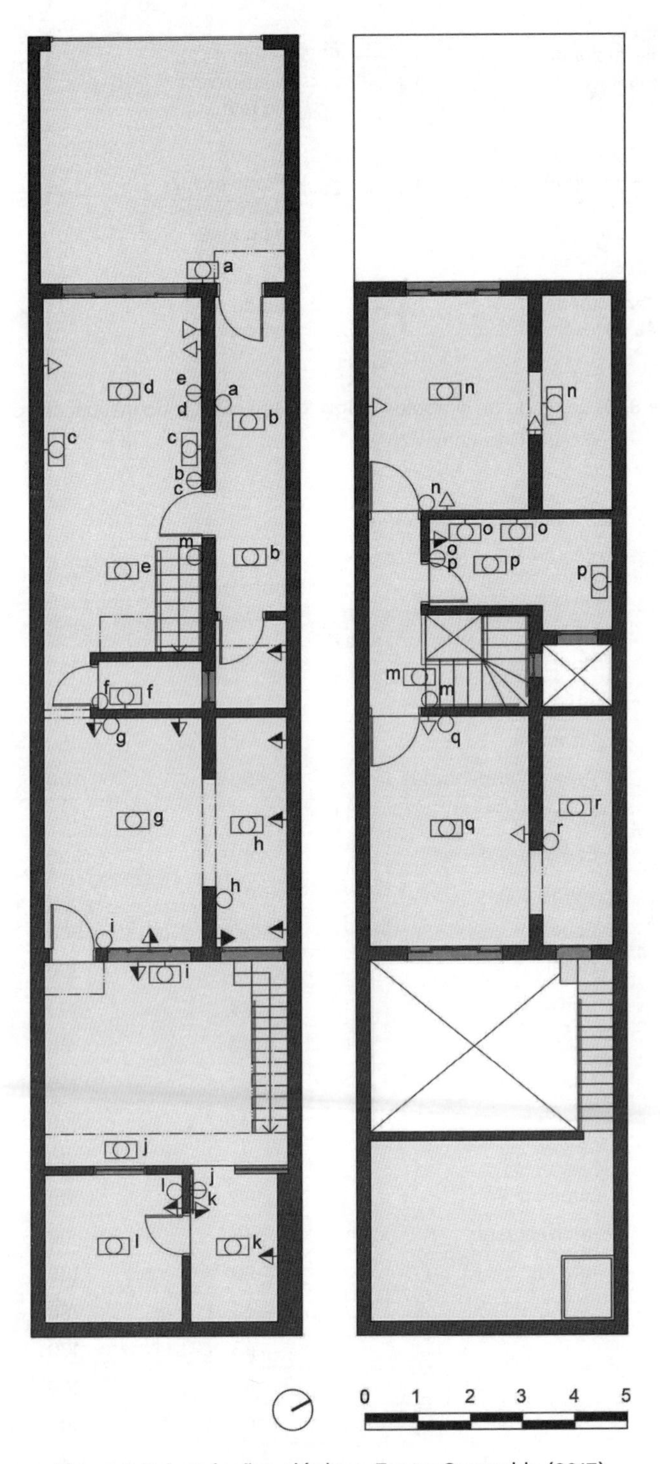

Figura 8.9 Instalações elétricas. Fonte: Carunchio (2017).

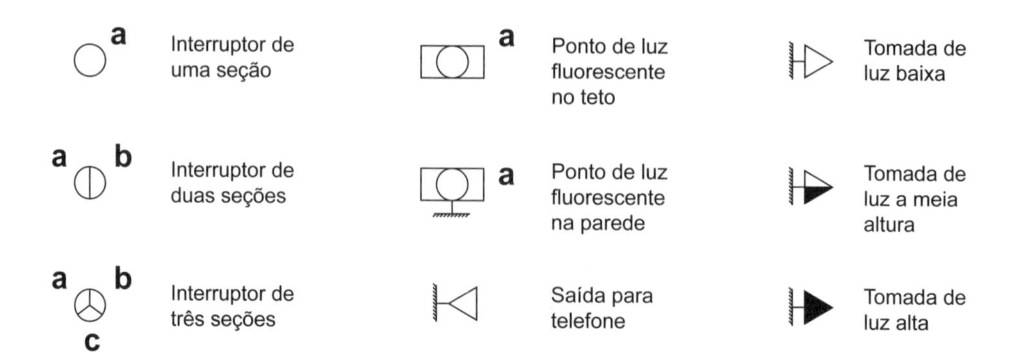

Figura 8.10 Legenda de símbolos utilizados em plantas de instalações elétricas. Fonte: Caruncho (2017).

Tabela 8.13 Iluminâncias medidas e necessárias

Ambiente		Iluminância medida (lux)	Iluminância necessária - NBR 5413 (lux)	
Dormitório 1	Principal	137	150	Insuficiente
	Área guarda-roupas	108	300	Insuficiente
Dormitório 2	Principal	97	150	Insuficiente
	Área guarda-roupas	150	300	Insuficiente
Banheiro	Geral	157	150	Suficiente
	Espelho	240	300	Insuficiente
Lavabo	Geral	113	150	Insuficiente
	Espelho	166	300	Insuficiente
Cozinha	Geral	192	150	Suficiente
	Bancada	378	300	Suficiente
Sala	Estar	162	150	Suficiente
	Hall	150	150	Suficiente
Área de serviço		141	200	Insuficiente
Corredor		75	100	Insuficiente
Escada interna	Superior	140	100	Suficiente
	Intermediário	78	100	Insuficiente
	Inferior	120	100	Suficiente
Garagem		63	100	Insuficiente
Corredor externo		83	100	Insuficiente
Externo - fundo		44	100	Insuficiente
Depósito		102	100	Suficiente

Fonte: Caruncho (2017).

Figura 8.11 Corredor de acesso e sala.

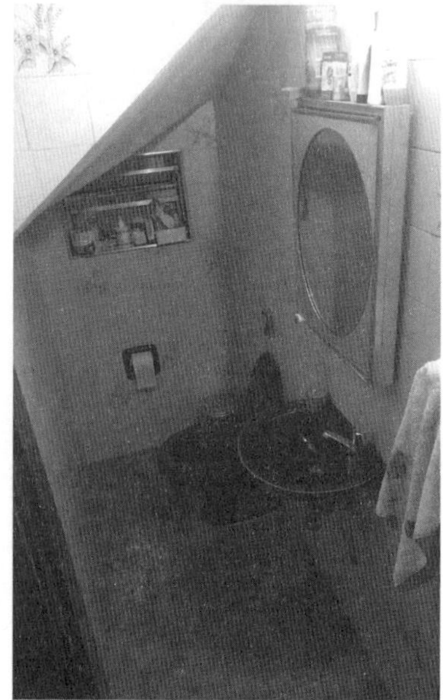

Figura 8.12 Cozinha, escada interna e lavabo.

Figura 8.13 Dormitórios 1 e 2.

Figura 8.14 Sanitário, escada externa e terraço.

Nesse processo, também se desenvolveu uma entrevista informal com a moradora, para entender as rotinas de uso da residência e as dificuldades sentidas por ela. Foram elaboradas fichas de avaliação qualitativa, aplicadas em cada ambiente da habitação, para descrição e análise de quesitos como revestimentos, esquadrias, sistemas elétricos, sistemas hidráulicos, mobiliário, dimensionamento de escadas e guarda-corpo e corrimão em escadas. Para facilitar a identificação dos elementos inadequados em cada ambiente, foram criados símbolos para cada quesito avaliado, que foram utilizados em três tons: cinza-escuro, quando o elemento está adequado, não havendo riscos nem desconforto ao usuário na realização de atividades de vida diária (AVDs) de forma autônoma; cinza-claro, quando há inadequações, mas que não representam grande risco ao usuário nem impossibilitam a realização de AVDs de forma autônoma; ou preto, quando as inadequações existentes geram riscos iminentes ou impossibilidade de uso. A adequação de cada elemento foi julgada pela comparação com parâmetros normativos e com os requisitos de desempenho descritos por Carli (2004), Hazin (2012) e Milani (2014).

Figura 8.15 Símbolos usados para avaliação qualitativa dos ambientes da residência. Fonte: Carunchio (2017).

DORMITÓRIO 1

Cerâmica de média rugosidade — Revestimento de piso

Largura de 80 cm
Desnível de 0,5 cm
Maçaneta do tipo alavanca em altura de 1 m
Trinco com chave
Fácil abertura e fechamento

Porta

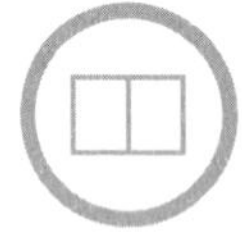

Janela de correr de fácil manuseio, com veneziana externa e poucas frestas
Dimensões: largura = 1,8 m; altura = 1,0 m; altura do peitoril = 1,1 m

Janela

Iluminação insuficiente e mal distribuída
Acionamento próximo à entrada do dormitório
Não há acionamento de iluminação próximo à cama
Existência de poucas tomadas
Presença de alguns fios soltos na extremidade entre a cama e a janela

Sistemas elétricos

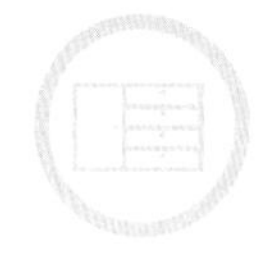

Altura da cama 0,5 m e da cabeceira de 1,15 m
Guarda-roupas, mesa de cabeceira e cômoda com puxadores arredondados e portas e gavetas de fácil abertura e fechamento
Presença de gavetas baixas na mesa de cabeceira e na cômoda, mas fora da área de circulação
Presença de quinas na mesa de cabeceira
Presença de tapete escorregadio próximo à cama

Mobiliário e equipamentos

Desnível de 9,5 cm no interior do ambiente, próximo à área do guarda-roupas

Informação adicional

Figura 8.16 Ficha de avaliação qualitativa do dormitório 1. Fonte: Carunchio (2017).

DORMITÓRIO 2

Revestimento de piso

Cerâmica de média rugosidade

Porta

Largura de 80 cm
Desnível de 0,5 cm
Maçaneta do tipo alavanca em altura de 1 m
Trinco com chave
Fácil abertura e fechamento

Janela

Janela de correr de fácil manuseio, com veneziana externa e poucas frestas
Dimensões: largura = 1,8 m; altura = 1,0 m; altura do peitoril = 1,1 m

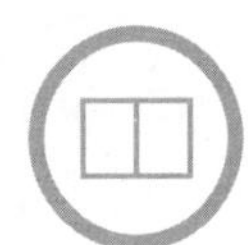

Sistemas elétricos

Iluminação insuficiente e mal distribuída
Acionamento próximo à entrada do dormitório
Não há acionamento de iluminação próximo às camas
Existência de poucas tomadas

Mobiliário e equipamentos

Guarda-roupas, mesa de cabeceira e escrivaninha com puxadores arredondados e portas e gavetas de fácil abertura e fechamento
Presença de gavetas baixas na mesa de cabeceira e na escrivaninha
Presença de quinas na mesa de cabeceira e na escrivaninha
Presença de tapete escorregadio próximo às camas

Informação adicional

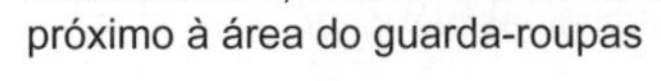

Desnível de 9,5 cm no interior do ambiente, próximo à área do guarda-roupas

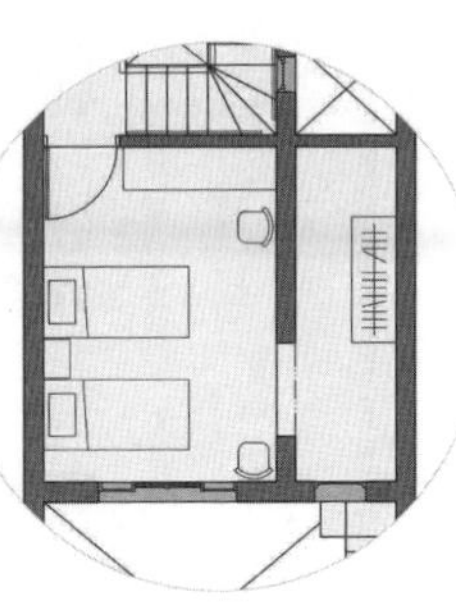

Figura 8.17 Ficha de avaliação qualitativa do dormitório 2. Fonte: Carunchio (2017).

SALA

Cerâmica de média rugosidade

Revestimento de piso

Largura de 0,7 m
Não há soleira
Maçaneta do tipo alavanca em altura de 1 m
Trinco com chave

Porta

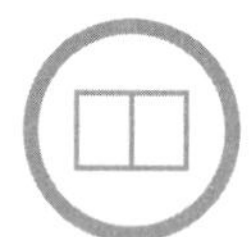

Janela de correr de fácil manuseio, com largura de 2,4 m, altura do peitoril de 0,8 m
Cortina longa (distância de 5 cm em relação ao piso)

Janela

Iluminação em níveis adequados
Não há interruptores para acionamento da iluminação da sala na passagem para a cozinha
Tomadas em número insuficiente
Presença de alguns fios soltos em uma das extremidades do ambiente

Sistemas elétricos

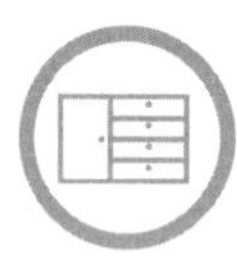

Mobiliário estável, que não obstrui a circulação
Sofá e poltronas firmes, que permitem fácil uso, com altura de 0,48 m
Rack apresenta quinas, mas fora da área de circulação
Aparador e mesa redonda em vidro, com estrutura metálica na borda
Mesa lateral em vidro e madeira
Presença de tapete não escorregadio

Mobiliário e equipamentos

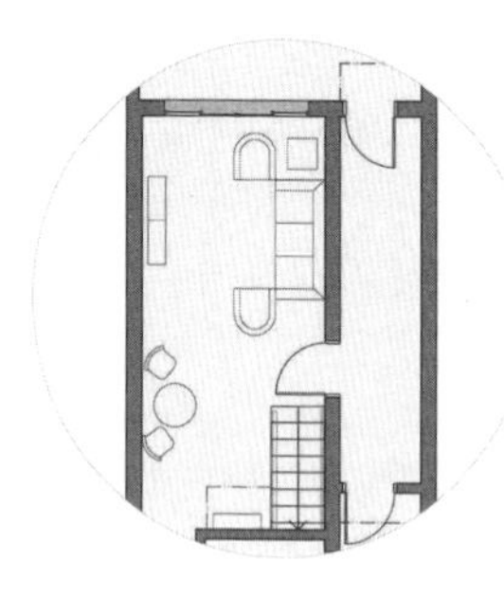

Figura 8.18 Ficha de avaliação qualitativa da sala. Fonte: Carunchio (2017).

LAVABO

Revestimentos	Cerâmica de média rugosidade no piso Azulejo cerâmico nas paredes
Bacia sanitária	Altura de 0,4 m Pouco espaço disponível dificulta aproximação em condição de dificuldade de locomoção Válvula de descarga de parede, a 0,9 m de altura Não há barras de apoio Papeleira instalada em parede lateral à bacia, a 0,5 m de altura
Lavatório	Pia fixada na parede, a 80 cm de altura Não há bancada Torneira acionada por rotação Porta-toalhas a 1,2 m de altura
Porta	Largura de 70 cm, desnível de 16 cm, maçaneta do tipo alavanca em altura de 1 m e trinco com chave
Janela	Janela basculante de fácil manuseio, com largura de 0,58 m, altura de 0,4 m e peitoril de 1,0 m
Sistemas elétricos	Iluminação insuficiente Interruptor próximo à entrada do lavabo Não há tomadas
Mobiliário e equipamentos	Armário com espelho embutido, com altura de 60 cm, largura de 45 cm e profundidade de 10 cm, instalado a 1,1 do piso
Informação adicional	Pé-direito variável devido à localização sob a escada Área insuficiente para circulação e uso dos equipamentos

Figura 8.19 Ficha de avaliação qualitativa do lavabo. Fonte: Carunchio (2017).

SANITÁRIO

Revestimentos

Cerâmica de média rugosidade no piso
Mesmo revestimento de piso no box e no restante do banheiro
Azulejo cerâmico nas paredes

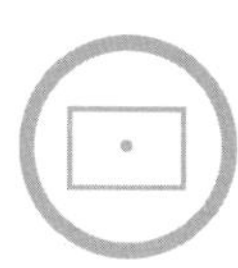

Lavatório

Pia fixada no piso, a 80 cm de altura
Não há bancada
Torneira acionada por alavanca
Porta-toalhas a 1,4 m de altura

Bacia sanitária

Altura de 0,4 m
Válvula de descarga de parede, instalada a 0,9 m de altura
Não há barras de apoio
Papeleira instalada na mesma parede da bacia, a 0,65 m de altura

Box e chuveiro

Dimensões de 1 × 1 m
Fechamento com porta de correr de vidro
Obstáculo de 2,5 cm de altura na entrada do box (elemento de fixação das portas)
Desnível de 2,5 cm no interior do box (existência de uma área rebaixada), a 30 cm da porta
Ralo metálico circular no centro da área rebaixada
Chuveiro a 2,1 m de altura
Registro de pressão acionado por rotação, a 1,5 m de altura
Porta-toalhas ao lado do box, a 1,5 m de altura
Não há barras de apoio
Não há banco

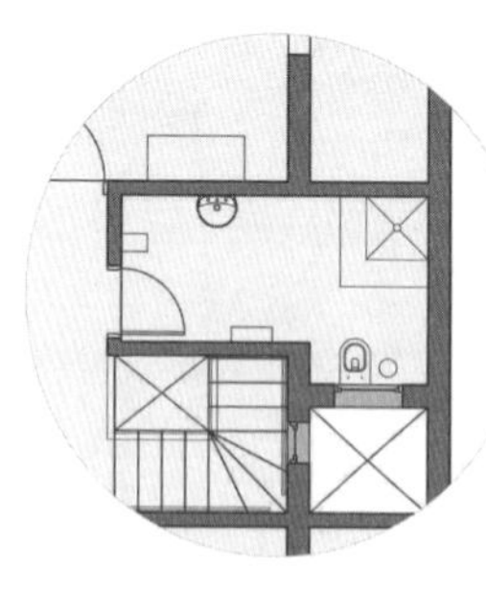

Figura 8.20 Ficha de avaliação qualitativa do sanitário. Fonte: Carunchio (2017).

SANITÁRIO

Porta

Largura de 70 cm
Desnível de 7 cm
Maçaneta do tipo alavanca em altura de 1 m
Trinco com chave
Fácil abertura e fechamento

Janela

Janela basculante de fácil manuseio
Dimensões: largura = 0,78 m; altura = 0,6 m;
altura do peitoril = 1,23 m

Janela

Iluminação suficiente, exceto na área do espelho
Interruptores próximos à entrada do sanitário
Falta de tomadas – há apenas uma tomada,
localizada junto dos interruptores

Mobiliário e equipamentos

Gaveteiro de plástico apoiado sobre o piso, com
altura de 0,4 m, largura de 0,3 m e profundidade
de 0,35 m
Espelho embutido em armário, com altura de 1,35 m,
largura de 0,45 cm e profundidade de 0,15 m, e
com vão livre sob o armário de 0,45 m
Mobiliário não obstrui a circulação
Presença de tapete próximo à entrada, não escorregadio

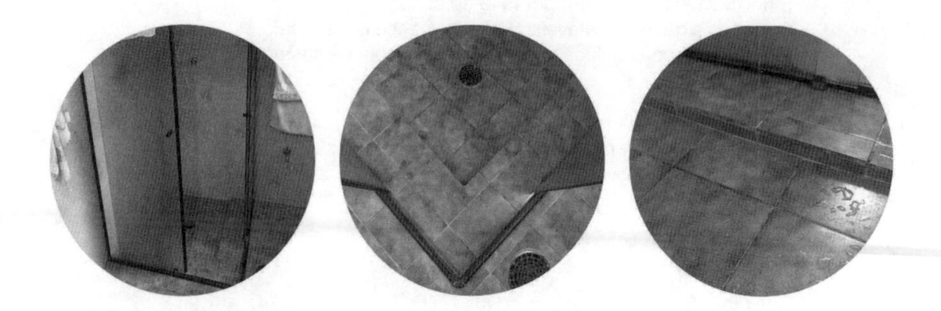

Figura 8.21 Ficha de avaliação qualitativa do sanitário. Fonte: Carunchio (2017).

COZINHA

Cerâmica de média rugosidade
Azulejo cerâmico nas paredes

Revestimentos

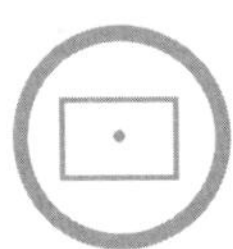

Bancada em granito instalada a 0,85 m de altura, com dimensões de 0,57 × 1,8 m
Torneira acionada por alavanca de fácil alcance e manuseio
Gabinete sob a pia com armários e gavetas
Porta-pano de prato a 1,5 m de altura

Pia

Não há porta entre a cozinha e o corredor
Porta voltada para a área externa com largura de 0,7 m, desnível de 0,04 m, maçaneta do tipo alavanca a 1 m de altura e trinco com chave

Porta

Janela de correr de fácil manuseio, com largura de 1,6 m, altura de 1,0 m e altura do peitoril de 1,0 m
Janela basculante de fácil manuseio, com largura de 1,0 m, altura de 0,7 m e altura do peitoril de 1,3 m

Janelas

Mesa com dimensões de 0,85 × 1,8 m, tampo com laminado melamínico com altura de 0,75 m a altura livre de 0,7 m
Cadeiras estáveis em metal, madeira e estofado, com altura de 0,5 m
Fogão com altura de 0,85 m, largura de 0,85 m e profundidade de 0,7 m; dificuldade e risco no uso (principalmente do forno) por falta de espaço
Armários e gavetas estáveis, de fácil alcance e manuseio, fora da área de circulação com puxadores com cantos arredondados

Mobiliário e equipamentos

Iluminação em níveis adequados
Tomadas em número suficiente e bem distribuídas

Sistemas elétricos

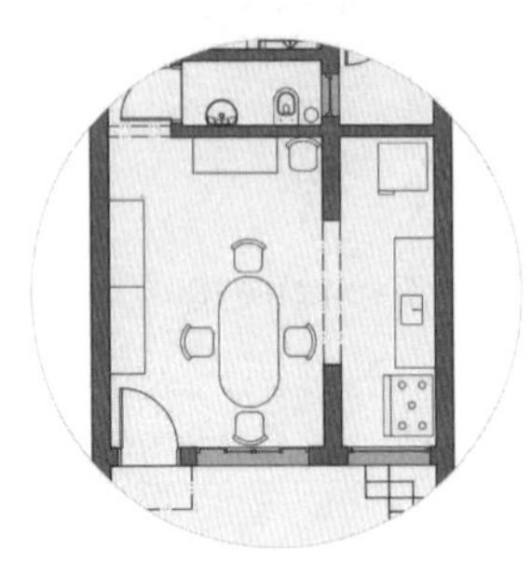

Figura 8.22 Ficha de avaliação qualitativa da cozinha. Fonte: Carunchio (2017).

ÁREA DE SERVIÇO

Revestimentos

Cerâmica de alta rugosidade no piso
Azulejo cerâmico nas paredes

Tanque

Altura de 0,8 m
Largura de 0,5 m
Profundidade de 0,5 m
Torneira acionada por rotação, em altura de 1,3 m

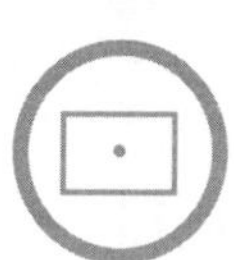

Porta

Porta em grade metálica
Passagem de 80 cm
Desnível de 7 cm

Sistemas elétricos

Iluminação insuficiente
Interruptor próximo à entrada do ambiente
Poucas tomadas, mas em número suficiente

Mobiliário e equipamentos

Máquina de lavar roupas com altura de 0,95 m, largura de 0,6 m e profundidade de 0,6 m
Varal de teto sem manivela
Varal fixo no terraço do pavimento superior, a 2 m de altura
Armários com puxadores com cantos arredondados e quinas fora da área de circulação

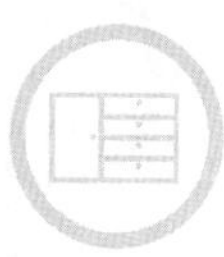

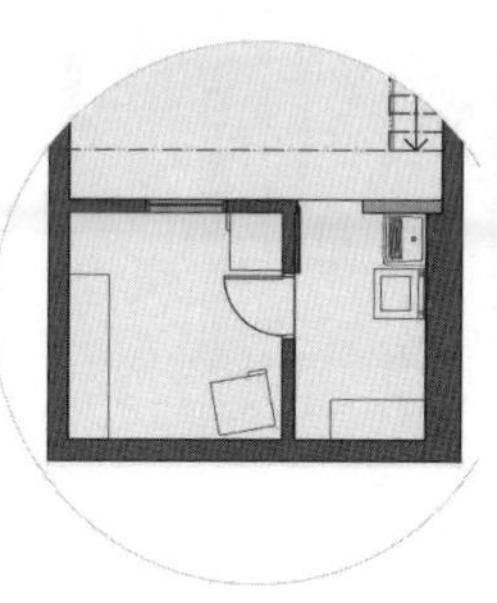

Figura 8.23 Ficha de avaliação qualitativa da área de serviço. Fonte: Carunchio (2017).

ESCADA INTERNA

Espelho fechado, de alvenaria na cor branca
Pisada de granito claro

Revestimentos

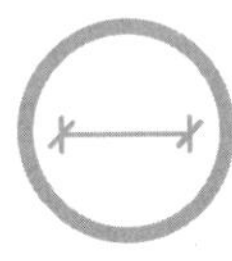

Largura de 0,8 m (descontada a área do guarda-corpo)
Espelho de 0,174 m
Pisada de 0,266 m
Bocel de 0,01 m

Dimensões dos degraus

Guarda-corpo de madeira com balaústres
Altura de 0,85 m
Corrimão acoplado ao guarda-corpo de seção retangular (com cantos arredondados), com 7 cm de largura e 5 cm de altura
Corrimão metálico fixo à parede, de seção circular de 0,03 cm de diâmetro, em altura de 0,8 m

Guarda-corpo e corrimão

Luminária apenas na porção superior
Iluminação suficiente na porção superior
Iluminação insuficiente na porção central
Iluminação suficiente na porção inferior apenas com as luzes da sala acesas
Interruptor em ambas as extremidades da escada

Sistemas elétricos

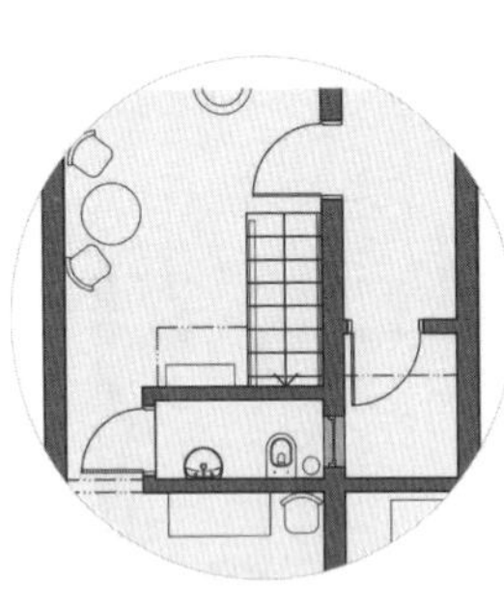

Figura 8.24 Ficha de avaliação qualitativa da escada interna. Fonte: Carunchio (2017).

ESCADA EXTERNA

Revestimentos	Espelho fechado Espelho e pisada de cerâmica antiderrapante	
Dimensões dos degraus	Largura de 0,68 cm Espelho de 0,165 m em média Pisada de 0,21 m em média Não há bocel	
Guarda-corpo e corrimão	Guarda-corpo metálico fixo ao piso Corrimão acoplado ao guarda-corpo de seção retangular de 0,03 cm de diâmetro Não há corrimão do lado da parede	
Sistemas elétricos	Não há iluminação diretamente na escada Há iluminação apenas no pavimento térreo	
Informação adicional	Escada bastante irregular, com dimensões de pisadas e espelhos variáveis	

Figura 8.25 Ficha de avaliação qualitativa da escada externa. Fonte: Carunchio (2017).

Observando os levantamentos de campo e as avaliações de ergonomia realizadas, constatou-se que a edificação apresenta algumas características favoráveis à utilização por idosos, mas outras que representam riscos e requerem alterações.

Os revestimentos de piso são adequados em toda a edificação, haja vista que não são escorregadios e não apresentam brilho excessivo que possa provocar ofuscamento. Em alguns cômodos, no entanto, há tapetes que podem aumentar os riscos de queda. Alguns deles, que representam maior risco de escorregamento, como os dos dormitórios e o da cozinha, devem ser substituídos por modelos emborrachados. Os demais podem ser fixados ao piso com o uso de fitas adesivas antiderrapantes.

De forma geral, constatou-se que o nível de iluminação é insuficiente em diversos ambientes, sendo os mais críticos o dormitório 1, o sanitário do pavimento superior, o corredor do pavimento superior e a escada interna. A baixa iluminância dificulta a observação de características físicas do ambiente e de obstáculos, podendo ocasionar quedas, principalmente na escada, onde o usuário precisa identificar as diferenças entre espelho e pisada, e no trajeto entre dormitório e banheiro, o qual muitas vezes é percorrido à noite.

A adequação do sistema de iluminação deve contemplar tanto a questão da iluminância como a localização dos interruptores, de forma a favorecer a circulação segura. Em áreas que permitem o acesso a outros cômodos da residência, como a sala, a cozinha e o corredor do pavimento superior, é recomendável a existência de interruptores nas duas extremidades do ambiente, para evitar que o usuário circule no escuro. Na área externa localizada na porção da frente do edifício, há iluminação em nível insuficiente, cujo acionamento é feito apenas pelo interior da residência. Assim, quando a moradora sai de casa, para que não haja circulação no escuro, é necessário deixar a luz desse espaço acesa, desperdiçando energia elétrica e prejudicando a segurança patrimonial. Recomenda-se, ainda, inserir uma luminária que possa ser acionada a partir da cama, uma vez que grande parte das quedas no ambiente doméstico acontece no período noturno.

A quantidade insuficiente de tomadas também é problemática, na medida em que, por não haver tomadas próximas aos eletrodomésticos, há fios soltos no chão, como observado na sala e no dormitório 1.

Todas as portas apresentam maçaneta do tipo alavanca a uma altura de um metro do piso, o que é adequado à utilização por idosos. Ainda que o ideal fosse ter as maçanetas em "U", que evitam lesões, as existentes possibilitam a utilização mesmo quando o usuário apresenta dificuldades de manuseio, diferentemente das maçanetas de girar. As fechaduras possuem trinco com chave, permitindo a abertura pelo lado de fora caso necessário. A maior parte das portas apresenta largura igual ou superior a 80 cm, possibilitando a passagem com cadeira de rodas ou com outros tipos de dispositivos auxiliadores de marcha, conforme a NBR 9050. Em alguns ambientes, contudo, a largura é de 70 cm (portas P4, P7 e P9). As portas não contêm soleiras, o que é o ideal para a circulação, embora diversos ambientes apresentem desníveis junto à entrada ou em seu interior, como os dormitórios, os sanitários, a área de serviço, o depósito e a área externa ao fundo.

O lavabo apresenta um desnível de 16 cm junto à entrada, necessário pelo fato de esse ambiente estar localizado sob a escada. Sua largura de apenas 0,9 m dificulta o uso dos equipamentos sanitários, principalmente para usuários com dificuldade de locomoção.

O sanitário do pavimento superior apresenta dois pontos principais de risco: o desnível junto à entrada, de 7 cm, e o desnível presente no interior do box do chuveiro. O box apresentava originalmente dimensões de 0,7 × 0,7 m, com um desnível de 2,5 cm em relação ao restante do piso do banheiro. Posteriormente, foi ampliado para 1 × 1 m, mas nesse processo alterou-se apenas a posição do seu fechamento e, portanto, o desnível que originalmente ficava nas extremidades do box situa-se hoje em seu interior.

As paredes remanescentes do projeto original, que não foram retiradas na reforma, prejudicam o uso dos espaços, a circulação e a utilização confortável e segura do mobiliário e dos equipamentos. Esse problema apresenta-se com maior intensidade na cozinha, onde uma das paredes impede a utilização adequada do forno: quando o forno está aberto, é necessário que o usuário se posicione ao lado do equipamento, não à sua frente. Isso, além de tornar o uso mais difícil e desconfortável, aumenta as chances de acidentes como queimaduras e quedas.

A escada interna apresenta dimensionamento inferior ao recomendado pela NBR 9050. Embora os espelhos tenham altura de 17,4 cm, valor permitido pela norma, as pisadas apresentam 26 cm de extensão, inferior ao mínimo de 28 cm recomendados. Ainda que as exigências da norma não tenham sido atendidas, as dimensões não estão muito distantes dos valores normalizados. Além disso, estão bastante próximas das recomendadas por Carli (2004) para idosos (espelhos de 17,5 cm e pisadas de 27 cm). Em vista disso e considerando os custos adicionais que a adaptação da escada representaria, considerou-se que intervenções no seu dimensionamento não são necessárias.

A escada externa, localizada ao fundo da edificação, é bastante irregular, apresentado variações nas dimensões das pisadas e dos espelhos em todos os degraus, o que torna seu uso bastante inseguro. Além disso, sua largura de 68 cm é insuficiente para a circulação. Em razão desses aspectos, considerou-se de extrema importância uma intervenção nesse elemento. A drenagem da área externa do pavimento térreo onde essa escada se localiza é adequada, não ocorrendo empoçamentos.

Algumas inadequações no âmbito da ergonomia se manifestam no dormitório 2, tanto considerando a área de circulação entre as duas camas como as áreas necessárias para uso do mobiliário. Esses problemas podem ser minimizados com mudanças no *layout*.

As avaliações de área necessária para a utilização do mobiliário e dos equipamentos mostram que não há graves problemas de área insuficiente ou de interferência de uso entre equipamentos, ou seja, espaços requeridos para o uso de dois ou mais equipamentos distintos, exceto em relação ao fogão e ao lavabo, como já discutido. As interferências de uso não são comuns e, quando ocorrem, se manifestam em locais em que o uso simultâneo dos equipamentos que sofrem interferência é raro. A circulação também não é muito problemática nessa residência, com exceção da escada externa e algumas portas, como já mencionado, que apresentam dimensões inadequadas.

Após a identificação das intervenções prioritárias na habitação, foram desenvolvidas três propostas de intervenção. Na primeira, foram realizadas as alterações necessárias para garantir a segurança e o conforto na realização de tarefas, considerando as condições atuais de saúde e mobilidade da moradora. Foram priorizadas intervenções de custo baixo ou nulo, como a adequação do espaço pela mudança do *layout* do mobiliário. Na segunda, buscou-se que a moradora pudesse manter seu local de moradia e a realização de tarefas de forma autônoma caso futuramente haja perda de mobilidade que torne necessário o uso de cadeira de rodas. Para tanto, instalou-se no pavimento térreo um dormitório e um sanitário acessíveis. Já na terceira, foram realizadas todas as intervenções necessárias para que a residência se tornasse completamente acessível, inclusive seu pavimento superior, e para que todos os elementos que geram riscos fossem eliminados, o que incluiu refazer os sistemas elétricos.

Cada um desses projetos foi analisado segundo as áreas necessárias para uso do mobiliário e dos equipamentos e para a circulação, com o intuito de verificar a eficácia da intervenção. Além disso, fizeram-se estimativas de orçamento, considerando as principais alterações contidas nos projetos, que permitiram avaliar as diferenças de custos entre as propostas. Os orçamentos de reforma foram desenvolvidos a partir da Tabela de Custos de Manutenção e Reforma da PINI, com preços de agosto de 2011, para a cidade de São Paulo. Para os sistemas elétricos, foi considerado um custo médio por metro quadrado de R$ 33,71, obtido em um exemplo de orçamento de construção de casa geminada apresentado na 13ª edição da Tabela de Custos da TCPO, da PINI. Esses preços foram atualizados para valores de novembro de 2017, conforme o Índice Nacional de Custos da Construção (INCC), calculado mensalmente pela Fundação Getulio Vargas, que entre agosto de 2011 e o desenvolvimento da análise, em 2017, apresentou alta de 48,42 %. Já outros elementos, como barras de apoio para sanitários e plataformas elevatórias para acessibilidade, foram consultados pelo seu custo atual (no momento de produção deste texto) de mercado.

A proposta de intervenção 1 foi desenvolvida de forma a funcionar como uma primeira etapa para a implantação da proposta 3. Assim, pode-se implementar a intervenção necessária atualmente, e, caso necessário, complementá-la com as demais especificações da proposta 3, tornando a residência acessível. A proposta 2 não é uma etapa intermediária de implantação da terceira. Ela foi desenvolvida como outra possibilidade de intervenção, para a comparação de custos entre uma reforma para acessibilidade apenas do pavimento térreo e uma reforma total da residência.

8.5 Primeira proposta de intervenção

Na primeira proposta de intervenção, mínima necessária para garantir a segurança e o conforto da moradora em sua condição atual de saúde e mobilidade, focou-se a adequação dos elementos que geravam riscos.

Propôs-se o nivelamento do piso do dormitório 1 com o do corredor na cota de 2,96 m e a remoção das paredes internas que dividem o ambiente. Apesar de essa remoção não ser essencial, melhora as condições de circulação e, uma vez que já será alterado o revestimento de piso, não agrega muitos custos à intervenção. Em relação ao mobiliário, sugere-se a instalação de um cabideiro extensível, que se move até uma altura próxima dos braços do usuário, facilitando sua utilização.

Os desníveis do dormitório 2 não foram eliminados nessa proposta, uma vez que havia o intuito de redução de custo. Por serem desníveis pequenos e pelo fato de o ambiente não ser muito utilizado pela moradora (especialmente à noite), os riscos de ocasionarem acidentes são consideravelmente menores. As alterações feitas nesse dormitório foram apenas de *layout*, para melhorar as condições de circulação e facilitar o acesso à janela.

O sanitário do pavimento superior foi projetado para acessibilidade por usuários utilizando dispositivos auxiliadores de marcha, inclusive cadeira de rodas. Embora esteja situado no pavimento superior, é possível posteriormente instalar uma plataforma elevatória para a mobilidade de cadeirantes, como será apresentado na proposta de intervenção 3. Além disso, a colocação de barras de apoio próximas ao lavatório, ao vaso sanitário e ao chuveiro facilita a utilização por idosos com mobilidade reduzida e melhora as condições de segurança. Também se propõe a colocação de banco para banho removível.

Esse sanitário foi projetado com caimento constante, de 1 %, sendo a parte mais alta a parede de entrada e a mais baixa a parede oposta, ao fundo, junto à qual foi colocado um ralo linear. Assim, o ralo ficou fora da área de circulação e distante do chuveiro, evitando quedas.

O vaso sanitário deve ser instalado a uma altura de 46 cm, e a pia a 80 cm. A torneira deve ser acionada por alavanca, para facilitar seu manuseio. No chuveiro, o misturador deve estar a 1 m de altura, e os porta-toalhas em altura de no máximo 1,2 m. Delimitando a área do box do chuveiro, pode ser inserida uma cortina.

Em relação ao lavabo, apesar de ser uma área com problemas de ergonomia, não se especificaram intervenções, pois, para torná-lo acessível, seria preciso aumentar suas dimensões, tanto pela área necessária para uso dos equipamentos como pelo pequeno pé-direito sob a escada, o que implicaria altos custos.

Na cozinha, propôs-se a remoção das paredes internas, o que eliminou os problemas de utilização do fogão e melhorou as condições de circulação.

A escada externa necessita de redimensionamento, de forma a atender às exigências da BNR 9050. A escada projetada apresenta largura de 90 cm e degraus com pisada de 29 cm e espelho de 17 cm. Devem ser instalados corrimãos em seus dois lados. Como o local em que originalmente havia um ralo na área externa no pavimento térreo foi ocupado pela nova escada, é preciso refazer o piso dessa nova área, para estabelecer um caimento na direção do ralo, que deve ser do tipo linear e instalado junto à parede da cozinha. Manteve-se o desnível entre as áreas interna e externa de 4 cm, para não haver infiltração de águas pluviais sob a porta, sendo necessária a instalação de pequenas rampas junto à porta P5 e à entrada para a área de serviço.

Recomenda-se a colocação de uma luminária próxima à cama no dormitório 1, para evitar que a moradora circule no escuro à noite. Também é necessário alterar a iluminação do corredor do pavimento superior e da escada. Sugere-se que as luminárias sejam colocadas na parede, em alturas baixas, para uma boa iluminação do piso. Na escada, é possível instalar uma luminária embutida na parte inferior no corrimão. Recomenda-se, ainda, inserir tomadas e conduítes nos ambientes em que há fios soltos (sala e dormitório 1), ou fixá-los junto ao encontro do piso com a parede. Na garagem, sugere-se a colocação de sensor de presença para acionamento da iluminação.

Foram propostas, ainda, mudanças de *layout* do mobiliário e dos equipamentos, para facilitar o uso desses elementos e melhorar as condições de circulação. É necessário, ainda, substituir os tapetes escorregadios por modelos emborrachados ou fixá-los ao piso, e instalar proteções de silicone nas quinas existentes em móveis, sobretudo as próximas às rotas de circulação.

Tabela 8.14 Estimativa de custos da proposta de intervenção 1

Estimativa de custos - intervenção 1	
Ambiente	**Custo (R$)**
Dormitório 1	5.071,24
Cozinha	542,37
Sanitário	1.811,09
Escada externa	2.510,26
Área externa	1.728,81
Instalações elétricas	355,23
Total	**12.019,00**

Fonte: Carunchio (2017).

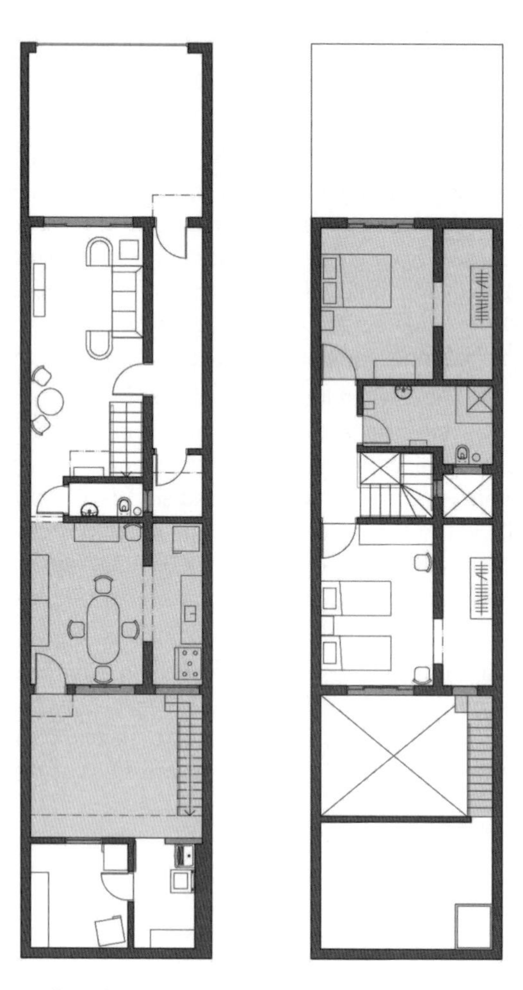

Figura 8.26 Áreas alteradas na proposta de intervenção 1. Fonte: Carunchio (2017).

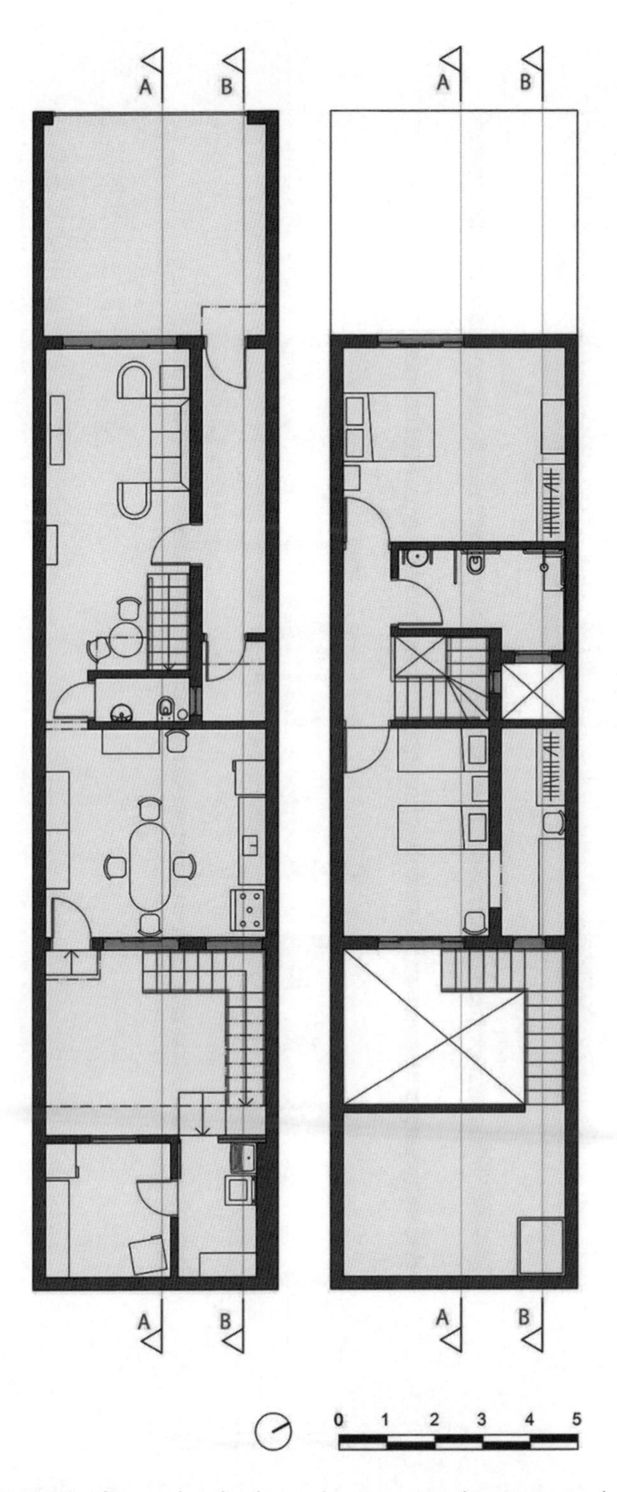

Figura 8.27 Plantas do térreo e do primeiro pavimento segundo a proposta de intervenção 1. Fonte: Carunchio (2017).

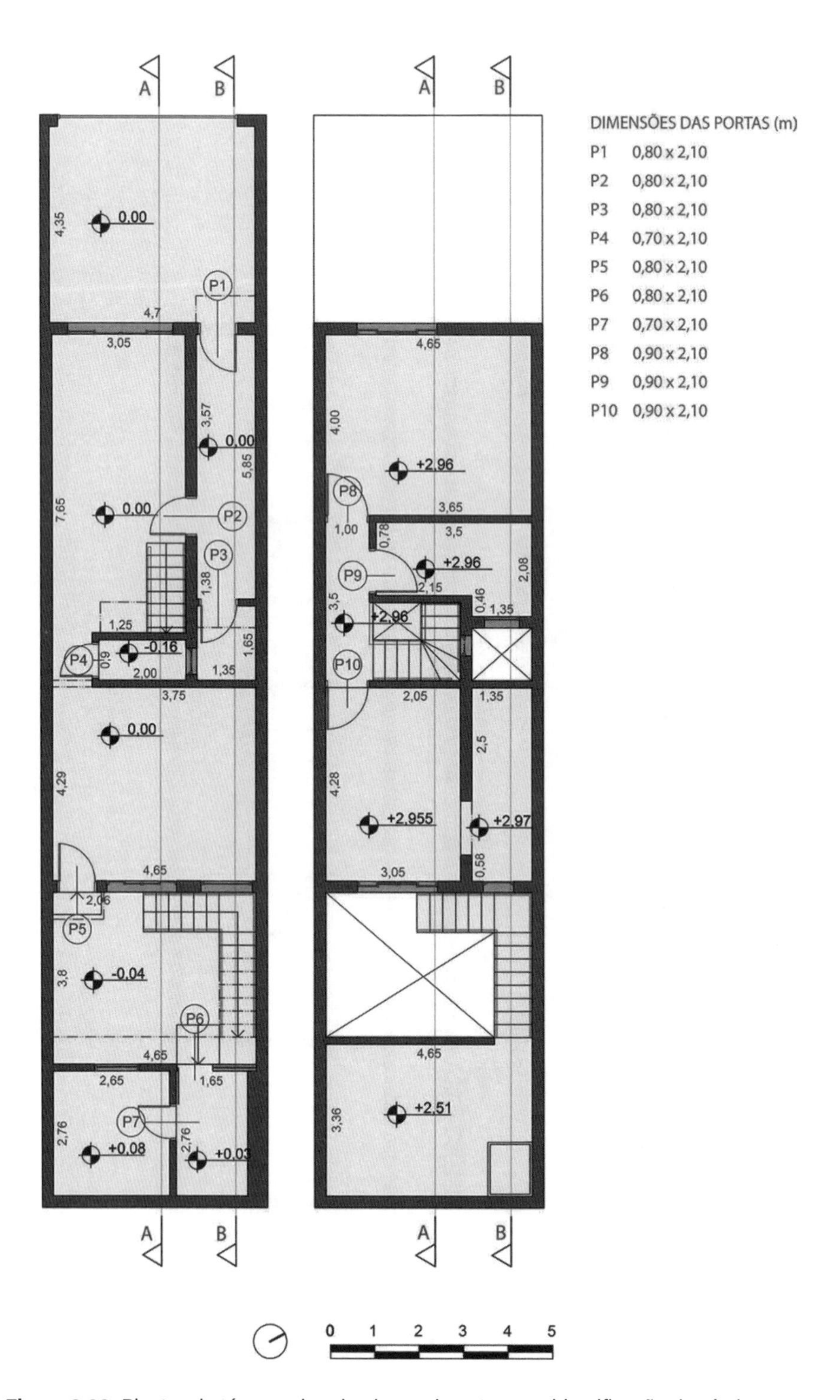

DIMENSÕES DAS PORTAS (m)

P1	0,80 x 2,10
P2	0,80 x 2,10
P3	0,80 x 2,10
P4	0,70 x 2,10
P5	0,80 x 2,10
P6	0,80 x 2,10
P7	0,70 x 2,10
P8	0,90 x 2,10
P9	0,90 x 2,10
P10	0,90 x 2,10

Figura 8.28 Plantas do térreo e do primeiro pavimento, com identificação de níveis e portas, segundo a proposta de intervenção 1. Fonte: Carunchio (2017).

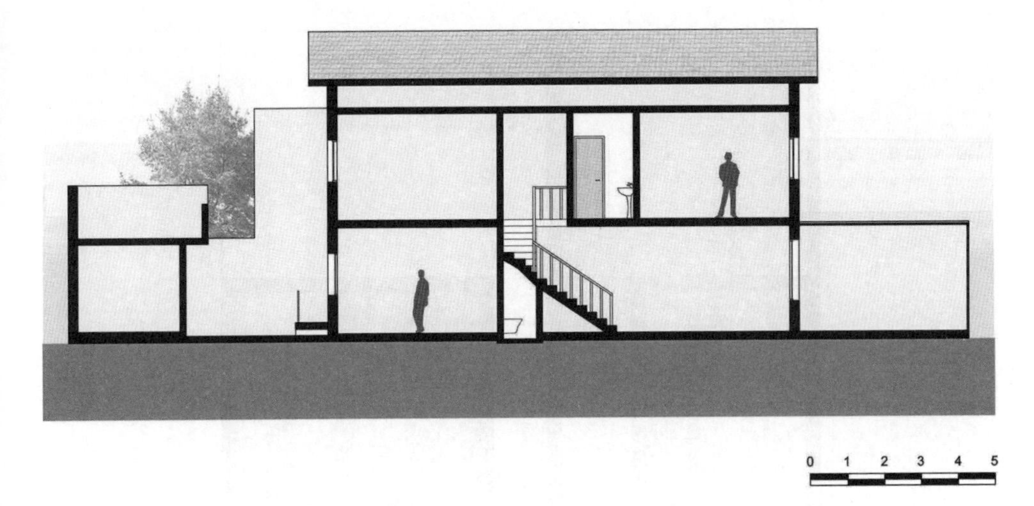

Figura 8.29 Corte A segundo a proposta de intervenção 1. Fonte: Carunchio (2017).

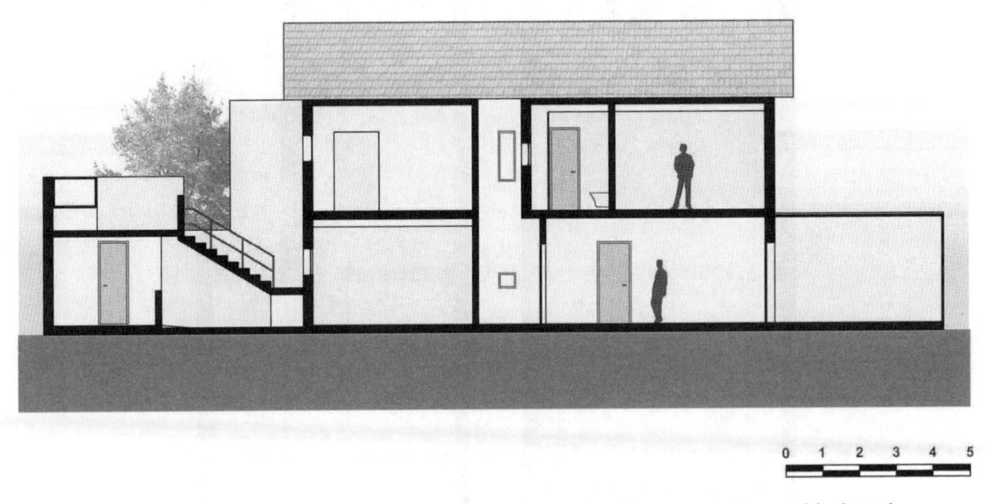

Figura 8.30 Corte B segundo a proposta de intervenção 1. Fonte: Carunchio (2017).

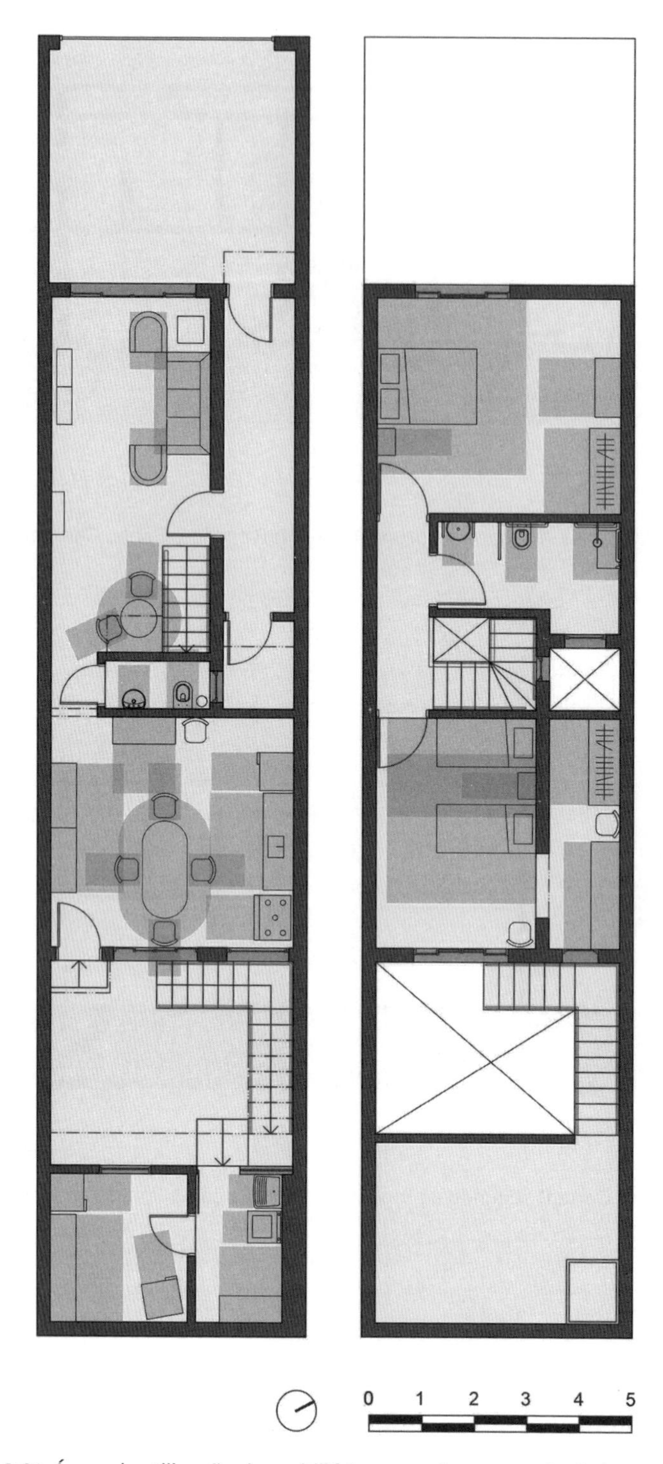

Figura 8.31 Áreas de utilização do mobiliário segundo a proposta de intervenção 1. Fonte: Carunchio (2017).

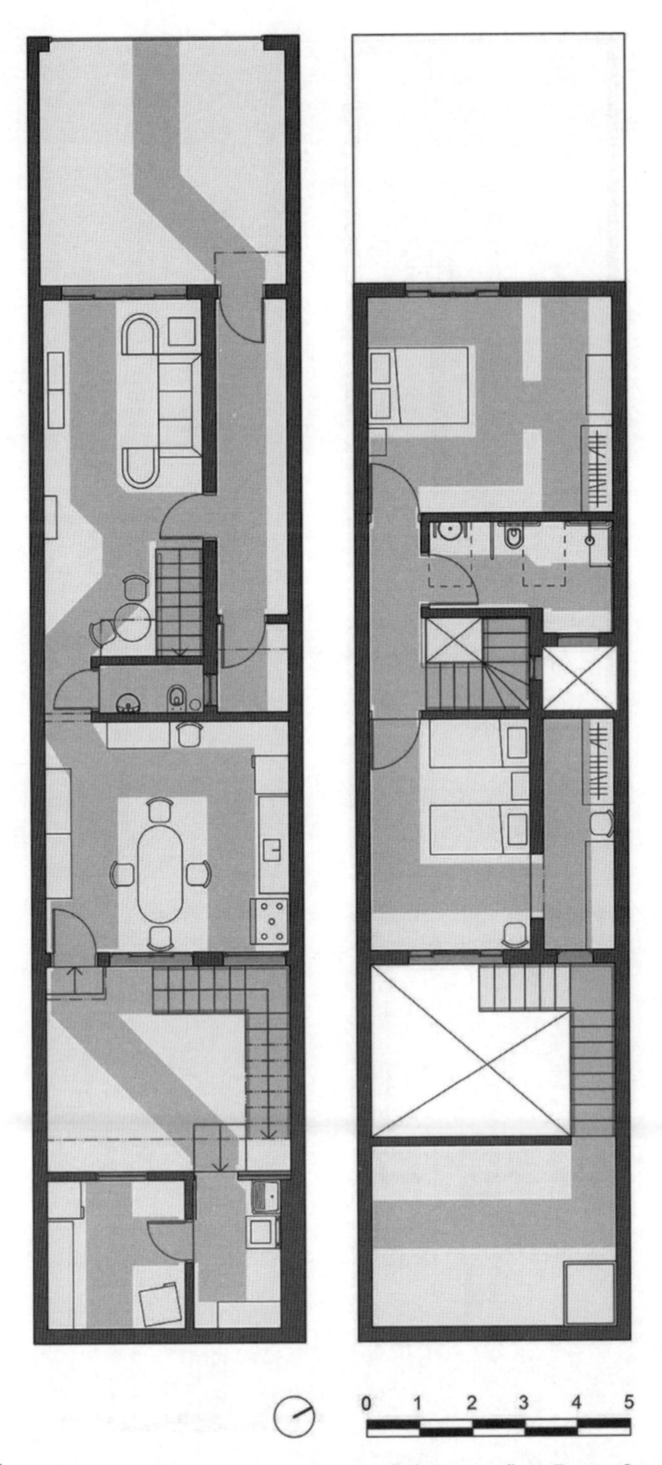

Figura 8.32 Áreas de circulação segundo a proposta de intervenção 1. Fonte: Carunchio (2017).

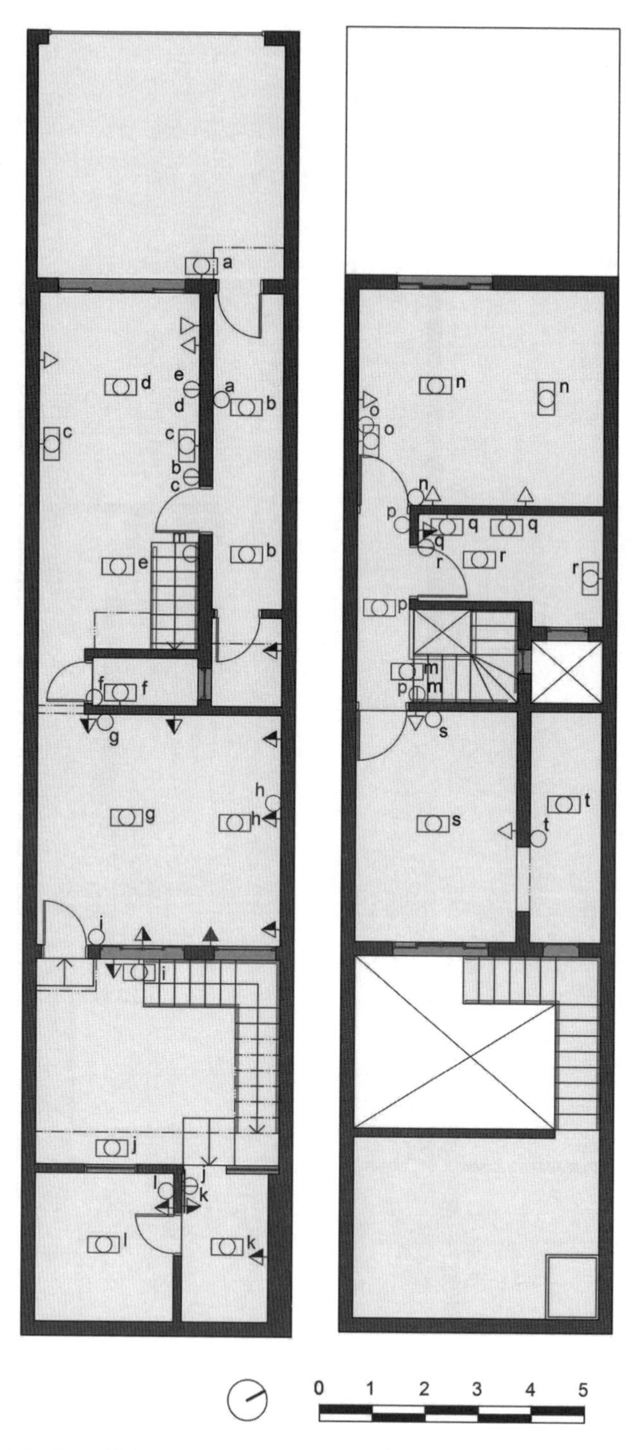

Figura 8.33 Instalações elétricas segundo a proposta de intervenção 1. Fonte: Carunchio (2017).

8.6 Segunda proposta de intervenção

A segunda proposta de intervenção consiste na implantação de um dormitório e um banheiro acessíveis no pavimento térreo, caso futuramente seja necessário o uso de cadeira de rodas. Esses ambientes foram posicionados ao fundo, onde se localizavam a lavanderia e o depósito, e foram conectados ao restante da habitação por um corredor interno.

No sanitário, foram estabelecidos os mesmos parâmetros adotados para o banheiro do pavimento superior na proposta 1. Também foram projetadas as mesmas intervenções para a cozinha.

Em relação à área externa, seriam necessárias as mesmas intervenções para tornar a escada segura. No entanto, como o objetivo dessa intervenção era a acessibilidade a cadeirantes, foram computados apenas os custos referentes às propostas de acessibilidade do pavimento térreo.

A porta especificada para acesso à área externa ao fundo (P6) apresenta largura de 1,2 m, para facilitar o acesso, uma vez que é necessário fazer curvas na circulação entre o corredor e a área externa. Junto a essa porta, deve ser colocada uma rampa em razão do desnível de 4 cm em relação a área externa. As portas do dormitório e do sanitário (P7 e P8) apresentam largura de 90 cm.

Os sistemas elétricos foram projetados de forma a haver interruptores nas duas extremidades nas áreas de circulação. No dormitório, há um interruptor junto à entrada para a iluminação principal e outro próximo à cama, para uso noturno. No sanitário, além da iluminação geral, há uma luminária específica para a área do box do chuveiro e outra próxima ao lavatório, iluminando a área do espelho. Também foi colocado um ponto de telefone nesse ambiente. No restante da edificação, foram mantidos os sistemas elétricos, exceto na garagem, onde se recomenda a colocação de luminária com sensor de presença.

Tabela 8.15 Estimativa de custos da proposta de intervenção 2

Estimativa de custos — intervenção 2	
Ambiente	**Custo (R$)**
Dormitório e sanitário	17.400,35
Cozinha	542,37
Total	17.942,72

Fonte: Carunchio (2017).

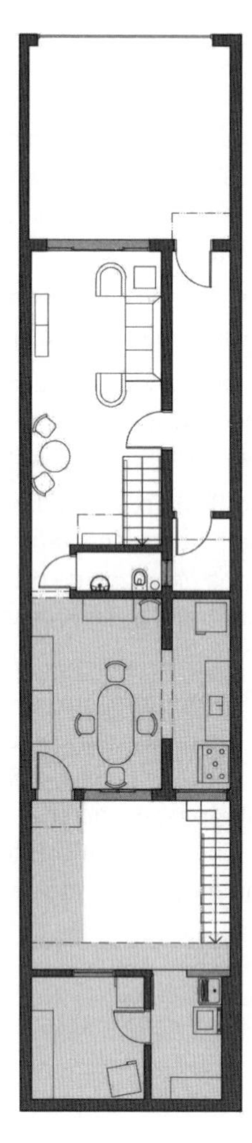

Figura 8.34 Áreas alteradas na proposta de intervenção 2. Fonte: Carunchio (2017).

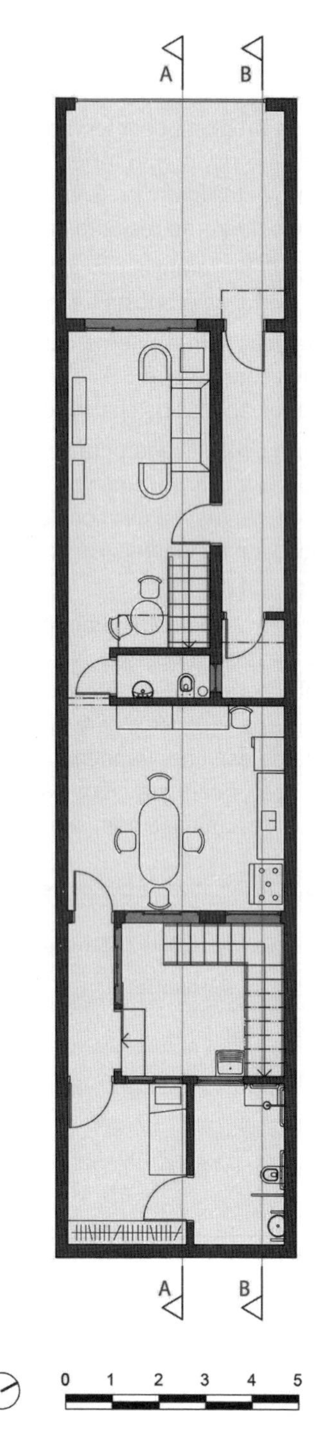

Figura 8.35 Planta do pavimento térreo segundo a proposta de intervenção 2. Fonte: Carunchio (2017).

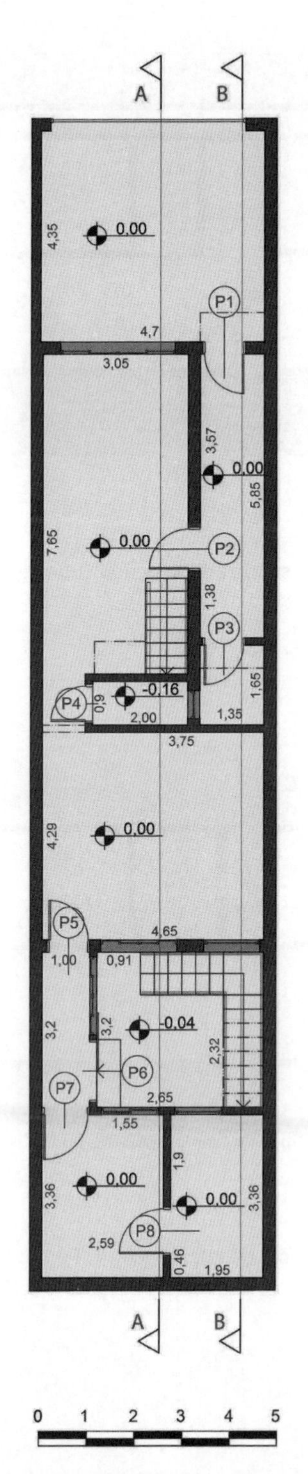

DIMENSÕES DAS PORTAS (m)

P1	0,80 x 2,10
P2	0,80 x 2,10
P3	0,80 x 2,10
P4	0,70 x 2,10
P5	0,80 x 2,10
P6	1,20 x 2,10
P7	0,90 x 2,10
P8	0,90 x 2,10

Figura 8.36 Planta do pavimento térreo, com identificação de níveis e portas, segundo a proposta de intervenção 2. Fonte: Carunchio (2017).

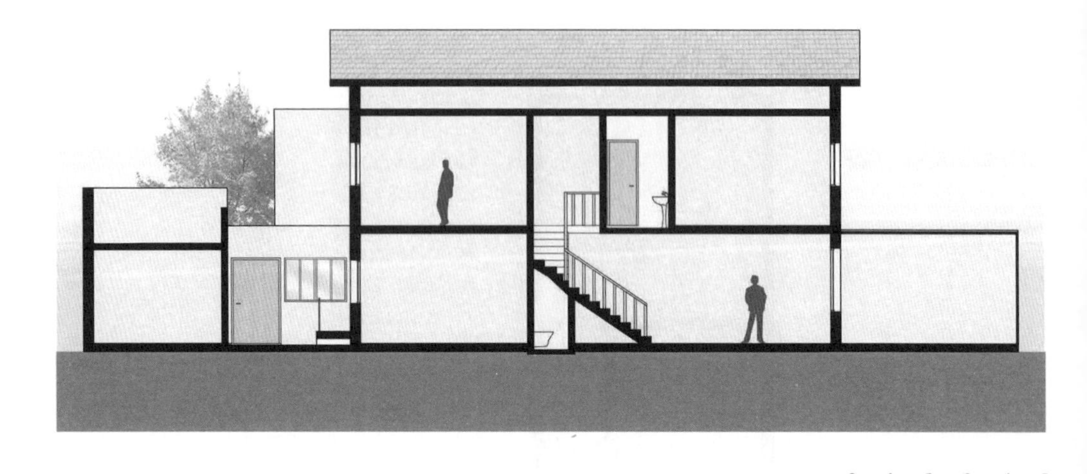

Figura 8.37 Corte A segundo a proposta de intervenção 2. Fonte: Carunchio (2017).

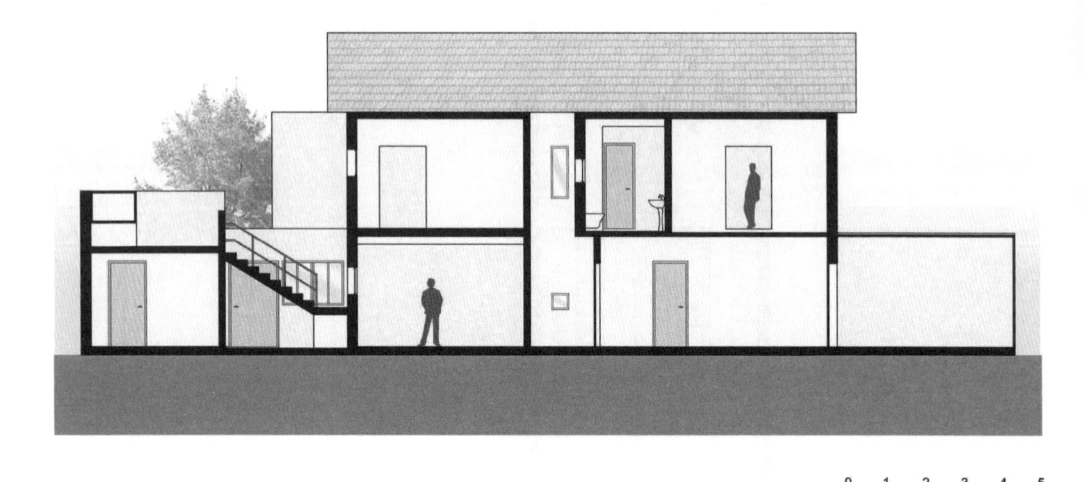

Figura 8.38 Corte B segundo a proposta de intervenção 2. Fonte: Carunchio (2017).

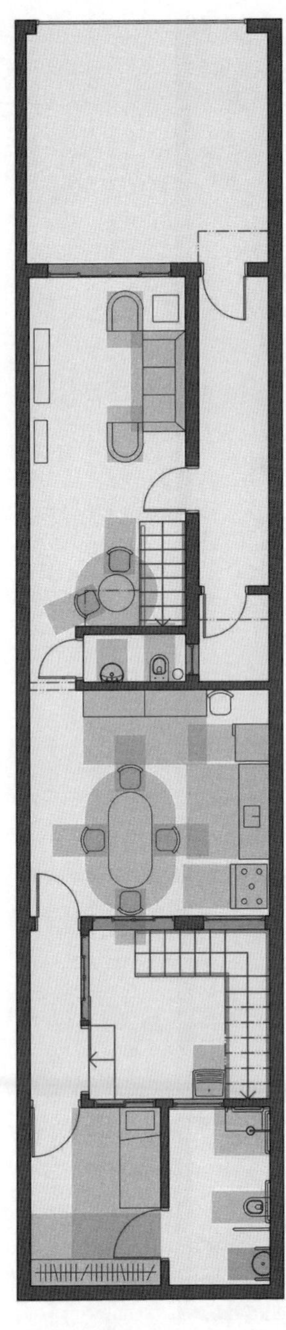

Figura 8.39 Áreas de utilização do mobiliário segundo a proposta de intervenção 2. Fonte: Carunchio (2017).

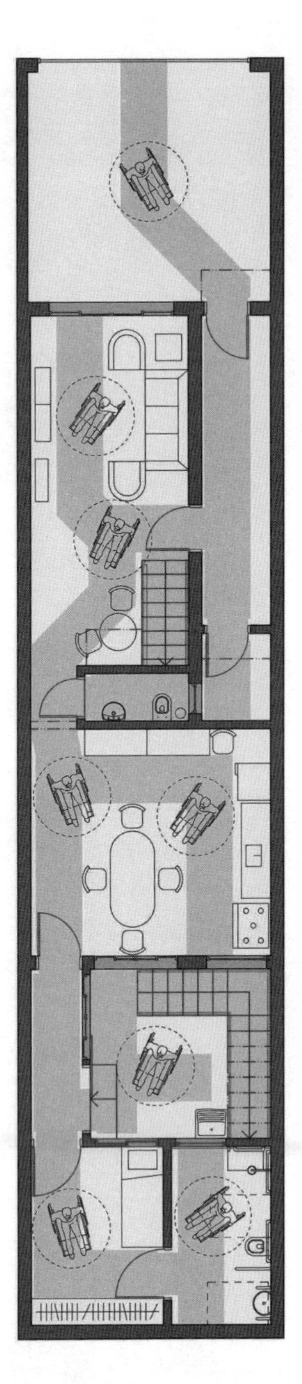

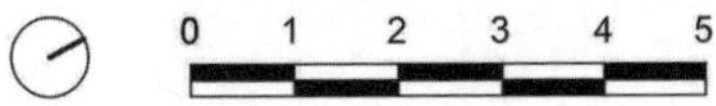

Figura 8.40 Áreas de circulação segundo a proposta de intervenção 2. Fonte: Carunchio (2017).

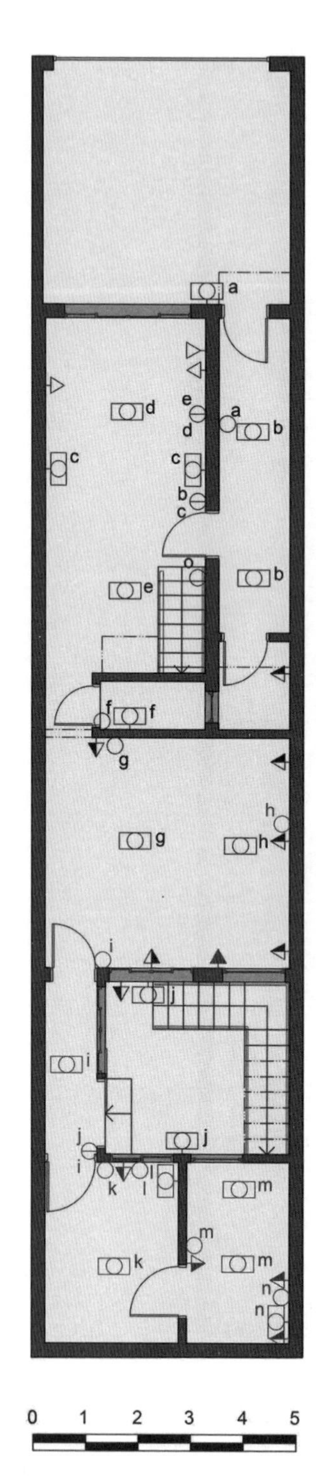

Figura 8.41 Instalações elétricas segundo a proposta de intervenção 2. Fonte: Carunchio (2017).

8.7 Terceira proposta de intervenção

A terceira proposta de intervenção visa ao estabelecimento de uma moradia completamente acessível. Foram especificadas nessa proposta as intervenções da proposta 1 para a cozinha, o sanitário do pavimento superior, o dormitório 1 e a área externa ao fundo, além de outras intervenções adicionais.

A sala foi ampliada para o corredor lateral externo, de forma a ser acessada diretamente pela garagem. Com esse incremento de área e com ajustes no *layout* do mobiliário, foi possível estabelecer uma faixa livre para circulação na porção sudoeste da residência, facilitando a mobilidade com cadeira de rodas ou dispositivos auxiliadores de marcha.

O lavabo também foi ampliado, para estabelecer as áreas de manobra e de transferência a partir de cadeira de rodas. Para tanto, foi necessário reduzir a área da cozinha, mas sem prejudicar sua circulação. Como o espaço adicionado não está sob a escada, foi possível nivelar o banheiro com a sala, uma vez que, na nova configuração, a região com pé-direito mais baixo está fora da área de circulação.

Na cozinha, além das intervenções descritas na proposta 1, foram realizados novos ajustes de *layout*, necessários por conta da redução de área.

No dormitório 2, propôs-se o mesmo tipo de intervenção do dormitório 1. Assim, todo o pavimento superior nivela-se na cota de 2,96 m.

O depósito deverá ser nivelado com a área de serviço, havendo desníveis no pavimento térreo apenas em relação à área externa ao fundo, onde devem ser colocadas rampas.

Para possibilitar acessibilidade ao pavimento superior, poderá ser inserida uma plataforma elevatória entre a sala e o dormitório 1.

Propôs-se um novo sistema elétrico para a casa, visando que sempre haja interruptores nas extremidades das áreas de circulação, iluminação específica nas áreas em que há necessidade de iluminâncias mais altas, como em bancadas da cozinha e lavatórios dos sanitários, e iluminação nas áreas de circulação. Além disso, foram colocados pontos de telefone nos banheiros, para pedidos de socorro em caso de queda.

Tabela 8.16 Estimativa de custos das intervenções, em valores de 2017

Estimativa de custos — Intervenção 3	
Ambiente	**Custo (R$)**
Sala	9.774,12
Dormitório 1	5.851,68
Dormitório 2	5.062,70
Lavabo	3.178,62
Cozinha	2.070,71
Sanitário	1.811,09
Escada externa	2.510,26

(continua)

(continuação)

Estimativa de custos — Intervenção 3	
Ambiente	**Custo (R$)**
Área externa	1.728,81
Depósito	2.022,49
Instalações elétricas	9.956,44
Plataforma elevatória	10.000,00
Total	53.966,92

Fonte: Carunchio (2017).

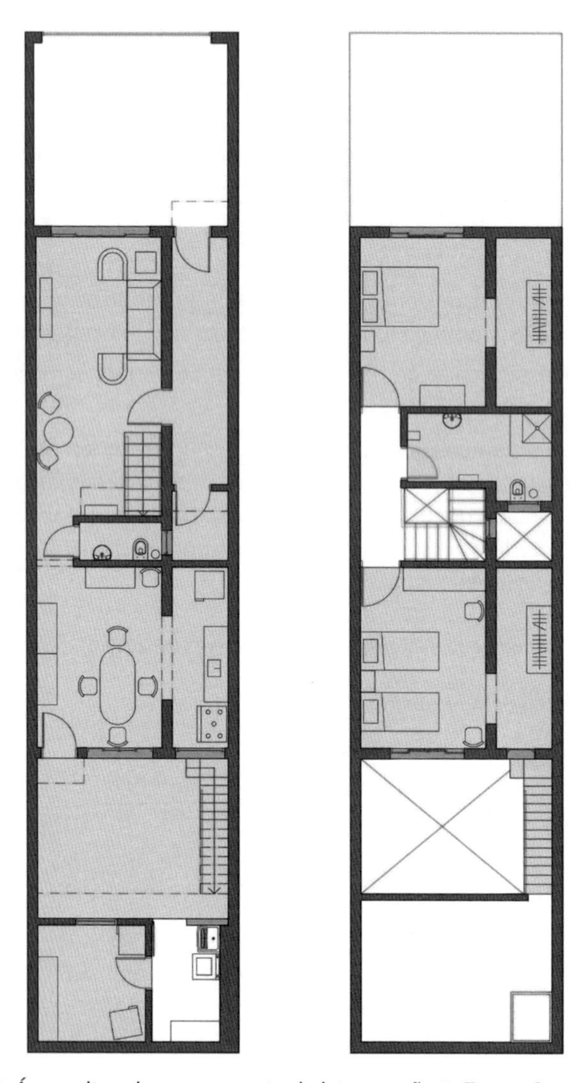

Figura 8.42 Áreas alteradas na proposta de intervenção 3. Fonte: Carunchio (2017).

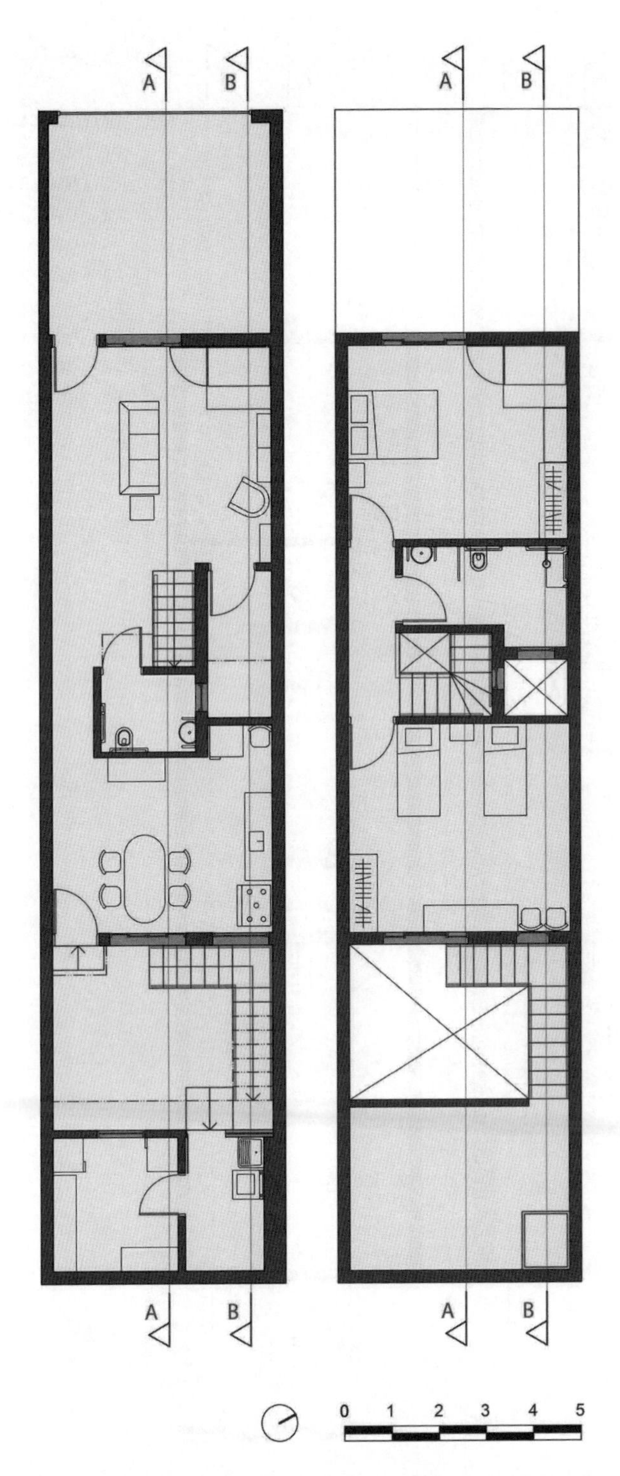

Figura 8.43 Plantas do térreo e do primeiro pavimento segundo a proposta de intervenção 3.

Fonte: Carunchio (2017).

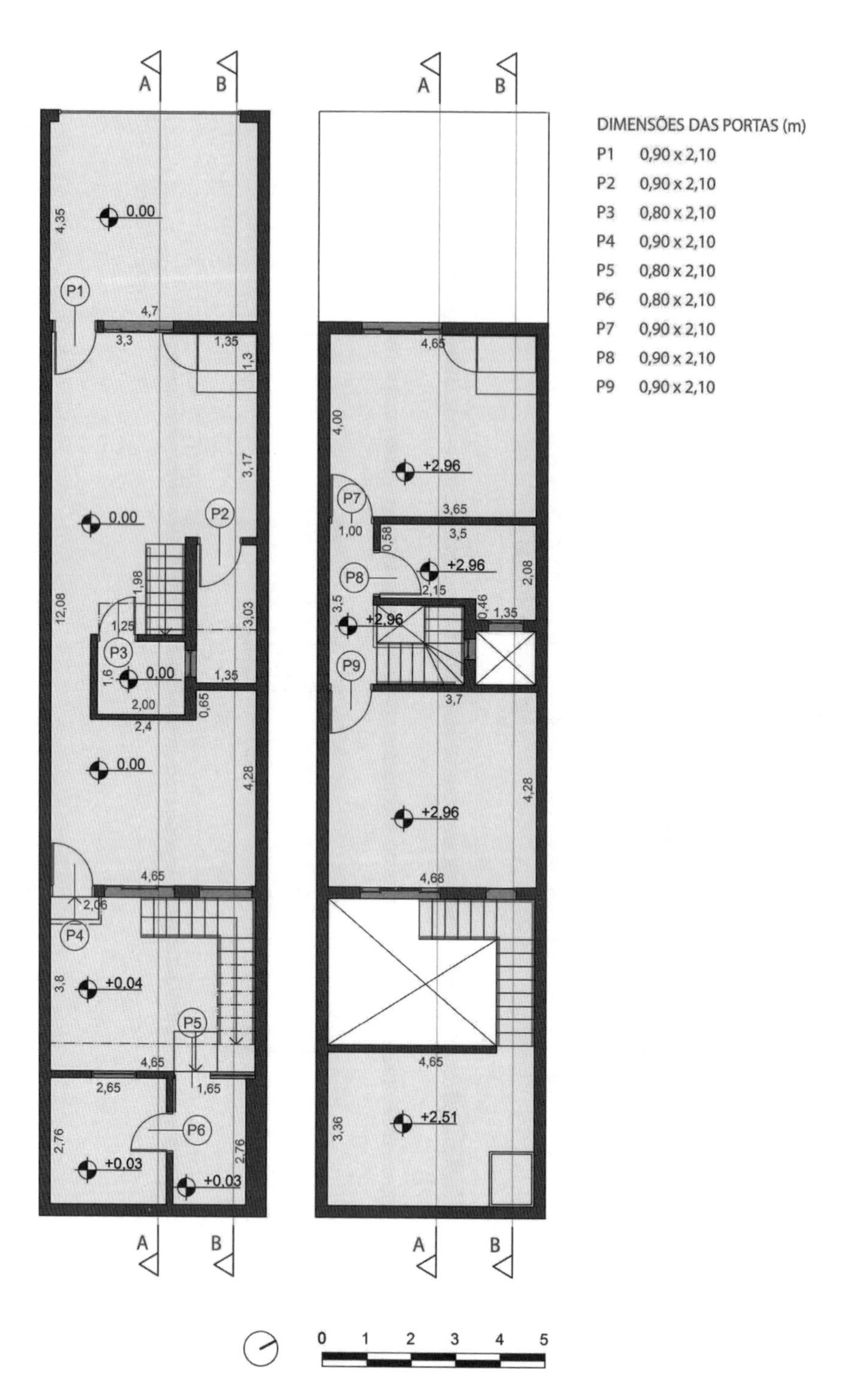

Figura 8.44 Plantas do térreo e do primeiro pavimento, com identificação de níveis e portas, segundo a proposta de intervenção 3. Fonte: Carunchio (2017).

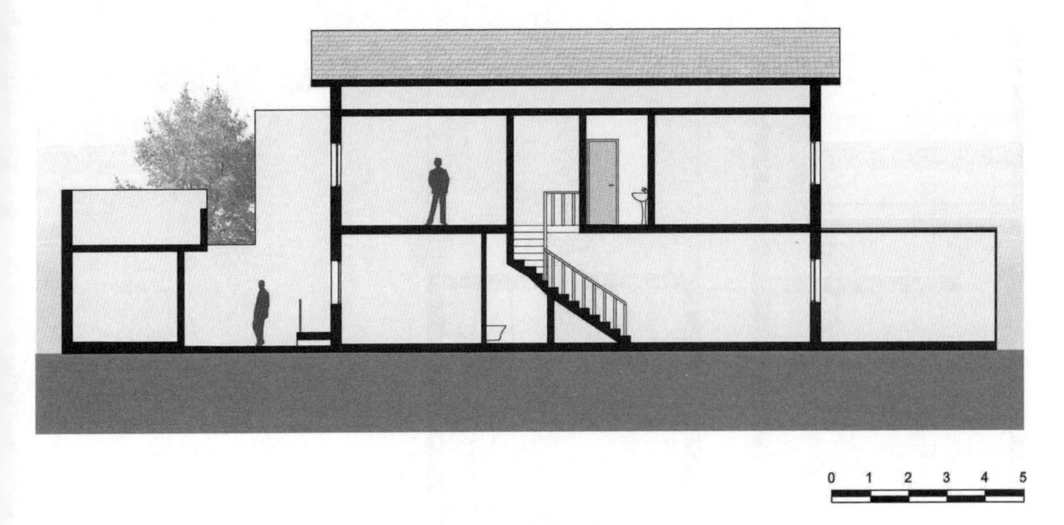

Figura 8.45 Corte A segundo a proposta de intervenção 3. Fonte: Carunchio (2017).

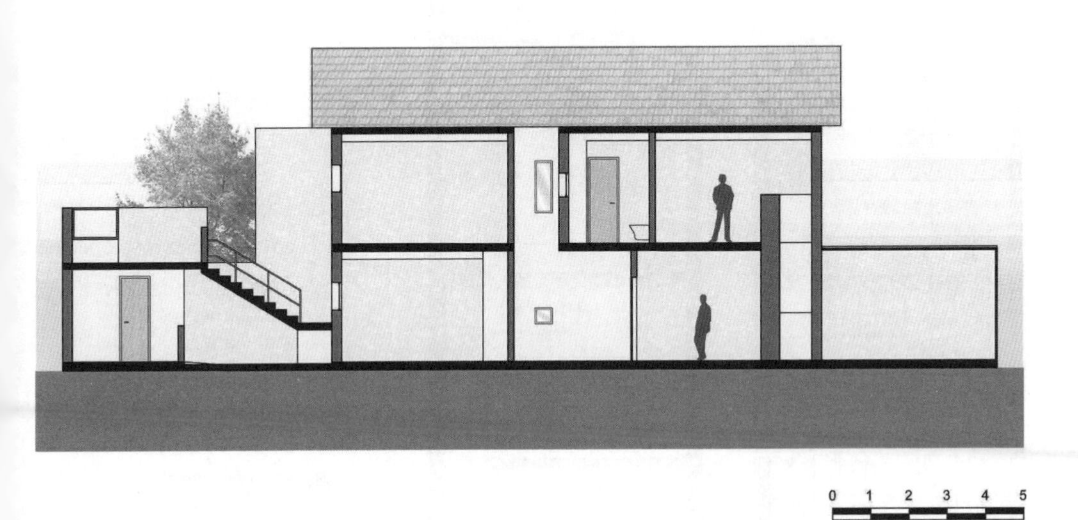

Figura 8.46 Corte B segundo a proposta de intervenção 3. Fonte: Carunchio (2017).

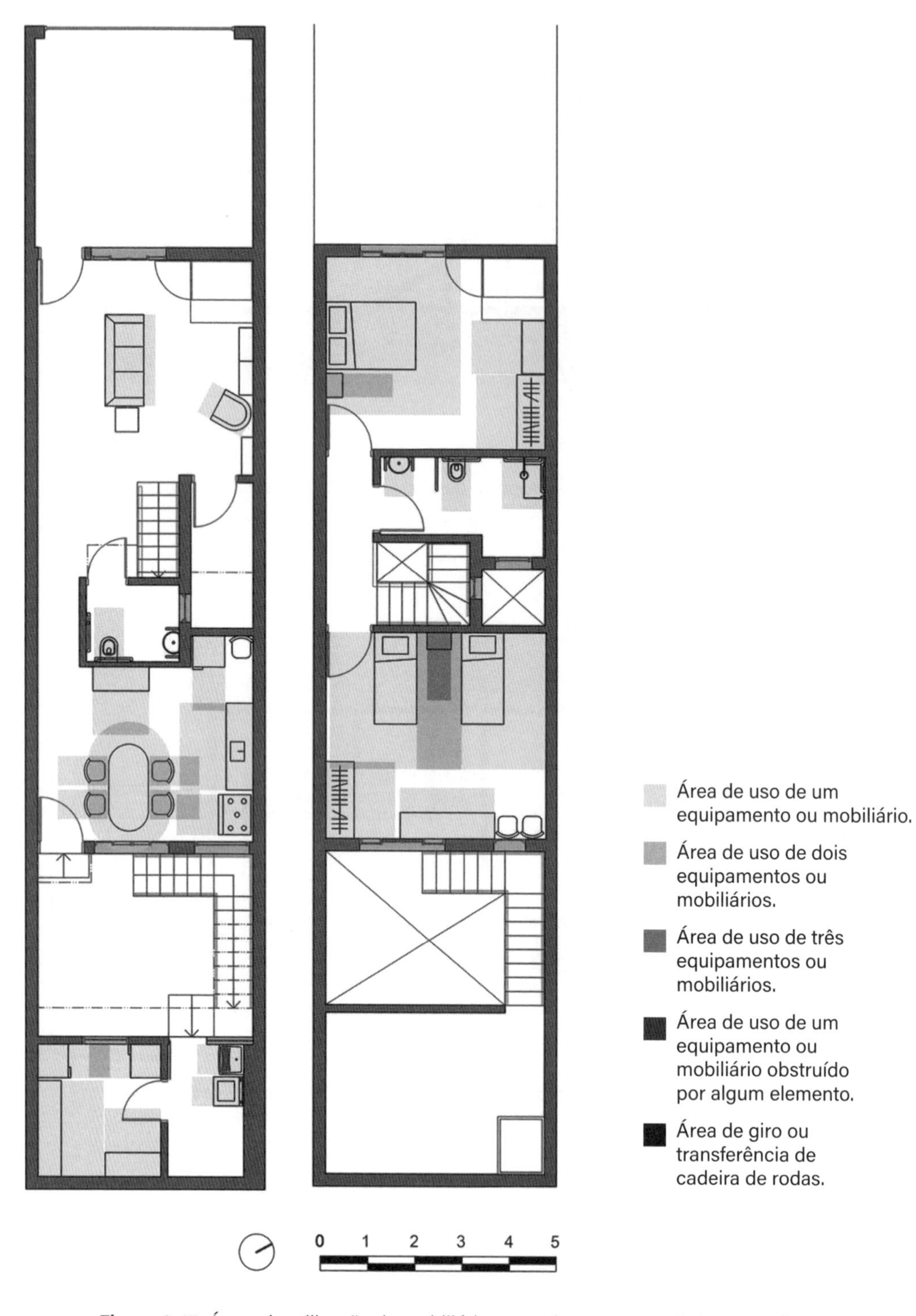

Figura 8.47 Áreas de utilização do mobiliário segundo a proposta de intervenção 3. Fonte: Carunchio (2017).

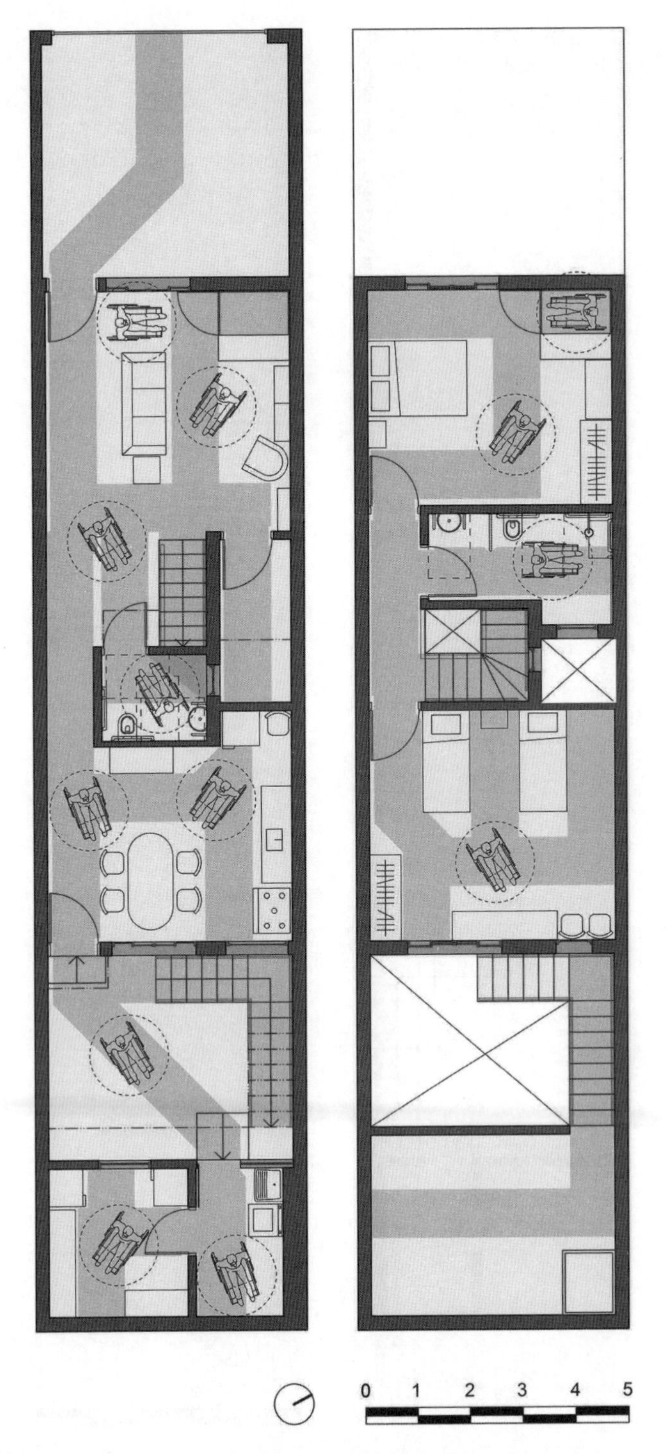

Figura 8.48 Áreas de circulação segundo a proposta de intervenção 3. Fonte: Carunchio (2017).

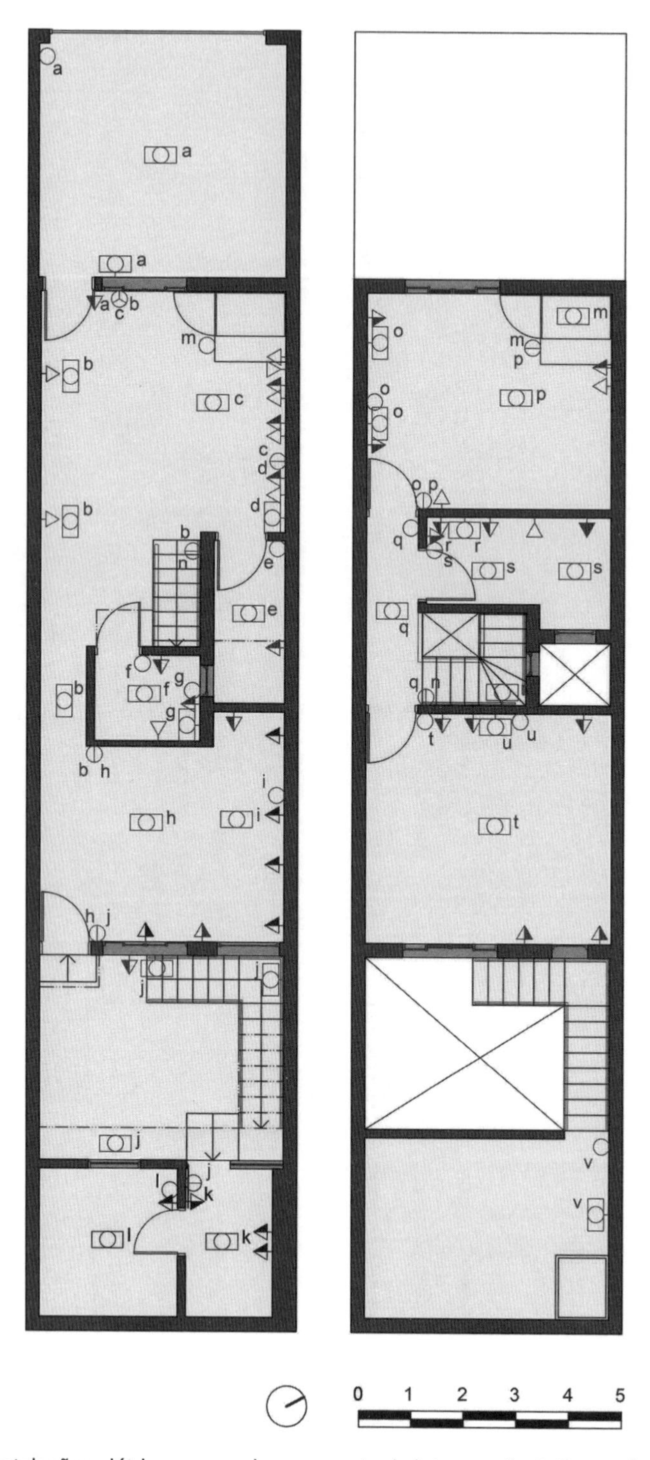

Figura 8.49 Instalações elétricas segundo a proposta de intervenção 3. Fonte: Carunchio (2017).

Considerações finais

A adequação do meio físico às reais necessidades dos idosos é essencial para o envelhecimento ativo. No ambiente residencial, onde se passa grande parte do dia e onde são desenvolvidas diversas atividades de vida diária, a adequação da arquitetura, do mobiliário e dos equipamentos é primordial para a manutenção da autonomia (capacidade de tomada de decisões) e da independência (capacidade de realizar atividades sem auxílio de terceiros) ao longo do processo de envelhecimento. A adequação de residências não é apenas uma forma de reduzir a ocorrência e a gravidade de acidentes domésticos, mas também de compensar a perda de capacidade funcional e estimular que o idoso se mantenha ativo, proporcionando qualidade de vida durante o envelhecimento. O espaço inadequado, por outro lado, gera riscos e desconfortos aos idosos, que, aos poucos, vão deixando de realizar atividades básicas por impossibilidade ou insegurança. Ao inibir a realização de atividades, intensifica-se e acelera-se a perda de capacidade funcional, prejudicando a saúde e o bem-estar do idoso, e tornando-o mais suscetível a sofrer acidentes domésticos.

Entre outubro de 2016 e setembro de 2017, foram registrados 2.105 óbitos de idosos por quedas no Estado de São Paulo e 5.690 no Brasil, conforme o Sistema Único de Saúde. Caso não sejam tomadas medidas para evitar a ocorrência de quedas, esse quadro tende a piorar conforme o avanço do envelhecimento populacional. Além disso, nesse período de um ano, o SUS despendeu, apenas no Estado de São Paulo, mais de 52 milhões de reais com internações hospitalares de idosos por quedas. No Brasil, esse valor foi de 413,6 milhões. Embora nem todas as quedas tenham sido causadas por espaços inadequados, esses espaços podem ter agravado as consequências das quedas. Deve-se considerar, ainda, que existem gastos indiretos atrelados aos espaços inadequados, devido aos prejuízos à saúde, à autonomia e à independência do idoso.

As três propostas de intervenção desenvolvidas no estudo de caso podem ser aplicadas de acordo com a necessidade da moradora e a viabilidade de investimento. A proposta 1, que responde às necessidades atuais da residente, representa aproximadamente 22 % do custo da reforma para acessibilidade total da residência (proposta 3), podendo ser uma primeira fase para implementação desta. Além disso, é possível dividir cada uma das propostas em etapas. No caso da intervenção 1, por exemplo, poderiam ser adequadas inicialmente as áreas internas da habitação, que são utilizadas com mais frequência e, portanto, apresentam caráter prioritário. Nesse caso, realizando apenas as intervenções no dormitório 1, no sanitário e na cozinha, os custos seriam de R$ 7,8 mil.

Já a comparação entre as propostas 2 e 3 revela que a adequação de acessibilidade apenas do pavimento térreo, incluindo um dormitório e sanitário, representa 33 % do custo da acessibilidade em ambos os pavimentos. Em contraposição a outras tipologias habitacionais, uma intervenção voltada à acessibilidade total da residência apresentaria custos muito inferiores em edificações térreas ou em edifícios de apartamentos que já possuem elevador.

Diante da importância do tema em relação à saúde pública e à qualidade de vida da população, investimentos na adequação das moradias aos idosos são extremamente importantes. Há carência de políticas públicas com esse intuito, que trariam benefícios à população e que poderiam ser uma forma de minimizar gastos públicos em outras esferas, como a saúde. Programas de incentivo à adequação de residências poderiam fornecer suporte técnico, como requisitos de desempenho ergonômico voltados aos idosos e diretrizes de como melhorar esse desempenho, além de viabilizar economicamente as adaptações, com, por exemplo, programas de financiamento a juros baixos. Esses incentivos serão cada vez mais importantes, dado o acelerado crescimento da população idosa no Brasil e em São Paulo. Ao se proverem habitações adequadas, que suprem as reais necessidades dos moradores idosos, os benefícios resultantes superam a questão econômica, favorecendo a saúde, a qualidade de vida e o envelhecimento ativo.

RESUMO

A adaptação do espaço residencial conforme as necessidades advindas do envelhecimento é essencial para que o idoso possa se manter em sua moradia com segurança e independência. Em vista disso, são abordadas neste capítulo questões relativas à ergonomia de espaços habitacionais de acordo com requisitos e critérios de desempenho voltados ao usuário idoso. São expostas algumas das alterações fisiológicas do envelhecimento que ocorre desacompanhado de patologias, designado senescência, assim como seus impactos sobre a relação entre usuário e espaço. Apresentam-se, também, recomendações para projetos, extraídas de pesquisas que versam a temática das moradias adequadas ao idoso. Por fim, é apresentado um estudo de caso de uma residência de tipologia comum na cidade de São Paulo, sobrado geminado, com três propostas de intervenção e seus respectivos custos de implantação. A primeira proposta visa à adequação da edificação, do mobiliário e dos equipamentos de acordo com as necessidades apresentadas pela moradora idosa no momento da execução do estudo. A segunda estabelece um dormitório e um sanitário acessíveis no pavimento térreo. Já a terceira inclui todas as alterações necessárias para que todos os ambientes da residência se tornem acessíveis.

Bibliografia

ALVARENGA, L. N. *et al.* Repercussões da aposentadoria na qualidade de vida do idoso. *Revista da Escola de Enfermagem da USP*, São Paulo, v. 43, n. 4, p. 796-802, 2009.

ANVISA, Agência Nacional de Vigilância Sanitária. *Resolução da Diretoria Colegiada (RDC) n. 283.* Brasília, 2005.

ASSOCIAÇÃO BRASILEIRA DE NORMAS TÉCNICAS (ABNT). *NBR 9050:2015: Acessibilidade a edificações, mobiliário, equipamentos urbanos.* Rio de Janeiro: ABNT, 2015.

ASSOCIAÇÃO BRASILEIRA DE NORMAS TÉCNICAS (ABNT). *NBR 15215-1:2005: Iluminação natural.* Parte 1 - Conceitos básicos e definições. Rio de Janeiro: ABNT, 2005.

ASSOCIAÇÃO BRASILEIRA DE NORMAS TÉCNICAS (ABNT). *NBR 15215-2:2005: Iluminação natural.* Parte 2 - Procedimentos de cálculo para a estimativa da disponibilidade de luz natural. Rio de Janeiro: ABNT, 2005.

ASSOCIAÇÃO BRASILEIRA DE NORMAS TÉCNICAS (ABNT). *NBR 15215-3:2005: Iluminação natural.* Parte 3 - Procedimento de cálculo para a determinação da iluminação natural em ambientes internos. Rio de Janeiro: ABNT, 2005.

ASSOCIAÇÃO BRASILEIRA DE NORMAS TÉCNICAS (ABNT). *NBR 15215-4:2005: Iluminação natural*. Parte 4 - Verificação experimental das condições de iluminação interna de edificações - Método de medição. Rio de Janeiro: ABNT, 2005.

ASSOCIAÇÃO BRASILEIRA DE NORMAS TÉCNICAS (ABNT). *NBR ISO/CIE 8995-1:2013: Iluminação de ambientes de trabalho*. Parte 1: Interior. Rio de Janeiro: ABNT, 2013.

BARBOSA, A. L. S. *Importância do estudo das funções e atividades no projeto e dimensionamento da habitação*. 2007. 193 f. Dissertação (Mestrado em Arquitetura e Urbanismo) - Faculdade de Arquitetura e Urbanismo, Universidade de São Paulo, São Paulo, 2007.

BESTETTI, M. L. T. *Habitação para idosos:* o trabalho do arquiteto, arquitetura e cidade. 2006. 184 f. Tese (Doutorado em Estruturas Ambientais Urbanas) - Faculdade de Arquitetura e Urbanismo, Universidade de São Paulo, São Paulo. 2006.

BOUERI FILHO, J. J. *Antropometria aplicada à arquitetura, urbanismo e desenho industrial:* manual de estudo. 4. ed. São Paulo, 1999. v. 1.

BUSSE, A. L.; JACOB FILHO, W. Envelhecimento: uma visão multidisciplinar. *In*: JACOB FILHO, W. (ed.). *Envelhecimento:* uma visão interdisciplinar. Rio de Janeiro: Atheneu, 2015. p. 3-10.

BUSSE, A. L.; OLIVEIRA, R. S.; SALDIVA, P. H. N. Envelhecimento populacional e as mudanças ambientais: poluição sonora. *In*: JACOB FILHO, W. (ed.). *Envelhecimento*: uma visão interdisciplinar. Rio de Janeiro: Atheneu, 2015. p. 79-88.

CARLI, S. M. M. P. *Habitação adaptável ao idoso:* um método para projetos residenciais. 2004. 334 f. Tese (Doutorado em Arquitetura) - Faculdade de Arquitetura e Urbanismo, Universidade de São Paulo, São Paulo, 2004.

CARUNCHIO, C. F. *Adaptação do espaço residencial ao morador idoso*. 2017. 137 f. Trabalho Final de Graduação - Faculdade de Arquitetura e Urbanismo, Universidade de São Paulo, São Paulo, 2017.

CARVALHO, C. R. R.; SILVA, T. J. A. Envelhecimento do sistema respiratório. *In:* JACOB FILHO, W. (ed.). *Envelhecimento:* uma visão interdisciplinar. Rio de Janeiro: Atheneu, 2015. p. 21-26.

CEM/CEBRAP - Centro de Estudos da Metrópole. Município de São Paulo: divisão distrital em 2007 (Lei 11.220/92). São Paulo, 2008. 1 mapa. Escala 1:4000000.

FARFEL, J. M.; NITRINI, R. Envelhecimento cerebral normal. *In*: JACOB FILHO, W. (ed.). *Envelhecimento:* uma visão interdisciplinar. Rio de Janeiro: Atheneu, 2015. p. 11-19.

FERREIRA, F. P. C. *et al*. Mobilidade do idoso. *In:* JACOB FILHO, W. (ed.). *Envelhecimento:* uma visão interdisciplinar. Rio de Janeiro: Atheneu, 2015. p. 33-44.

FONSECA, S. C. (org.). *O envelhecimento ativo e seus fundamentos*. São Paulo: Portal Edições: Envelhecimento, 2016.

GEHL, J. *Cidades para pessoas*. São Paulo: Perspectiva, 2014.

GEHL, J.; SVARRE, B. *A vida na cidade:* como estudar. São Paulo: Perspectiva, 2018.

HAZIN, M. M. V. Os espaços residenciais na percepção dos idosos ativos. 2012. Dissertação (Dissertação em Design) - Departamento de Pós-Graduação em Design, Universidade Federal de Pernambuco. Pernambuco, 2012.

HOLLWICH, M.; KRICHELS, J. *New aging:* live smarter now to live better forever. New York: Penguin Books, 2016.

INSTITUTO BRASILEIRO DE GEOGRAFIA E ESTATÍSTICA (IBGE). *Síntese de indicadores sociais*: uma análise das condições de vida da população brasileira. 2016. Rio de Janeiro: Estudos e Pesquisas: Informação Demográfica e Socioeconômica, 2016, n. 36.

INSTITUTO BRASILEIRO DE GEOGRAFIA E ESTATÍSTICA (IBGE). Projeção da população do Brasil e das Unidades da Federação. Disponível em: https://www.ibge.gov.br/apps/populacao/projecao/. Acesso em: 9 jul. 2020.

ICC, International Code Council. A117.1: Accessible and usable buildings and facilities. Washington, 2010.

IIDA, I. *Ergonomia:* projeto e produção. São Paulo: Blucher, 2005.

KATO, M. Y. *Mobilidade e acessibilidade de instituição hospitalar:* avaliação de parâmetros arquitetônicos, segundo pacientes idosos e funcionários. 2016. 103 f. Dissertação (Mestrado em Arquitetura e Urbanismo) – Faculdade de Arquitetura e Urbanismo, Universidade de São Paulo. São Paulo, 2016.

LEMOS, C. A C. *História da casa brasileira*. São Paulo: Contexto, 1996.

LOPES, M. C. L. *et al.* Fatores desencadeantes de quedas no domicílio em uma comunidade de idosos. *Cogitare Enfermagem*, Curitiba, v. 12, n. 4, p. 472–477. out.-dez. 2007.

MARCHI ELEVADORES. Disponível em: http://www.marchielevadores.com.br/?gclid=EAIaIQobChMI9o6E7L261wIVUQSRCh2r8wNUEAAYASAAEgKpqvD_BwE. Acesso em: 25 out. 2017.

MILANI, D. A. *O quarto e o banheiro do idoso:* estudo análise e recomendações para o espaço do usuário residente em instituição de longa permanência. 2014. 110 f. Dissertação (Mestrado) Faculdade de Arquitetura e Urbanismo, Universidade de São Paulo, São Paulo, 2014.

MINISTÉRIO DA SAÚDE. Sistema de informações hospitalares do SUS (SIH/SUS). Disponível em: http://www2.datasus.gov.br/DATASUS/index.php?area=0203&id=6929&VObj=http://tabnet.datasus.gov.br/cgi/deftohtm.exe?sih/cnv/fr. Acesso em: 8 nov. 2017.

MORAES, A. M.; MONT'ALVÃO, C. *Ergonomia:* conceitos e aplicações. Rio de Janeiro: 2AB Editora, 2004.

MÜLFARTH, R. C. K. *Proposta metodológica para avaliação ergonômica do ambiente urbano:* a inserção da ergonomia no ambiente construído. 2017. Tese (Livre-Docência) – Faculdade de Arquitetura e Urbanismo, Universidade de São Paulo, São Paulo, 2017.

OLIVEIRA, A. S. *et al.* Fatores ambientais e risco de quedas em idosos: revisão sistemática. *Revista Brasileira de Geriatria e Gerontologia*, Rio de Janeiro, v. 17, n. 3, p. 637–645. jul.-set. 2014.

OPAS, Organização Pan-Americana da Saúde – OMS. *Envelhecimento ativo:* uma política de saúde. Brasília, 2005.

PANERO, J., ZELNIK, M. *Dimensionamento humano para espaços interiores.* Barcelona: Gustavo Gili, 2001.

POMPEU, J. E. *et al.* Mobilidade do Idoso. *In:* JACOB FILHO, W. (ed.). *Envelhecimento:* uma visão interdisciplinar. Rio de Janeiro: Atheneu, 2015. p. 33–44.

PREFEITURA DE SÃO PAULO. Vila dos Idosos: Moradias dignas da melhor idade estão em fase de conclusão. 17 jun. 2006. Disponível em: http://www.prefeitura.sp.gov.br/cidade/secretarias/habitacao/noticias/?p=4236. Acesso em: 27 jul. 2017.

PREISER, W. F. E. *et al. Post-occupancy evaluation.* New York: Van Nostrand Reinhold, 1988.

ROMERO, M. A.; ORNSTEIN, S. W. *Avaliação pós-ocupação*: métodos e técnicas aplicados à habitação social. Porto Alegre: ANTAC, 2003.

SCHMID, A. L. A *ideia de conforto*: reflexões sobre o ambiente construído. Curitiba: Pacto Ambiental, 2005.

SCHNEIDER, H.; IRIGARAY, T. Q. O envelhecimento na atualidade: aspectos cronológicos, biológicos, psicológicos e sociais. *Estudos de Psicologia*, Campinas, v. 25, n. 4, p. 585-593, 2008.

SILVA, T. J. A.; CARVALHO, C. R. R. Envelhecimento do sistema respiratório. *In:* JACOB FILHO, W. (ed.). *Envelhecimento:* uma visão interdisciplinar. Rio de Janeiro: Atheneu, 2015. p. 21-26.

TCPO. *Tabela de composições de preços para orçamentos:* tabela de custos. São Paulo: PINI, 2010.

TCPO. *Tabela de custos*: manutenção e reformas. São Paulo: PINI, 2011.

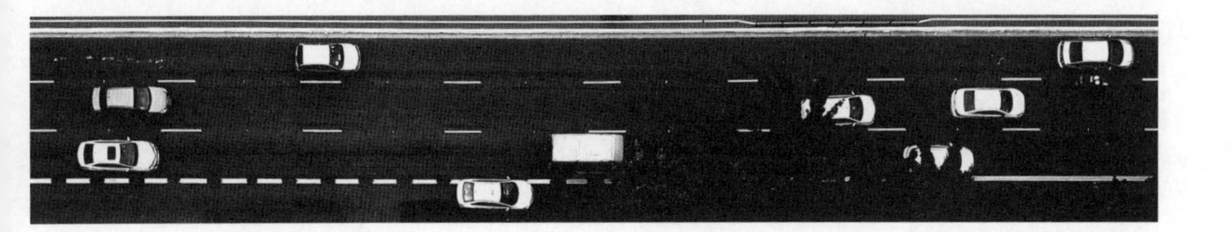

CAPÍTULO 9

O Morar em Paraisópolis: qualidade ergonômica dos espaços internos e externos

Claudia Ferrara Carunchio

"[...] a favela é mais cidade do que a própria cidade em que vivemos. Grande é a oportunidade de que este território informal, uma vez requalificado, venha a constituir um modelo a ser seguido pela cidade formal, oferecendo respostas à busca de melhores condições ambientais, urbanas e sociais." (PIZARRO, 2014, p. 362)

9.1 Introdução

As favelas compreendem um ambiente físico e social heterogêneo e distinto em relação à cidade formal. A diversidade social e cultural e as dinâmicas de uso dos espaços públicos e privados conferem a essas áreas particularidades, as quais devem ser compreendidas quanto às suas adversidades e potenciais, para o desenvolvimento de políticas e propostas coerentes com as reais demandas e necessidades de seus moradores.

Frente à grande demanda por domicílios e à substancial extensão dos assentamentos precários já estabelecidos, a política habitacional deve cada vez mais buscar alternativas para além da provisão convencional de moradias. É essencial olhar para o existente e, assim, desenvolver projetos e intervenções de requalificação de áreas que já apresentam uma identidade própria no que concerne aos seus moradores, suas relações sociais e suas rotinas de uso. As favelas são uma realidade consolidada no meio urbano brasileiro (PIZARRO, 2014). Embora sejam frequentemente encaradas apenas pelos seus aspectos negativos, são lugares distintos em relação à sua organização espacial e sua urbanidade (MARICATO, 1997).

A heterogeneidade, em suas diversas esferas, existe também internamente à favela. Paraisópolis apresenta uma área central mais valorizada, onde estão instaladas diversas empresas e há grande disponibilidade de serviços. As casas dessa área não diferem muito de residências localizadas em bairros de baixa renda na cidade formal. Há, ainda, diferenciação entre ruas e vielas. Em comparação às edificações acessadas pelas ruas, as construções voltadas para as vielas normalmente possuem condições mais desfavoráveis de conforto ambiental e salubridade, além de serem menores e apresentarem configurações de *layout* mais desfavoráveis, haja vista que sua construção ocorre em áreas residuais.

Diversas residências abrigam funções além da atividade de morar. Há inúmeros moradores que trabalham em seus domicílios; outros tantos utilizam o imóvel também para alguma atividade comercial, o que pode implicar necessidade de alterações na edificação. O espaço das moradias, normalmente, é insuficiente para o número de pessoas que nelas habitam e para a execução de tarefas domésticas básicas de maneira adequada.

Para compreender a relação entre usuário e ambiente, é necessário avaliar a lógica de ocupação dos espaços, suas dinâmicas, as atividades desenvolvidas e os diferentes interesses dos inúmeros agentes. As favelas são espaços complexos, que estão sob constante transformação. O estudo de ergonomia não pode ser reduzido a aspectos dimensionais e à aplicação de critérios básicos de acessibilidade; os fatores qualitativos e sensoriais envolvidos estão intrinsicamente associados às formas de uso e de apropriação do espaço por parte dos moradores. O entendimento das reais demandas e hábitos culturais dos habitantes evita a imposição de padrões incoerentes com o modo de vida da população da favela e a geração de espaços que serão subutilizados, enquanto as carências reais continuam não sendo atendidas.

Este capítulo baseia-se em uma pesquisa desenvolvida entre 2014 e 2015, orientada pela Profa. Dra. Roberta Consentino Kronka Mülfarth e apoiada pela FAPESP, que visava avaliar habitações e espaços urbanos de Paraisópolis sob o enfoque ergonômico. Será apresentado um estudo de caso, contemplando a avaliação e o desenvolvimento de propostas para uma rua, uma viela e uma residência voltada para a viela estudada. Os espaços internos e externos foram avaliados por fatores como dimensionamento, acessibilidade, mobilidade, fluxos, dinâmicas de uso, demandas por movimentos e conforto ergonômico na utilização do mobiliário e dos equipamentos. Com isso, tenciona-se criar subsídios para a elaboração de projetos de intervenção, voltados tanto para os espaços públicos como para o interior das moradias, que visem melhorar a mobilidade, a salubridade e a qualidade ambiental desses espaços, beneficiando o morar.

9.2 O surgimento das favelas e o contexto de Paraisópolis

O atual cenário brasileiro de déficit habitacional decorre de diversos fatores de cunhos político, social e econômico, que priorizaram a industrialização e o investimento em infraestrutura nas áreas centrais em detrimento de obras de interesse social. Essas políticas públicas, incoerentes com o panorama de expansão urbana e adensamento das cidades, conduziram a população mais carente a morar em áreas residuais, desprovidas de infraestrutura básica e insalubres, surgindo, então, as favelas na década de 1940.

Com o êxodo rural e o crescente desemprego nas cidades, a quantidade de pessoas vivendo em condições precárias era cada vez maior. A produção de habitação social ocorria em uma escala muito restrita, com baixa qualidade e em locais de difícil acesso. Para alguns moradores, viver nesses locais era inviável, ocasionando o retorno às favelas, onde, apesar da precariedade, podia-se desfrutar de uma localização melhor.

> "As favelas em todo o mundo ocupam áreas residuais da cidade ou da sua periferia, tal como várzea de rios e córregos, mangues e alagados, encostas íngremes, áreas contaminadas, depósitos de lixo entre outros locais de pouco interesse ao mercado imobiliário. Segundo Berner (2000, p. 5), mesmo os assentamentos mais modestos precisam de dois elementos fundamentais para a sobrevivência das famílias: fonte de água potável e acessibilidade à cidade (que pode ser qualquer meio de transporte coletivo ou, em alguns países, uma estrada que leve os moradores até a cidade, mesmo que a pé). Salubridade não está entre as necessidades essenciais." (SAMORA, 2009, p. 49)

Remoções e assistencialismo marcaram a política em relação às favelas até a década de 1970. A expansão urbana era acompanhada da segregação social, com a população mais pobre habitando áreas cada vez mais periféricas. Na década seguinte, atuou-se no âmbito da legalização fundiária. A urbanização de favelas era uma forma de o Estado reduzir o déficit populacional investindo apenas na infraestrutura básica, uma vez que a construção de moradias ficava a cargo dos moradores. Entretanto, esses esforços não foram suficientes para reverter o quadro de expansão das favelas.

Em 2010, havia na cidade de São Paulo 382.392 domicílios em favelas, nos quais vivia cerca de 1,34 milhão de pessoas em situação de precariedade e insalubridade, sem a provisão de infraestrutura básica adequada e sem o devido acesso aos serviços e espaços públicos (SEHAB, 2010). Os dados disponibilizados pela Secretaria da Habitação apontam que, nesse mesmo ano, havia em Paraisópolis 20.832 domicílios e 55.590 habitantes. Já a União de Moradores e do Comércio de Paraisópolis afirma que o número de habitantes estava, na verdade, entre 80 e 100 mil.

Paraisópolis surgiu sobre o loteamento de uma fazenda, iniciado em 1921, no qual foi estabelecida uma malha viária ortogonal, com ruas de 10 m de largura e quadras de 100 por 120 m. Como a infraestrutura não foi completamente instalada, os residentes abandonaram a região, possibilitando o surgimento da ocupação irregular. Na década de 1950, ainda havia uso agropecuário nessa gleba, com a atuação de grileiros. Contudo, o *boom* imobiliário da década de 1960 impulsionou o surgimento de bairros de alto padrão e de importantes vias, como a Av. Giovanni Gronchi. O interesse pela região crescia, inclusive nas áreas de ocupação irregular. Entre 1970 e 1990, houve a migração massiva de nordestinos para São Paulo, muitos dos quais se instalaram em favelas. O processo de remoção de outras favelas da região durante a década de 1990 fez com que Paraisópolis crescesse ainda mais.

A construção de edificações no miolo das quadras resultou no estabelecimento de vielas, espaços residuais significativamente mais estreitos do que as ruas. A pequena largura das vielas (algumas insuficientes para a passagem de dois transeuntes simultaneamente), além de dificultar a circulação e o transporte de mobiliário e equipamentos para as habitações, é prejudicial em questão de salubridade e conforto ambiental, sobretudo em relação à falta de insolação, iluminação natural e ventilação. Outra questão que causa empecilhos aos moradores das vielas é a ausência de endereço, o que é um entrave ao recebimento de correspondência e à comprovação de residência (ver Figura 9.1).

Figura 9.1 Vielas de Paraisópolis.

O processo de adensamento ainda ocorre em Paraisópolis, em virtude da construção de novas moradias. Como forma de renda, os proprietários de imóveis frequentemente constroem novos pavimentos sobre sua própria casa, com o intuito de venda ou locação. As edificações apresentam, no geral, entre três e cinco pavimentos. Para o estabelecimento de entradas independentes, é comum a instalação de escadas na área das calçadas, apropriando-se do espaço público e, consequentemente, impactando a circulação de pedestres. A falta de espaço para a constituição de acessos adequados faz com que as escadas sejam estreitas e íngremes, causando insegurança e dificultando o acesso, sobretudo de idosos e pessoas com mobilidade reduzida, além de prejudicar o transporte de objetos, mobiliário e equipamentos para o interior da casa.

A apropriação do espaço público também é vista ao se estenderem os usos dos espaços internos para a área da rua. Diversos comerciantes, por exemplo, utilizam a calçada em frente ao seu imóvel para exposição e venda de mercadorias. Apesar dos prejuízos causados à circulação, esse fato evidencia a intensa ocupação do espaço público pelos moradores, para além do ato de circular. No entanto, essas áreas poderiam ser muito mais utilizadas e de maneira mais adequada caso fossem qualificadas. A pequena largura das calçadas e os diversos obstáculos e irregularidades existentes nos passeios forçam pedestres e veículos a dividirem o mesmo espaço, do leito carroçável, conforme se vê na Figura 9.2.

Figura 9.2 Pedestres circulando pelo leito carroçável.

Apesar das diversas carências e precariedades que afligem tanto as habitações como o ambiente urbano, é inegável a existência de grandes potenciais em Paraisópolis. A prática de uso do espaço público é muito mais intensa e diversificada do que a da maioria dos bairros da cidade formal. Sem dúvidas, são necessárias intervenções que melhorem a infraestrutura e qualifiquem o espaço para atendimento das reais necessidades dos moradores. Isso implica o entendimento das características, dinâmicas e particularidades de Paraisópolis, para que os projetos desenvolvidos não sejam meras aplicações de modelos que funcionam – ou não – na cidade formal.

9.3 Estudo de caso

O estudo de caso contemplou três locais: uma residência voltada para uma viela, a viela que permite acesso à habitação estudada e a um trecho de 200 m da rua Melchior Giola, correspondente à quadra na qual a viela se conecta.

A avaliação da residência iniciou-se com o levantamento métrico da construção e do mobiliário, juntamente com o registro de fotografias. Com esses dados, puderam ser elaborados desenhos técnicos, como plantas e cortes, nos quais foram localizados os equipamentos e o mobiliário da habitação. Ainda em campo, realizaram-se algumas entrevistas informais com os moradores acerca das atividades desenvolvidas na residência, que apontaram direta e indiretamente demandas mal atendidas em razão do *layout* inadequado.

Posteriormente, iniciaram-se as análises dos dados, elaborando, sobre as plantas, esquemas das áreas de utilização do mobiliário, conforme as medidas determinadas por Julius Panero e Martin Zelnik em *Dimensionamento humano para espaços interiores: um livro de consulta e referência para projetos* (2014). Foi elaborado também um esquema de áreas necessárias para a circulação, correspondente a uma faixa livre de 90 cm, medida recomendada pela *ABNT NBR 9050: acessibilidade a edificações, mobiliário, equipamentos urbanos*. Esses esquemas permitiram identificar os locais em que havia conflitos de uso e os que não apresentavam área suficiente para a circulação, seja pelo *layout* do mobiliário ou pela própria distribuição espacial da construção.

Para o estudo dos espaços urbanos, foram elaboradas fichas de avaliação quantitativa e qualitativa. A primeira ficha propõe o mapeamento de obstáculos fixos e móveis das calçadas e do espaço da viela, fazendo uso de uma legenda específica para a locação em planta (Figura 9.3). No caso dos obstáculos móveis, foram considerados apenas aqueles que estão presentes no espaço diariamente, como expositores de lojas colocados sobre as calçadas.

Figura 9.3 Legenda para mapeamento de obstáculos em áreas de circulação de pedestres. Fonte: Carunchio (2015).

A segunda ficha corresponde a uma base para a aferição da largura da viela em diferentes pontos, haja vista que, por se tratar de um espaço residual delimitado pelas construções, sua forma é bastante irregular e, assim, não se pode admitir uma única dimensão como característica da viela.

Já a terceira ficha visa auxiliar a avaliação de aspectos qualitativos, assinalando-se, para cada quesito elencado, a uma de três opções: a primeira se o parâmetro em questão existe e é atendido de maneira adequada, a segunda se existe parcialmente e/ou é atendido de maneira inadequada, e a terceira se não existe ou não é atendido. Ainda nessa ficha, há campos para a contabilização de fluxos de pedestres, automóveis, motocicletas, bicicletas, ônibus e caminhões, cujos valores horários foram estimados com base em medições de quatro minutos de duração.

Outro recurso empregado foi o de registros fotográficos, para captar a relação entre os diversos elementos que compõem e integram cada plano do espaço das ruas e das vielas – as construções e suas fachadas, as calçadas com todos os obstáculos nelas presentes, os veículos parados e em trânsito, as copas de árvores e projeções de construções, além das conexões visuais e das pessoas utilizando o espaço.

Após os levantamentos de campo, iniciou-se a fase de análise dos resultados, permitindo o entendimento dos problemas no âmbito da ergonomia e dos potenciais desses espaços e, em seguida, a elaboração de propostas de intervenção.

9.3.1 Ergonomia no ambiente urbano

As percepções iniciais sobre o espaço urbano de Paraisópolis são de um cenário formado por grande diversidade de estímulos – uma paisagem composta por inúmeros elementos (construções de tipologias e alturas diversas, veículos de diferentes portes transitando constantemente e estacionados próximos às calçadas, expositores de lojas com mercadorias nos passeios, além de inúmeros outros obstáculos nas calçadas), ruídos variados, uso do solo diversificado, atraindo diferentes públicos para os estabelecimentos comerciais, além de, evidentemente, muitas pessoas utilizando o espaço de maneira intensa: pedestres a caminho dos mais diversos destinos, adolescentes indo e voltando da escola, amigos se encontrando e conversando, crianças brincando, vendedores oferecendo produtos. O espaço público é área de circulação e de permanência, cheio de possibilidades e potencialidades para os moradores.

Em meio às diversas dinâmicas em curso de forma simultânea, os obstáculos e inadequações do meio físico impõem limitações e dificultam que os moradores desfrutem plenamente dos potenciais existentes nesses espaços.

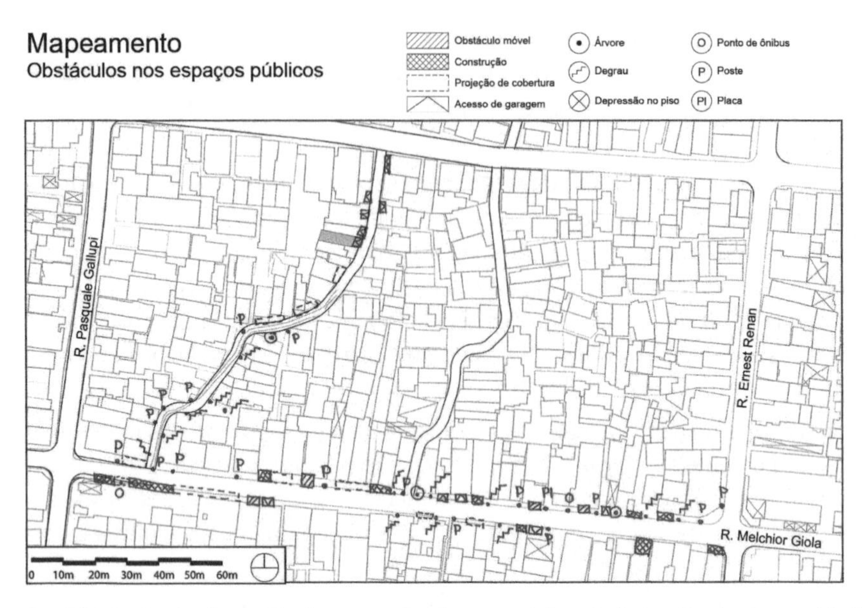

Figura 9.4 Mapeamento de obstáculos nas calçadas e na viela estudadas. Fonte: Carunchio (2015).

Tabela 9.1 Ficha de análise qualitativa e de fluxos da rua estudada

Análise qualitativa dos espaços públicos – Rua

Pontos a serem observados	✓	±	X
Iluminação pública	X		
Atrativos verdes			X
Uso do solo diversificado	X		
Transparência nas fachadas	X		
Fluxo de pedestres separado do de veículos			X
Proteção contra sol e chuva			X
Fachadas atrativas	X		
Espaços adequados para caminhar			X
Espaços de permanência			X
Espaço para recreação			X
Espaço para a prática de atividades físicas			X
Mobiliário urbano			X
Linhas de visão		X	
Baixos níveis de ruído			X
Piso regular			X
Tipo de piso adequado		X	
Lixeiras			X
Ausência de lixo no chão			X

Fluxos	Em 4 minutos	Em uma hora
Pedestres	98	1470
Automóveis	8	120
Ônibus	2	30
Caminhões	3	45
Motocicletas	7	105
Bicicletas	0	0

Observações:
- muitos trechos das calçadas totalmente obstruídos por obstáculos
- grande desnível entre a calçada e a rua em alguns trechos
- muitos carros estacionados
- tipo de piso muda ao longo da calçada, apesar de o piso de concreto ser predominante
- fios de eletricidade em excesso e desordenados

Fonte: Carunchio (2015).

A imensa quantidade de obstáculos resulta em calçadas completamente obstruídas em diversos trechos, forçando os pedestres a circular pelo leito carroçável, submetendo-se a alto risco de atropelamento. Apesar de o levantamento de fluxos indicar que existem muito mais pedestres do que veículos circulando pela rua, pode-se notar claramente uma priorização do tráfego de veículos, como ocorre na maior parte da cidade de São Paulo. A existência de carros estacionados em quase toda a extensão da rua agrava ainda mais a situação, uma vez que os pedestres não conseguem caminhar pelo leito carroçável apenas nos trechos de calçada obstruída, e muitas vezes acabam circulando entre os veículos estacionados e os em trânsito, aumentando ainda mais os riscos.

Figura 9.5 Pedestres e veículos dividindo o mesmo espaço..

Além disso, a grande quantidade de obstáculos cria uma barreira visual – embora a malha viária seja reticulada e ortogonal, não é possível avistar um extenso trecho da rua, uma vez que existem nas calçadas diversos elementos sobrepostos e no leito carroçável muitos veículos em trânsito e estacionados.

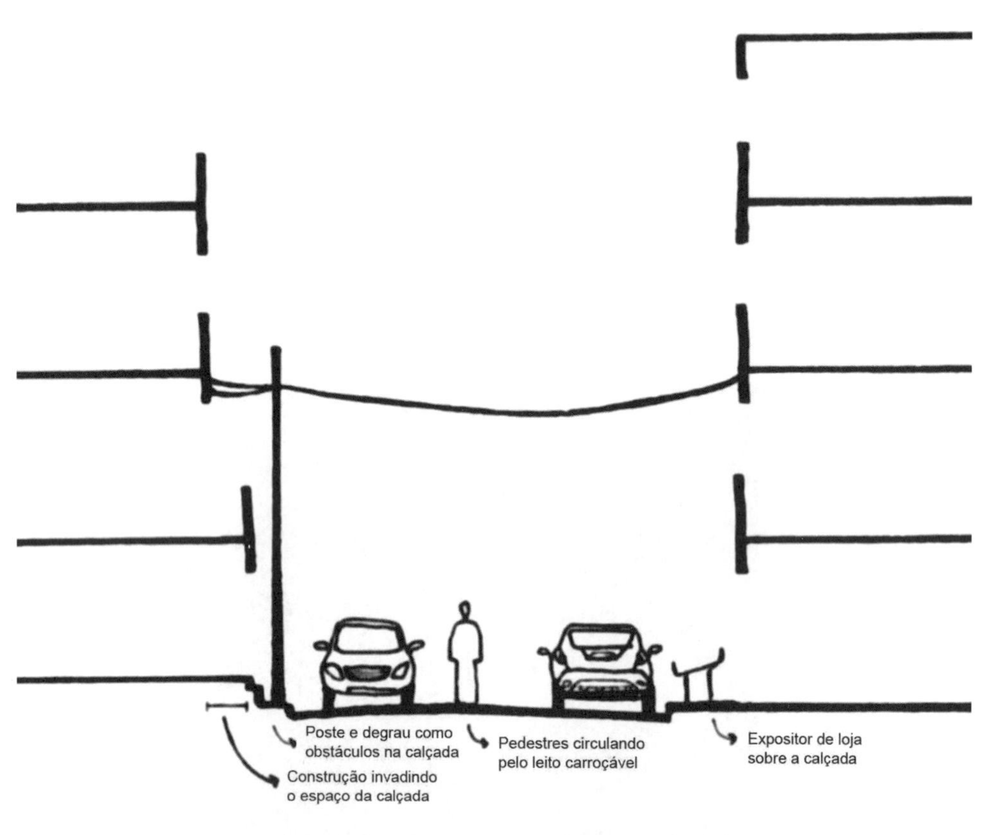

Figura 9.6 Corte esquemático das ruas de Paraisópolis. Fonte: Carunchio (2015).

Figura 9.7 Obstáculos nas calçadas e pedestres circulando pelo leito carroçável.

Embora essa situação seja problemática para todos, em determinados grupos os riscos são ainda maiores, como para crianças, idosos e deficientes físicos. Esses usuários apresentam mais dificuldade de contornar os obstáculos presentes no passeio e de circular entre os veículos, o que resulta em maiores riscos de queda e de atropelamento. Deve-se considerar que, juntos, esses grupos constituem uma parte significativa dos pedestres que circulam pela via avaliada. Nos quatro minutos em que os fluxos foram contados, passaram pela via 98 pedestres; entre estes, 32, ou seja, cerca de um terço dos transeuntes, pertenciam a algum desses grupos de maior risco, como pode ser visto na Tabela 9.2.

Tabela 9.2 Fluxo de pedestres da rua estudada em quatro minutos

Grupo avaliado	Em 4 minutos
Número total de pedestres	98
Pessoas com crianças de colo	7
Crianças acompanhadas por adultos	6
Crianças desacompanhadas	16
Idosos	3
Deficientes físicos	0

Fonte: Carunchio (2015).

Tendo em vista esse panorama, é evidente a necessidade de intervenções nos espaços públicos que visem adequá-los, para que os pedestres possam utilizá-los de forma segura. Para tanto, é essencial criar espaços apropriados para a circulação, livres de obstáculos e que comportem o alto fluxo de pedestres.

No trecho da rua avaliado, a largura das calçadas apresenta grandes variações, sendo maior ou menor de acordo com a área ocupada por cada construção, assim como ocorre nas demais vias da favela. Em média, as calçadas apresentam 1 metro de largura, sendo maiores em alguns trechos e menores em outros; há, ainda, pontos em que não existem calçadas, uma vez que algumas construções avançam até o meio-fio. Essa largura, no entanto, não corresponde à dimensão da faixa livre, mas à largura total do passeio, incluindo as áreas obstruídas.

A largura que a faixa livre deveria apresentar pode ser dimensionada de acordo com a *NBR 9050 – Acessibilidade a edificações, mobiliário, equipamentos urbanos*, conforme apresentado no tópico 6.1.1 – *O espaço da calçada e o andar como trabalho,* por meio da equação:

$$L = \frac{F}{K} + \Sigma i \geq 1{,}2 \text{ m}$$

Na qual:

L é a largura da faixa livre;

F é o fluxo de pedestres estimado ou medido nos horários de pico (pedestres por minuto por metro);

K = 25 pedestres por minuto;

$\Sigma\,i$ é o somatório dos valores adicionais relativos aos fatores de impedância, que são:

0,45 m junto a vitrines ou comércio no alinhamento;

0,25 m junto a mobiliário urbano;

0,25 m junto à entrada de edificações no alinhamento.

Considerando que nos quatro minutos de contagem de fluxo passaram pela rua avaliada 98 pedestres, pode-se estimar que o fluxo nessa via é de 24,5 pedestres por minuto. Caso esse fluxo se dividisse igualmente pelos passeios existentes nos dois lados da via, o fluxo em cada calçada seria de 12,25 pedestres por minuto. Assim, nos trechos em que existe mobiliário público e vitrines ou comércio no alinhamento da calçada, componentes que resultam no maior valor do fator de impedância, a largura da faixa livre deveria ser:

$$L = \frac{12,25}{25} + 0,45 + 0,25$$
$$L = 0,49 + 0,7$$
$$L = 1,19$$

Como o valor calculado foi inferior à largura mínima estipulada pela norma, de 1,2 m, essa dimensão deveria ser adotada, mesmo nos trechos em que não existem aqueles fatores de impedância. Para que seja estabelecida uma faixa livre com essas dimensões, seria necessário aumentar muito a largura das calçadas, o que pode ser inviável em alguns casos. Uma forma de contornar esse problema é por meio da redução da quantidade de obstáculos nos passeios, para o estabelecimento de mais área livre para a circulação. Os postes, por exemplo, poderiam ser suprimidos caso a fiação elétrica fosse enterrada. Além de contribuir para a mobilidade dos pedestres, essa medida reduziria a necessidade de manutenção da rede elétrica, uma vez que a fiação ficaria mais protegida contra eventuais danos, e diminuiria a poluição visual, que atualmente é intensificada pela grande quantidade de fios.

Apesar de os maiores problemas das calçadas no âmbito da ergonomia estarem relacionados com a grande quantidade de obstáculos e com a largura insuficiente, existem, ainda, outros fatores que dificultam sua utilização. Embora na maior parte da extensão das calçadas o piso seja de concreto, material considerado adequado para esse espaço, alguns trechos apresentam outros tipos de piso, como cerâmicas, que podem dificultar a locomoção e representar risco em determinadas condições, por exemplo, quando molhados. Além disso, o piso de concreto não é regular, apresentando diversas fissuras e pequenos buracos, que aumentam os riscos de queda. Outro problema encontrado é a diferença de nível entre as calçadas e o leito carroçável, que, embora adequada em alguns trechos, em outros chega a 25 cm.

A falta de atrativos verdes é outra deficiência do espaço público de Paraisópolis, que se manifesta tanto nas ruas como nas vielas. Quase não há árvores e a pouca vegetação existente é de pequeno porte, plantada pelos próprios moradores em locais muitas vezes improvisados, como forma de contornar essa carência. A presença de mais árvores não beneficiaria apenas a qualidade ambiental desses espaços, mas também os pedestres, que poderiam se locomover por uma área mais sombreada e mais agradável.

Figura 9.8 Poluição visual causada pelos fios de eletricidade.

Figura 9.9 A pouca vegetação presente em Paraisópolis é plantada em espaços residuais, de maneira improvisada.

Ainda que existam grandes problemas, as ruas de Paraisópolis apresentam também aspectos positivos quanto à ergonomia, que poderiam ser potencializados caso as calçadas fossem adequadas para a circulação de pedestres. A existência de habitações mescladas com comércios e serviços de inúmeros tipos resulta em um uso do solo diversificado, que atrai usuários com diferentes perfis e estimula a locomoção a pé, intensificando o uso dos espaços públicos e, assim, contribuindo para a segurança.

Outro fator que favorece o uso dos espaços públicos é a existência de fachadas atrativas, como vitrines de lojas, que torna as rotas percorridas a pé mais interessantes. No entanto, uma vez que os pedestres não podem caminhar pelas calçadas, essa relação com o uso instalado no térreo das edificações é em parte perdida. Dessa forma, a existência de calçadas adequadas não apenas tornaria o ato de se deslocar a pé mais seguro e confortável, mas também mais agradável, uma vez que os percursos se tornam mais atraentes e menos cansativos de serem percorridos.

Existe, ainda, uma demanda por espaços públicos de permanência. Os poucos trechos em que as calçadas são mais largas costumam ser utilizados como áreas de convivência por moradores que eventualmente se encontram ou por pessoas que querem passar algum tempo nos espaços abertos. Como também falta mobiliário urbano, a população cria alternativas improvisadas, como utilizar degraus e desníveis como bancos.

Considerando todos os problemas apontados e suas implicações, elaboraram-se algumas diretrizes, que, apesar de desenvolvidas para esse trecho, podem ser aplicadas às ruas de forma geral. Por meio delas, pretende-se atender às demandas existentes, criando espaços que possam ser utilizados pela população de forma intensa e segura, e que tiram partido dos potenciais do ambiente urbano da favela.

Primeiro, propõe-se a retirada de todos os obstáculos que possam ser eliminados das calçadas. Em alguns locais, ocorreu uma apropriação do espaço público pelos proprietários dos imóveis, que utilizaram o espaço do passeio para colocar escadas que dão acesso aos pavimentos superiores das edificações. Nesses casos, remover esses obstáculos das calçadas seria muito complexo, pois envolveria, obrigatoriamente, grandes reformas nas edificações, para mudar seus acessos. No entanto, existem obstáculos que podem ser removidos de forma mais simples, como os postes. Nesse caso, seria necessário inserir uma nova proposta de iluminação, que poderia usar estruturas fixadas às construções, para não prejudicar o espaço das calçadas.

Apenas a remoção de alguns obstáculos, contudo, não é suficiente para estabelecer uma faixa livre para a circulação com 1,2 m de largura. Portanto, propõe-se um aumento de cerca de 80 cm na largura das calçadas, que, somado às áreas já existentes nos passeios e às novas áreas que seriam liberadas com a remoção de obstáculos, configuraria um espaço adequado para os pedestres circularem de forma segura. Esse aumento em cada uma das calçadas diminuiria a largura do leito carroçável, o qual, todavia, poderia continuar apresentando uma faixa de rolamento e uma área livre para o estacionamento de veículos e a descarga dos pequenos caminhões que abastecem o comércio. Embora em alguns trechos específicos, como aqueles nos quais as construções se aproximam do meio-fio, esse aumento não fosse suficiente para que a faixa livre atendesse aos parâmetros normativos, seria proporcionada significativa melhoria nas condições de acessibilidade e segurança dos pedestres.

Para melhorar as condições de mobilidade, propõe-se também a remoção das irregularidades do piso das calçadas e a troca da pavimentação por concreto nas áreas em que há outros materiais. Propõe-se, ainda, o estabelecimento de rampas nas esquinas, a fim de facilitar a travessia de ruas, principalmente para deficientes físicos e pessoas empurrando objetos como carrinhos de bebê.

Uma alternativa para a falta de espaços de permanência poderia ser a criação de áreas anexas às calçadas, que ocupassem parte do espaço destinado ao estacionamento de veículos no leito carroçável, como *parklets*. Nessas áreas, poderia ser colocado mobiliário urbano, como bancos e lixeiras, estabelecendo espaços de convivência adequados, sem prejudicar a circulação de pedestres. Essas pequenas áreas também poderiam ser utilizadas para a colocação de arbustos e pequenas árvores, contribuindo para a qualidade ambiental dos espaços públicos e sombreando parte do espaço da calçada, de forma a tornar os deslocamentos a pé mais agradáveis.

As imagens das Figuras 9.10 e 9.11 buscam ilustrar de forma esquemática as propostas aqui apresentadas para o espaço das ruas, demonstrando as vantagens que essa configuração traria para os usuários desse ambiente.

Figura 9.10 Corte esquemático da configuração proposta para as calçadas, com *parklets*.
Fonte: Carunchio (2015).

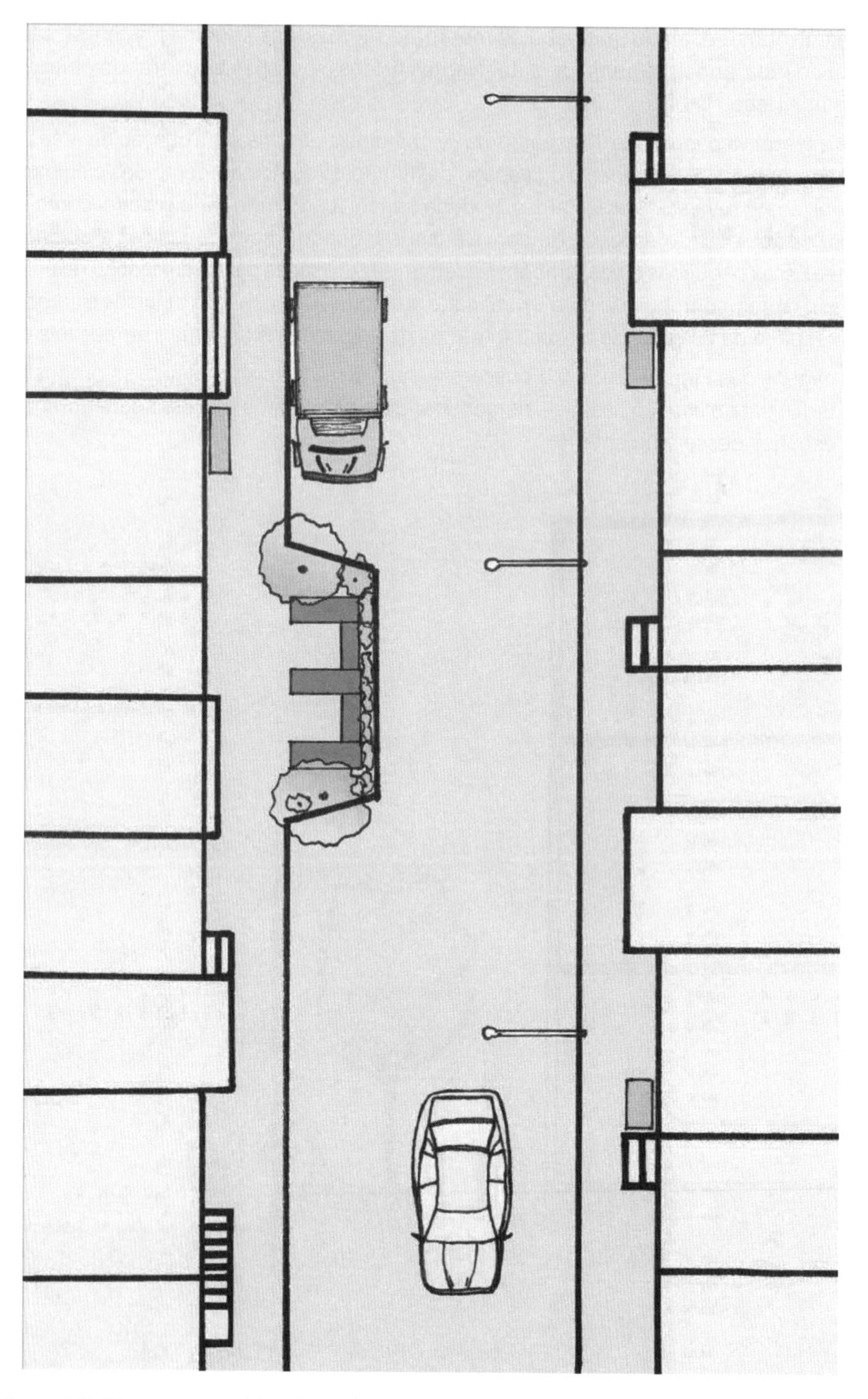

Figura 9.11 Planta esquemática da configuração proposta para a rua. Fonte: Carunchio (2015).

As propostas mencionadas auxiliam a constituição de um espaço público com menos adversidades e mais adequado para as necessidades dos usuários. No entanto, para que isso ocorra de forma completa, é essencial olhar também para o espaço das vielas, que apresentam, no geral, mais complicações do que as ruas, uma vez que são espaços residuais, mantidos livres para possibilitar o acesso às construções localizadas no interior da quadra. Assim, diferentemente da rua, não houve um planejamento desses espaços, que, em alguns casos, são apenas suficientes para permitir a passagem de uma pessoa.

Figura 9.12 Vielas estreitas em Paraisópolis.

A viela avaliada nessa pesquisa não apresenta uma situação tão extrema quanto a mostrada nas Figuras 9.11 e 9.12. As medições presentes na ficha da Figura 9.13 permitem caracterizar as diversas tipologias presentes nessa viela.

Pode-se perceber que essa viela possui grande variação entre a largura das áreas próximas à rua Melchior Giola e a da extremidade oposta, que a conecta à rua Herbert Spencer. Nessas áreas mais largas, existem, inclusive, residências com garagem para automóvel, como pode ser visto no mapeamento de obstáculos, apresentado na Figura 9.4. Esse é o caso da moradia visitada e analisada, demarcada no mapa. Existem trechos, como o ponto 5, nos quais a largura é muito superior à das demais partes da viela. Isso ocorre em razão das reentrâncias existentes entre as construções, que configuram espaços residuais não utilizados para circulação. Esses espaços poderiam abrigar algum mobiliário urbano ou vegetação de pequeno porte, quase inexistente nas vielas.

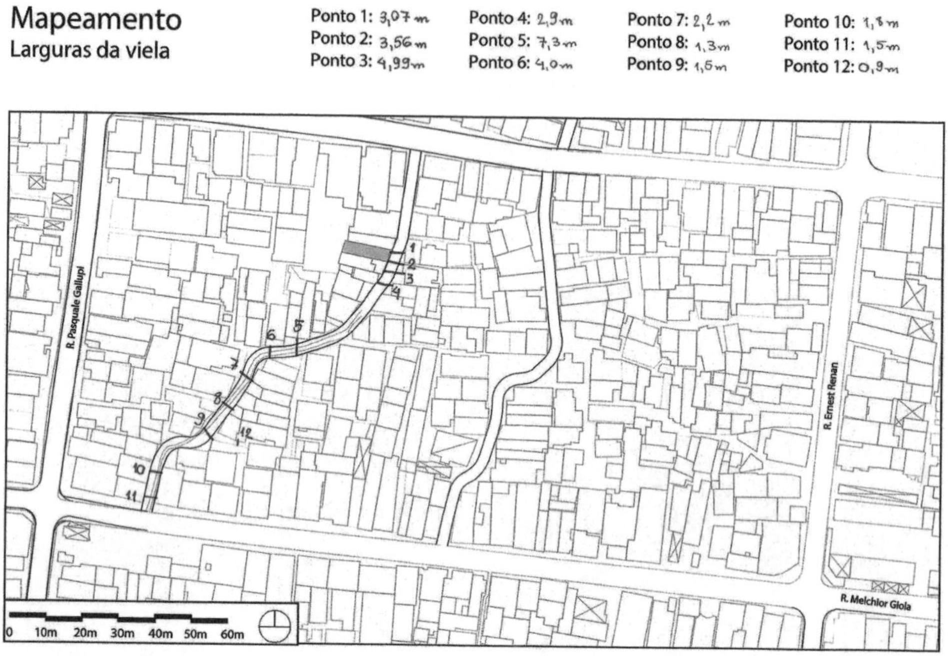
Mapeamento
Larguras da viela
Ponto 1: 3,07 m
Ponto 2: 3,56 m
Ponto 3: 4,99 m
Ponto 4: 2,9 m
Ponto 5: 7,3 m
Ponto 6: 4,0 m
Ponto 7: 2,2 m
Ponto 8: 1,3 m
Ponto 9: 1,5 m
Ponto 10: 1,8 m
Ponto 11: 1,5 m
Ponto 12: 0,9 m
R. Pasquale Gallupi
R. Ernest Renan
R. Melchior Giola
0 10m 20m 30m 40m 50m 60m

Figura 9.13 Ficha de mapeamento da largura da viela estudada. Fonte: Carunchio (2015).

Embora existam inúmeros obstáculos, como degraus, escadas e postes, os maiores problemas de ergonomia decorrem da pequena largura das passagens. Isso faz com que as intervenções sejam mais complicadas do que nas ruas, pois não é possível aumentar suas dimensões sem comprometer o espaço das edificações. Em vista disso, é importante que as ações nas vielas busquem reduzir a área ocupada por obstáculos, para que se otimize o pouco espaço disponível.

No mapeamento de obstáculos, é possível perceber a existência de diversos postes ao longo da viela. Esses postes são diferentes dos encontrados nas ruas – suas dimensões são menores e eles são colocados próximos às construções, evitando, assim, que interrompam a passagem. Na viela avaliada, os postes não configuravam um entrave à circulação; no entanto, nas mais estreitas, é recomendável sua eliminação por meio do enterramento da fiação.

Outro tipo de obstáculo comum são degraus ou pequenas rampas, existentes nas entradas de algumas das construções. Há, ainda, caixas de concreto que abrigam os medidores de água, como pode ser visto na Figura 9.14.

Uma vez que o espaço disponível nas vielas não é muito grande, seu uso não está muito atrelado a atividades de permanência, mas principalmente à circulação. O levantamento de fluxos permite identificar a importância dessas áreas no tecido urbano da favela, principalmente para o tráfego de pedestres.

A circulação de pedestres nas vielas é bastante intensa, principalmente nas principais, de maiores dimensões, como a avaliada. Por hora, passa pela viela mais da metade da quantidade de pedestres que circulam pela rua no mesmo período. Esse espaço é, portanto, utilizado intensamente por toda a população, não apenas por aqueles que moram em alguma das residências

Figura 9.14 Obstáculos nas vielas.

voltadas para ele. Ainda que sejam espaços residuais, as vielas apresentam um importante papel no sistema de espaços públicos da favela, uma vez que permitem aos pedestres encurtar distâncias, não sendo necessário contornar os quarteirões.

Embora não tenham sido identificados outros modais na contagem de fluxos, sabe-se que as vielas são utilizadas também para a circulação de alguns veículos. Nas vielas mais largas, é possível a entrada de automóveis, como visto anteriormente, ainda que isso seja feito apenas pelos moradores que possuem garagens em suas residências. Entretanto, em grande parte das vielas, há uma pequena circulação de motocicletas, que, como os pedestres, utilizam esses espaços para encurtar distâncias. Isso gera risco de atropelamento aos transeuntes, em um espaço no qual eles deveriam ser priorizados.

Os riscos aos pedestres também estão associados à possibilidade de quedas, que é intensificada pelas irregularidades na pavimentação, como rachaduras e declividades. Assim como foi proposto para as ruas, é recomendável o estabelecimento de um piso de concreto livre de desníveis. É necessário, também, um sistema para a drenagem de águas pluviais, já que em diversos trechos há água acumulada, que, além de provocar todos os problemas de salubridade associados ao excesso de umidade e de causar a proliferação de insetos, aumenta o risco de quedas.

A segurança foi apontada pelos moradores como um dos principais problemas da favela, principalmente nas vielas e à noite, o que é agravado pela falta de iluminação pública. O próprio traçado desses espaços contribui para a vulnerabilidade, uma vez que seu formato orgânico proporciona pouca visibilidade do percurso. Recomenda-se a instalação de luminárias, que podem

Tabela 9.3 Ficha de análise qualitativa e de fluxos da viela estudada

Análise qualitativa dos espaços públicos – Viela

Pontos a serem observados	✓	±	X
Iluminação pública			X
Atrativos verdes			X
Uso do solo diversificado			X
Transparência nas fachadas			X
Fluxo de pedestres separado do de veículos		X	
Proteção contra sol e chuva			X
Fachadas atrativas			X
Espaços adequados para caminhar			X
Espaços de permanência			X
Espaço para recreação			X
Espaço para a prática de atividades físicas			X
Mobiliário urbano			X
Linhas de visão			X
Baixos níveis de ruído	X		
Piso regular			X
Tipo de piso adequado		X	
Lixeiras			X
Ausência de lixo no chão			X

Fluxos	Em 4 minutos	Em uma hora
Pedestres	52	780
Automóveis	0	0
Ônibus	0	0
Caminhões	0	0
Motocicletas	0	0
Bicicletas	0	0

Observações:
- não é exclusiva para o tráfego de pedestres (baixo fluxo de automóveis e motocicletas, mas há tráfego nos trechos em que a largura da viela é suficiente para a passagem desses veículos)
- presença de água acumulada em diversos trechos

Fonte: Carunchio (2015).

Figura 9.15 Piso irregular.

ser inseridas nos postes já existentes ou apoiadas sobre as próprias construções, para melhorar a segurança à noite sem que seja necessário inserir mais obstáculos no solo.

Ainda que nem sempre seja possível alcançar uma situação ideal no âmbito da ergonomia, ao se entenderem os problemas existentes em cada local e suas implicações, podem-se elaborar propostas que minimizem as deficiências e que atendam às demandas existentes, estabelecendo espaços mais adequados às necessidades dos usuários.

9.3.2 Ergonomia no espaço residencial

Na casa avaliada, Josefa, uma senhora aposentada, mora com seus dois netos no pavimento intermediário de uma construção de três andares. No térreo, vive a filha de Josefa, mãe dos meninos. Já na cobertura, seu filho mora com sua esposa.

Figura 9.16 Exterior da casa de Josefa.

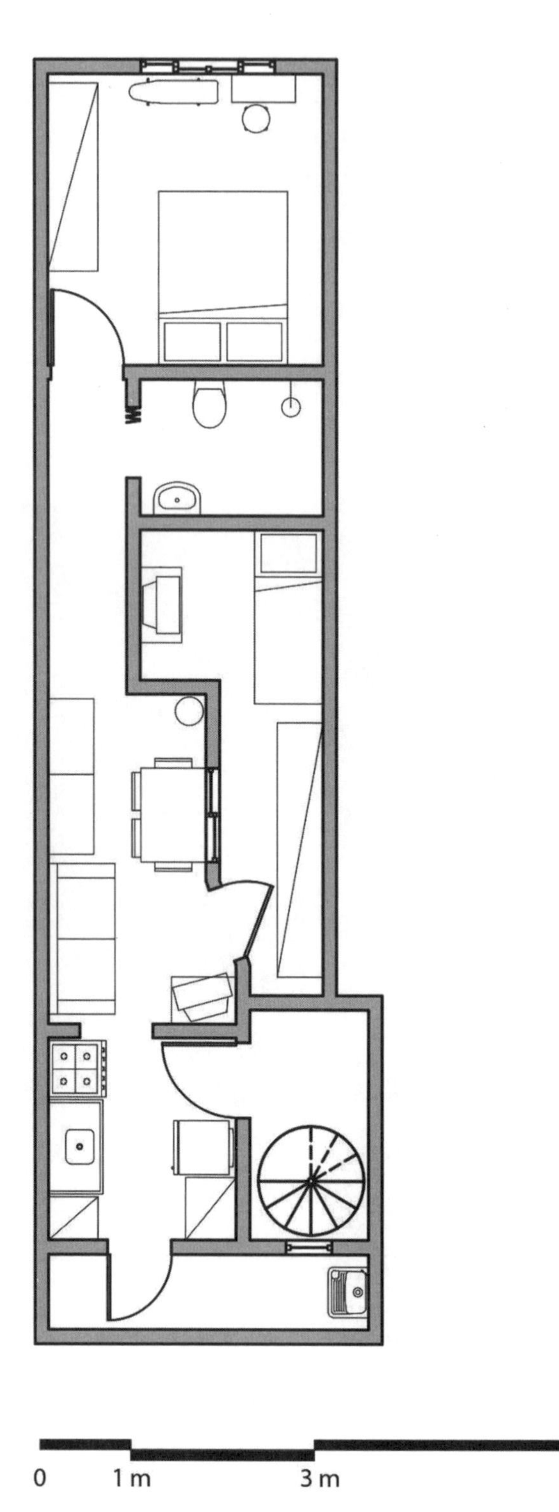

Figura 9.17 Planta da residência estudada. Fonte: Carunchio (2015).

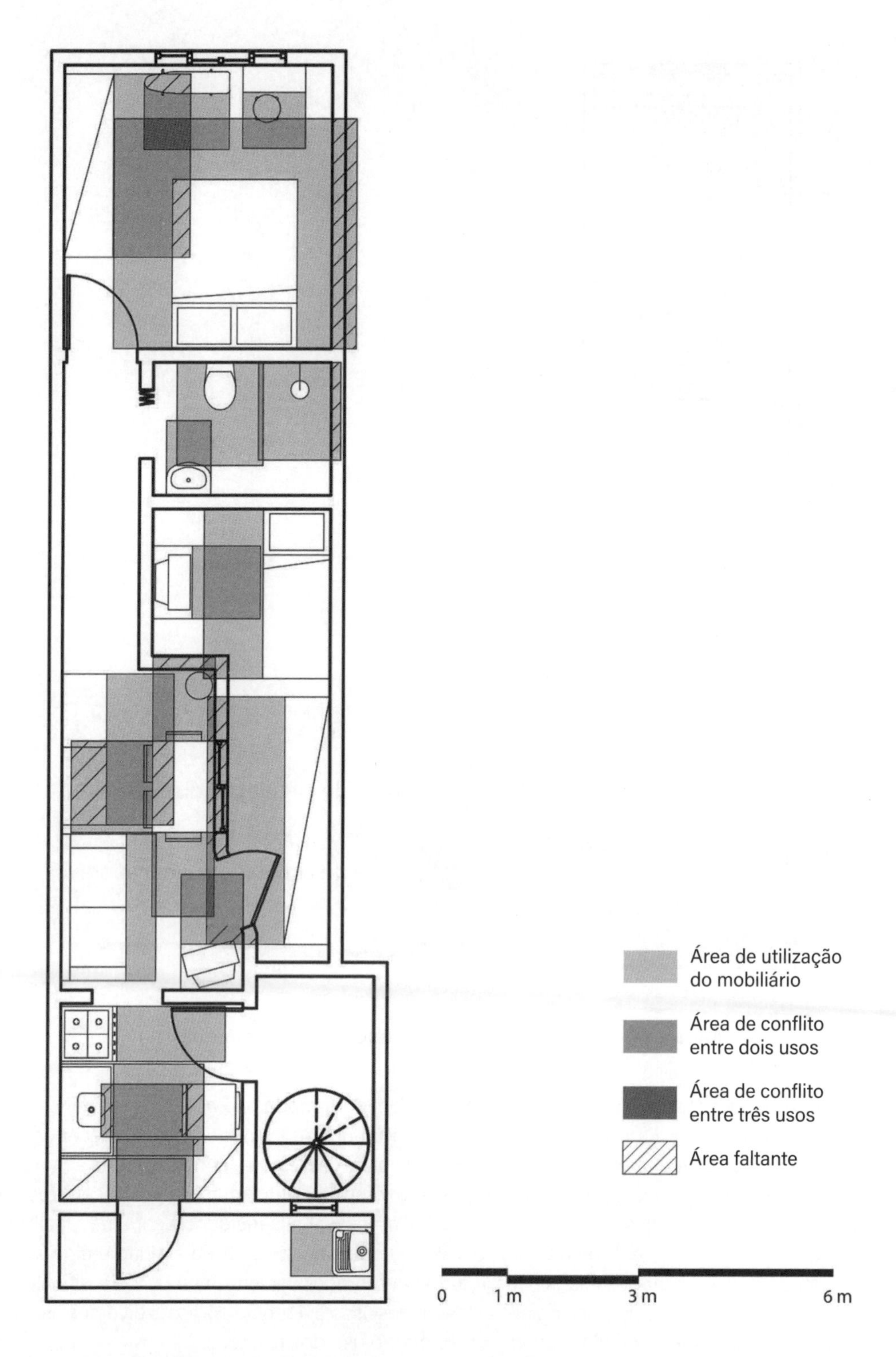

Figura 9.18 Área necessária para utilização do mobiliário. Fonte: Carunchio (2015).

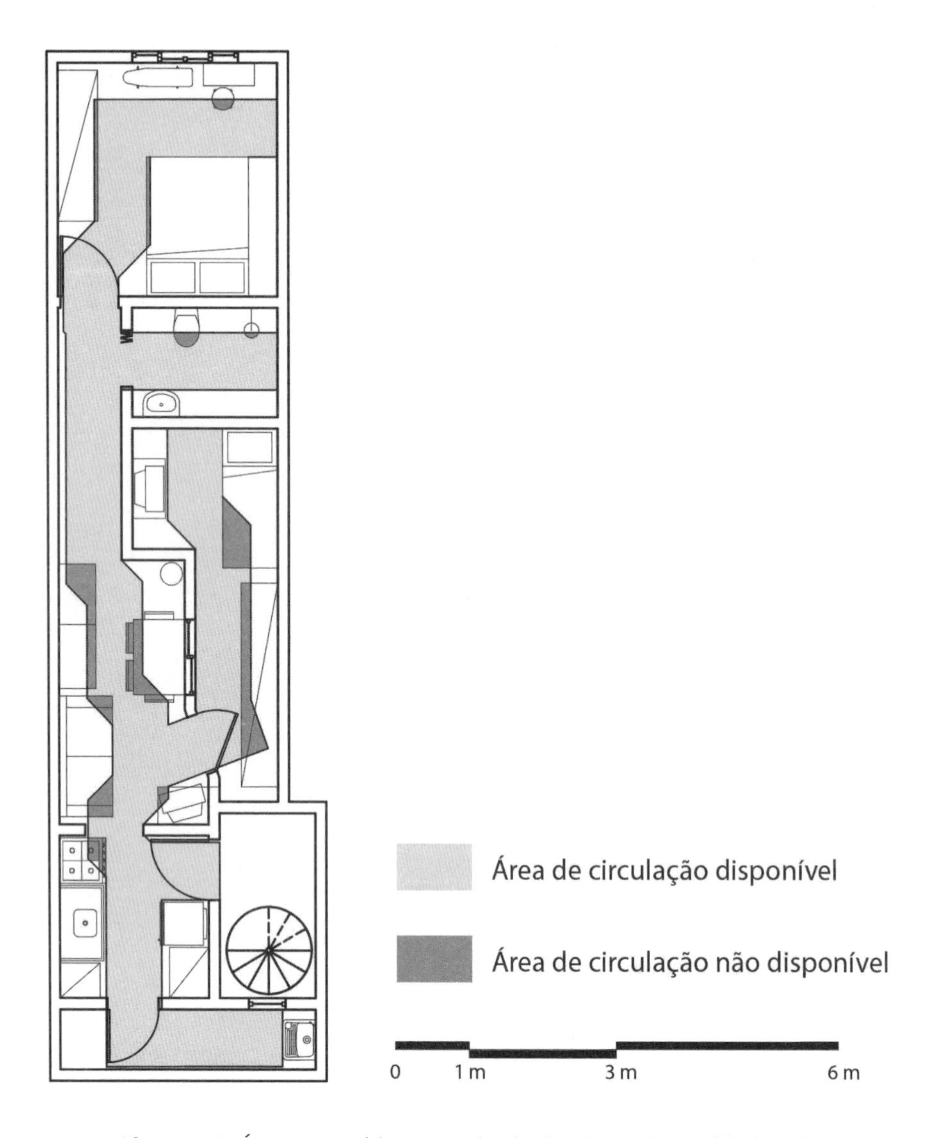

Figura 9.19 Área necessária para a circulação. Fonte: Carunchio (2015).

As inadequações relativas à ergonomia já podem ser notadas no acesso à residência: uma escada em caracol, com degraus que apresentam 55 cm de largura. Essa situação, que seria problemática para qualquer usuário, torna-se ainda mais grave ao se considerar que a moradora é idosa. Em uma entrevista informal, a proprietária informou que sua filha já ofereceu trocar de casa, para que Josefa possa morar no térreo e, assim, acessar sua residência com mais facilidade. Josefa, no entanto, não realizou a troca, pois alegou que a casa do térreo é muito úmida, recebe pouca insolação e é mal ventilada. Dessa forma, a moradora sujeita-se a riscos e dificuldades de acesso para evitar problemas de outras naturezas. Isso evidencia como os diversos aspectos relativos à qualidade ambiental podem condicionar o uso dos espaços.

Figura 9.20 Escada de acesso à residência.

A residência apresenta graves problemas de ergonomia, que se manifestam em todos os ambientes, em maior ou menor grau. Em se tratando da habitação de uma família de renda baixa, a questão econômica assume uma posição central na tomada de decisões sobre as intervenções. Assim, buscou-se, na medida do possível, minimizar os problemas apenas por mudanças na disposição do mobiliário. Somente nos ambientes que apresentavam casos críticos propôs-se a realização de reformas. Em razão da pequena área da residência e da impossibilidade de ampliações, não foi possível eliminar todos os problemas com soluções de baixo custo; ainda assim, buscaram-se alternativas que pudessem melhorar a qualidade do espaço.

Analisando-se o esquema de área de circulação, conclui-se que, em diversos pontos da habitação, a área livre disponível não é suficiente para a circulação adequada segundo os aspectos normativos. Em alguns cômodos, como no quarto do fundo e no banheiro, apesar de não existir a área ideal para circulação e para a utilização do mobiliário, os problemas não configuram uma situação crítica. Pequenas mudanças na disposição do mobiliário no dormitório poderiam minimizar os problemas existentes. Esse cômodo, no entanto, precisaria de uma mudança na posição da janela para melhorar seu desempenho ambiental, uma vez que há uma construção vizinha muito próxima a ela, que bloqueia cerca de metade de sua área, prejudicando a ventilação, a insolação e a iluminação natural.

Figura 9.21 Janela do dormitório obstruída por construção vizinha.

Já no banheiro, a falta de algum elemento que segregue a área do chuveiro é problemática na medida em que o piso de todo o ambiente fica molhado, gerando riscos aos usuários ao aumentar as chances de queda. Essa situação poderia ser facilmente resolvida com a inserção de um box ou cortina delimitando a área do chuveiro.

Figura 9.22 Sanitário sem separação para a área do chuveiro.

A cozinha apresenta alguns conflitos de uso e área insuficiente para a utilização de alguns equipamentos. Apesar disso, ela não configura um caso crítico no âmbito da ergonomia, haja vista que a residência é pequena. O maior problema nesse ambiente está relacionado com a circulação, uma vez que a passagem da cozinha para a sala não foi planejada contemplando o mobiliário que seria instalado nesses ambientes. Assim, o fogão e o sofá interrompem parte dessa rota, restando apenas 42 cm livres para a circulação. Para solucionar esse problema, propõe-se a mudança da localização dessa abertura, para que os ambientes possam comportar o mobiliário necessário, sem que isso seja um entrave à circulação.

Os principais problemas relativos à ergonomia dessa residência se manifestam na sala e no quarto das crianças. As condições de circulação na sala são graves – entre o sofá e a mesa há menos de 30 cm para passagem; entre o móvel ao lado do sofá e a parede, há 36 cm. Caso um dos moradores esteja sentado no sofá ou em uma das cadeiras da mesa, não sobra nenhum espaço para a circulação, sendo necessário que ele se levante para os demais passarem.

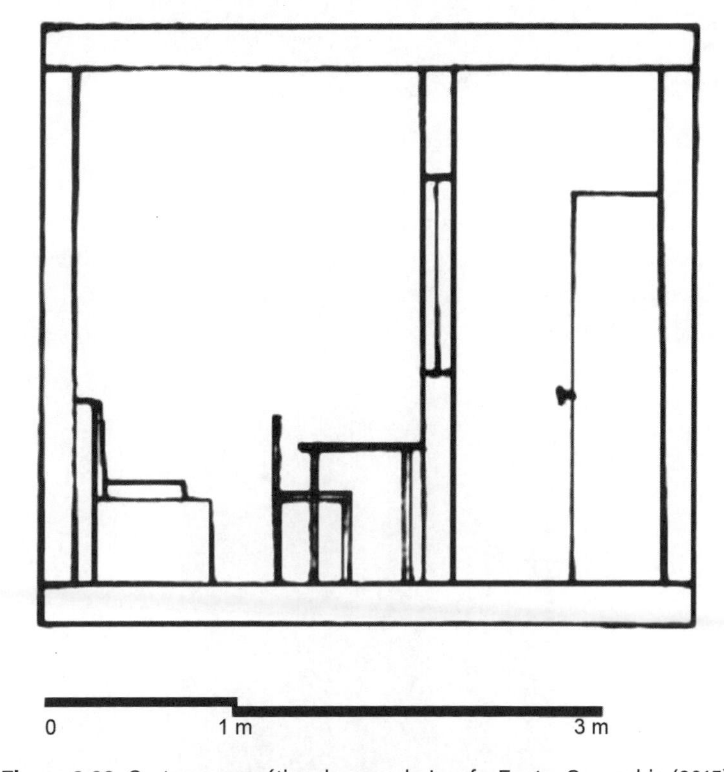

Figura 9.23 Corte esquemático da casa de Josefa. Fonte: Carunchio (2015).

Figura 9.24 Espaço de circulação reduzido na sala.

No dormitório, existe um problema semelhante: entre o beliche e a parede oposta, há apenas 38 cm livres para passagem. Não há, também, espaço suficiente entre o guarda-roupa e a parede para a circulação, muito menos para utilizar esse móvel de forma adequada. As dimensões são tão pequenas, que não é possível nem mesmo abrir a porta do quarto completamente.

Figura 9.25 Espaço de circulação reduzido no dormitório.

Esse dormitório apresenta, ainda, outros problemas de desempenho ambiental. Uma vez que está localizado no meio da construção, sua janela está voltada para a sala. Assim, o quarto não tem acesso à insolação e iluminação natural, e a ventilação é extremamente reduzida. Essa questão só poderia ser resolvida com uma grande alteração na moradia, como uma ampliação. Contudo, uma vez que existem outras construções contíguas à residência, uma intervenção desse porte não poderia ser realizada pelos próprios moradores, pois teria de abarcar uma área maior, com diversas edificações, envolvendo uma proposta de renovação urbana. Apesar disso, é possível qualificar essa habitação do ponto de vista da ergonomia, para minimizar os problemas existentes no dormitório. Caso a sala fosse um espaço adequado, diversas atividades que hoje são realizadas no quarto, como as de lazer, poderiam ocorrer naquele ambiente, criando-se alternativas para a utilização dos espaços conforme a vontade dos usuários, que não ficariam condicionados por limitações do espaço.

Figura 9.26 Janela do dormitório voltada para a sala.

Considerando que a sala e o quarto configuram situações críticas, mudanças simples, como outra disposição do mobiliário, não seriam suficientes para tornar esses espaços adequados ao uso, mesmo sem se pretender chegar a uma situação ideal. Em vista disso, propõe-se uma reforma nesses ambientes, proporcionando outra conformação para eles. Essa e as demais propostas apresentadas estão sintetizadas na planta da Figura 9.27.

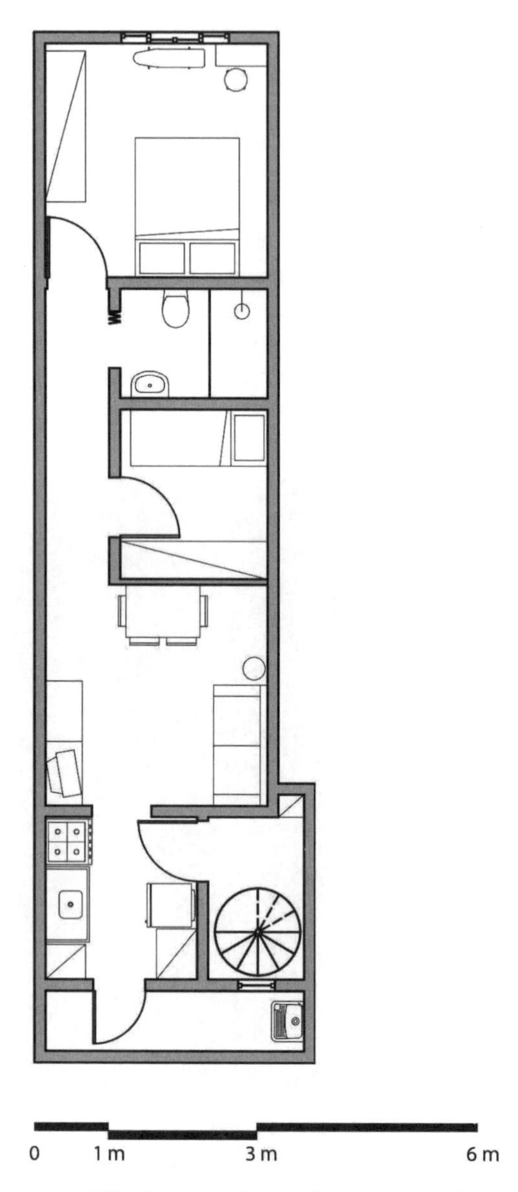

Figura 9.27 Planta da residência com as alterações propostas. Fonte: Carunchio (2015).

Como pode ser observado nos diagramas apresentados nas Figuras 9.28 e 9.29, essa nova conformação da construção e do mobiliário minimizou bastante os conflitos de ergonomia.

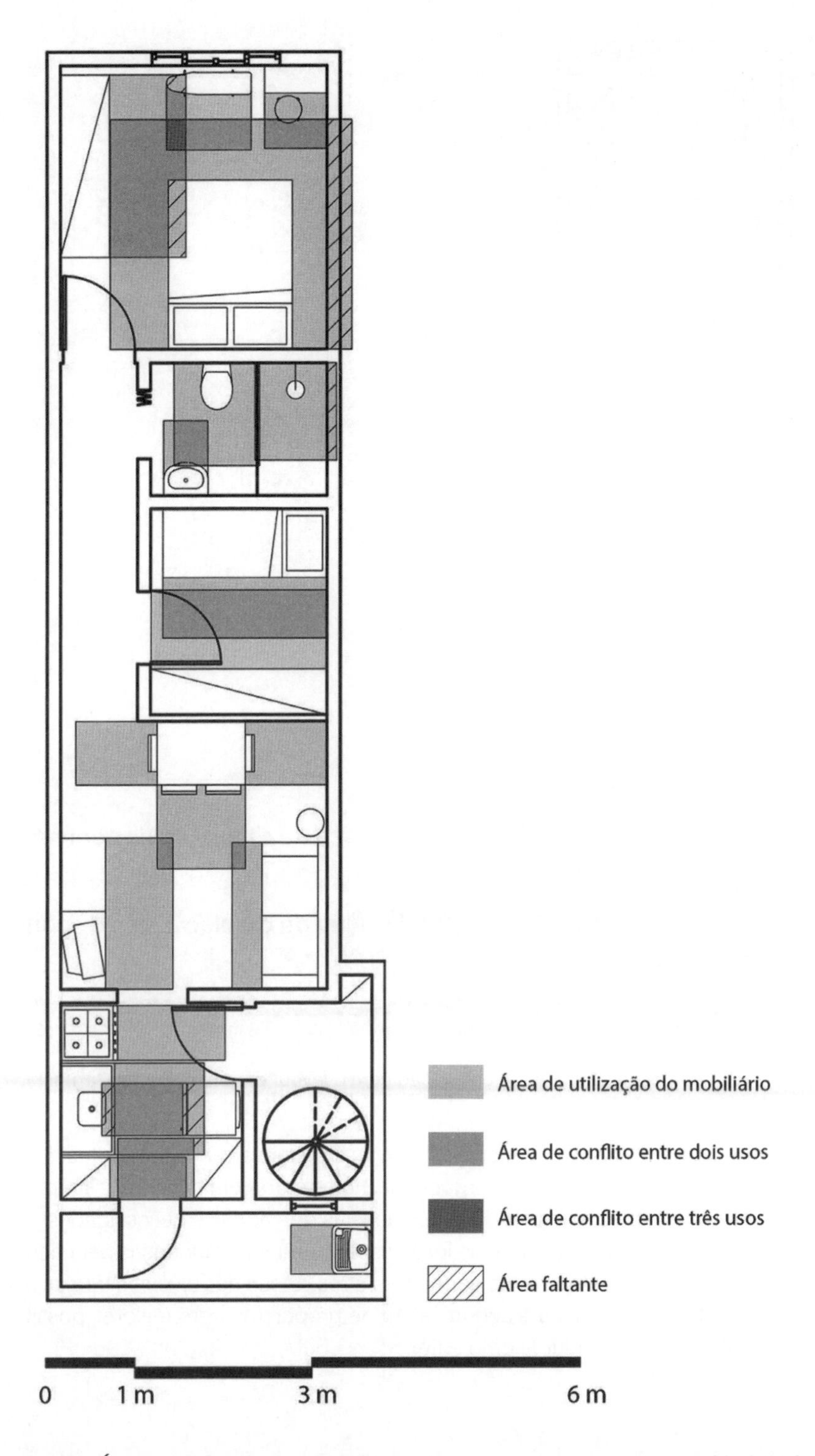

Figura 9.28 Área de utilização do mobiliário no *layout* proposto. Fonte: Carunchio (2015).

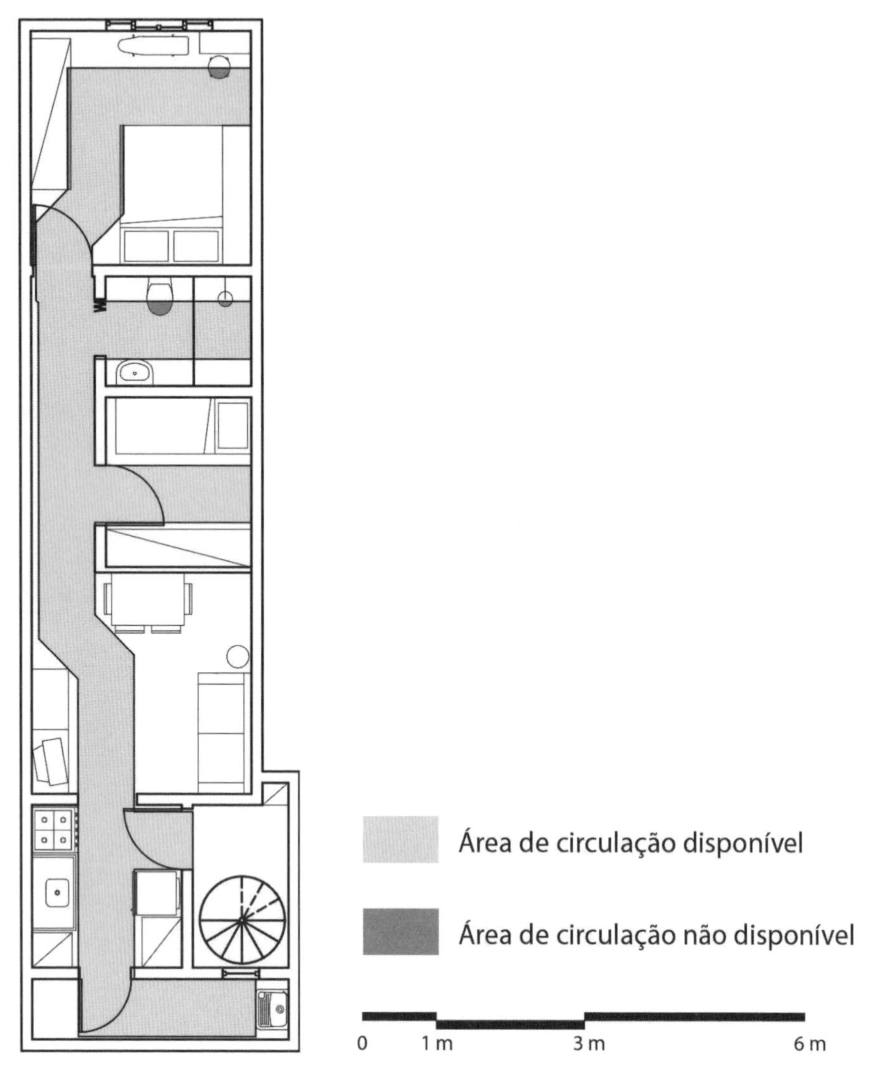

Figura 9.29 Área necessária para a circulação com o *layout* proposto. Fonte: Carunchio (2015).

Dada a pequena área das moradias, dificilmente se poderá alcançar uma situação em que não exista nenhuma adversidade relativa à ergonomia. Entretanto, com mudanças simples, é possível qualificar essas habitações, adequando os espaços às demandas e necessidades dos usuários. Ainda que correspondam a uma situação ideal, essas pequenas mudanças beneficiam muito os moradores e sua qualidade de vida, ao permitirem a realização das diversas tarefas relacionadas com o morar de forma adequada e segura, além de proporcionarem maiores possibilidades de usos e interações entre indivíduo e ambiente.

Considerações finais

A vivacidade e a intensa apropriação do espaço público por parte dos moradores conferem às favelas características únicas, verdadeiros potenciais que poderiam ser mais bem aproveitados com o desenvolvimento de mais iniciativas focadas nas reais demandas, expectativas e interesses de seus residentes. A relação entre pessoas e espaços na favela é diversa dos padrões da cidade formal. Entender a lógica de funcionamento desses espaços, suas dinâmicas e seus usos é essencial para que as propostas desenvolvidas estejam de acordo com a realidade do local.

As carências e os conflitos que permeiam o ambiente das favelas não devem ser tratados apenas de acordo com a necessidade de provisão de infraestrutura básica. É necessário entender as relações sociais e o modo de vida daquela população para o desenvolvimento de propostas sensíveis, que não se restrinjam a questões dimensionais, mas que abarquem a diversidade de pessoas, necessidades e interesses em curso em um ambiente tão complexo como o das favelas.

A provisão habitacional é uma grande questão do momento presente e, nesse sentido, é essencial a atenção às áreas já estabelecidas. É necessário olhar além das adversidades da favela, enxergar seus aspectos positivos e desenvolver iniciativas que requalifiquem esses espaços respeitando suas dinâmicas e fazendo uso de seu potencial.

RESUMO

O capítulo trata da ergonomia do ambiente urbano e do espaço de uma habitação da favela de Paraisópolis. Aspectos quantitativos e qualitativos de uma rua, uma viela e uma residência foram avaliados em um estudo de caso que contempla as dinâmicas de uso e formas de apropriação de espaços internos e externos de Paraisópolis, visando subsidiar propostas de intervenções coerentes com as reais necessidades e expectativas dos usuários. O método utilizado para análise dos espaços estudados contempla parâmetros dimensionais e de acessibilidade, fluxos de deslocamento e demandas por movimentos na realização de tarefas, além de reivindicações e percepções relatadas por moradores. São apresentadas, ainda, propostas de intervenção para melhoria do desempenho ergonômico e ambiental.

Bibliografia

ASSOCIAÇÃO BRASILEIRA DE NORMAS TÉCNICAS – ABNT. *NBR 9050:2004: acessibilidade a edificações, mobiliário, equipamentos urbanos.* Rio de Janeiro, 2015.

ALENCAR, V.; BELAZI, B. *Cidade do Paraíso*: há vida na maior favela de São Paulo. São Paulo: Primavera Editorial, 2013.

BARBOSA, A. L. S. *A importância do estudo das funções e atividades no projeto e dimensionamento da habitação.* 2007. 193 f. Dissertação (Mestrado em Arquitetura e Urbanismo) – Faculdade de Arquitetura e Urbanismo, Universidade de São Paulo, 2007.

BONDUKI, N. *Origens da habitação social no Brasil.* São Paulo: EDUSP, 1998.

BOUERI FILHO, J. J. *Antropometria aplicada à arquitetura, urbanismo e desenho industrial*: manual de estudo. 4. ed. São Paulo: Estação das Letras e Cores, 1999. v. 1.

BOUERI FILHO, J. J. *Espaço mínimo da habitação e avaliação dimensional da habitação*. 3. ed. São Paulo: Faculdade de Arquitetura e Urbanismo, Universidade de São Paulo, 2001.

CARUNCHIO, C. F. *Avaliação de desempenho, sob enfoque ergonômico, das funções e atividades da habitação com caráter social*: os espaços internos e externos. 2015. Monografia (Iniciação científica) – FAUUSP, São Paulo, 2015.

CARUNCHIO, C. F.; PIZARRO, E. P.; MÜLFARTH, R. C. K. Desempenho ergonômico do espaço urbano e das habitações da favela de Paraisópolis. *In*: XIII ENCONTRO NACIONAL E IX ENCONTRO LATINO-AMERICANO DE CONFORTO NO AMBIENTE CONSTRUÍDO, 2015, Campinas. *Anais* [...]. Campinas: [*s. n.*], 2015. Disponível em: https://drive.google.com/drive/u/0/folders/0B_xM7vaH l6zzN3JmaG9ENV8weUU. Acesso em: 27 nov. 2015.

CARUNCHIO, C. F.; MÜLFARTH, R. C. K. Favela de Paraisópolis: a influência do desempenho ergonômico na habitação com caráter social. *In*: 17º CONGRESSO BRASILEIRO DE ERGONOMIA – TRANSVERSALIDADE E COMPETITIVIDADe, 2014, São Carlos. *Anais* [...]. São Carlos: ABERGO, 2014. v. 1. p. 1-12.

CARUNCHIO, C. F.; MÜLFARTH, R. C. K. Métodos de avaliação de desempenho ergonômico em espaços urbanos. *In*: XIII ENCONTRO NACIONAL E IX ENCONTRO LATINO-AMERICANO DE CONFORTO NO AMBIENTE CONSTRUÍDO, 2015, Campinas. *Anais* [...]. Campinas: [*s. n.*], 2015. Disponível em: https://drive.google.com/drive/u/0/folders/0B_xM7vaHl6zzN3JmaG9ENV8weUU. Acesso em: 27 nov. 2015.

CIDADE DE NOVA YORK. *Active design guidelines*: promoting physical activity and health in design. New York, 2013.

CIDADE DE NOVA YORK. *Active design*: shaping the sidewalk experience. New York, 2013.

FRANÇA, E.; BARDA, M. (ed.). *A cidade informal no século 21*. 2010. Disponível em: http://www.habisp.inf.br/theke/documentos/publicacoes/catalogo_exposicao/index.html. Acesso em: 14 jun. 2011.

GEHL, J. *Cidades para pessoas*. São Paulo: Perspectiva, 2013.

GONCALVES, J. C. S.; PIZZARO, E. P.; MÜLFARTH, R. C. K.; CARUNCHIO, C. F. Examing the environmental and energy challenges of slums in Sao Paulo, Brazil. *In*: SUSTAINABLE HABITAT FOR DEVELOPING SOCIETIES: CHOOSING THE WAY FORWARD. PLEA 2014 Conference, Ahmedabad. Proceedings [...]. Ahmedabad: CEPT University, Center for Advanced Research in Building Science and Energy, 2014.

IIDA, I. *Ergonomia*: projeto produção. São Paulo: Blucher, 2003.

KENCHIAN, A. *Estudo de modelos e técnicas para projeto e dimensionamento dos espaços da habitação*. 2005. Dissertação (Mestrado) – Faculdade de Arquitetura e Urbanismo, Universidade de São Paulo, São Paulo, 2005.

LEMOS, C. A. C. *História da casa brasileira*. São Paulo: Contexto, 1989.

MARICATO, E. *Habitação e cidade*. São Paulo: Atual, 1997.

MINISTÉRIO DAS CIDADES. *Brasil Acessível*: Programa Brasileiro de Acessibilidade Urbana. Cadernos 01-06, dez. 2006.

MORAES, A. M. *Ergodesign do ambiente construído e habitado*: ambiente urbano, ambiente público, ambiente laboral. *In*: MORAES, A. M. (org.). Rio de Janeiro: iUsEr, 2003.

MORAES, A. M.; MONT'ALVÃO, C. *Ergonomia*: conceitos e aplicações. Rio de Janeiro: 2AB Editora, 2004.

MÜLFARTH, R. C. K. Morar no centro de São Paulo: reabilitação dos edifícios existentes e as interfaces com o conforto ambiental com enfoque na questão ergonômica. *In*: GONÇALVES, J. C. S. (org.) *O edifício ambiental*. São Paulo: Oficina de Textos, 2015.

MÜLFARTH, R. C. K. *Proposta metodológica para avaliação ergonômica do ambiente urbano*: a inserção da ergonomia no ambiente construído. 2017. Tese (Livre-docência) – Faculdade de Arquitetura e Urbanismo, Universidade de São Paulo, São Paulo, 2017.

NEUFERT, E. *A arte de projetar em arquitetura*. São Paulo: Gustavo Gili, 1974.

PANERO, J.; ZELNIK, M. *Dimensionamento humano para espaços interiores*: um livro de consulta e referências para projeto. Barcelona: Gustavo Gili, 2014.

PIZARRO, E. P. *Interstícios e interfaces urbanos como oportunidades latentes*: o caso da Favela de Paraisópolis, São Paulo. 2014. 370 f. Dissertação (Mestrado em Arquitetura e Urbanismo) – Faculdade de Arquitetura e Urbanismo, Universidade de São Paulo, São Paulo, 2014.

PORTAS, N. *Funções e exigências de áreas da habitação*. Lisboa: MOP – Laboratório Nacional de Engenharia Civil, 1969.

PREISER, W. F. E.; OSTROFF, E. *Universal design handbook*. New York: McGraw-Hill Professional, 2001.

SAMORA, P. R. *Projeto de habitação em favelas*: especificidades e parâmetros de qualidade. 2009, 347 f. Tese (Doutorado em Arquitetura e Urbanismo) – Faculdade de Arquitetura e Urbanismo da Universidade de São Paulo, São Paulo, 2009.

SAMPAIO, M. R. A. *Desenho urbano para o desempenho ambiental com benefícios socioeconômicos*. São Paulo: Urban Age, 2008.

SAMPAIO, M. R. A.; LIRA, J. T. C.; ROSSETTO, R.; BOSETTI, A. A.; SAMPAIO, L.; WINGE, N. A. *A promoção privada de habitação econômica e a arquitetura moderna 1930-1964*. São Carlos: Rima Editora, 2002.

SÃO PAULO. PMSP/HABI – Superintendência de Habitação Popular. *São Paulo*: Projetos de Urbanização de Favelas, São Paulo Architecture Experiment. 2010.

SÃO PAULO. PMSP/SMPED/CPA. *Acessibilidade*: mobilidade acessível na cidade de São Paulo. Edificações, Vias públicas, Leis e Normas, 2008.

SÃO PAULO. PMSP/SEHAB. *A cidade informal do século XXI*. 2010.

SÃO PAULO. PMSP/SEHAB. *Urbanização de favelas*: a experiência de São Paulo. 2008.

SÃO PAULO. SEHAB – Secretaria Municipal de Habitação. *Do plano ao projeto*: novos bairros e habitação social em São Paulo. São Paulo, 2012. Coleção "Política Municipal de Habitação – uma construção coletiva", Série Novos Bairros de São Paulo, v. 2.

SÃO PAULO. SEHAB – Secretaria Municipal de Habitação. *Plano Municipal de Habitação – PMH 2009-2024*. São Paulo, 2010.

SÃO PAULO. SEMPLA – Secretaria Municipal de Planejamento. *Histórico demográfico do município de São Paulo*. 2007.

SCHMID, A. *A ideia de conforto*: reflexões sobre o ambiente construído. Curitiba: Editora UFPR, 2005.

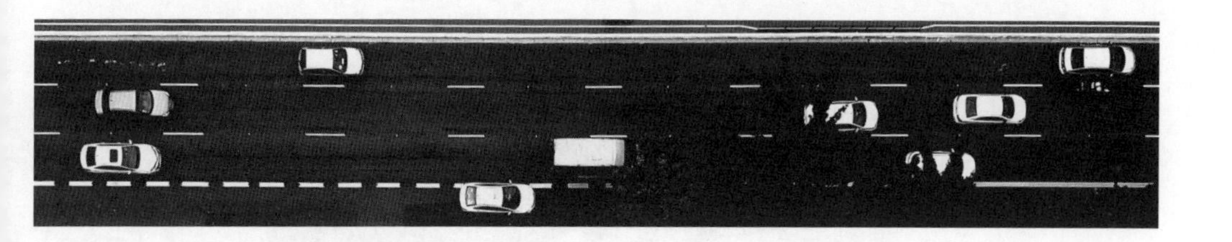

CAPÍTULO 10

Dos Pés à Cabeça e da Cabeça aos Pés: por uma Liberdade a pé

Projeto urbano de calçada no bairro da Liberdade (São Paulo – SP) e a ergonomia com qualidade sociourbana, ambiental e histórica

André Eiji Sato

"Depois de quase cinquenta anos de negligência com a dimensão humana, agora, no início do século XXI, temos necessidade urgente e vontade crescente de, mais uma vez, criar cidades para pessoas." (GEHL 2014, p. 29)

Figura 10.1 Bairro Liberdade.

10.1 Contextualização da pesquisa

DA CABEÇA AOS PÉS é segundo movimento dentro deste trabalho. A partir da identificação do problema e da definição do tema, parte-se então para a consolidação da proposta, que, por sua vez, resulta no projeto urbano de calçada.

A ideia que tive desde o começo era não achar uma solução absoluta para o problema dos pedestres nas cidades, mas chamar atenção sobre o tema por meio de várias sugestões projetuais. Reconhece-se também que o problema dos pedestres envolve questões de alta complexidade pública e política, o que acaba dificultando ainda mais a execução de projetos urbanos de calçadas por urbanistas e arquitetos.

Com a ideia em mente, o movimento focou então na cabeça. Parti, assim, para a utilização da ergonomia como método de análise e estudo do local, que, por sua vez, embasou todo o projeto. Assim, o primeiro passo foi construir um embasamento sólido com referências teóricas e projetuais para, assim, obter forte argumentação do projeto em si. E o segundo foi adquirir uma compreensão do lugar pela vivência *in loco*, ou seja, ir à área de estudo e fazer observações e levantamentos a partir da ergonomia.

Foi dessa maneira que obtive a fundamentação do projeto que apresento aqui. Assim, o fechamento deste trabalho tem a sua conclusão na sua abertura, ou seja, de um movimento que partiu dos pés e foi até a cabeça, volta então para os pés como uma forma singela de demonstrar gratidão e amor por um espaço público tão adorado por mim.

O QUE É? Um projeto urbano de calçada tendo como base a ergonomia e a percepção espacial.

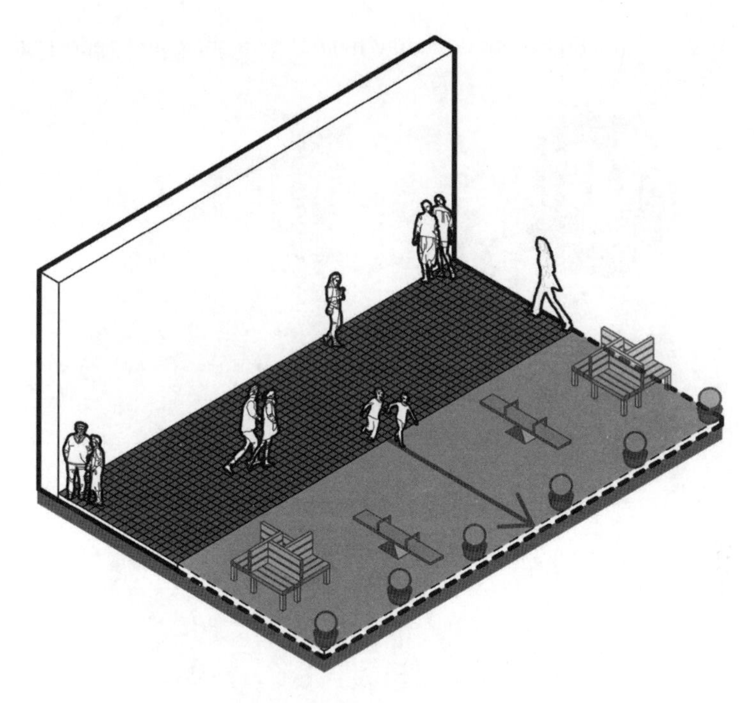

Figura 10.2 Ilustração sobre o que é o projeto.

ONDE É? Na rua Galvão Bueno, bairro da Liberdade, São Paulo, SP.

Figura 10.3 Ilustração sobre onde é o projeto.

QUANDO? Agora, em uma busca por um futuro melhor para nós como pedestres.

Figura 10.4 Ilustração sobre quando é o projeto.

POR QUÊ?

Figura 10.5 Diagrama da população mundial, nacional e municipal urbana.
Fonte: baseada nos dados da ONU (2014) e do IBGE (2010).

A relevância deste projeto está justamente pautada nos fatos expostos. Se estamos e vamos viver em cidades, como poderemos sobreviver nelas se caminhamos para um modo de vida urbano totalmente insustentável e individualista?

Dos dados expostos, podemos afirmar que, atualmente, o meio urbano tem enorme importância em nossas vidas e que, no futuro, continuará a ter (ainda mais) para a população mundial. Ou seja, não seria imprescindível vivermos sob uma **qualidade de vida urbana** adequada?

No entanto, o que é essa qualidade de vida urbana? Uso neste capítulo o conceito do arquiteto ítalo-inglês Richard Rogers (2001), que diz que para ele a qualidade de vida urbana - ou, simplesmente, a **vitalidade urbana** - é tida a partir do exercício da **cidadania ativa**. Ou seja, devemos agir como cidadãos ao sentirmos que a cidade e os espaços públicos são de nossa própria responsabilidade e não apenas de uma única figura pública.

E como exercemos a cidadania ativa? Um dos meios mais fáceis consiste em uma **simples caminhada pelas ruas**.

Figura 10.6 Diagrama e esquema sobre a relação da qualidade de vida urbana e caminhabilidade com a ergonomia.

10.2 E por que a ergonomia?

O caminhar pelas ruas, apesar de simples, é algo que vai muito mais além do que os nossos próprios olhos possam ver e os nossos corpos sentir. O estudo da escala humana - ou seja, de nós mesmos - faz-se muito necessário para o projeto urbano deste trabalho, pois, além das questões físicas e dimensionais, fez-se necessário compreender como percebemos e compreendemos um espaço. Foi por tal razão que este trabalho se aprofundou no estudo da **ergonomia**, uma ciência interdisciplinar que se propõe a estudar as relações intrínsecas e complexas entre o **ser humano** e o **espaço**, bem como o **ser humano** no **espaço**. Essas relações são dadas de forma ativa, dinâmica e contínua por meio de um fluxo de informações em que determinadas variáveis influenciam o modo como **percebemos um espaço**.

A ERGONOMIA
NA ARQUITETURA E NO URBANISMO

- Propor relações e condições de ação e mobilidade;
- Definir proporções e estabelecer dimensões em condições específicas em ambientes naturais e construídos;

Tendo como base o
CONFORTO AMBIENTAL
percepção individual de qualidades, influenciada por valores de conveniência, adequação, expressividade, comodidade e prazer.

Figura 10.7 Esquema sobre a relação entre ergonomia e conforto ambiental.
Fonte: baseada em Mülfarth (2017).

A nossa percepção de qualquer ambiente urbano pode ser considerada o ponto de partida para as atividades humanas, que, por sua vez, estimulam a qualidade de vida na cidade. A nossa própria capacidade de perceber um espaço ativamente leva-nos a um processo complexo de assimilação espacial que terá como resultado a apropriação. Essa apropriação espacial é um reflexo de nossa própria projeção no espaço, transformando-o em um prolongamento de nossa pessoa.

Figura 10.8 Esquema sobre a explicação da percepção espacial.

10.2.1 Como?

Dada a consolidação da base teórica e projetual, foi imprescindível o entendimento da dinâmica do local. De nada adianta projetar algo sem ter a real noção de como determinado local funciona no seu dia a dia, ou qual é a sua demanda. Se não fizermos isso, um projeto pode ser comprometido, seja pela sua qualidade, seja pelo seu uso futuro. Assim, é necessária uma verdadeira análise feita minuciosamente mediante diversas visitas de observação *in loco*.

Para tanto, têm-se aqui os resultados desse levantamento para compreender um pouco melhor a dinâmica urbana, tanto do bairro da Liberdade quanto da área de intervenção do projeto, que é a rua Galvão Bueno. Cabe ressaltar que a priorização desses levantamentos voltou-se aos pedestres, ou seja, à escala humana. Assim, para tentar compreender um pouco mais a dinâmica atual do bairro, comecei a observar as pessoas e os seus respectivos comportamentos. Além disso, foram estabelecidos vários dias de levantamento, que, por sua vez, compõem diversos cenários como: dias de semana, de final de semana e de evento.

10.2.2 Levantamentos

Os levantamentos foram classificados em dois grandes grupos: o primeiro a partir da análise da dinâmica do bairro da Liberdade como um todo e o segundo a partir da dinâmica da rua Galvão Bueno em sua extensão.

10.3 A dinâmica do bairro da Liberdade

Nessa escala, limitou-se a avaliação do bairro aos seguintes critérios:

- Mobilidade urbana pública.
- Uso do solo.
- Densidade demográfica.

Como forma de padronizar a área de avaliação, delimitou-se uma circunferência de 500 m de raio, tendo como centro a rua Galvão Bueno. Tal medida foi escolhida por ser uma distância confortável para se andar a pé (GEHL, 2014).

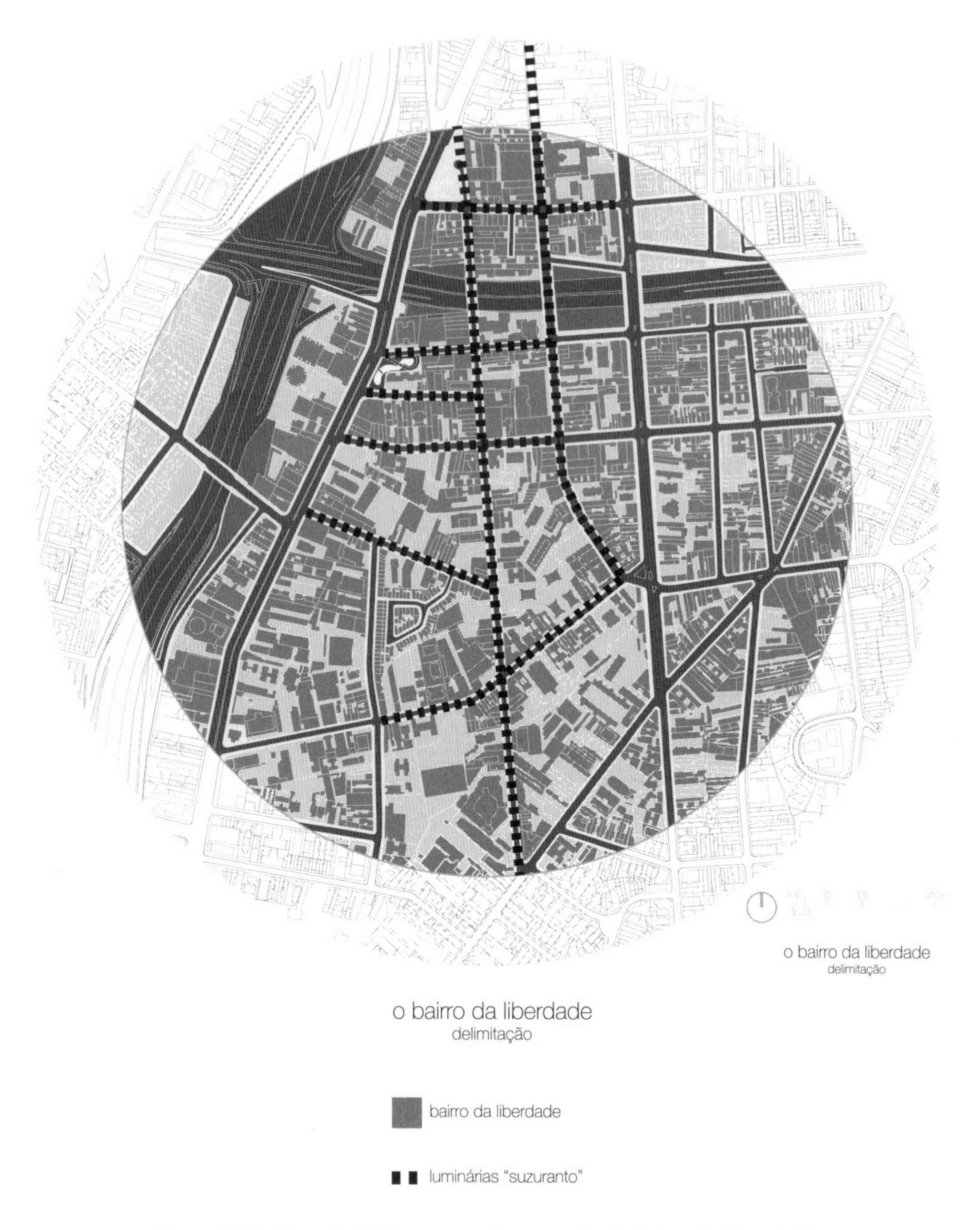

Figura 10.9 Mapa ilustrativo com a demarcação do bairro da Liberdade.

Figura 10.10 Mapa ilustrativo com informações sobre a organização viária do bairro.

Figura 10.11 Mapa ilustrativo com informações sobre a mobilidade urbana do bairro.

Figura 10.12 Mapa ilustrativo com informações sobre o uso do solo do bairro.

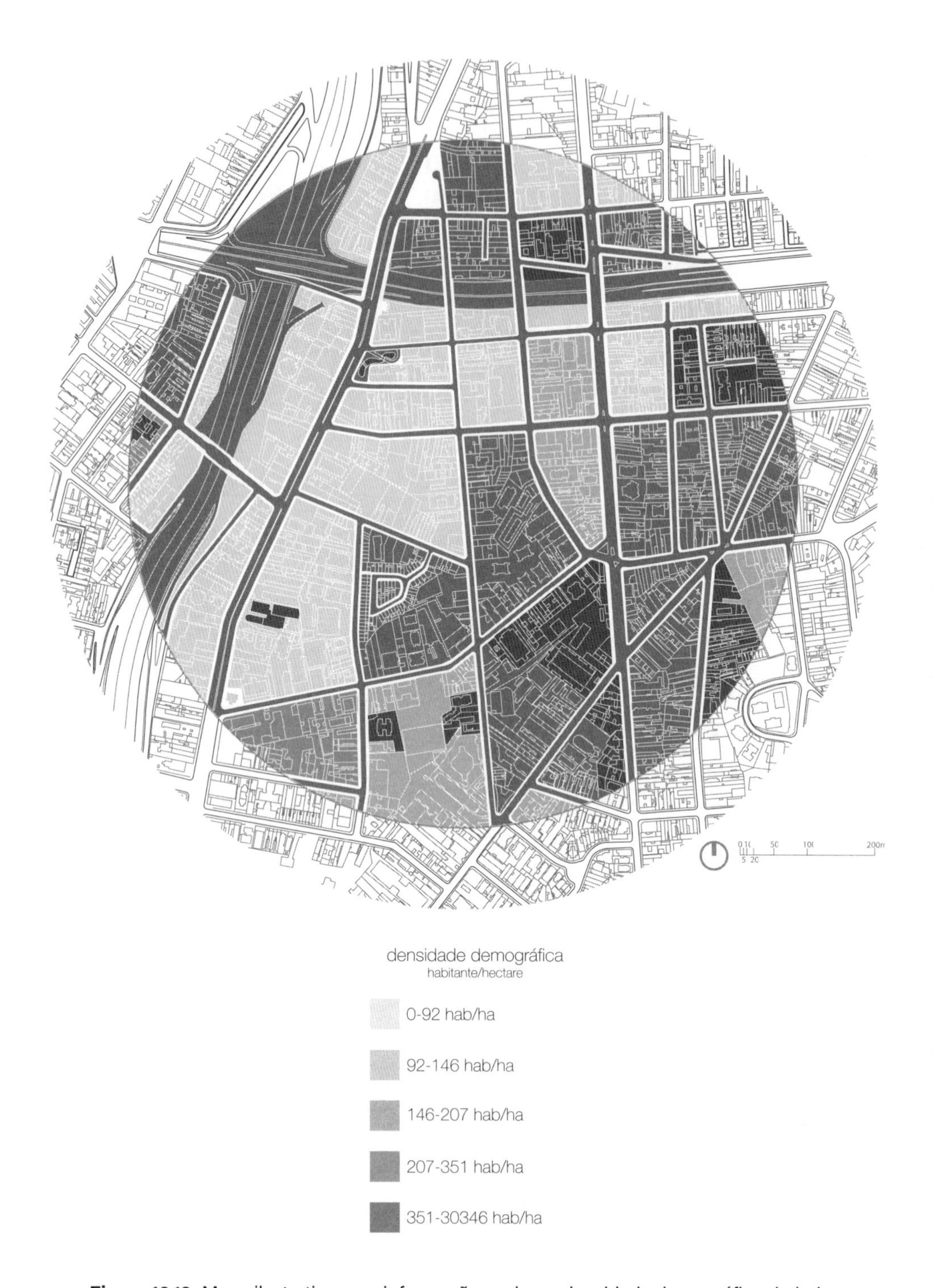

Figura 10.13 Mapa ilustrativo com informações sobre a densidade demográfica do bairro.

10.4 A dinâmica da rua Galvão Bueno

Para a avaliação da dinâmica da rua Galvão Bueno, oito áreas foram estabelecidas para facilitar os levantamentos, que por sua vez foram agrupados em três esferas:

- **Esfera urbana**: objetivo de observar as características sociourbanas concretizadas no espaço público.
- **Esfera qualitativa**: tem como ponto principal a qualidade da fruição do caminhar dos pedestres de acordo com o meio físico.
- **Esfera quantitativa**: contabilização de quantas pessoas transitam em cada uma das oito áreas por minuto.

10.4.1 Esfera urbana

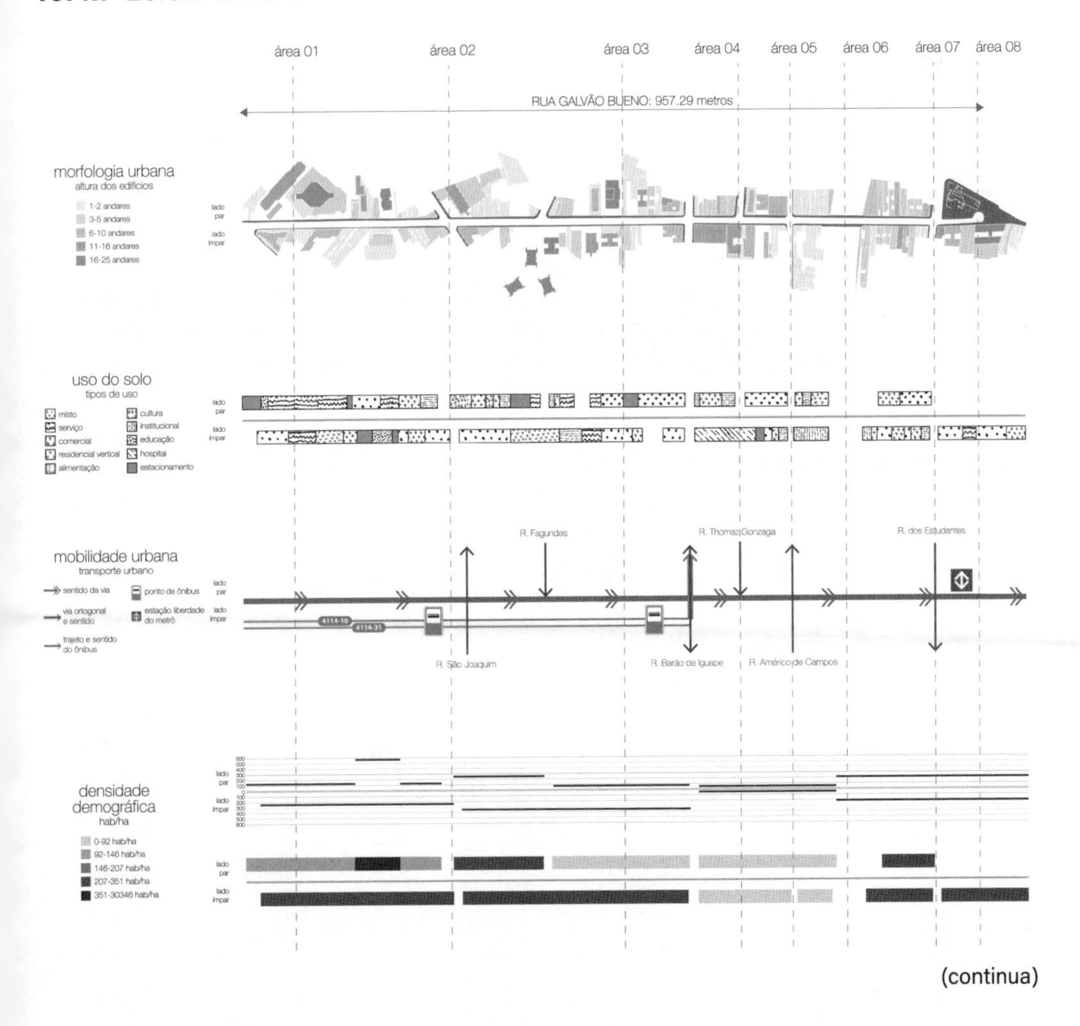

(continua)

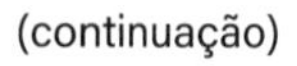

(continuação)

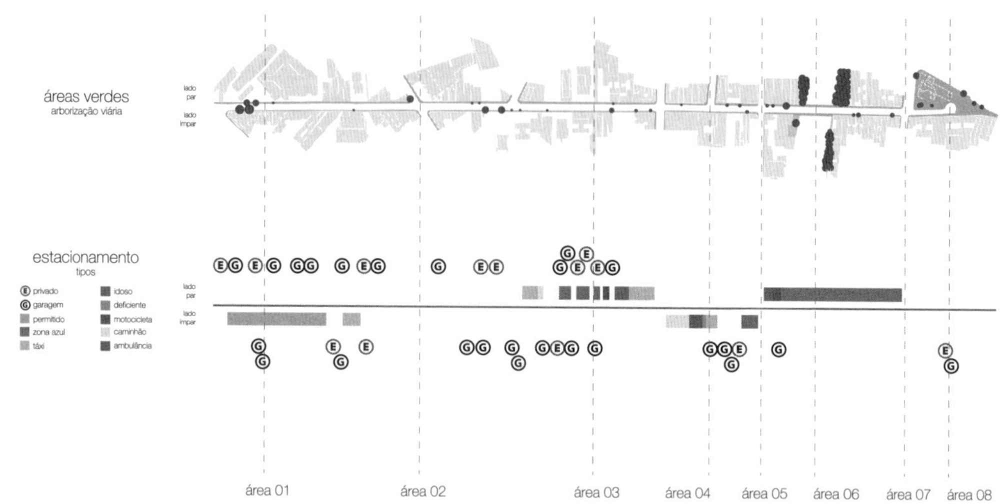

Figura 10.14 Análise ilustrada sobre a esfera urbana da rua Galvão Bueno.

10.4.2 Esfera qualitativa

Essa esfera traz uma representação dos dados que influenciam a caminhada de forma qualitativa. Ou seja, o quão prazeroso é andar pela rua e o quanto as características físicas influenciam esse ato. Aqui, tem-se os diagramas de fachadas ativas, dimensão das calçadas e obstáculos. Cabe ressaltar que a classificação das fachadas em ativas, problema e inativa vieram da obra de Gehl (2014).

Essa esfera tem por objetivo identificar a variedade de estímulos (seja em diferenciações de uso, materiais e revestimentos) e do ritmo construtivo que influencia a qualidade do passeio pela rua Galvão Bueno.

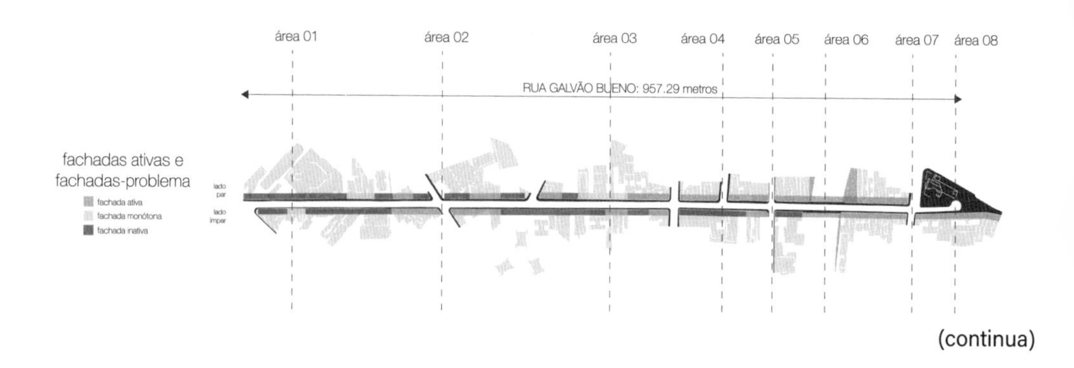

(continua)

(continuação)

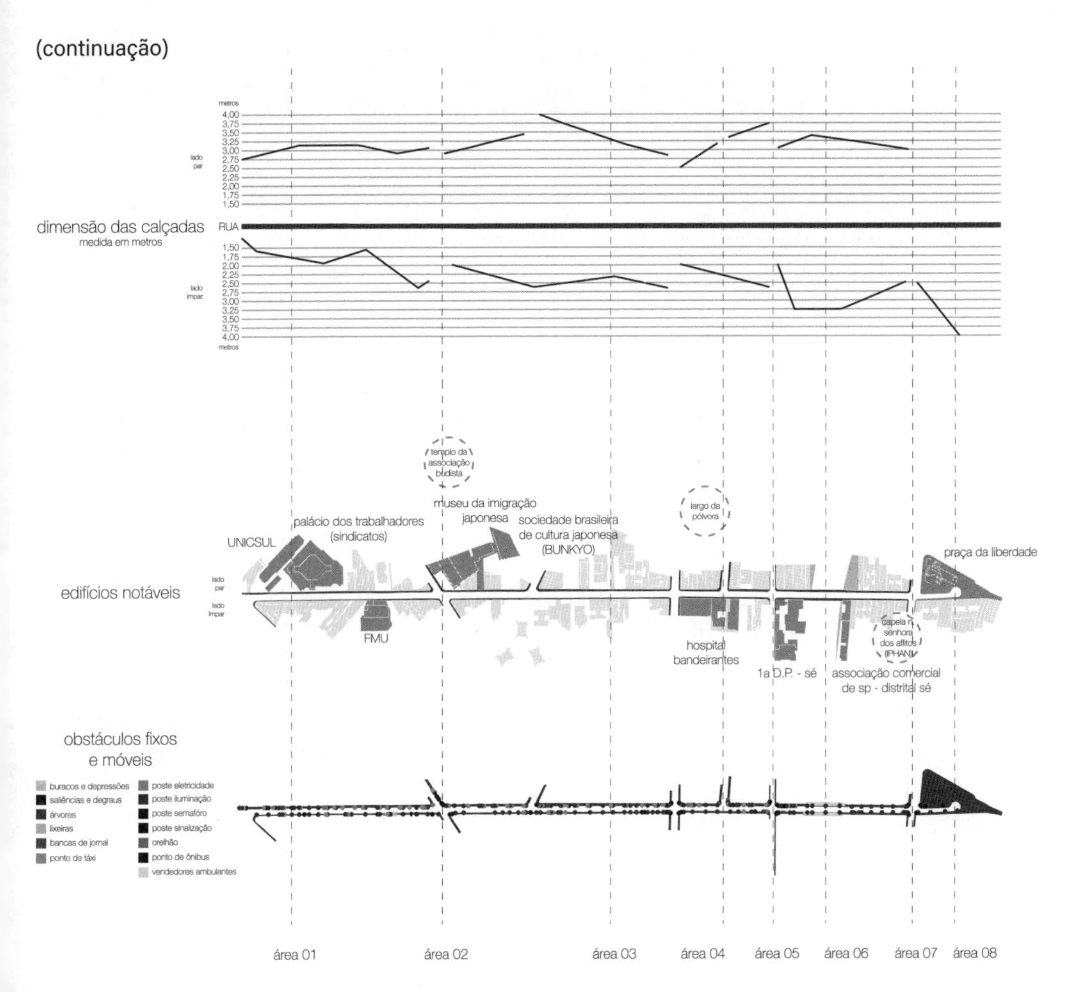

Figura 10.15 Análise ilustrada sobre a esfera qualitativa da rua Galvão Bueno.

10.4.3 Esfera quantitativa

Para os levantamentos quantitativos de pedestres, utilizou-se neste trabalho a seguinte metodologia: a partir de uma linha imaginária perpendicular à direção do tráfego de pedestres, contabilizou-se a quantidade de pessoas que passavam por essa linha durante quatro minutos tanto no lado par quanto no lado ímpar da rua. Ao obter-se o número total de pessoas pelos quatro minutos, foi feita uma média aritmética com o intuito de se obter a média estimada de quantos pedestres circularam por minuto em cada área de estudo. Esses levantamentos foram realizados em três cenários diferentes: dia comum de semana, dia de final de semana e dia de evento. Para cada um deles, fez-se o levantamento a cada três horas. O resultado a seguir é aquele em que se obteve a maior quantidade de pessoas por minuto, que foi em dia de evento. Vale ressaltar também que essa metodologia foi aplicada para se ter uma breve noção da quantidade de pedestres que frequentam a Liberdade, de modo a servir como base projetual e não obrigatoriamente como regra geral fixa e imutável dentro desses cenários estipulados.

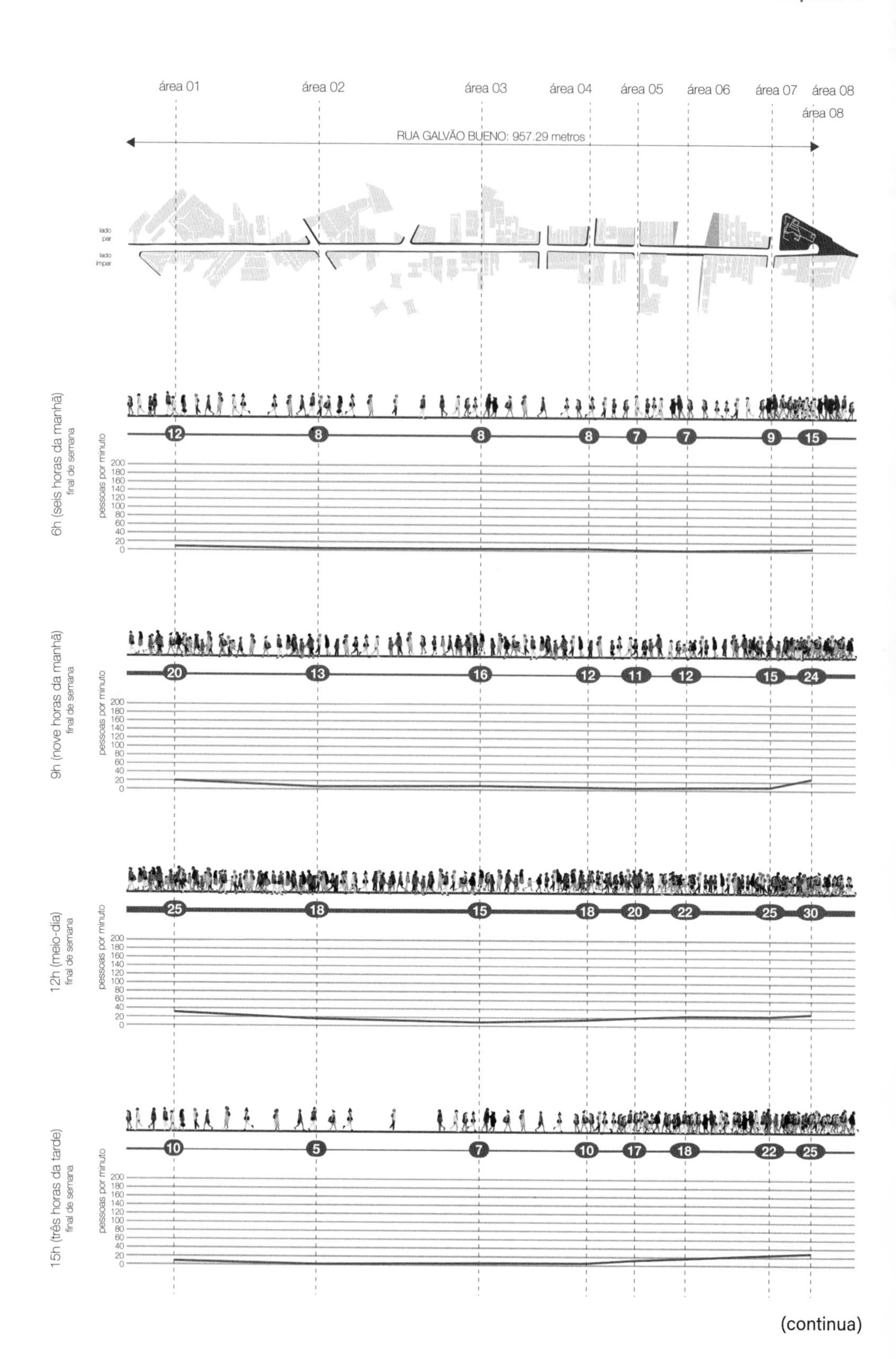
área 01
área 02
área 03
área 04
área 05
área 06
área 07
área 08
área 08
RUA GALVÃO BUENO: 957.29 metros
lado par
lado ímpar
6h (seis horas da manhã)
final de semana
pessoas por minuto
12
8
8
8
7
7
9
15
9h (nove horas da manhã)
final de semana
20
13
16
12
11
12
15
24
12h (meio-dia)
final de semana
25
18
15
18
20
22
25
30
15h (três horas da tarde)
final de semana
10
5
7
10
17
18
22
25
200
180
160
140
120
100
80
60
40
20
0

(continua)

(continuação)

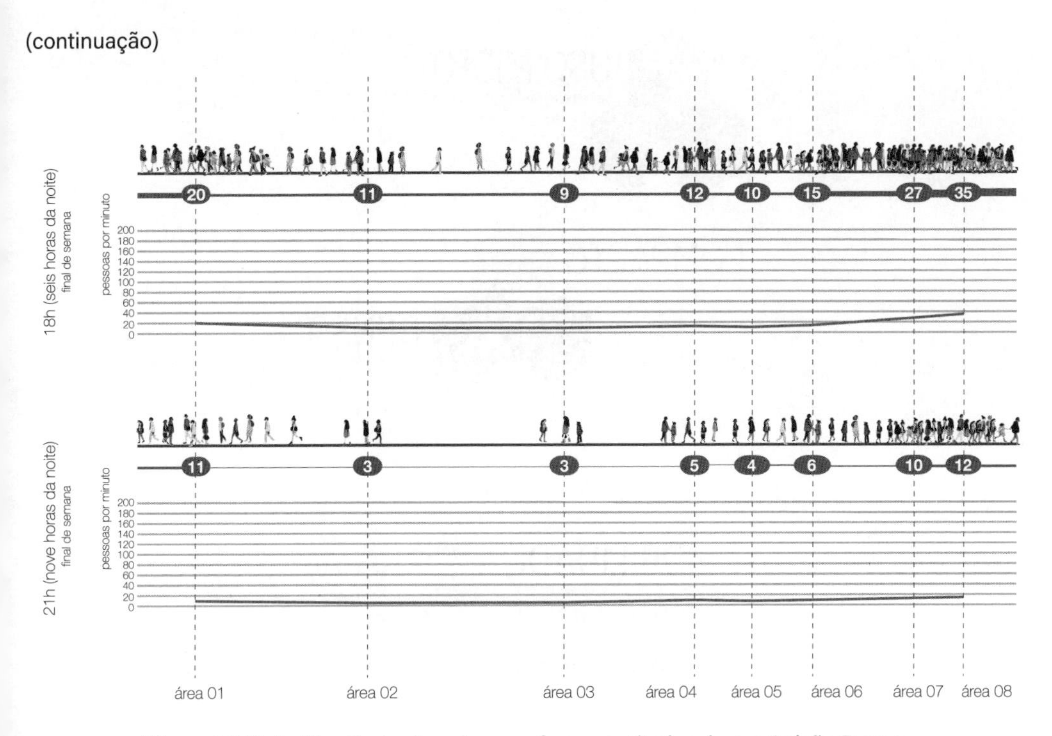

Figura 10.16 Análise ilustrada sobre a esfera quantitativa da rua Galvão Bueno.

10.5 O projeto: por uma Liberdade a pé!

Caminhamos aqui para a apresentação do resultado atingido dentro desse trabalho final de graduação. Intitulado "Por uma Liberdade a pé!", o projeto urbano tem como objeto as calçadas da rua Galvão Bueno no bairro da Liberdade e, como objetivo, promover um resgate da vitalidade urbana por meio da Ergonomia. Como ponto de partida, tem-se as seguintes diretrizes projetuais, que por sua vez foram estabelecidas recorrendo-se a vários levantamentos.

10.5.1 Escala urbana

Para que a caminhabilidade seja um meio para trazer e estimular a vitalidade urbana, é imprescindível criar um ambiente que seja de uso misto, compacto, denso e interligado com transporte público (GEHL, 2014).

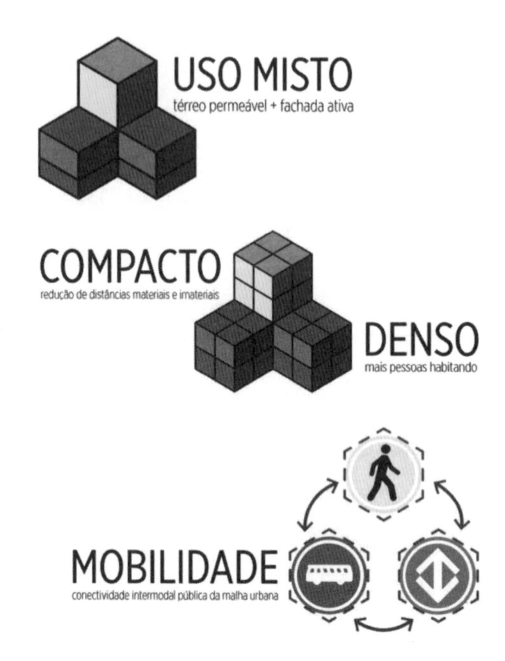

Figura 10.17 Diagrama das diretrizes projetuais tomadas por esse projeto.

10.5.2 Escala da rua

Já a escala da rua traz 12 sugestões projetuais a serem consideradas em qualquer intervenção urbana. Elas vieram de Jan Gehl em seu livro *Cidades para pessoas* (2014), no qual o autor resume em 12 critérios como tornar um espaço urbano mais funcional em termos de qualidade para a escala humana. Assim, elas se dividem em três grupos em ordem prioritária, ou seja, primeiro garantir os critérios de proteção, depois os de conforto e, finalmente, os de prazer. É interessante notar que são critérios totalmente ligados aos conceitos de ergonomia e percepção espacial.

Garantir que o nosso caminho como pedestres seja livre de interferências físicas, mentais e psicológicas é a primeira coisa a ser trabalhada. Em seguida, devemos garantir o conforto do lugar perante nós mesmos, isto é, o conforto de poder escolher livremente o que fazemos no meio urbano. Concomitantemente a esse processo, trabalha-se também o processo de atração de pessoas ao lugar. Por fim, o prazer de se estar em um lugar tem relação com a experiência espacial, dadas as ações construtivas da arquitetura e do *design,* bem como ações do clima.

Foi a partir dessa lógica que o projeto urbano se concretizou e começou a tomar forma.

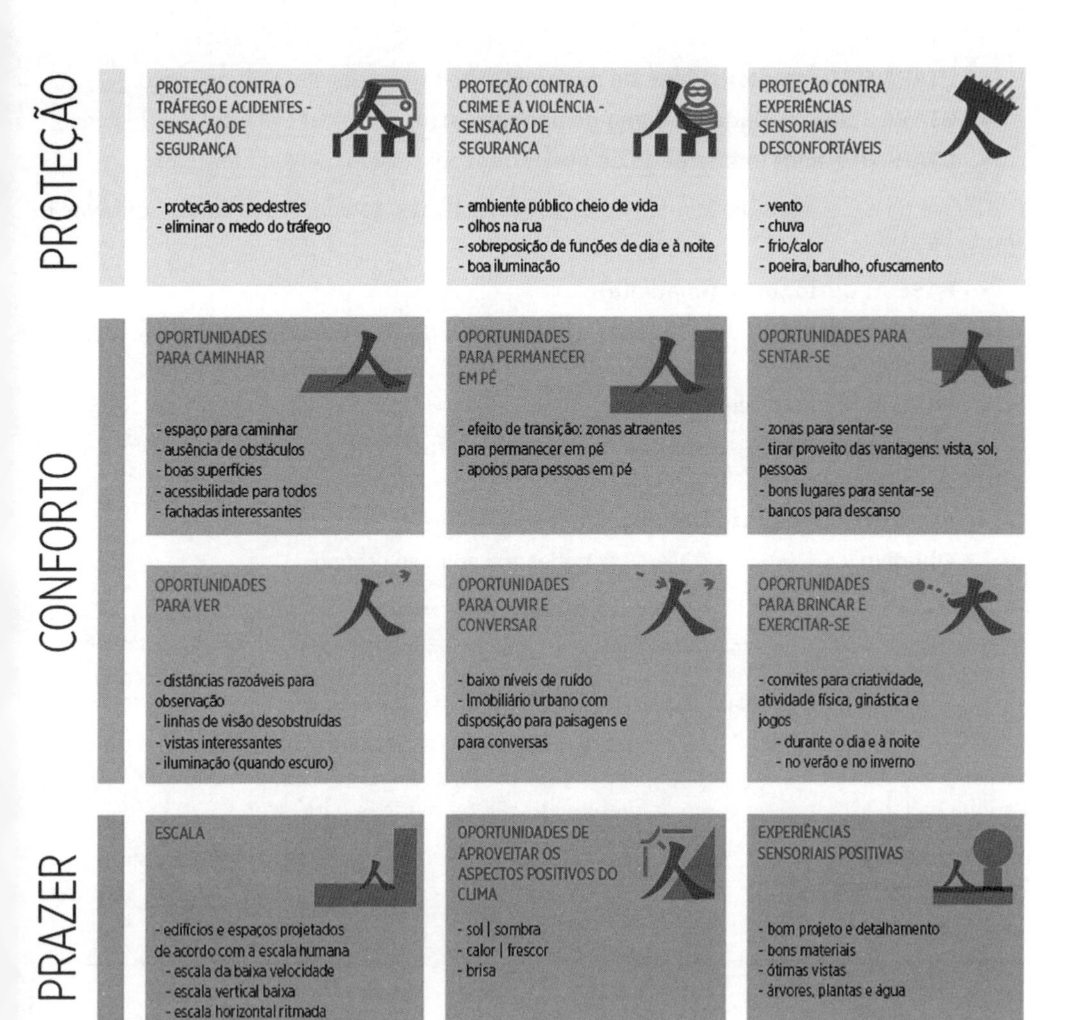

Figura 10.18 Diagrama das diretrizes projetuais tomadas por esse projeto na escala da rua. Fonte: Gehl (2014), alterada graficamente pelo autor.

10.5.3 Etapas de projeto

O projeto prevê três etapas, a partir da definição dos polos de atração de pedestres. Estes foram determinados tanto com o mapa de uso do solo da rua quanto com as observações *in loco* dos pedestres e os seus destinos, já que os próprios destinos dos seus deslocamentos mostram muito sobre o uso da rua.

Assim, definiram-se cinco polos de atração de pedestres: polo comercial, polo gastronômico, polo residencial, polo cultural-histórico e polo institucional-educacional. Analisou-se, então, a quantidade de pedestres em cada polo para que, dessa forma, se estabelecessem três etapas de ação do projeto:

- **ETAPA 1: Maior intensidade de pedestres:** polos comercial e gastronômico.
- **ETAPA 2: Intensidade mediana de pedestres:** polos residencial e cultural-histórico.
- **ETAPA 3: Menor intensidade de pedestres:** polo institucional-educacional.

Dentro de cada etapa, instituíram-se também fases de intervenções urbanas conforme os prazos delas:

- **FASE A: Curto prazo (imediato)**

  Objetivo: alertar as pessoas para a importância da *DESACELERAÇÃO* dos veículos em prol dos pedestres.
- **FASE B: Médio prazo (breve)**

  Objetivo: alertar as pessoas para a importância da *PRIORIZAÇÃO* dos pedestres dentro do meio público.
- **FASE C: Longo prazo (futuro)**

  Objetivo: *OCUPAÇÃO TOTAL* dos pedestres no meio urbano.

Junto a esse processo de ação projetual, pensou-se também em implantar desde a Etapa 1 o *"Programa Liberdade a Pé!"*, o qual tem por objetivo fazer parte de outro ainda maior, chamado *Rua Aberta*, da Prefeitura Municipal de São Paulo. O objetivo desse programa é estimular a ocupação temporária de pedestres nas vias de automóveis em vários lugares da cidade durante domingos e feriados. Trazer esse programa para a Liberdade seria muito propício, já que, além de estimular o potencial comercial e turístico do bairro, aos finais de semana e feriados ocorre a feirinha da Liberdade, um evento de grande atração de pessoas para lazer.

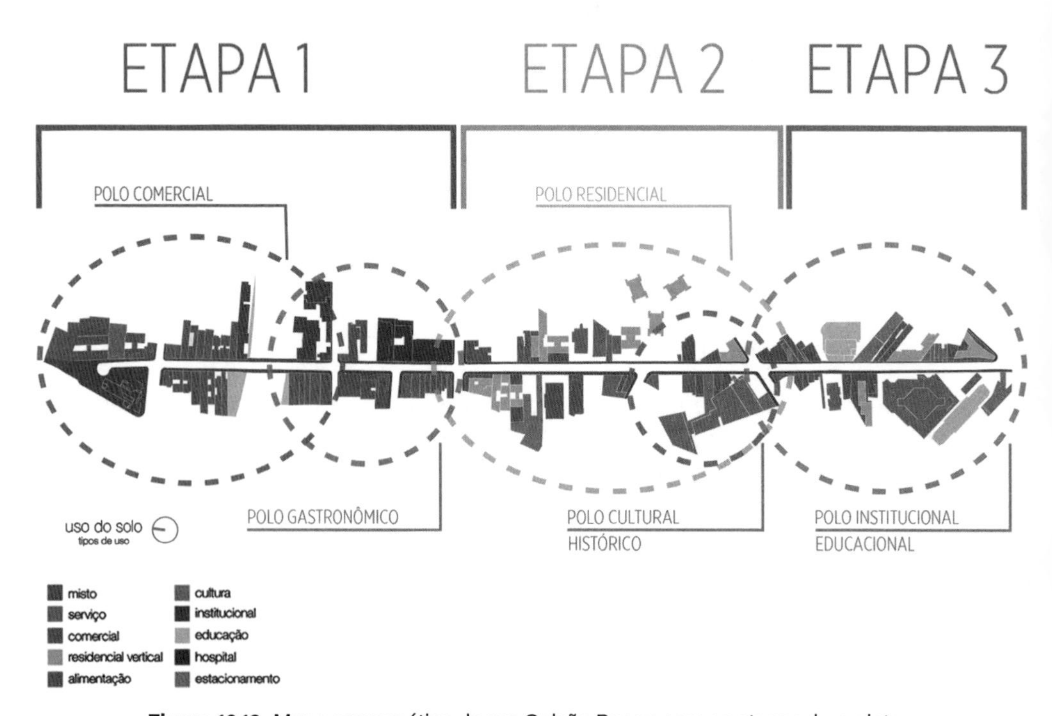

Figura 10.19 Mapa esquemático da rua Galvão Bueno com as etapas de projetos.

10.5.4 Observações de projeto

Cabem aqui algumas observações dentro da dinâmica projetual. Ao separar a Galvão Bueno em polos e, por conseguinte, em etapas projetuais, foca-se primeiro nas áreas de extrema frequência de pedestres (polos comercial e gastronômico). Dada a urgência por mudanças nos passeios dos pedestres, trabalhou-se nesse projeto apenas com a Etapa 1 e as Fases A, B e C. Ao pensar nas demais etapas, refletiu-se se o projeto teria a mesma eficácia. A conclusão alcançada foi que o projeto deve ser realizado aos poucos, sempre observando ergonomicamente (mediante avaliações) se está funcionando em termos de estimular os pedestres a permanecerem na rua Galvão Bueno. É por tal razão que se criaram as "*Buffer Zones*" dentro do cronograma do projeto.

Tabela 10.1 Explicação dos momentos e das etapas de projeto

	ETAPA 1	ETAPA 2	ETAPA 3
POLOS	Comercial / Gastronômico	Residencial / Cultural-Histórico	Institucional / Educacional
1º MOMENTO	FASE A		
2º MOMENTO	FASE B	FASE A	
3º MOMENTO	FASE C	FASE B	FASE A
4º MOMENTO		BUFFER ZONE Observação da implantação das fases	BUFFER ZONE Observação da implantação da fase
OBSERVAÇÃO		MORADORES Não há como proibir o acesso de veículos de residentes. São muitos edifícios residenciais verticais e densos	FINAL DE SEMANA Não há atrativos aos finais de semana nessa região EDUCAÇÃO: Seg – Sáb SERVIÇOS: Seg – Sex

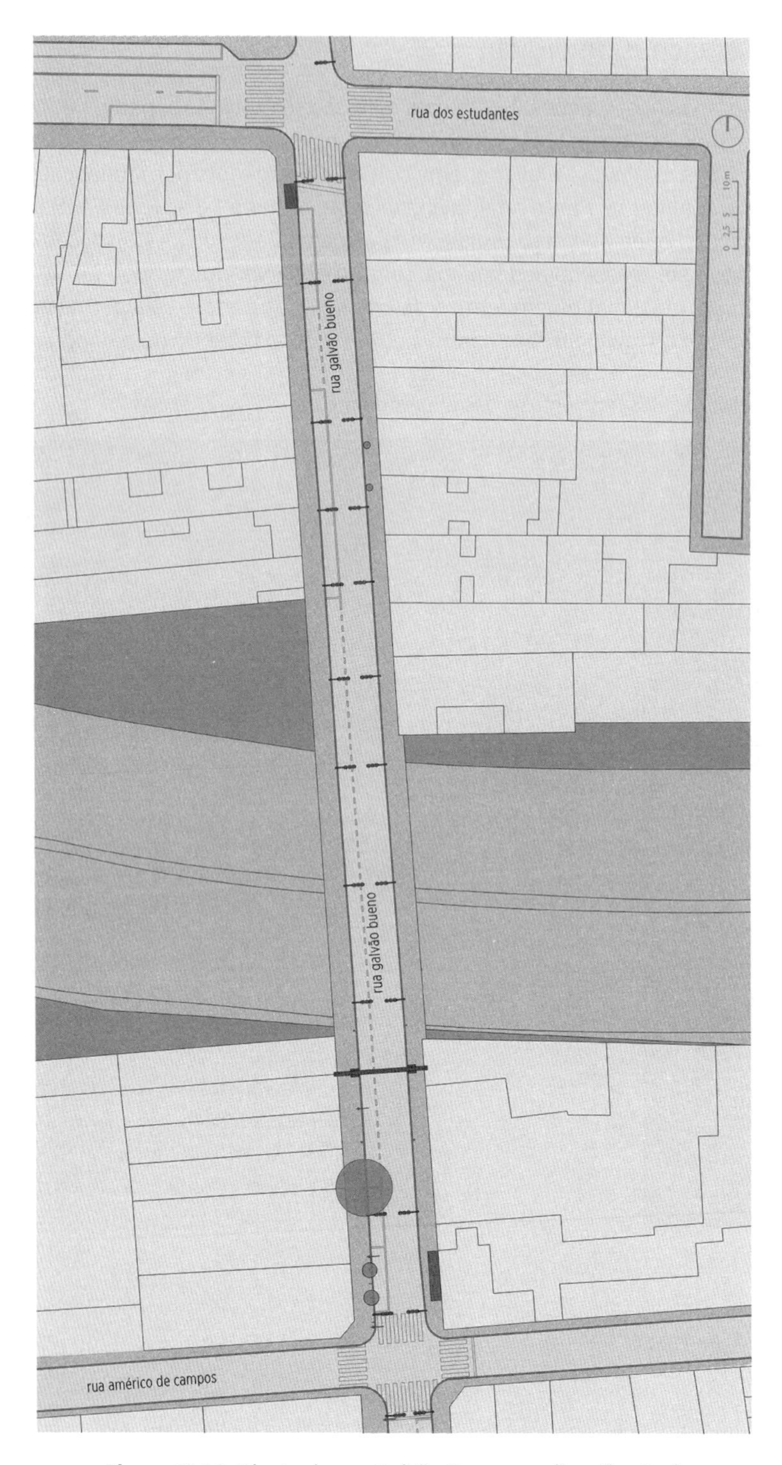

Figura 10.20 Planta da rua Galvão Bueno na situação atual.

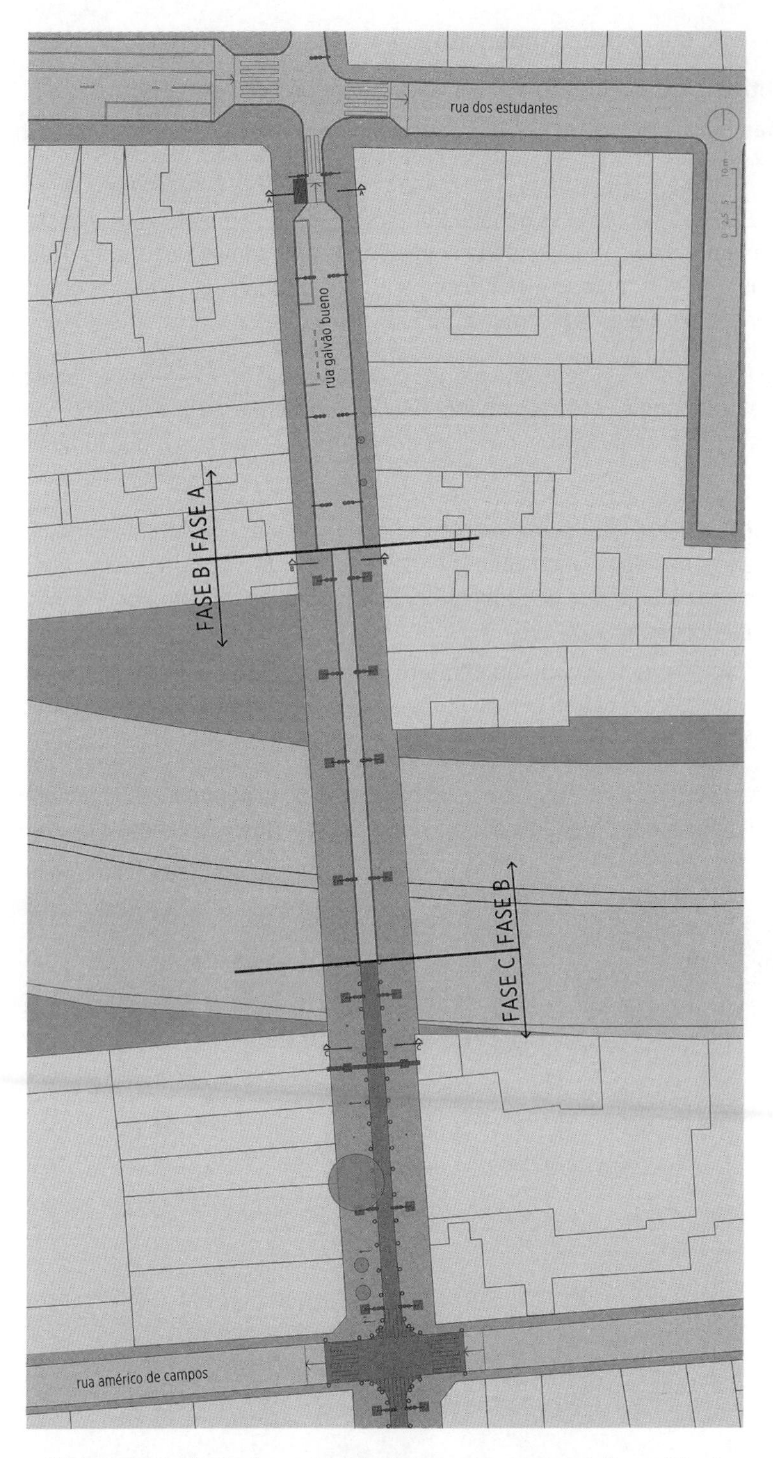

Figura 10.21 Planta da rua Galvão Bueno com a proposição projetual.

10.5.4.1 Fase A: curto prazo (imediato)

- **Objetivo**: DESACELERAÇÃO dos veículos em prol dos pedestres.
- **Ações**: obras de correções das "arrogâncias urbanas" perante o pedestre dentro de cruzamentos:

TRAVESSIA ELEVADA: com essa gentileza urbana, reverte-se o problema de os pedestres terem de atravessar a rua descendo e subindo a guia. Ao mesmo tempo em que se desacelera a velocidade dos automóveis quando eles cruzam a rua. Para uma pessoa com mobilidade reduzida, ter de descer e subir a guia rapidamente ao atravessar a rua é extremamente desgastante.

EXTENSÃO DO MEIO-FIO: será feita por meio da extensão do meio-fio da calçada em direção à faixa da rua destinada ao estacionamento público. Consegue-se, assim, maior visibilidade para o pedestre, encurtamento do tempo e da distância a ser cruzada e redução na velocidade dos automóveis.

SEMÁFORO DE PEDESTRES: uma simples mudança na maneira como o pedestre é informado para atravessar a rua pode gerar uma grande gentileza. Em vez de sinalizar às pessoas com aquele vermelho piscante que de repente para de piscar, o semáforo poderia informar o tempo restante para a travessia.

Foi feito um levantamento de quanto tempo os semáforos para pedestres da rua Galvão Bueno ficam abertos e a média que se obteve foi de apenas seis segundos para realizar a travessia completa.

PROGRAMA LIBERDADE A PÉ! Início da implantação do programa, primeiramente apenas aos domingos e feriados, das 9h às 16h, entre as ruas Galvão Bueno e Américo de Campos.

Figura 10.22 Perspectiva isométrica com a situação atual (antes da Fase A) da esquina da rua Galvão Bueno com a rua dos Estudantes.

Figura 10.23 Perspectiva isométrica com a proposição projetual (após a Fase A) da esquina da rua Galvão Bueno com a rua dos Estudantes.

10.5.4.2 Fase B: médio prazo (breve)

- **Objetivo:** PRIORIZAÇÃO dos pedestres dentro do meio urbano.
- **Ações:**
  - ALTERAÇÃO DA DIMENSÃO DAS CALÇADAS: parte-se, então, para um aumento físico da largura das calçadas (de 3 m para 5,5 m), expandindo em direção à faixa da pista de rolamento dedicada ao estacionamento.
  - ALTERAÇÃO DA PORCENTAGEM DE ÁREA PARA PEDESTRES: com essa alteração, resta apenas uma faixa disponível ao motorista e mais nenhuma de estacionamento (permanência), fazendo com que os pedestres ganhem mais área útil. Essa inversão na balança faz com que o pedestre se sinta estimulado a vivenciar mais a cidade.
  - INSTALAÇÃO DE MOBILIÁRIO URBANO DE PERMANÊNCIA: o que falta hoje no bairro da Liberdade é espaço para permanecer sentado no local. Ampliando as calçadas, tem-se uma oportunidade para estimular o pedestre a ficar no bairro, seja descansando, seja contemplando a paisagem urbana.

    Dado o elevado número de frequentadores idosos, o lugar necessita urgentemente de assentos para o seu descanso. Não apenas isso; há muitos jovens que também frequentam assiduamente o local e, se houver mais oportunidades de permanência, com certeza a vitalidade do bairro será bem mais estimulada.
  - PROGRAMA LIBERDADE A PÉ! Sábados, domingos e feriados das 9h às 16h, entre as ruas Galvão Bueno e Barão de Iguape.

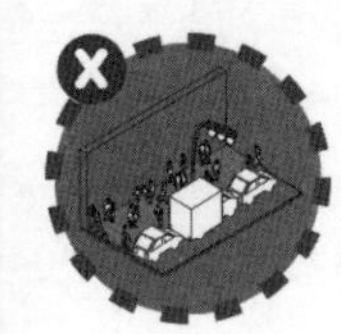

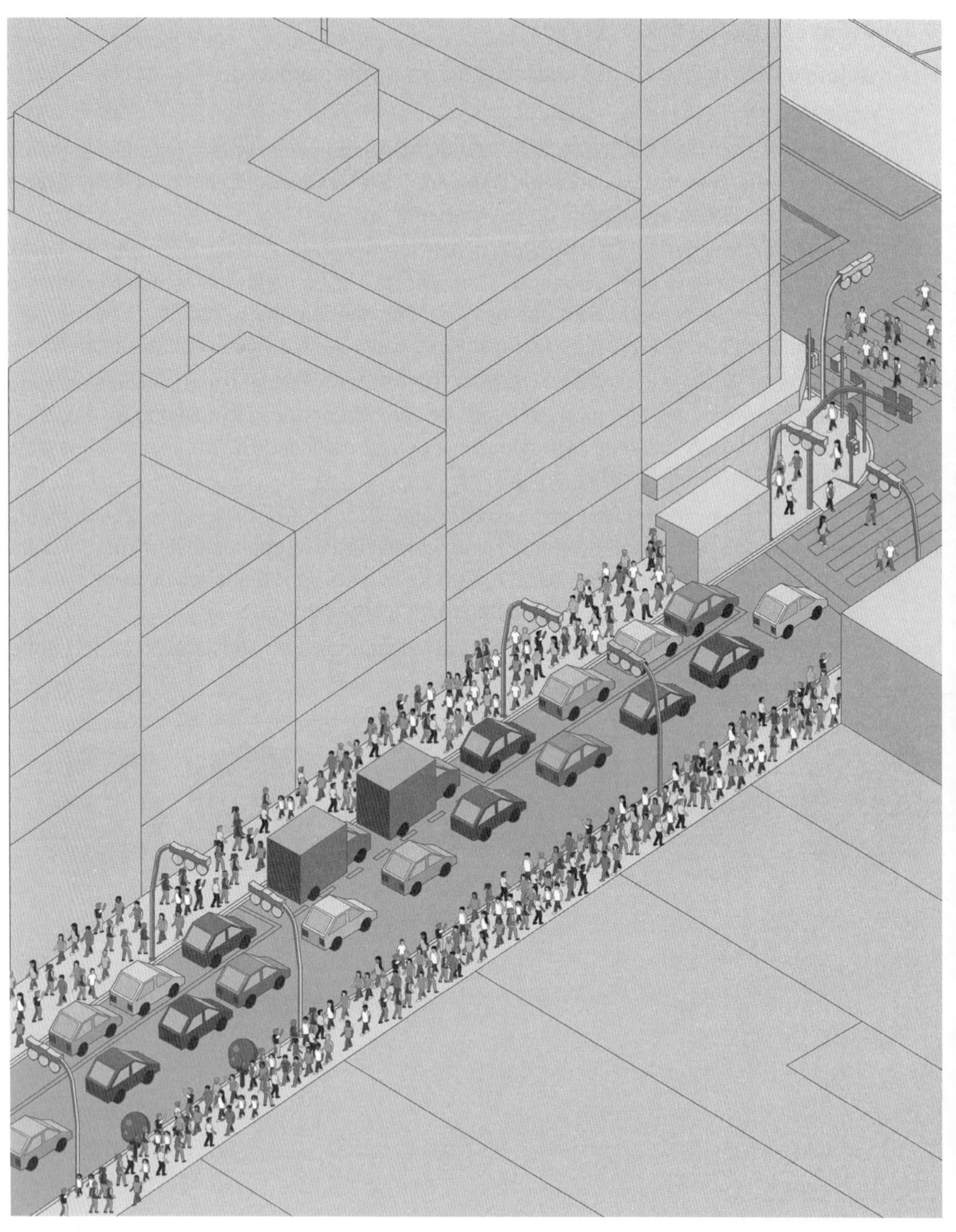

Figura 10.24 Perspectiva isométrica com a situação atual (antes da Fase B) da rua Galvão Bueno.

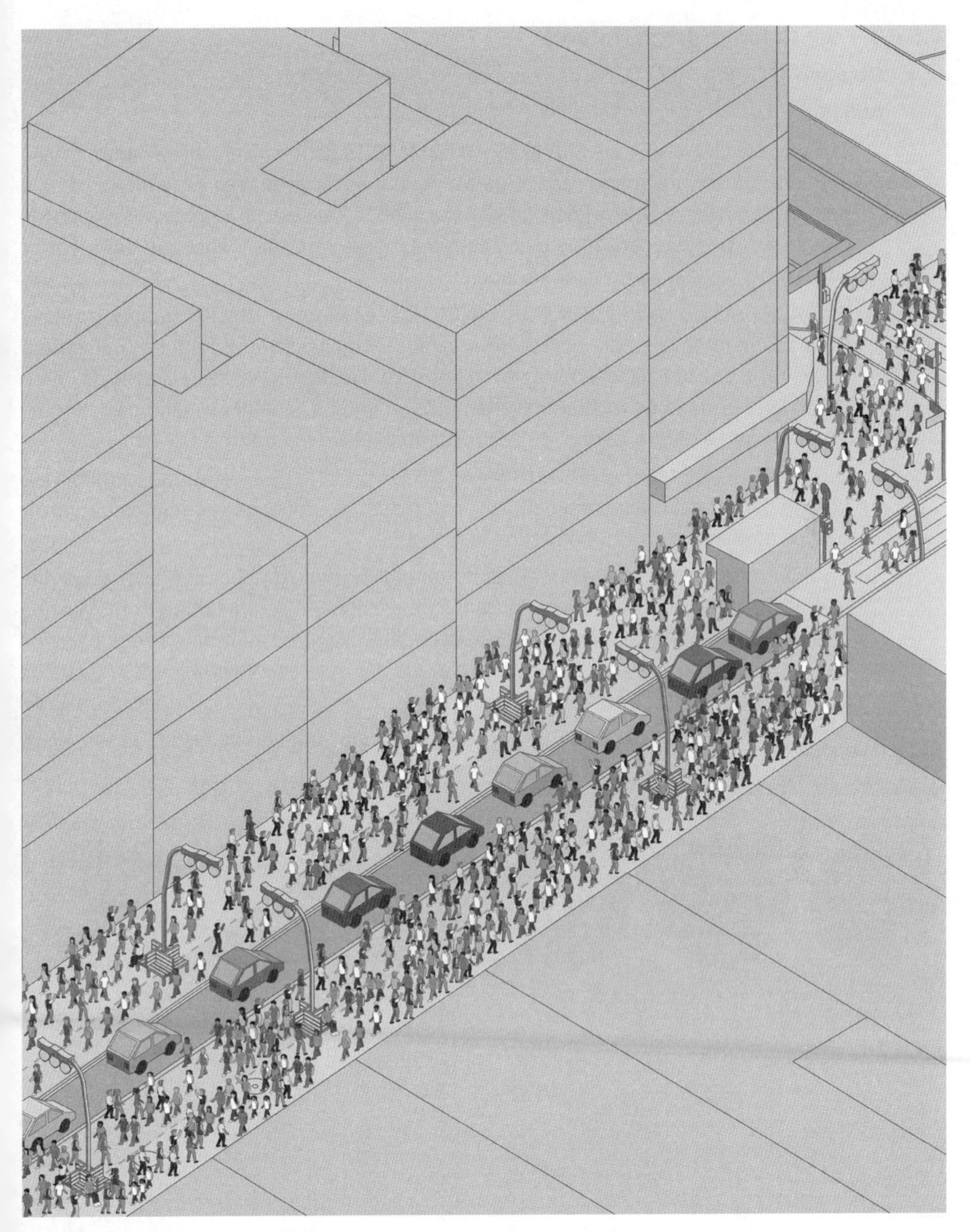

Figura 10.25 Perspectiva isométrica com a proposição projetual (após a Fase B) da rua Galvão Bueno.

10.5.4.3 Fase C: longo prazo (futuro)

- **Objetivo**: OCUPAÇÃO TOTAL dos pedestres no meio urbano.
- **Ações**:
  - ELEVAÇÃO DO NÍVEL DA VIA DOS AUTOMÓVEIS para o nível das calçadas. Dessa maneira, tem-se um amplo espaço para a ocupação de pedestres. Quando se limita o tráfego de automóveis aos finais de semana, o pedestre se acha livre de preocupações quanto aos perigos causados pelos carros e, dessa maneira, consegue desenvolver ainda mais atividades no meio urbano.
  - INSTALAÇÃO DE MOBILIÁRIO URBANO DE SEGURANÇA VIÁRIA: quando se eleva a via dos automóveis para o nível das calçadas, é necessário proteger fisicamente o pedestre, já que tudo se encontra no mesmo nível. No projeto, isso é realizado de forma simbólica por meio de mobiliário verde, mas na prática seria necessário discutir qual a melhor maneira (em termos de custo, durabilidade e manutenção).
  - INSTALAÇÃO DE MOBILIÁRIO URBANO DE PRAZER: após a instalação de mobiliário urbano de permanência, pode-se, assim, fornecer ao pedestre momentos de prazer ligados a aparelhos e equipamentos temporários.

    É durante essa fase que podemos deixar à disposição do pedestre oportunidades para ele mesmo gerar atividades urbanas no espaço. Ao se implantarem mobiliários urbanos leves e temporários, as pessoas podem usá-los conforme os seus próprios desejos e suas necessidades. A cidade deveria dar mais escolhas e liberdade para os seus cidadãos.
  - PROGRAMA LIBERDADE A PÉ! Sábados, domingos e feriados das 9h às 19h, entre as ruas Galvão Bueno e Barão de Iguape.

Figura 10.26 Perspectiva isométrica com a situação atual (antes da Fase C) da rua Galvão Bueno.

Figura 10.27 Perspectiva isométrica com a proposição projetual (após a Fase C) da rua Galvão Bueno.

Considerações finais

Não trago aqui conclusões objetivas e simplesmente feitas, mas reflexões acerca de nós mesmos como seres humanos, como pedestres e, por fim, como cidadãos de uma cidade. Acredito que o objetivo principal deste projeto seja despertar em nós mesmos a importância de nos (re)conhecermos pessoalmente como cidadãos – sobretudo, como pedestres. Acabamos reclamando que somos negligenciados ao andarmos a pé, mas basta percebemos que não nos reconhecemos como tal, já que somos seres humanos que só andam sobre rodas ou trilhos.

E, sim, somos sobretudo pedestres. Exercemos o nosso pedestrianismo ou a nossa caminhabilidade todos os dias assim que nos levantamos da cama e nos colocamos para fora de casa. E é justamente essa uma das formas de conseguirmos salvar a nossa cidade, afinal, o nosso próprio futuro se encontra em nossas mãos (e pés). No entanto, não basta reclamarmos da cidade e nos refugiarmos dentro dos inúmeros *shopping centers* ou dos condomínios fechados que existem por aí. Temos de estar na rua e aproveitar ao máximo o encontro com o Sol, com as pessoas; enfim, com a cidade. E estarmos nela significa estarmos pisando sobre os seus chãos. É dessa maneira que o pontapé inicial para cidades mais vivas começa com um simples caminhar pelas ruas.

No entanto, esse simples caminhar envolve uma complexidade enorme. Apesar de não parecer, ser pedestre envolve lógicas e assuntos bem complexos. Com esse projeto urbano de calçada, pude ter uma noção do quanto esse tema demanda mais atenção e cuidado. Hoje, apesar de vermos que a cidade de São Paulo e a sua administração ainda priorizam o automóvel em detrimento do transporte público, da bicicleta e do pedestre, o cenário está mudando aos poucos. Pessoas e organizações surgem em vários instantes buscando estudar e mostrar quão importante é uma cidade ativa, humana e viva. Assim, não basta elegermos representantes que prometem milhares de coisas mirabolantes e utópicas, a mudança tem de começar em nós mesmos. Temos de vencer o preconceito com o desconhecido. Temos de encarar o medo e nos desafiarmos a andar na e pela rua com os nossos próprios pés (e não com carros). Temos de viver a cidade para que ela mesma viva. Afinal, somos todos pedestres.

RESUMO

Este capítulo apresenta um projeto urbano de calçada para a rua Galvão Bueno, no bairro da Liberdade, na cidade de São Paulo. Ele teve como embasamento a teoria e o empirismo da ergonomia, que, por sua vez, é a ciência que lida com as relações intrínsecas do ser humano no meio em que se encontra.

A pertinência desse projeto urbano pauta-se na falta de projetos de calçada para as cidades - o que mostra o quanto elas são negligenciadas tanto pelo poder público quanto pelos próprios urbanistas.

O processo projetual envolveu as seguintes etapas:

1. **Consolidação teórica**

   Etapa na qual se fez um levantamento teórico nas temáticas da qualidade de vida urbana, caminhabilidade e ergonomia.

2. **Levantamentos empíricos *in loco***

   Antes de se pensar na elaboração do projeto em si, foi necessário verificar a dinâmica e a demanda do local, além de validar as teorias levantadas anteriormente. Os levantamentos empíricos foram realizados sob a seguinte sistematização:

   a) Dinâmica do bairro da Liberdade

      i. Mobilidade urbana pública

      ii. Uso do solo

      iii. Densidade demográfica

   b) Dinâmica da rua Galvão Bueno

      i. Esfera urbana

      ii. Esfera quantitativa

      iii. Esfera qualitativa

3. **Diretrizes projetuais**

   Com a verificação da teoria *in loco* mediante ida a campo, validaram-se algumas ideias que Gehl (2014) expõe em seu trabalho. Assim, estabeleceram-se diretrizes na escala urbana e na escala da rua.

4. **Apresentação do projeto**

   O projeto, então, é apresentado e ele foi desenvolvido levando em conta as demais etapas anteriores. Observações são feitas em relação ao projeto, visto que este abordou apenas a situação mais crítica na rua Galvão Bueno, onde há grande frequência de pedestres. Assim, trabalhou-se apenas com a Etapa 1 e as Fases A, B e C. São apresentadas para cada uma dessas fases as situações "antes" e depois".

Por fim, o projeto urbano de calçada teve como intuito levantar uma reflexão sobre termos consciência da importância de sermos pedestres para a qualidade de vida urbana. No entanto, o projeto mostra que esse simples caminhar envolve uma complexidade enorme de fatores. Assim, o tema demanda ainda mais atenção e cuidado.

Bibliografia

GEHL, J. *Cidades para pessoas*. São Paulo: Perspectiva, 2014.

INSTITUTO BRASILEIRO DE GEOGRAFIA E ESTATÍSTICA (IBGE). Censo 2010. Rio de Janeiro, 2010. Disponível em: https://censo2010.ibge.gov.br. Acesso em: 9 maio 2022.

MÜLFARTH, R. C. K. *Proposta metodológica para avaliação ergonômica do ambiente urbano:* a inserção da ergonomia no ambiente construído. 2017. Tese (Livre Docência em Arquitetura e Urbanismo) – Faculdade de Arquitetura e Urbanismo, Universidade de São Paulo, São Paulo, 2017. doi:10.11606/T.16.2019.tde-07012019-141802. Acesso em: 22 maio 2009.

ORGANIZAÇÃO DAS NAÇÕES UNIDAS (ONU). World Urbanization Prospects – Highlights. Nova York, 2014. Disponível em: https://population.un.org/wup/Publications/Files/WUP2014-Highlights.pdf. Acesso em: 9 maio 2022.

ROGERS, R. *Cidades para um pequeno planeta*. Barcelona: Editorial Gustavo Gili, 2001.

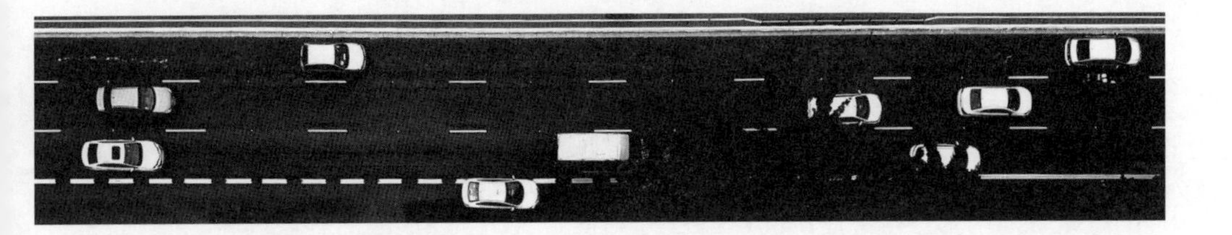

CAPÍTULO 11

Ergonomia como Conforto Ambiental Integrado no Espaço Urbano

Gabriel Bonansea de Alencar Novaes

Larissa Azevedo Luiz

"As cidades têm a capacidade de prover algo para todos, somente porque, e somente quando, são criadas por todos nós." (JANE JACOBS, 2009)

11.1 Introdução

A inserção do conforto ambiental, em particular das questões pertinentes à ergonomia, na concepção e avaliação dos projetos de arquitetura e das edificações existentes, remete ao questionamento da própria definição de conforto ambiental, que, em quase todas as referências, apesar de suas especificidades, é caracterizado como uma percepção individual do espaço e de suas qualidades, influenciada por valores de conveniência, adequação, expressividade, comodidade e prazer (VIRILIO, 1993).

Em muitos momentos, a definição de conforto, dada a amplitude do conceito e a grande gama de variáveis incidentes, acaba sendo feita de forma generalista e pouco aprofundada. É comum definir qualitativa ou quantitativamente o conforto como a prevenção do desconforto, ou então que as diversas especialidades associadas à percepção ambiental do espaço (térmica, acústica, iluminação natural, iluminação artificial, ofuscamento, antropometria, microacessibilidade etc.) sejam tratadas e aprofundadas somente de forma individual e isolada, enquanto a percepção humana do espaço sempre incorre na assimilação integrada de todas as variáveis simultaneamente.

> [...] Conforto, portanto, é de fato consolo, e isto não restringe, senão abre o campo do conforto ambiental, a ponto de impor-lhe a interdisciplinaridade como única alternativa de sobrevivência. Espero que o conforto não seja somente ideia e se concretize nos ambientes, dando-lhes sentido.
>
> [...] A expressão "conforto ambiental" tem sido usada com cada vez maior frequência. Têm surgido associações profissionais dedicadas ao assunto, assim como programas de pós-graduação e congressos [...] de jargão específico, o termo passa a designar uma ideia conhecida do grande público.
>
> [...] Uma tentativa de definir conforto, baseada na análise de sua evolução o longo do tempo, demonstra a dificuldade de identificar seus componentes e lhes atribuir pesos. É mais difícil delimitar conforto que desconforto.
>
> Possivelmente é este o motivo da abordagem negativa que se tornou usual na arquitetura, que acredita promover conforto através da prevenção do desconforto. Quase inexiste a fórmula para o outro extremo, positivo, do prazer [...] (SCHMID, 2005).

A evolução da definição das condições de conforto e desconforto tem, nos últimos anos, se destacado cada vez mais no campo da arquitetura, especialmente no que diz respeito à arquitetura de edificações voltada à construção civil e à arquitetura de interiores, passando a ser interpretada como questão de saúde e bem-estar aos ocupantes dos edifícios. Exemplo disso é o desenvolvimento e as revisões das diferentes normas técnicas que abordam essa questão, como, por exemplo, a ABNT NBR 15.575 para o contexto brasileiro.

As condições do caminhar do pedestre nas cidades brasileiras, no entanto, ainda carecem – e muito – de atenção. Tanto no projeto e execução de novas áreas e empreendimentos das cidades quanto na manutenção e renovação dos espaços abertos existentes, as condições e características dos passeios de pedestres nas ruas e avenidas, por vezes, não levam em conta os principais aspectos e necessidades do local, ligadas aos tipos de atividades realizadas, tipos de imóveis lindeiros, fluxos de pedestres, fluxos de veículos, relevo e topografia, drenagem, tipos de uso e aptidão do bairro etc.

> [No Município de São Paulo] O orçamento municipal não prevê verba nem mesmo para os 17 % dos passeios sob a responsabilidade direta da prefeitura – os outros 83 % deveriam ser mantidos pelos donos dos terrenos. Para efeito de comparação, o programa Asfalto Novo recebeu 461 milhões de reais entre novembro de 2017 e junho deste ano [2018], quase quatro vezes o valor destinado até 2020 ao programa Pedestre Seguro. Coordenada pela Companhia de Engenharia de Tráfego (CET), essa iniciativa só impactou a ampliação do tempo de travessia de vias movimentadas, como as avenidas Rebouças e do Estado. Melhorias em calçadas nem sequer entraram na pauta (WENZEL, 2018).

Essa situação é incompatível com a resiliência de nossas cidades e com a qualidade de vida de seus habitantes. Hoje, as grandes cidades são os polos do planeta e da vida coletiva, carregando consigo um ritmo de crescimento e adaptação acelerado e, até mesmo, incontrolável, o que, muitas vezes, tem se mostrado incompatível com uma preocupação com o conforto e bem-estar daqueles que se deslocam pela cidade.

As múltiplas atividades realizadas a todo momento nas grandes cidades demandam milhões de deslocamentos diários com distâncias que, dados os processos de crescimento urbano horizontal e periferização, são infelizmente cada vez mais longas e mais demoradas. Pensar a cidade como ambiente de estar, de passeio, de lazer, e mesmo pensá-la de forma a prover um deslocamento mais confortável, é uma necessidade latente, mas que vem sendo muitas vezes ignorada ou subestimada.

Nesse sentido, torna-se importante compreender as diferentes formas de percepção que um pedestre pode ter do espaço público aberto da cidade. As diferentes composições de tipologias e morfologias da cidade – características e distribuição de densidades, alturas e geometrias das edificações, presença de leitos d'água e de vegetação – podem criar as mais diversas características no ambiente urbano.

Por exemplo, a relação altura/largura das edificações pode criar ambientes que favorecem a formação dos chamados cânions urbanos (uma analogia aos cânions naturais por conta da grande altura e disposição densa e alinhada dos edifícios que criam "fundos de vale" em meio à cidade), com os mais variados efeitos no espaço físico, como o mascaramento do céu, a criação de corredores de vento, a alteração da insolação da rua e dos edifícios vizinhos etc., e também na percepção do espaço, como a sensação de enclausuramento, por exemplo.

A retirada da vegetação, a impermeabilização excessiva do solo e o uso demasiado de materiais como asfalto e concreto ocasionam não só problemas relacionados com a drenagem urbana, mas também uma intensificação dos diversos fenômenos de aquecimento urbano, potencializando, por exemplo, as mais famosas decorrências climáticas das grandes massas urbanas: a inversão térmica e as ilhas de calor.

Além disso, o ruído de trânsito tornou-se o mais significativo nos ambientes urbanos, que, acrescentado do ruído de aeronaves, de obras de construção civil e de outras atividades rotineiras, pode ser suficiente para ocasionar incômodos e dificuldades na execução de atividades no espaço interno dos edifícios ou no espaço urbano. Em função da poluição sonora urbana, há também o impacto na saúde dos indivíduos que permanecem expostos a esse cenário por muito tempo, como taxistas, motoristas de ônibus, vendedores ambulantes, guardas de trânsito etc.

Por fim, esse crescimento acelerado e desregulado da cidade culminou ainda na falta de regulamentação da construção dos passeios de pedestres – ou na falta de respeito às diretrizes estabelecidas. Assim, é comum encontrar por toda a cidade de São Paulo ruas sem calçadas, calçadas cujo uso é inviabilizado por rampas de automóveis ou cujos passeios sejam muito estreitos, insuficientes para o fluxo de pedestres, além do posicionamento de equipamentos, iluminação, mobiliário urbano, vegetação etc.

O mobiliário público urbano, por vezes, não é regulamentado, sendo, em geral, inexistente. O piso dos passeios é, em grande parte das ruas da cidade, inadequado ao fluxo de pedestres da via, ou inadequado ao trânsito de idosos e portadores de deficiências físicas. Mais ainda, em grande parte da cidade, vemos o piso do passeio de pedestres danificado e sem a devida manutenção, com desníveis e irregularidades que dificultam o andar, bem como passeios com uma série de obstáculos que prejudicam ou até impedem o tráfego de pedestres.

Então aqui cabe uma reflexão: em algum momento do dia todos somos pedestres, usuários do espaço público; todos estaremos na rua, na calçada ou na praça, seja como transeunte, seja como usuário que busca o estar e o lazer, seja somente para complementar um trajeto de transporte público ou para andar do carro ao edifício. Dessa maneira, todos estaremos expostos a essas mais adversas condições e teremos uma percepção diferente da qualidade ambiental do espaço urbano.

Essa percepção ambiental engloba não só todas as variáveis e interferências do espaço físico pelo usuário, mas também vários fatores subjetivos, que poderiam ser classificados em quatro grandes grupos: socioculturais, psicológicos, ambientais e físicos (SCHMID, 2005).

A abordagem do conforto no projeto é, na maior parte das vezes, fixada nos aspectos físicos do espaço. Os aspectos socioculturais, psicológicos e ambientais costumam ser esquecidos nas discussões da arquitetura contemporânea.

No caso da abordagem da ergonomia no ambiente de projeto de arquitetura, é crítico o nível raso das discussões, que ficam restritas aos aspectos do dimensionamento mínimo do espaço e do desenho universal. E, se falta crítica na abordagem da ergonomia no ambiente de projeto de arquitetura, a ergonomia do ambiente urbano, dos espaços externos nem sequer é abordada.

A interdisciplinaridade da ergonomia e o fato de ela não fazer parte do currículo de muitos cursos de arquitetura e urbanismo podem ser apontados como fatores responsáveis pela frequente confusão em sua definição. No meio acadêmico, não tem estado em pauta o que é ergonomia, nem muito menos qual o real papel dela no processo de projeto de arquitetura e desenho urbano.

Nascido nos anos 1950, o conceito de ergonomia com uma definição específica tinha como objetivo básico melhorar as condições de trabalho nas fábricas inglesas visando ao aumento da produtividade. O estudo da ergonomia somente como uma maneira de aumentar a produtividade do operário a partir das correlações antropométricas entre o corpo humano e o ambiente e as ferramentas de trabalho levou o tema a sofrer com interpretações errôneas por décadas.

Essa definição da ergonomia como estudo das relações entre o homem e o ambiente de trabalho resumiu o caráter multidisciplinar dela aos aspectos dimensionais da estação de trabalho, e, no caso do espaço urbano, que só passou a ser relacionado com o tema recentemente, resumiu o estudo do espaço às análises de acessibilidade.

11.2 A ergonomia como avaliação do conforto integrado

Para entender a real dimensão do estudo da ergonomia, e sua aplicação no desenho urbano, é fundamental compreender que, quando se fala da relação entre o homem e o trabalho, o "trabalho" pode ser definido como qualquer ação do homem no ambiente no qual ele se insere. Por exemplo, no espaço da calçada a ação do caminhar pode e deve ser entendida como trabalho e pode e deve ser estudada.

Entendendo, então, a ergonomia na arquitetura como o estudo do homem no espaço, podemos defini-la como o estudo das ações e influências mútuas entre o ser humano e o espaço habitado permanentemente, ou temporariamente, por ele.

Sendo assim, a principal contribuição da ergonomia na arquitetura pode ser propor relações e condições de ação e mobilidade, definir proporções e estabelecer dimensões em condições específicas em ambientes naturais e construídos, desde que se tenha levado em consideração o conforto ambiental de forma integrada.

Isso pressupõe considerar a percepção individual de qualidades e problemáticas do espaço, influenciada por variáveis diversas, que englobam os diferentes campos do conforto ambiental que possam interferir na percepção subjetiva do espaço, mesmo aquelas que não estejam diretamente relacionadas com as relações antropométricas entre pessoa e ambiente, e cujos valores - que podem ser quantitativos ou qualitativos - vão desde a conveniência até a adequação, a expressividade, a comodidade e mesmo o prazer.

Com esses pressupostos, o estudo da ergonomia, a partir de seus quatro fatores estruturadores - os psicológicos, os socioculturais, os ambientais e os físicos -, embasa ações projetuais, de dimensionamento ou não, que visem ao conforto do usuário no espaço construído, no espaço urbano ou no espaço natural como resultado.

Talvez o maior equívoco, em uma simplificação do conceito de ergonomia, esteja em tratar sempre das dimensões ou, em outras palavras, do projeto, e não dos espaços que abrigam pessoas, ou seja, o maior equívoco está em priorizar o projeto sem pensar no usuário final.

As questões dimensionais são, e sempre serão, importantes - talvez das mais importantes -, mas o dimensionamento jamais deve ser o único determinante do espaço, pois isso pode resultar em ambientes com baixo desempenho e que não oferecem condições globais de conforto para o usuário.

Infelizmente, o conforto ambiental, como um todo, ainda não é contemplado adequadamente na maioria dos projetos de edifícios na realidade brasileira, e quando avaliamos o contexto urbano, a qualidade dos espaços e a inserção destes na cidade, a situação também não é diferente.

Nesse contexto, o conforto ambiental, incluindo a ergonomia, com o seu caráter integrador, deve ser resgatado no processo de projeto, e nas análises de desempenho ambiental, não só para atingir resultado adequado, mas também como instrumento de projeto, para a transformação necessária de edifícios e de cidades em ambientes de melhor desempenho.

Dessa forma, são justamente os conjuntos complexos de fatores, mensuráveis e não mensuráveis, que são objeto de estudo da ergonomia aplicada à arquitetura e ao urbanismo. Por essa razão, essa interdisciplinaridade tão característica envolve uma miríade de ciências, que vai desde a engenharia, passando pela medicina e pela psicologia e culminando na antropometria e no desenho urbano, levando por muito tempo à formação de profissionais que se especializam em apenas um dos aspectos da ergonomia.

Mesmo dentro do campo das pesquisas de tecnologia aplicada à arquitetura e ao urbanismo e, mais especificamente, ao conforto ambiental, é comum vermos abordagens especializadas nas diversas vertentes das variáveis ambientais locais: muitos trabalhos ou focam em térmica, ou focam em acústica, ou em iluminação natural, ou iluminação artificial, ou acessibilidade e mobilidade etc.

Assim, no caso da arquitetura, a análise ergonômica foi reduzida a um estudo meramente dimensional, sem levar em conta os fatores subjetivos, psicológicos e demais variáveis ambientais. Criou-se assim uma produção arquitetônica desprovida de qualidade ambiental disfarçada pelo discurso do minimalismo e da supressão de espaços e características noticiadas como desimportantes.

No espaço urbano aberto, como argumentado, o ato de se deslocar pelo espaço deve ser entendido como trabalho. Para esse tipo de trabalho, o fator mais importante a ser considerado é o ambiente, que pode interferir no comportamento da pessoa, podendo estimulá-la ou desestimulá-la.

O ambiente urbano pode, além de estimular o caminhar, estimular também a vida urbana, o uso do espaço público, como um espaço para o estar e para o lazer, incentivando assim a execução de uma série de outras atividades no ambiente urbano que devem também ser consideradas um *trabalho* e, portanto, ser objeto de estudo ergonômico.

Qualquer pessoa, ao caminhar por ruas movimentadas da cidade, pode se lembrar de uma série de atividades passíveis de ser realizadas nos espaços públicos abertos, como caminhadas, práticas esportivas, lazer, encontro e reunião de pessoas, descanso, comércio, contemplação etc. E, mais ainda, qualquer pessoa que já caminhou por ruas movimentadas de uma cidade pode pontuar as diferenças entre uma rua cuja ocupação é nula e é somente utilizada como espaço de passagem e uma rua característica pelo uso misto do solo, em que uma série dessas outras atividades se desenvolvem.

Assim, o caminhar é fundamental na definição do ambiente da calçada, mas, ao se analisar com mais profundidade, é possível observar que, para uma parcela significativa da população, a função da calçada vai além do caminhar ininterrupto. Um idoso, por exemplo, pode sentir a necessidade de se sentar em um banco na metade do seu percurso em decorrência de sua condição física mais sensível, assim como uma pessoa com uma criança de colo, ou qualquer outra pessoa que deseje simplesmente descansar.

Uma análise mais criteriosa evidencia que as necessidades que envolvem o uso da calçada são muito mais complexas do que garantir a continuidade do fluxo de pedestres, e mesmo no cenário urbano atual, marcado cada vez mais pelo colapso do sistema de transporte, em que a calçada tem a capacidade de estimular o usuário a evitar o automóvel, o pedestre ainda não foi visto como uma prioridade no espaço público.

Schmid (2005) aponta quatro tipos de ambientes que estão presentes no trânsito, sendo eles: o ambiente social, o ambiente físico, o ambiente normativo e o ambiente pessoal. A falha em qualquer um desses ambientes pode ocasionar acidentes ou a diminuição do desempenho no trabalho, na execução da atividade.

Em uma calçada, os ambientes mais significativos são o físico, o social e o pessoal, sendo este definido pelo pedestre. Pedestres são todos aqueles que circulam a pé pelo espaço público, abrangendo um conjunto muito heterogêneo de pessoas. Dessa forma, as calçadas precisam atender às necessidades e expectativas de toda a população, considerando sua variedade e heterogeneidade. Vemos a seguir a citação da Profa. Dra. Roberta Kronka Mülfarth (2017) sobre o assunto:

> Segundo a NBR 9050, A calçada deve ser definida pela fluidez, conforto e segurança. Para garantir a fluidez, a calçada precisa ter uma largura compatível com seu fluxo de pedestres, para que estes consigam andar em uma velocidade constante. Uma calçada confortável e segura deve ter um piso adequado e quase plano, deve ser larga e arborizada e não deve possuir obstáculos no espaço livre, evitando assim a possibilidade de quedas e tropeços.
>
> Não só na cidade de São Paulo, mas na grande maioria das cidades do Brasil, a calçada não era responsabilidade do poder público, o que gerava problemas de manutenção, diferenças de piso e presença de obstáculos. Em 2005, o Decreto nº 45.094 estabeleceu o novo padrão arquitetônico para as calçadas da cidade de São Paulo, tendo como base a norma de acessibilidade NBR 9050.
>
> Desde o dia 1 de janeiro de 2016, com a entrada em vigor da Lei Brasileira de Inclusão (LBI), a responsabilidade de adequação e manutenção das calçadas passa a ser do poder público e não mais do proprietário do imóvel, o que traz mais força às ações públicas neste setor.
>
> Para organizar a calçada, o decreto a divide em três faixas.
>
> 1. Faixa de serviço: destinada a obstáculos, como árvores, postes, lixeiras, rampas de acesso a veículos e cadeirantes, bancos, telefones etc.
>
> 2. Faixa livre: destinada exclusivamente à circulação de pedestres, esta faixa deve estar livre de qualquer obstáculo fixo ou temporário, além de qualquer desnível, devendo permitir um fluxo contínuo. Esta faixa deve ter largura mínima de 1,2 m, variando conforme o volume de pedestres, e deve ser contínua, sem qualquer emenda, reparo ou fissura.
>
> 3. Faixa de acesso: localizada em frente aos imóveis, esta faixa serve de apoio à propriedade, podendo ter vegetação, rampas, toldos além de mesas de bar e floreiras (MÜLFARTH, 2017).

É fundamental observar que, apesar da existência de uma legislação que visa regulamentar o espaço da calçada, existem alguns pontos falhos para a implantação de uma calçada que realmente seja fluida, segura e, sobretudo, confortável. O primeiro ponto a ser analisado nesse sentido é que a existência de uma regulamentação para o desenho de calçadas na cidade de São Paulo não assegura a efetiva adoção das medidas adequadas em projeto, tampouco assegura que haja um projeto adequado.

A legislação deveria, então, ser acompanhada de intensa fiscalização do que é executado. Por exemplo, a arquiteta e urbanista Adriana Levisky atesta em entrevista para a *Veja São Paulo* que

> [...] os pontos relativos à calçada deveriam constar do projeto submetido à prefeitura para a aprovação de uma construção ou reforma. [...] Além disso, a prefeitura precisa disponibilizar orientação técnica e exigir a realização do serviço por empresa credenciada, previamente capacitada (WENZEL, 2018).

A ausência de fiscalização na execução das calçadas da cidade resulta na implantação de passeios inadequados, com mobiliário desalinhado, com implantação incorreta das faixas de acesso, de serviço e livre, com a presença de vegetação inapropriada (árvores de grande porte, plantas com espinhos, espécies que emitem substâncias tóxicas etc.), com piso inadequado (muito liso, muito rugoso, escorregadio etc.) e também na falta de manutenção dos passeios. Calçadas esburacadas tornaram-se um infeliz padrão na cidade de São Paulo.

Muitas vezes, os passeios não apresentam largura suficiente ao fluxo de pedestres presentes, ou às demais atividades que são ali realizadas. Frequentemente, não apresentam mobiliário, equipamentos urbanos ou vegetação. E ainda há situações em que as calçadas são até mesmo inexistentes.

A própria legislação que regula o desenho da calçada coloca o fluxo contínuo de pedestres como única prioridade sem levar em conta nenhum outro uso para esse espaço público e sem levar em conta que a garantia de fluxo contínuo não é o único fator decisivo, apesar de ser um fator importante, para a execução da atividade de caminhar com conforto. Mais uma vez, a Profa. Dra. Roberta Kronka Mülfarth (2017) coloca importante ponto sobre esse assunto:

> Frequentemente, são necessárias intervenções nos espaços públicos já existentes, visando melhorar seu desempenho e adequá-los para o atendimento de novas demandas ou de demandas já existentes, que não são respondidas de forma adequada. Muitas vezes, essas intervenções são fundamentais para garantir a acessibilidade e melhorar as condições de mobilidade de determinada área urbana. Isso exige um prévio entendimento das características do lugar e das atividades nele desenvolvidas, para que os projetos respondam às reais necessidades dos usuários. Grande parte desse entendimento provém das avaliações de ergonomia, as quais exigem um método adequado para o levantamento de dados.
>
> Apesar de as calçadas proporcionarem hábitos saudáveis e ativos, elas não vêm sem seus desafios: é mais fácil projetar calçadas em bairros novos do que modificá-las de forma retroativa em um contexto já construído. No entanto, é fundamental encontrar a distribuição apropriada de espaço entre usos competitivos dentro do direito de passagem, e garantir que as calçadas sejam concebidas e mantidas de forma adequada para permitir a utilização segura e convidativa dos pedestres (MÜLFARTH, 2017).

Em resumo, encontra-se uma série de fatores ambientais que levam a uma maior porcentagem de pedestres em situação de conforto em determinada via, e maior ainda é a quantidade de desafios encontrados pelos intervenientes para propor melhorias nas calçadas de vias existentes, uma vez que o verdadeiro desafio parte da própria compreensão das melhores situações de conforto e desconforto dos pedestres diante das variações das características das vias.

A partir desse viés, a ergonomia aplicada à leitura do espaço urbano aberto deve, como argumentado, ser compreendida como uma percepção completa e complexa do pedestre no ambiente onde se encontra a partir da incidência integrada de uma série de fatores ambientais de diversas características.

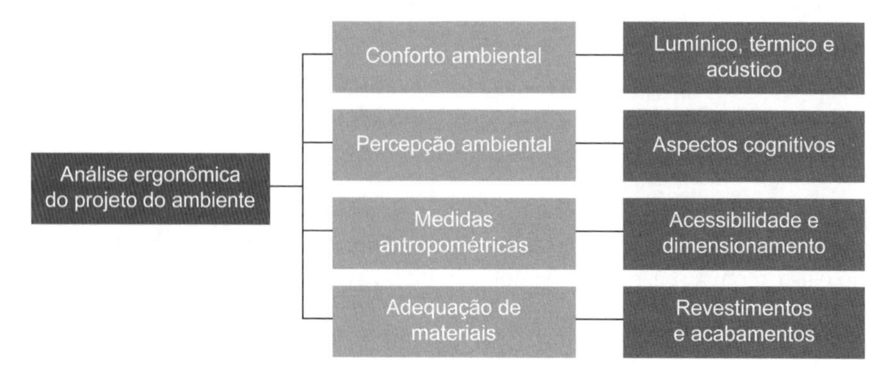

Figura 11.1 Fatores de uma análise ergonômica de projeto do ambiente. Fonte: elaborada pelos autores com base em Villarouco (2005).

11.3 Estudos de caso

Em diversos levantamentos empíricos realizados pelo LABAUT/FAUUSP entre os anos de 2012 e 2015 em diversos pontos da cidade de São Paulo, foi sendo implementada e aperfeiçoada uma metodologia de avaliação das condições ambientais dos espaços urbanos abertos de vias da cidade perante as percepções informadas pelos próprios pedestres.

Em vários levantamentos realizados, foram avaliados fatores que influenciam o conforto e a percepção do pedestre com o objetivo de gerar diretrizes de projeto e consequente melhoria de qualidade do espaço urbano, tais como presença e qualidade de passeios e ciclovias, características de uso e ocupação do solo, presença e qualidade de vegetação e áreas verdes, presença e qualidade de mobiliários e equipamentos urbanos, proximidade aos meios de transporte coletivo, largura e dimensionamento das calçadas, características e qualidade do piso, velocidade da via, fluxos de pessoas e veículos etc.

Foi constatado que, ao longo dos levantamentos realizados, em áreas centrais na cidade de São Paulo, a percepção térmica experimentada por um pedestre em determinado ambiente aberto de uma via, e em especial as sensações ocasionadas pela radiação incidente, solar e refletida, compõem o principal fator incidente sobre o conforto dessa pessoa no espaço urbano.

Não devem ser consideradas indiscriminadamente de forma independente as variáveis térmicas que podem ser aferidas no espaço, uma vez que temperatura do ar, umidade do ar, velocidade do vento e temperatura radiante média incidente (medida, p. ex., de forma indireta com uso de termômetro de globo) correlacionam-se no balanço de trocas de calor entre o corpo humano e o espaço, fazendo com que todas essas variáveis resultem em impactos na percepção térmica do pedestre em relação ao ambiente.

Para isso, índices de conforto térmico variados podem ser utilizados para a avaliação preditiva do conforto térmico no espaço urbano aberto. Há, inclusive, o índice chamado Temperatura Equivalente Percebida (TEP), desenvolvido pelo Prof. Dr. Leonardo Marques Monteiro (MONTEIRO, 2008) especificamente para ambientes da cidade de São Paulo. Recentemente, esse índice foi revisado e calibrado com novas medições e variáveis analisadas ao longo de anos de levantamento do LABAUT (MONTEIRO, 2018).

O pedestre paulistano encontra-se em conforto principalmente quando a temperatura do ar encontra valores medianos, e, mais do que isso, quando a ambiência térmica é composta também por razoável parcela de energia radiante e movimentação do ar. Os limites bem acima da zona de conforto fazem com que os pedestres tenham de habituar-se com o desconforto.

Em seguida ao conforto térmico, vem a satisfação do transeunte com o passeio de pedestres, que se mostra como um dos fatores mais incisivos no conforto geral do usuário. A largura do passeio é decisiva para a satisfação de um pedestre. Uma calçada bem dimensionada ao fluxo de pedestres que por ali caminham é primordial para o conforto dos usuários.

Calçadas estreitas podem não só atrapalhar o caminhar das pessoas, como ajudar a criar obstáculos ao passeio, causando desconforto e aumentando a probabilidade de ocorrerem acidentes. Calçadas excessivamente largas, desproporcionais à via e/ou ao fluxo de pedestres, no entanto, podem ainda enfrentar inviabilidades técnicas ou econômicas para sua execução, trazer dificuldades para manutenção e iluminação e ocasionar a percepção de um espaço inabitado e inseguro. A percepção humana de um espaço é algo complexo de ser trabalhado.

De acordo com os levantamentos, mesmo quando a largura de uma calçada é adequada e um pedestre se vê satisfeito com ela, este também tem sua percepção impactada por outros dois fatores que interferem na avaliação do passeio: a qualidade e a adequação do piso (tipo de acabamento, manutenção, estado etc.) e a presença ou não de obstáculos no caminho (árvores, postes, telefones públicos, bancas, pontos de ônibus, até mesmo outros pedestres e vendedores ambulantes que foram eventualmente apontados como obstáculos por alguns dos pedestres entrevistados etc.).

Posteriormente, o conforto acústico prevalece como elemento incidente sobre a satisfação geral do usuário com a via. Entretanto, para o conforto acústico cabe sempre uma análise mais complexa de cada caso, uma vez que a expectativa do usuário para o ruído de cada tipo de via (pequeno ou grande porte) altera drasticamente a tolerância que este tem ao ruído da via.

Além disso, a origem do ruído pode interferir de forma incisiva no conforto acústico do pedestre. A expectativa e a maior tolerância do pedestre acontecem em relação ao ruído proveniente do tráfego. Timbres discrepantes disso, como ruídos de obras, buzinas, sirenes etc., ainda que com intensidades menores, podem ocasionar maior estresse acústico ao transeunte.

Outros fatores também foram identificados por interferirem sobre o conforto geral do usuário na via, mesmo que de forma secundária, como, por exemplo, a satisfação com a qualidade do ar.

Tanto o conforto lumínico em relação aos reflexos e ofuscamentos quanto a satisfação com as áreas verdes e a vegetação mostraram-se fatores pertinentes à percepção do pedestre, mas com menor importância no conforto geral do usuário, ainda que indiretamente possam interferir na ambiência da via. A vegetação pode impactar nas condições de umidade e sombreamento do espaço, o que direciona as condições de ambiência térmica que aparecem em primeiro lugar como fator determinante para o conforto.

É importante ressaltar que essas avaliações foram realizadas sempre no período diurno, portanto, a percepção dos pedestres com relação ao espaço durante a noite, principalmente quanto à iluminação do ambiente e suas consequências na sensação de segurança, pode ser drasticamente alterada.

11.4 Exemplo de aplicação da metodologia

Como forma de ilustrar os conceitos abordados e a metodologia citada de análise holística e integrada da qualidade do espaço urbano aberto e do resultante conforto ambiental do pedestre, apresentamos a seguir a síntese dos resultados e metodologias aplicadas em interessantes exemplos de cenários práticos reais de avaliação de espaços das cidades.

Este capítulo aborda estudos realizados no ano de 2015 como parte integrante de pesquisas que se desenvolveram entre 2014 e 2016 (LUIZ, 2016; NOVAES, 2015). Essas pesquisas discutiram o desempenho ambiental de espaços urbanos abertos com foco na microacessibilidade e no conforto dos pedestres, adotando como base os resultados de medições empíricas realizadas em pontos específicos da cidade de São Paulo como parte da composição de duas pesquisas concatenadas:

- "Avaliação, sob o enfoque ergonômico, de edifícios modernistas construídos em São Paulo entre 1930 e 1964: áreas externas" (LUIZ, 2016).

- "Conforto termoacústico do pedestre em São Paulo e influência de outras variáveis ambientais" (NOVAES, 2015).

O principal objetivo dessas pesquisas foi avaliar o desempenho das áreas urbanas externas e abertas imediatamente adjacentes a alguns dos principais ícones da Arquitetura Modernista Brasileira produzida entre 1930 e 1965 em São Paulo, visando compreender as inter-relações dos vários aspectos do conforto ambiental urbano (térmico, acústico, iluminação, ergonomia, mobilidade, qualidade e adequação das calçadas, desenho urbano, áreas verdes etc.) nesses espaços.

A metodologia do trabalho reflete avaliações quantitativas, qualitativas e subjetivas (percepção dos pedestres) das variáveis ambientais (físicas, térmicas, lumínicas, acústicas e ergonômicas), e o principal produto deste estudo consiste no diagnóstico dessas áreas abertas com base nos estudos comparativos de um conjunto de cinco edifícios:

- **Banco Sul-Americano (atual Banco Itaú)**, na Avenida Paulista, projetado por Rino Levi.
- **Conjunto Nacional**, na Avenida Paulista, projetado por David Libeskind.
- **Edifício Copan**, Região da República, projetado por Oscar Niemeyer.
- **Edifício Esther**, Região da República, projetado por Álvaro Vital Brazil.
- **Edifício Itália**, na Avenida Ipiranga, Região da República, projetado por Franz Heep.

Figura 11.2 Foto do Edifício Copan. Foto de Martinelli73 | iStockphoto.

Figura 11.3 Foto do Edifício Itália. Foto de g01xm | iStockphoto.

Figura 11.4 Pátio interno do Conjunto Nacional.

Figura 11.5 Calçada junto ao Conjunto Nacional na Avenida Paulista. Medições de velocidade do vento com anemômetro.

Figura 11.6 Passeio público junto ao Edifício Sul-Americano.

Dada a própria natureza multifuncional e vasta ocupação, esses edifícios constituem-se, por si só, como grandes concentradores de atividades e, consequentemente, como polos de atração, tendo sido selecionados em função de sua grande relevância arquitetônica e histórica e pelo contexto urbano em que estão inseridos:

- **Região da República**: uma das primeiras expansões do centro da cidade de São Paulo no início do século XX.

Figura 11.7 Foto de satélite do entorno imediato do Conjunto Nacional e do Edifício Sul-Americano. Fonte: Google Earth.

- **Avenida Paulista**: centro econômico proeminente com expressivo desenvolvimento desde a segunda metade do século XX.

Figura 11.8 Foto de satélite do entorno imediato do Edifício Copan, do Edifício Esther e do Edifício Itália. Fonte: Google Earth.

Na segunda metade do século XIX, o Brasil tornou-se o mais importante produtor de café e, com esse processo, uma nova elite nasceu em São Paulo, uma elite que queria que a cidade fosse como um espaço vivo, inspirado nas cidades francesas, entretanto as atividades que eram realizadas nas ruas, ainda por escravos e pessoas mais pobres, não refletiam a imagem de uma cidade importante, moderna e rica. Sendo assim, o governo começou a implementar mudanças com o objetivo de fazer com que o centro de São Paulo se parecesse cada vez mais com Paris, com *boulevards*, jardins, praças e ruas inspiradas na cidade francesa.

Esse estilo influenciou as reformas do centro histórico da cidade e uma das primeiras expansões do centro, o bairro da República, que mostrou grande desenvolvimento urbano na primeira metade do século XX, com ruas estreitas e avenidas de "boulevard", sem distanciamento lateral entre os edifícios modernistas e "ecléticos" que estão alinhados frontalmente com as ruas.

A partir de 1930, a cidade tomou um caminho de desenvolvimento urbano diferente, influenciado pelo decisivo Plano Diretor de Prestes Maia (também chamado de Plano de Avenidas), que inseriu em São Paulo um modelo norte-americano, baseado principalmente no desenvolvimento de infraestruturas automotivas.

O carro individual foi escolhido como o principal modelo de transporte e, até o surgimento de novas iniciativas na década de 2000, todas as principais intervenções urbanas se concentraram no carro e não nas pessoas, o que culminou no problemático espaço dos pedestres que encontramos atualmente em São Paulo.

Essa visão urbanística dominou a maior parte das expansões da cidade durante a segunda metade do século XX, incluindo o desenvolvimento rápido e marcante da Avenida Paulista como centro econômico e financeiro da cidade, com uma ampla avenida espacial, marcada por generosas calçadas, numerosas vias de carro e arranha-céus separados uns dos outros e da rua por jardins e/ou calçadas maiores.

Essas zonas construídas centrais apresentam aspectos urbanísticos muito diferentes, mas ambos fortemente marcados pelo intenso tráfego – e, consequentemente, pelo intenso ruído do tráfego e baixa qualidade do ar em decorrência da poluição –, remoção excessiva da vegetação e uso excessivo de asfalto e concreto.

A densidade urbana construída criou cânions urbanos, marcados por ruído intenso, corredores de vento e mudanças drásticas nas condições de insolação de ruas e edifícios. Os microclimas urbanos, densidade construída, materiais de superfície e poluição causam acúmulo de calor, inversão de temperatura e ilhas de calor. Em algum momento, somos todos pedestres e, consequentemente, estamos sujeitos a essas condições.

O principal resultado das pesquisas apresentadas é a compreensão comparativa das características dessas duas principais centralidades de São Paulo, República e Avenida Paulista, com aspectos urbanos muito diversos e derivados dos processos de expansão urbana em diferentes épocas, interpretando a concepção dos pedestres quanto ao conforto e desconforto com relação às condições urbanas locais.

O método utilizado para a avaliação baseou-se na análise da relação entre: avaliação quantitativa, que consiste na mensuração e análise de dados ambientais, avaliação qualitativa, que consiste em compreender as qualidades locais relacionadas com o desenho de espaços urbanos e públicos, e subjetiva, que consiste na avaliação por meio de entrevistas de opiniões de usuários em relação à sua percepção espacial.

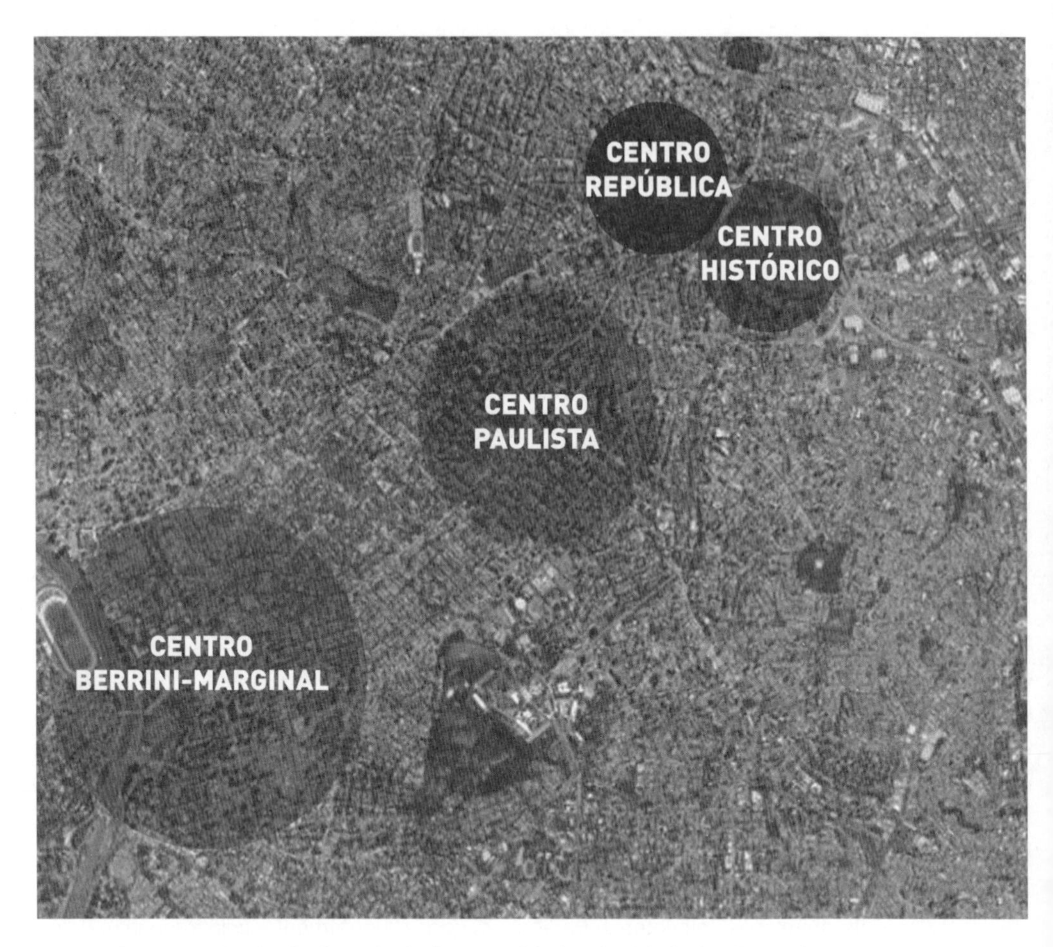

Figura 11.9 Evolução das principais centralidades da cidade de São Paulo.
Fonte: elaborada pelos autores com base em imagens do Google Maps.

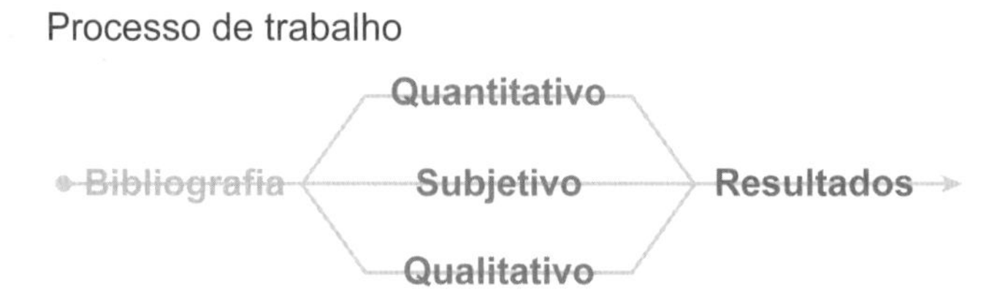

Figura 11.10 Processo de trabalho.

O conforto é entendido, neste projeto, como composto por conjuntos de variáveis: térmico (radiação solar, temperatura e umidade do ar e velocidade do vento), acústico (fontes de ruídos, características e nível equivalente), variáveis luminosas (luminância, reflexos, reflexos e ofuscação), ambiente urbano (serviços, instalações, áreas verdes, qualidade da rua, qualidade do ar, tráfego, mobiliário público, acessibilidade), calçadas (qualidade e adequação do piso, largura e obstáculos) e dados pessoais subjetivos (autoconfirmação de conforto e percepção).

Para a pesquisa completa (NOVAES, 2015), foram realizadas aproximadamente 2.500 entrevistas em 25 eventos de medição, em 21 pontos diferentes durante 12 dias nas quatro estações do ano, distribuídos em anos diferentes (2012, 2013, 2014 e 2015).

Para esse estudo específico, a amostra foi composta por aproximadamente 500 entrevistas em seis pontos durante três dias em março, abril (outono) e julho (inverno), especificamente em 2015 (LUIZ, 2016; NOVAES, 2015).

Os dados quantitativos (valores térmicos e acústicos e fluxo de pedestres e veículos) foram produzidos por medidas *in loco*, como a contagem de fluxos. As condições acústicas foram obtidas pela medição dos níveis de ruído e do cálculo dos níveis de ruído equivalentes representativos, utilizando o método BISTAFA (2006).

Da mesma forma, a "paisagem" térmica foi caracterizada pela Temperatura Equivalente Percebida (TEP), um índice térmico externo específico para São Paulo, proposto por Monteiro (2008), que combina valores medidos no local da temperatura do ar, velocidade e umidade, temperatura do globo, temperatura radiante média e valores estatísticos da atividade metabólica e vestuário (adotado como 1,3 Met e 0,6 clo nesse projeto por orientação do método TEP).

Os resultados indicam a sensação térmica esperada. Nesse trabalho foi utilizado o modelo de TEP proposto por Monteiro (2008), antes da revisão atual proposta por Monteiro (2018).

Tabela 11.1 Temperatura de Percepção Equivalente (TEP)

TEP	Sensação	TEP	Sensação
TEP > 50	Extremamente quente	21,5 < TEP < 25,4	Neutro
42,5 < TEP < 50,0	Muito quente	19,6 < TEP < 21,5	Frio leve
34,9 < TEP < 42,4	Quente	12,0 < TEP < 19,6	Pouco frio
27,3 < TEP < 34,9	Pouco quente	4,4 < TEP < 12,0	Frio
25,4 < TEP < 27,3	Calor leve	–3,2 < TEP < 4,4	Muito frio
21,5 < TEP < 25,4	Neutro	TEP < –3,2	Extremamente frio

Fonte: Monteiro (2008).

A análise qualitativa (aspectos do ambiente urbano) abrangeu o mapeamento de problemas ergonômicos, levantamento fotográfico, levantamento de condições físicas, condições de manutenção de calçadas e praças e morfologia urbana por meio de avaliação *in loco*.

A segunda parte da avaliação consistiu no desenvolvimento de fichas de avaliação dos aspectos qualitativos e urbanísticos do espaço. Dessa forma, pretendeu-se evidenciar questões como uso da terra, fluxos de pedestres e veículos, perfis de usuários, conectividade das ruas, características dos edifícios e desempenho ambiental do espaço e, além disso, aspectos relacionados com segurança, acessibilidade, escala de pedestres, diversidade e sustentabilidade.

Por fim, a avaliação subjetiva foi feita por meio de entrevistas com questionários de 1 minuto aplicadas aos pedestres no mesmo horário das medições e avaliação do espaço, perguntando sobre o conforto e percepção em relação à satisfação geral, sol, condições térmicas, luz, ruído, mobiliário urbano, instalações urbanas, tráfego, segurança, vegetação etc.

Entrevistador:	Idade:
Local:	Sexo:
Horário:	

Geral	Com relação a esse lugar (rua x), como você se sente neste momento? ( ) bem ( ) mal ( ) indiferente Comentários: ______
Qualidade do ar	Nesse momento, a qualidade do ar está: ( ) péssima ( ) ruim ( ) indiferente ( ) boa ( ) muito boa
Ruído	Com relação ao barulho, você acha que: ( ) não incomoda ( ) incomoda pouco ( ) incomoda muito ( ) sim ( ) não
Claridade	Com relação à luz refletida nos prédios, nos carros e no chão, você acha que: ( ) não incomoda ( ) incomoda pouco ( ) incomoda muito ( ) sim ( ) não
Temperatura	Como você se sente com relação à temperatura? ( ) muito calor ( ) calor ( ) indiferente ( ) frio ( ) muito frio
Sol	O sol está: ( ) muito forte ( ) forte ( ) indiferente ( ) fraco ( ) muito fraco ( ) Sol ( ) sombra
Vento	O que você sente com relação ao vento nesse lugar? ( ) muito forte ( ) forte ( ) indiferente ( ) fraco ( ) muito fraco
Atropelamento	Você sente risco de atropelamento aqui ou não? ( ) sim ( ) não ( ) indiferente
Assalto	Nesse ambiente, você sente risco de assalto ou não? ( ) sim ( ) não ( ) indiferente
Verde	Aqui, com relação à quantidade de vegetação, você preferiria: ( ) muito mais ( ) mais ( ) suficiente ( ) menos ( ) muito menos

Geral	O que você acha da calçada? ( ) péssima ( ) ruim ( ) indiferente ( ) boa ( ) muito boa Salto alto ( ) sim ( ) não
Largura	Com relação à largura, Você considera a calçada: ( ) muito estreita ( ) estreita ( ) suficiente ( ) larga ( ) muito larga
Mobiliário urbano	Sente falta de: ( ) bancos para sentar ( ) lixeiras ( ) bicicletário

Figura 11.11 Questionário aplicado para entrevistas de 1 minuto com os pedestres das vias avaliadas. Fonte: elaborada pela equipe do Labaut (2015).

FICHA PARA LEVANTAMENTO
LABAUT

Local:

Análise da calçada e seu entorno
Trecho 1:
Trecho 2:
Trecho 3:

Uso do solo

Trecho			Situação
1	2	3	
			Diversos usos do solo
			Pelo menos dois tipos de uso
			Apenas um uso

Ciclovias

Trecho			Situação
1	2	3	
			Presença de infraestrutura ao ciclista (ciclofaixa, ciclovia)
			Presença de ciclorota na via – indica a possibilidade de haver ciclistas
			Ausência de infraestrutura ao ciclista

Presença de atrativos verdes

Trecho			Situação
1	2	3	
			É visível uma grande predominância de vegetação na área
			Há presença de vegetação na área
			Vegetação praticamente ausente na área

Estacionamentos

Trecho			Situação
1	2	3	
			Ausência de estacionamentos
			Veículos podem estacionar em pelo menos um lado da via
			Veículos podem estacionar nos dois lados da via e há estacionamentos na área

Proximidade aos meios de transporte coletivos

Trecho			Situação
1	2	3	
			Distância ao ponto de ônibus de até 150 m; ao metrô de até 250 m
			Distância ao ponto de ônibus de até 300 m; ao metrô de até 500 m
			Distância ao ponto de ônibus superior à 300 m; ao metrô superior à 500 m

Velocidade das vias

Trecho			Situação
1	2	3	
			Limite de 30 km/h
			Limite de 40 km/h
			Limite de 60 km/h ou mais

Largura das calçadas

Trecho	Lado	Largura
1	Esquerdo	
	Direito	
2	Esquerdo	
	Direito	
3	Esquerdo	
	Direito	

Fluxos

Trecho	Horário	Pedestres		Veículos	
		Quantidade	Total	Quantidade	Total
1					
2					
3					

Análise dos obstáculos da calçada
Obstáculos presentes

Trecho			Obstáculos fixos e móveis
1	2	3	
			Buracos e depressões
			Saliências e degraus
			Bocas de lobo
			Acessos a garagens
			Raízes e copas de árvores
			Canteiros de plantas
			Orelhões
			Lixeiras
			Cancelas e bloqueios
			Pontos de táxi
			Pontos de ônibus
			Tapumes, obras, materiais
			Ambulantes, bancas, suportes
			Guardadores e vigilantes
			Olheiros e mendigos
			Animais
			Lixos e dejetos
			Mesas de bares e restaurantes
			Proteção contra sol e chuva
			Hidrantes
			Postes, placas de sinalização

Adequação de alguns obstáculos

Situação	Trecho			Obstáculos fixos
	1	2	3	
Adequado				Pavimentação / acabamento do piso
				Declividade e inclinação da calçada
				Altura das guias
				Altura e inclinação das árvores
Não adequado				Pavimentação / acabamento do piso
				Declividade e inclinação da calçada
				Altura das guias
				Altura e inclinação das árvores

Figura 11.12 Fichas de avaliação das características físicas e urbanísticas das vias avaliadas. Fonte: elaborada pela equipe do Labaut (2015).

Os pontos de medição para o estudo foram os seguintes:

Na área da República, três pontos na Avenida Ipiranga foram avaliados em abril/2015:

- Calçada em frente ao Edifício Copan na Avenida Ipiranga.
- Calçada em frente ao Edifício Itália na esquina da Avenida Ipiranga com a Avenida São Luís.
- Calçada em frente ao Edifício Esther junto à Praça da República (calçada da Avenida Ipiranga do outro lado da rua, próximo à Praça da República).

Na Avenida Paulista, também três pontos foram considerados em duas datas diferentes:

- Calçada em frente à entrada principal do Conjunto Nacional (calçada da Avenida Paulista, avaliada em março/2015 e julho/2015).
- Pátio público interno do Conjunto Nacional (avaliado em março/2015, exceto pela ausência de veículos, funciona como uma rua coberta, aberta a ruas públicas e interligadas, com enormes afluências de pedestres, estabelecimentos comerciais, iluminação natural e até vento).
- Calçada em frente ao Edifício Sul-Americano (Itaú – Avenida Paulista).

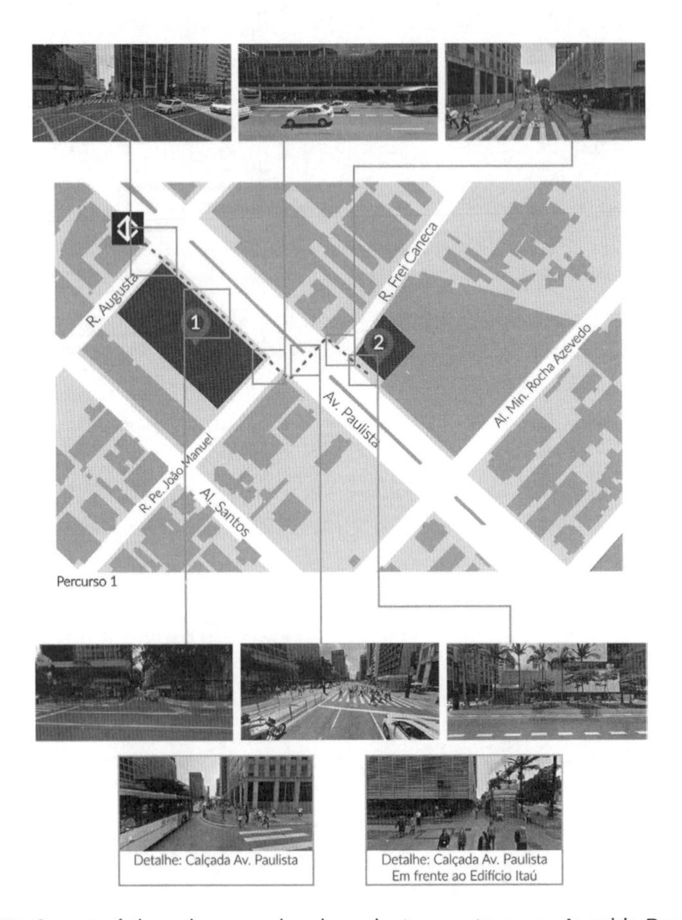

Figura 11.13 Características dos passeios de pedestre e entorno na Avenida Paulista nas proximidades dos dois pontos de avaliação.

Figura 11.14 Vista do passeio público junto à Praça da República, próximo à saída da Estação República do Metrô, em frente ao Edifício Esther, no lado oposto da avenida.

Figura 11.15 Saída do metrô República próximo ao Edifício Esther e calçada em frente ao Edifício Copan.

Os dias de medição em março e abril mostraram altas temperaturas, céu limpo e intensa incidência de radiação solar direta, enquanto o dia de medição no mês de julho apresentou céu limpo, temperaturas médias e incidência solar média.

Ao longo das medições na Avenida Paulista (Conjunto Nacional e Edifício Sul-Americano), realizadas em 30.3.2015, houve um dia com temperaturas altas e céu limpo e forte aumento da incidência solar no horário de almoço e à tarde.

Figura 11.16 Vista das condições de céu e das características do mascaramento do céu na calçada da Avenida Paulista em frente ao Conjunto Nacional em 30.03.2015 a partir de foto tirada em câmera com lente do tipo "olho de peixe".

A colocação dos equipamentos foi feita na calçada, em local protegido do fluxo intenso de pedestres na saída da estação. As medições das variáveis térmicas, do nível equivalente de ruído, das luminâncias no horizonte visível e das dimensões físicas dos ambientes foram realizadas em cada ponto individualmente.

Figura 11.17 Realização, em caráter de teste, de medições manuais da velocidade e direção do vento com anemômetro na calçada da Avenida Paulista em frente ao Conjunto Nacional.

Por estar em área coberta, o ponto do pátio interno do Conjunto Nacional não passou por medições de incidência solar. Porém, pela sua configuração e abertura, funciona completamente como uma "rua coberta", inclusive com a incidência de vento proveniente das diversas entradas da edificação.

Figura 11.18 Pátio interno do Conjunto Nacional, onde há intenso fluxo de passagem de pedestres como rota alternativa às calçadas públicas.

As medições foram realizadas das 9h às 16h com pequenas variações em cada ponto em razão da montagem e desmontagem dos aparelhos. Realizadas em baterias às 10h, 12h e 15h, as medições de acústica, luminância e ergonomia ocorreram nos três pontos simultaneamente a baterias de 26 entrevistas em cada horário.

Já no caso das avaliações realizadas na República (Edifício Copan, Edifício Itália e Edifício Esther) no mês de abril, em 1º.4.2015, houve um dia com temperaturas altas e céu limpo e forte aumento da incidência solar no horário de almoço e à tarde.

Da mesma maneira, a colocação dos equipamentos foi feita na calçada, em local protegido do fluxo intenso de pedestres na saída da estação, e todas as medições de acústica, luminância e de dimensões físicas foram feitas em cada ponto individualmente.

Foi mantida exatamente a metodologia e a mesma equipe de trabalho com relação às medições de 30.3.2015 na Avenida Paulista, com medições realizadas das 9h às 16h com pequenas variações em cada ponto, em razão da montagem e desmontagem dos aparelhos. Realizadas em baterias às 10h, 12h e 15h, as medições de acústica, luminância e ergonomia ocorreram nos três pontos junto a baterias de 26 entrevistas em cada horário.

Por fim, para as medições realizadas na Avenida Paulista (somente no Conjunto Nacional) em julho, em 15.7.2015, houve um dia com temperaturas medianas e céu limpo com incidência solar o dia todo. Nessa ocasião, houve somente um ponto de medição em que a colocação dos equipamentos foi feita na calçada, em local protegido do fluxo intenso de pedestres na saída da estação.

Lembrando que o mês de julho na cidade de São Paulo, assim como em boa parcela do inverno na cidade, apresenta temperaturas medianas durante o dia e baixas durante a noite, com dias tipicamente com céu limpo e baixa umidade, como podemos ver no levantamento do Boletim Climatológico Anual da Estação Meteorológica do IAG/USP – 2017 (SEÇÃO TÉCNICA DE SERVIÇOS METEOROLÓGICOS – INSTITUTO DE ASTRONOMIA, GEOFÍSICA E CIÊNCIAS ATMOSFÉRICAS DA UNIVERSIDADE DE SÃO PAULO, 2017).

Cada ponto de medição apresentou as seguintes larguras de calçadas:

- Calçada da Praça da República em frente ao Edifício Esther: 7,8 m.
- Calçada do Conjunto Nacional na Avenida Paulista: 9,3 m.
- Calçada do Edifício Copan: 20,4 m.
- Calçada do Edifício Itália: 13,2 m.
- Calçada do Edifício Sul-Americano (Itaú) na Avenida Paulista: 12,2 m.
- Pátio interno do Conjunto Nacional: 7,0 m.

O diagnóstico registrou tráfego intenso de pedestres em todos os pontos: cerca de 1.000 a 2.000 pedestres/hora na calçada do Edifício Copan e calçada da Praça da República em frente ao Edifício Esther e até 3.680 pedestres/hora na calçada do Edifício Itália.

Vale ressaltar que a calçada do Edifício Itália se encontra no cruzamento entre duas movimentadas e importantes avenidas, enquanto a calçada da Praça da República em frente ao Edifício Esther traz não só os fluxos de cruzamento da própria praça para outras ruas, como também uma das entradas para a Estação República das linhas 3 (vermelha) e 4 (amarela) do Metrô de São Paulo, que ajudam a intensificar o fluxo de pedestres nesses pontos de análise.

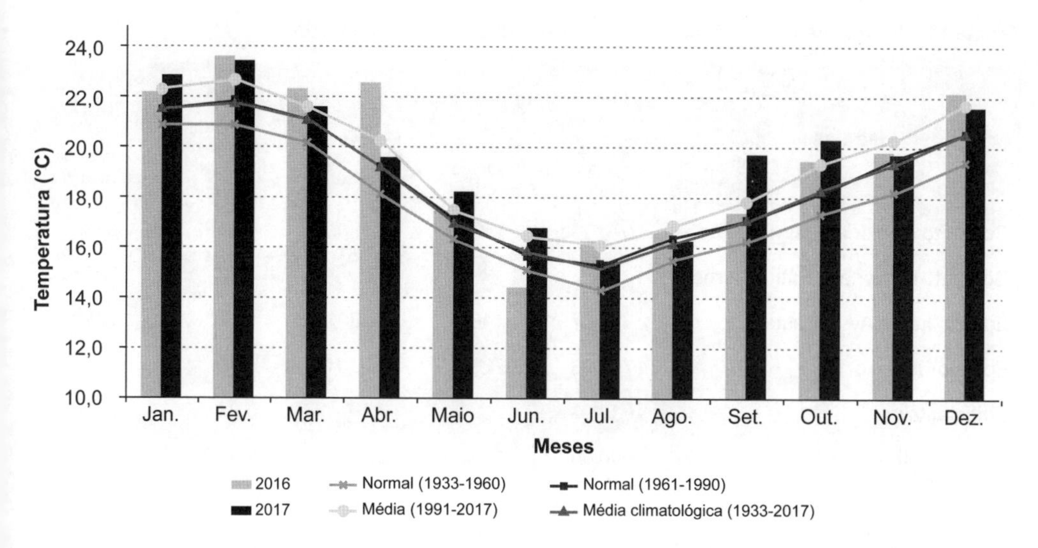

Gráfico 11.1 Temperatura média mensal em 2016 e 2017 (°C), além das normais, da média 1991-2017 e da média climatológica Fonte: Seção Técnica de Serviços Meteorológicos - Instituto de Astronomia, Geofísica e Ciências Atmosféricas da Universidade de São Paulo (2017).

No pátio interno do Conjunto Nacional, por sua vez, o fluxo de pedestres foi em torno de 800 a 2.200 pedestres/hora, variando bruscamente conforme o horário do dia e se aproximando muito do fluxo de pedestres na própria Avenida Paulista, onde, na calçada do Conjunto Nacional, passou de 1.140 para 3.380 pedestres/hora, menor que na calçada do Edifício Sul-Americano (Itaú), com 1.600 até 4.240 pedestres/hora.

A Avenida Paulista como um todo apresenta intenso fluxo de pedestres e ciclistas em todos os horários, inclusive fora de horário comercial, dada a grande concentração de edifícios comerciais, equipamentos, instituições e serviços públicos e privados, bem como a presença marcante de várias estações de metrô, incluindo a Estação Consolação/Estação Paulista das linhas 2 (verde) e 4 (amarela) nas proximidades do Conjunto Nacional.

Também o tráfego de veículos é pesado em todos esses pontos de análise: na República, cerca de 1.000 a 3.500 veículos/hora por sentido, com 5 a 13 % de veículos pesados (p. ex., ônibus), enquanto na Avenida Paulista havia cerca de 1.700 a 3.800 veículos/hora por sentido, com 3,3 a 8,1 % dos veículos pesados. Na época dos levantamentos, somente a Avenida Paulista contava com ciclovia permanente, enquanto a Avenida Ipiranga, na República, não dispunha da mesma estrutura.

Na Tabela 11.2, pode ser verificado um resumo com os dados da contagem de fluxos de pedestres e veículos nesses pontos em diferentes horários do dia ao longo das avaliações.

Tabela 11.2 Fluxos médios de veículos e pedestres em cada ponto avaliado

Médias	Veículos/hora			(%)	Pedestres/hora
	Fluxo de veículos leves	Fluxo de veículos pesados	Fluxo total de veículos	Porcentagem de veículos pesados	Fluxo de pedestres
Conjunto Nacional - Av. Paulista	2.570,00	130,00	2.700,00	4,99 %	2.423,33
Conjunto Nacional - Pátio interno					1.833,33
Edifício Itaú - Av. Paulista	2.386,67	146,67	2.533,33	5,97 %	2.840,00
Edifício Copan	1.793,33	226,67	2.020,00	11,25 %	1.433,33
Edifício Itália	3.033,33	220,00	3.253,33	6,87 %	2.560,00
Edifício Esther	1.900,00	160,00	2.060,00	7,49 %	1.440,00

Tabela 11.3 Detalhamento dos fluxos de veículos e pedestres contabilizados em cada evento e ponto de medição na Avenida Paulista (Conjunto Nacional e Edifício Sul-Americano - Itaú)

		Veículos/hora			(%)	Pedestres/hora
		Fluxo de veículos leves	Fluxo de veículos pesados	Fluxo total de veículos	Porcentagem de veículos pesados	Fluxo de pedestres
Conjunto Nacional Av. Paulista (março/2015)	**10h30**	2.720	240	2.960	8,11 %	2.100
	13h30	2.720	100	2.820	3,55 %	3.380
	15h00	1.580	120	1.700	7,06 %	2.520
Conjunto Nacional Pátio interno (março/2015)	**10h30**					800
	13h30					2.460
	15h00					2.240
Edifício Itaú Av. Paulista (março/2015)	**10h30**	2.340	200	2.540	7,87 %	1.600
	13h30	1.960	140	2.100	6,67 %	4.240
	15h00	2.860	100	2.960	3,38 %	2.680
Conjunto Nacional Av. Paulista (julho/2015)	**10h30**	1.780	80	1.860	4,30 %	1.140
	13h30	2.940	100	3.040	3,29 %	2.360
	15h00	3.680	140	3.820	3,66 %	3.040

Tabela 11.4 Detalhamento dos fluxos de veículos e pedestres contabilizados em cada evento e ponto de medição na República (Edifícios Copan, Itália e Esther)

		Veículos/hora			(%)	Pedestres/ hora
		Fluxo de veículos leves	Fluxo de veículos pesados	Fluxo total de veículos	Porcentagem de veículos pesados	Fluxo de pedestres
Edifício Copan República (abril/2015)	**10h20**	1.500	180	1.680	10,71 %	940
	13h20	1.760	260	2.020	12,87 %	1.700
	15h00	2.120	240	2.360	10,17 %	1.660
Edifício Itália República (abril/2015)	**10h20**	2.680	260	2.940	8,84 %	2.280
	13h20	3.280	160	3.440	4,65 %	3.680
	15h00	3.140	240	3.380	7,10 %	1.720
Edifício Esther República (abril/2015)	**10h20**	2.680	260	2.940	8,84 %	980
	13h20	1.460	120	1.580	7,59 %	1.340
	15h00	1.560	100	1.660	6,02 %	2.000

Tabela 11.5 Resumo de dados coletados em cada evento e ponto de medição: percentuais de pessoas autodeclaradas em conforto térmico, em conforto acústico e em conforto geral, bem como valores de Temperatura Equivalente Percebida (TEP) e Nível Equivalente de Ruído (Leq)

		% de pessoas autodeclaradas em conforto térmico	% de pessoas autodeclaradas em conforto acústico	% de pessoas autodeclaradas em conforto geral	Temperatura equivalente percebida (°C)	Nível de ruído equivalente (dB(A))
Conjunto Nacional – Pátio interno (março/2015)	**10h**	71 %	71 %	95 %	25,3	71
	12h	77 %	58 %	100 %	29,9	73
	15h	69 %	50 %	96 %	26,2	70
Conjunto Nacional – Avenida Paulista (março/2015)	**10h**	50 %	42 %	92 %	33,9	75
	12h	27 %	35 %	85 %	37,8	79
	15h	42 %	35 %	77 %	26,4	73
Edifício Itaú – Avenida Paulista (março/2015)	**10h**	68 %	36 %	84 %	23,3	67
	12h	40 %	60 %	92 %	28,5	68
	15h	46 %	39 %	92 %	29,5	67
Edifício Esther – República (abril/2015)	**10h**	50 %	15 %	85 %	39,2	69
	12h	85 %	65 %	65 %	32,6	70
	15h	81 %	65 %	73 %	35,1	71
Edifício itália – República (abril/2015)	**10h**	58 %	27 %	85 %	38,4	73
	12h	58 %	27 %	73 %	39,0	73
	15h	85 %	31 %	89 %	24,5	73

(continua)

(continuação)

		% de pessoas autodeclaradas em conforto térmico	% de pessoas autodeclaradas em conforto acústico	% de pessoas autodeclaradas em conforto geral	Temperatura equivalente percebida (°C)	Nível de ruído equivalente (dB(A))
Edifício Copan - República (abril/2015)	10h	23 %	23 %	89 %	25,5	70
	12h	54 %	19 %	89 %	27,2	71
	15h	50 %	16 %	92 %	25,7	69
Conjunto Nacional - Avenida Paulista (julho/2015)	10h	84 %	52 %	92 %	23,2	77
	12h	92 %	44 %	88 %	22,7	75
	15h	76 %	48 %	88 %	28,7	73

Com relação às condições acústicas dos pontos avaliados, foi sempre registrado intenso nível de ruído equivalente, acima de 70 dB(A) em praticamente todos os pontos em parcela considerável dos horários de medição, inclusive no ponto do pátio interno do Conjunto Nacional.

Nos pontos avaliados na República, o nível de ruído medido variou entre 69 e 73 dB(A), enquanto na Avenida Paulista variou de 67 a 79 dB(A). A calçada do Edifício Copan apresentou os menores níveis de ruído entre os pontos da República durante todos os horários de medição, o que se deve à menor intensidade de tráfego e à maior distância entre a calçada e o leito carroçável.

De modo surpreendente, justamente na calçada do Edifício Copan foi encontrado o índice mais baixo de conforto acústico autodeclarado pelos pedestres nas entrevistas (cerca de 20 %).

Isso pode estar relacionado com as diferentes expectativas dos usuários em relação a esses diferentes espaços: a calçada do Edifício Itália, por exemplo, é estreita e constituída pelo cruzamento entre duas avenidas movimentadas, enquanto a calçada do Edifício Copan é composta por um caminho amplo sombreado por árvores com largas áreas de estacionamento e cafés.

Isso significa que o primeiro ponto, a calçada na esquina do Edifício Itália, é não só menos satisfatório como também tido como um espaço somente de passagem, enquanto o segundo ponto, a calçada do Edifício Copan, é uma área mais confortável configurada como um lugar sobretudo para estadia, não somente para passagem. As diferentes expectativas criadas para cada espaço alteram a tolerância dos pedestres ao ruído e a outras condições adversas.

Na Avenida Paulista, também foram registrados intensos níveis de ruído: acima de 70 dB(A) ao longo de todos os horários de medição tanto na calçada em frente ao Conjunto Nacional quanto em seu pátio interno. Na calçada do Edifício Sul-Americano, por sua vez, os níveis de ruído registrados foram quase constantes e abaixo de 70 dB(A).

Mais uma vez, ainda que no pátio interno do Conjunto Nacional tenham sido medidos níveis de ruído cerca de 5 dB(A) acima daqueles registrados na calçada do Edifício Sul-Americano, os percentuais de conforto acústico autodeclarado pelos pedestres nas entrevistas foram significativamente maiores (até 30 % maiores) que os pontos externos das calçadas na Avenida Paulista.

A explicação, dessa vez, está relacionada principalmente com a origem e natureza dos ruídos incidentes em cada local. Nas vias, os ruídos externos originam-se sobretudo do tráfego (veículos, sirenes e buzinas), de obras de construção nas proximidades e das apresentações de músicos nas ruas. Ruídos interiores vêm principalmente das fontes externas de ruído e do ruído interno da fala em razão das inúmeras pessoas que ficam e passam.

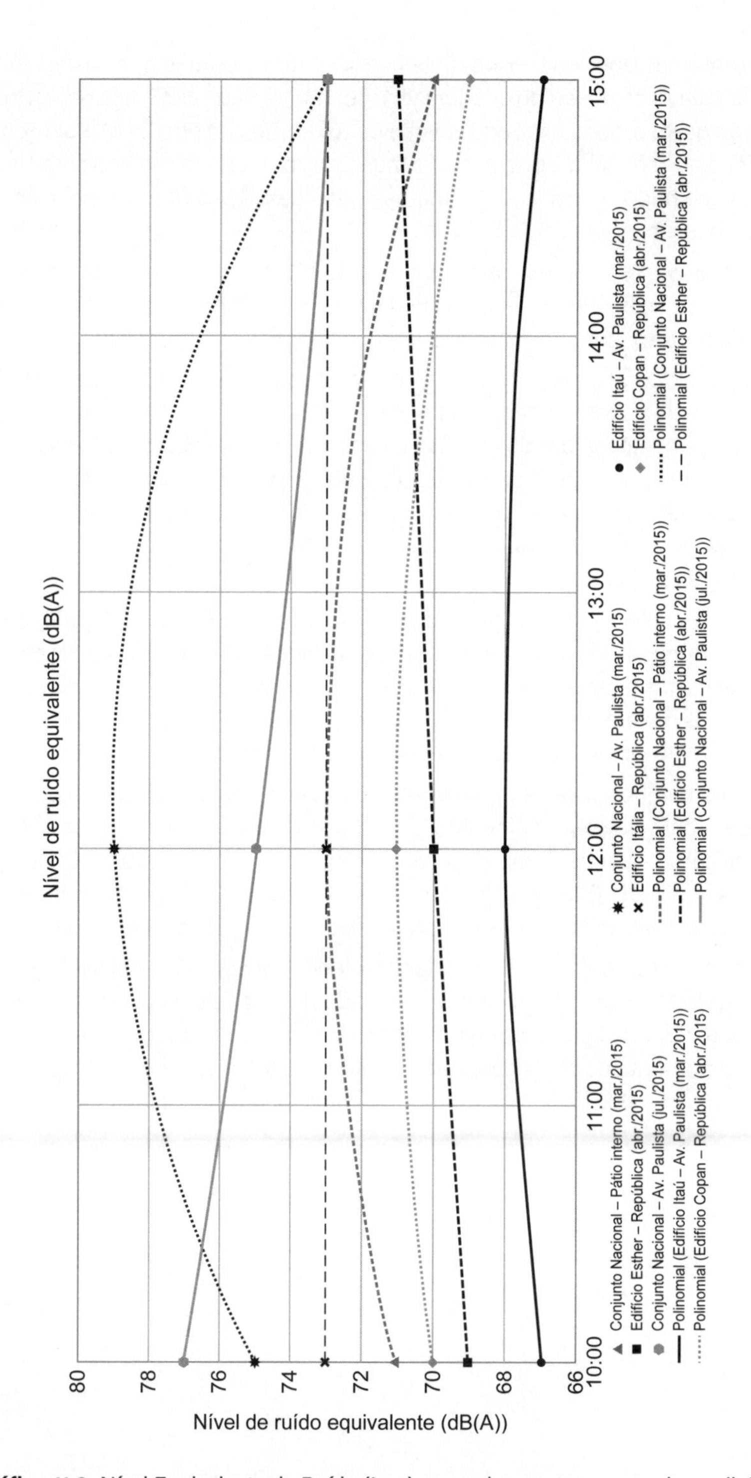

Gráfico 11.2 Nível Equivalente de Ruído (Leq) em cada evento e ponto de medição.

É interessante perceber que, em muitas ocasiões ao longo das entrevistas, foi visto que a origem e a característica dos ruídos podem vir a ser muito mais relevantes para a percepção de um pedestre do que o próprio nível equivalente do ruído, medido em dB(A). Por exemplo, o ruído de tráfego, ainda que em níveis superiores, foi muitas vezes menos apontado como incômodo nas entrevistas do que ruídos específicos, como os ruídos de sirenes (p. ex., ambulâncias), buzinas, britadeiras, ônibus etc.

Até mesmo as músicas apresentadas pelos músicos nas ruas, que foram majoritariamente apontadas como um som agradável pelos pedestres, foram também algumas vezes apontadas como um ruído perturbador por pessoas que trabalham nas edificações próximas.

Com relação às condições térmicas microclimáticas medidas em cada local, há grandes variações entre os registros de cada ponto, de cada região da cidade e em cada data. Isso é esperado uma vez que cada um dos pontos apresenta uma distribuição diversa de edificações e suas alturas ao redor do ponto de medição, alterando as condições de incidência solar e de vento, bem como de incidência de radiação indireta refletida. Há ainda diferenças nas condições de vegetação do espaço e, claro, diferenças entre as datas de medições e época da medição (no caso das medições de julho).

Nos pontos de avaliação nas calçadas do Edifício Itália e da Praça da República em frente ao Edifício Esther, nas medições de 1º.4.2015, foram registrados altos valores de TEP em razão da alta incidência solar e altas temperaturas do ar, o que é comprovado especialmente pelos registros de altas temperaturas no termômetro de globo, cuja medição leva em conta a captação da radiação incidente direta (pela incidência solar) e indireta (pela reflexão das superfícies).

Nos mesmos horários, a calçada em frente ao Edifício Copan apresentou os menores valores de TEP, por conta do sombreamento de inúmeras árvores de grande porte. A diferença foi bastante significativa quando comparada com a medição do ponto com a maior condição de calor do dia, a calçada do Edifício Itália, cujas medições de TEP chegam a marcar de 10 a 13 °C acima do ponto do Edifício Copan, em razão da maior incidência de radiação solar.

Vale relembrar que, conforme apresentado anteriormente, a TEP (MONTEIRO, 2008) é um índice de conforto térmico específico para a cidade de São Paulo cujo valor final, medido em °C, é calculado a partir da influência de uma série de variáveis microclimáticas que são medidas empiricamente no ponto de avaliação, levando em consideração as condições de temperatura do ar, umidade do ar, velocidade do vento e incidência de radiação direta e indireta.

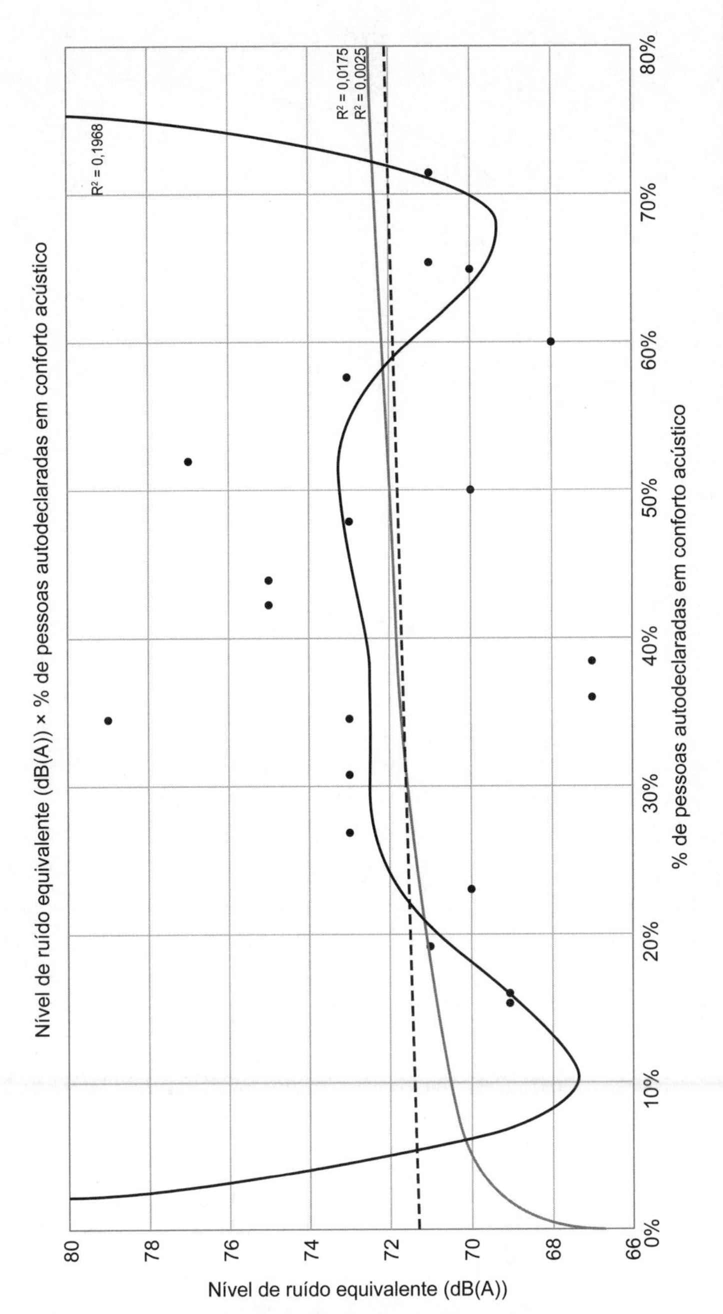
Nível de ruído equivalente (dB(A)) × % de pessoas autodeclaradas em conforto acústico
R² = 0,1968
R² = 0,0175
R² = 0,0025
80
78
76
74
72
70
68
66
Nível de ruído equivalente (dB(A))
0%
10%
20%
30%
40%
50%
60%
70%
80%
% de pessoas autodeclaradas em conforto acústico
● Nível de ruído equivalente (dB(A))
Polinomial (nível de ruído equivalente (dB(A)))
Logarítmica (nível de ruído equivalente (dB(A)))
Exponencial (nível de ruído equivalente (dB(A)))

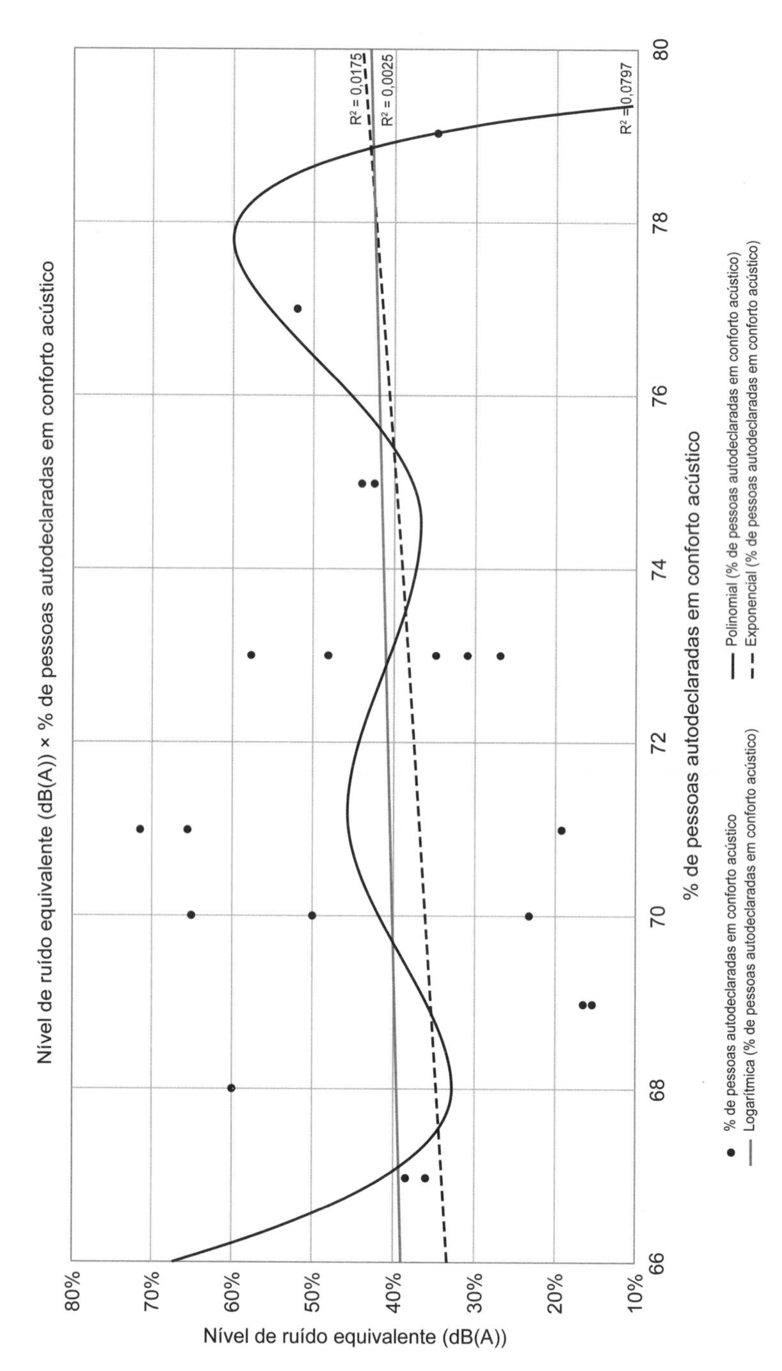

Gráficos 11.3 e 11.4 Gráficos de Nível de Ruído Equivalente (dB(A)) × % de pessoas autodeclaradas em conforto acústico mostrando a baixa correlação direta e definitiva entre os níveis medidos de ruído e o conforto acústico autodeclarado quando avaliado em todos os pontos simultaneamente, conforme tópicos relacionados com as expectativas dos usuários evidenciados.

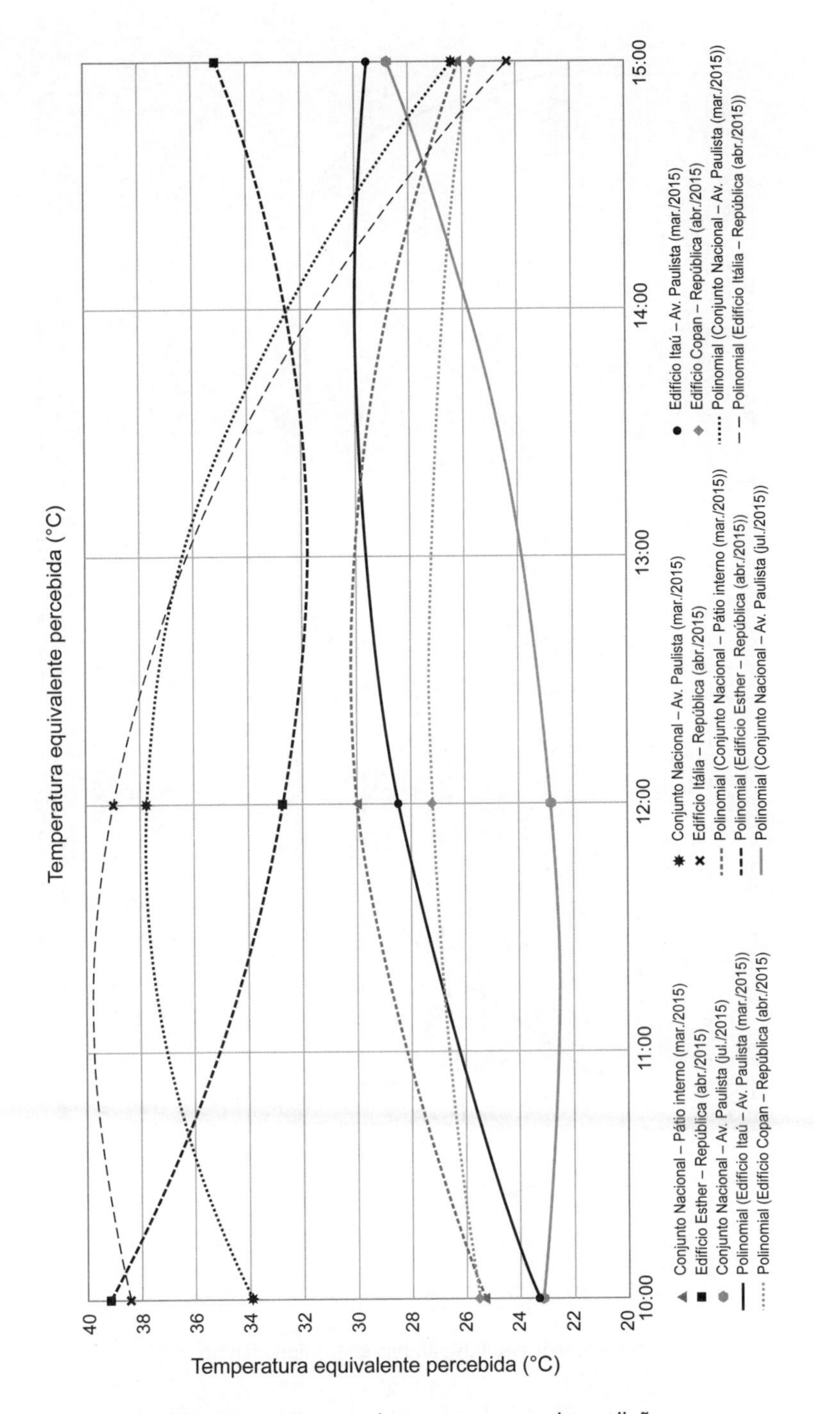

Gráfico 11.5 TEP em cada evento e ponto de medição.

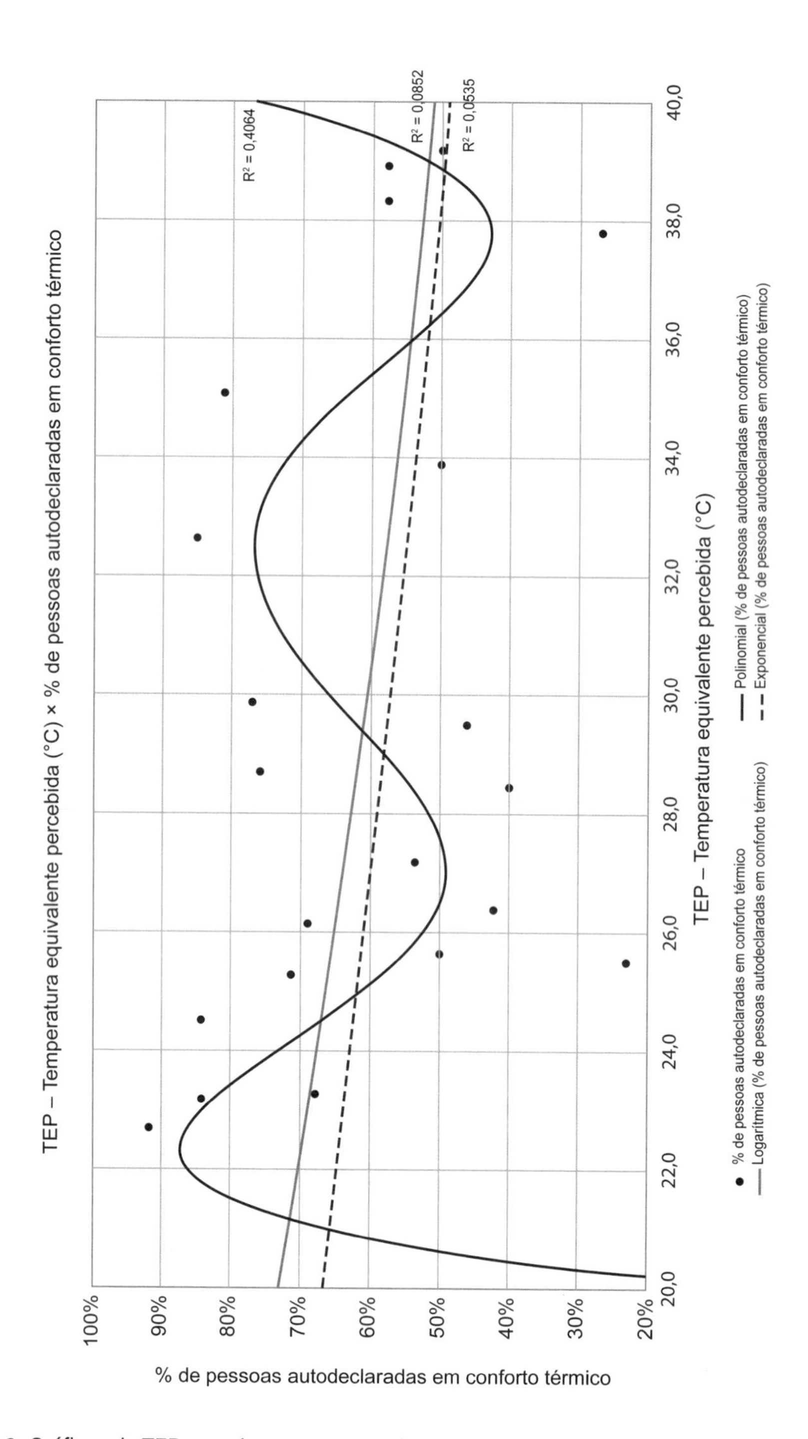

Gráfico 11.6 Gráficos de TEP × % de pessoas autodeclaradas em conforto térmico mostrando média correlação direta e definitiva entre valores de TEP e o conforto térmico autodeclarado quando avaliado em todos os pontos simultaneamente, conforme tópicos relacionados com as expectativas dos usuários evidenciados a seguir.

No geral, o conforto térmico autodeclarado foi baixo nos pontos de medição da República (cerca de 60 % somente), mas inesperadamente maior na calçada do Edifício Itália, em especial durante a tarde, quando os valores de TEP atingiram números medianos. Ainda assim, o conforto geral (isto é, quando o pedestre se autodeclara satisfeito com a ambiência em que se encontra nos seus aspectos gerais) foi melhor na calçada em frente ao Edifício Copan (cerca de 90 %) durante todo o dia, uma vez que este é um espaço muito mais verde, muito mais sombreado e muito mais convidativo quando em comparação com os demais.

Os pontos da Avenida Paulista mostraram em março valores de TEP médios a altos, relacionados com altos valores de incidência de radiação solar e temperatura média do ar. Houve diferença significativa entre as medições realizadas em março e em julho, esta com valores de TEP entre 5 e 10 °C abaixo da primeira, marcando uma condição mais fria da paisagem térmica.

Em julho, durante o inverno, os valores de TEP foram menores principalmente em razão das menores temperaturas do ar e maiores velocidades do vento. A diferença não foi maior porque julho é um típico mês de inverno ensolarado em São Paulo, apresentando sobretudo céu limpo e condições de insolação média, ainda que com temperaturas de ar mais baixas.

Entre os dois pontos de medição externa da Avenida Paulista, a calçada do Conjunto Nacional e a calçada do Edifício Sul-Americano (Itaú), ambos tanto com áreas expostas quanto com áreas sombreadas pelas marquises dos edifícios, o Edifício Sul-Americano tem um calçadão quase completamente sombreado: rico em sombreamento de árvores (não somente sombreamento ocasionado por marquises ou pelas edificações), trazendo espaços mais confortáveis para os pedestres para os dias mais ensolarados.

Percebemos que, em um dia frio de inverno, as pessoas prefeririam espaços ensolarados, mas durante os dias ensolarados, os pedestres mostram preferência principalmente por espaços sombreados pelas árvores, que são percebidos de forma diferente daquele formado pelos edifícios.

Dessa forma, a calçada do Conjunto Nacional apresentou valores de TEP significativamente mais altos (cerca de 5 °C maiores do que nas medições da calçada do Edifício Sul-Americano), em razão da maior exposição à radiação solar (comprovada pelos maiores valores de Temperatura Radiante Média e Temperatura de Globo), mas ainda assim apresentou maior taxa de conforto térmico durante o inverno (medições de julho), por conta das expectativas e adaptações dos pedestres, quando em comparação às medições de março durante as medições de verão.

Nas medições de março, o Edifício Sul-Americano (Banco Itaú) apresentou a maior taxa de conforto térmico, dentre as medições das áreas externas da Avenida Paulista.

Por fim, o ponto interno no pátio interno do Conjunto Nacional, nas medições de março, apresentou valores médios de TEP, com altas temperaturas do ar (próximas, levemente mais baixas, das temperaturas do ar externo), mas sem radiação solar. O pátio interno do Conjunto Nacional também mostrou as taxas de conforto térmico mais altas durante as medições de março, por conta do espaço mais conveniente e sombreado, mas que ainda assim nunca foi superior a 80 %.

Em outra vertente de avaliação, verificamos a satisfação com as condições e aspectos físicos das calçadas, tais como largura, qualidade do piso, adequação do piso, obstáculos etc. Geralmente, há uma grande satisfação com as calçadas (sempre acima de 70 % e atingindo até 95 %). A menor satisfação registrada com as calçadas foi nas medições na calçada do Conjunto Nacional, o que pode estar relacionado ao excesso de obstáculos.

Tabela 11.6 Em cada ponto, evento e horário de medição, largura, fluxo de pedestres, relação largura/fluxo e satisfação com a calçada

	Largura do passeio (m)	Pedestres/hora	Largura/pedestres		Satisfação com a calçada	
			m/(pedestre/hora)	cm/(pedestres/hora)	Por horário	Média
Edifício Copan - República - Abril/2015	20,4	940	0,0217	2,17	100,00 %	96,17 %
		1.700	0,0120	1,20	96,20 %	
		1.660	0,0123	1,23	92,30 %	
Edifício Itália - República - Abril/2015	13,2	2.280	0,0058	0,58	100,00 %	94,90 %
		3.680	0,0036	0,36	96,20 %	
		1.720	0,0077	0,77	88,50 %	
Edifício Esther - República - Abril/2015	7,8	980	0,0079	0,79	76,90 %	89,37 %
		1.340	0,0058	0,58	95,00 %	
		2.000	0,0039	0,39	96,20 %	
Conjunto Nacional - Avenida Paulista - Julho/ 2015	9,3	1.140	0,0082	0,82	96,00 %	92,00 %
		2.360	0,0039	0,39	88,00 %	
		3.040	0,0031	0,31	92,00 %	
Edifício Itaú - Avenida Paulista - Março/2015	12,2	1.600	0,0076	0,76	88,00 %	84,10 %
		4.240	0,0029	0,29	72,00 %	
		2.680	0,0046	0,46	92,30 %	
Conjunto Nacional - Avenida Paulista - Março/ 2015	9,3	2.100	0,0044	0,44	96,20 %	96,20 %
		3.380	0,0028	0,28	96,20 %	
		2.520	0,0037	0,37	96,20 %	
Conjunto Nacional - Pátio interno - Março/2015	7,0	800	0,0088	0,88	85,70 %	79,83 %
		2.460	0,0028	0,28	76,90 %	
		2.240	0,0031	0,31	76,90 %	

Fonte: Novaes (2015).

Em todos os pontos, os pedestres declararam grande satisfação (acima de 85 % na maior parte do tempo e das localizações) com as larguras das calçadas, mas menor satisfação com suas condições em razão da baixa qualidade e inadequação dos pisos e pavimentos e presença de obstáculos, principalmente os solavancos.

Todos os pontos externos apresentam muitos obstáculos nas vias dos pedestres, como postos de luz e eletricidade, telefones públicos, pontos de ônibus, lojas de jornais, vendedores de rua, músicos, árvores etc.

O ponto do pátio interno do Conjunto Nacional apresentou grande número de obstáculos ao trajeto dos pedestres, conforme apontado por eles, como bancos, latas de lixo, exposições, lanchonetes, telefones etc.

Nesse caso, notamos que, apesar de apresentar a melhor condição e adequação de piso (liso, bem-acabado, boa manutenção) e largura satisfatória (7 m), o passeio do pátio interno do Conjunto Nacional foi o que apresentou a pior percepção de satisfação dos pedestres quanto às condições de caminhabilidade. A alta expectativa deles com relação a esse espaço ocasionou uma tolerância muito menor aos obstáculos presentes no trajeto, os quais, além disso, se mostraram em maior quantidade nesse ponto.

Embora os itens nas calçadas possam configurar obstáculos ao tráfego de pedestres, em especial nos horários de maior afluxo, muitos deles não perturbam a qualidade da rua nem a percepção da maioria das pessoas.

Além disso, nessas áreas, a calçada tem uma largura realmente grande e adequada, o que pode minimizar os efeitos desses obstáculos, e, por outro lado, esses equipamentos e mobiliários são extremamente necessários ao cotidiano urbano desses espaços, e sua ausência é apontada como um ponto muito mais negativo do que qualquer eventual impacto que tenham sobre o trajeto.

Percebemos, ao longo da pesquisa, que há sempre uma correlação direta entre a largura adequada da via e o conforto do pedestre. Vias bem dimensionadas, conforme apontado pelos próprios entrevistados, devem possuir largura livre suficiente para acomodar a concentração de pessoas andando, mas também, por outro lado, observamos que larguras excessivas podem igualmente trazer questões negativas associadas à percepção de segurança, eficácia da iluminação pública etc.

Notamos que os melhores resultados de satisfação com a via ocorreram na calçada do Edifício Copan, onde a calçada oferece uma largura livre (20,4 m) em função do fluxo de pedestres razoavelmente maior que nos demais pontos (entre 1,2 e 2,2 cm/pedestres/hora).

O pior resultado de medição, por sua vez, ocorre justamente no passeio do Edifício Sul-Americano (Itaú) na Avenida Paulista, que, mesmo muito avaliado em diversos outros tópicos, apresentou o maior afluxo de pedestres registrado no estudo, com 4.240 pedestres/hora.

No horário em que foi registrada essa intensidade de fluxo, a relação de largura por fluxo de pedestres caiu para 0,29 cm/pedestres/hora, um dos menores valores registrados, enquanto a satisfação declarada pelos pedestres chegou ao valor mais baixo registrado, de somente 72 %, em razão principalmente da maior concentração de pessoas na via. A menor relação largura/fluxo, no entanto, foi registrada no pátio interno do Conjunto Nacional, que, com 7 m de largura e 2.460 pedestres/hora, chegou a 0,28 cm/pedestres/hora, com aproximadamente 77 % de satisfação declarada nas entrevistas, segundo valor mais baixo.

A relação largura/fluxo de pedestres, medida em cm/(pedestres/hora) (NOVAES, 2015), pode ser bastante esclarecedora, porém jamais o único critério de avaliação da qualidade física da via, pois nota-se pela própria Tabela 11.6 que, nos diferentes pontos avaliados, a percepção do pedestre em relação às calçadas sempre foi predominantemente positiva, sendo que o melhor resultado médio obtido foi na calçada do Conjunto Nacional nas medições de julho, quando o fluxo de pedestres foi ligeiramente menor.

Comprovação disso é que, assim como no pátio interno do Conjunto Nacional, no mesmo dia e horário, nas medições de março às 12h, a calçada do Conjunto Nacional na Avenida Paulista, com 9,3 m de largura e 3.380 pedestres/hora, também registrou o mesmo 0,28 cm/pedestres/hora, o valor mais baixo dessa correlação, e, ainda assim, aproximadamente 96 % dos pedestres se autodeclararam satisfeitos com as condições da via.

PERSPECTIVA DO PLANO DO CHÃO

PERSPECTIVA DO PLANO DO EDIFÍCIO

PERSPECTIVA DO PLANO DA RUA

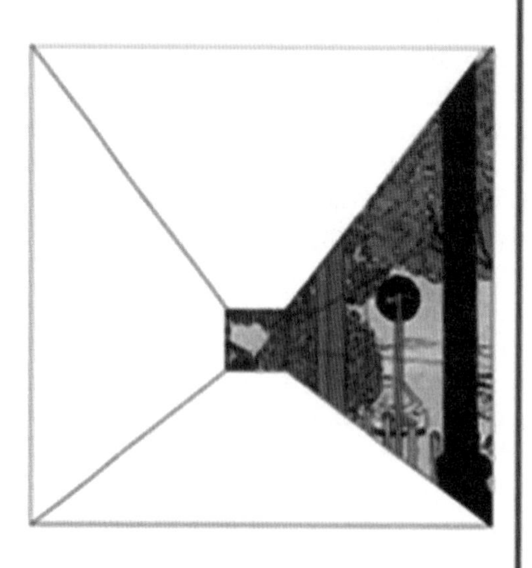

PERSPECTIVA DO PLANO DO CÉU

Figura 11.19 Desenhos dos planos da calçada (perspectiva do plano do chão, do plano do edifício, do plano da rua e do plano do céu) em frente ao Edifício Itália.

Nesse sentido, é extremamente relevante ressaltar o aspecto integrado da percepção ergonômica do espaço pelo indivíduo: a calçada parcialmente sombreada e parcialmente ensolarada no horário do almoço, permitindo a escolha de por onde caminhar, com a presença de músicos nas ruas, vegetação e bem avaliada quanto a suas condições térmicas e acústicas no mesmo horário, tornou-se muito mais atrativa ao pedestres nesse momento, e, por isso mais bem avaliada, ainda que oferecesse a mesma condição - ruim - de concentração de pessoas.

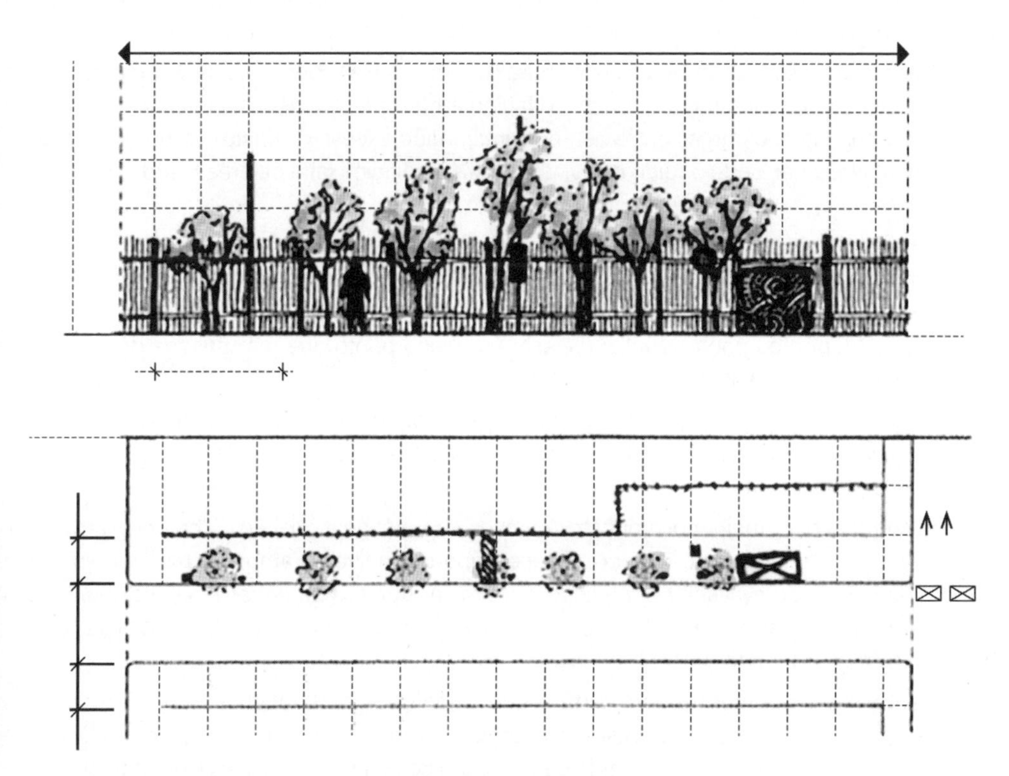

Figura 11.20 Calçada da Praça da República em frente ao Edifício Esther em desenhos de planta e elevação para análise de obstáculos.

Ao mesmo tempo, a percepção do pedestre com relação a esses espaços não se limita à largura da calçada e à concentração de pessoas, mas também carrega uma forte condicionante em relação à qualidade e à adequação do piso escolhido, à presença de desníveis e irregularidades no piso, à qualidade da manutenção do piso adotado, à limpeza, à presença de buracos e, eventualmente, à própria estética do piso etc.

Vale ressaltar também que todas essas vias avaliadas possuem passeios de pedestres com larguras bastante satisfatórias e favoráveis (a partir de 7 m), diferenciadas em relação ao contexto comum da cidade, o que aumenta a percepção positiva desses espaços.

Prosseguindo com a avaliação integrada e completa do espaço, a iluminação natural também pode ser um ponto de desconforto, pois os cânions urbanos, a exemplo dessas próprias áreas da República e da Avenida Paulista, podem gerar espaços abertos com pouco acesso de visibilidade ao céu e ao horizonte, eventualmente com condições prejudicadas de insolação e iluminação natural.

Entretanto, em todos os pontos avaliados neste estudo, as condições de iluminação (qualidade e quantidade de luz) foram bem avaliadas durante o dia. Entretanto, o ofuscamento causado por reflexos solares em edifícios com fachadas de vidro e veículos foi apontado por uma quantidade significativa de pedestres entrevistados como um fator de desconforto, em especial na Avenida Paulista, onde há um grande número de edifícios com superfícies envidraçadas, enquanto na área da República a maioria dos edifícios tem fachadas opacas com aberturas menores.

Outras reclamações relevantes dos pedestres foram sobre as condições de segurança, ventos fortes (mesmo no pátio interno do Conjunto Nacional, houve reclamações quanto ao vento, onde há movimentos intensos de ar entre as aberturas), ruído excessivo (inclusive no pátio interno do Conjunto Nacional, onde o ruído das vias adentra o edifício), falta de áreas verdes e radiação solar excessiva.

O conforto geral, isto é, o percentual de pedestres entrevistados que se autodeclarou satisfeito com o ambiente em um contexto geral, mostrou-se superior no pátio interno do Conjunto Nacional (em torno de 95 %), uma vez que o espaço é mais convidativo e oferece melhores condições para estadia (dentre os pontos avaliados, este é o único ponto que tem bancos próprios para descanso) e sombreamento total.

No entanto, mesmo nesse ponto, o conforto geral com o ambiente foi muito maior do que o conforto acústico e o conforto térmico, trazendo correlações medianas com estes últimos e com a percepção global da via.

Para compreender melhor os impactos de cada vertente de avaliação do conforto ambiental na percepção do pedestre no espaço, é necessário um universo amostral maior, com maior número de pontos de avaliação e medição, com maior número de entrevistas, distribuídas em diferentes épocas do ano, o que é feito, por exemplo, nos trabalhos de Luiz (2016), Novaes (2015), Monteiro (2018) e Mülfarth (2017).

Portanto, nesses pontos, podemos dizer que o conforto geral depende principalmente das expectativas que os pedestres têm sobre cada local. Não foi identificada padronização, para esses casos, com relação a qual vertente da avaliação de conforto foi a mais relevante ou a mais impactante nos usuários.

Isso está diretamente de acordo com a ideia de que a percepção do espaço pelo pedestre se dá de forma integrada, em uma complexa correlação entre os diferentes aspectos ambientais do local, o que ocorre em um nível pessoal e sofre grande interferência de aspectos subjetivos da percepção do espaço, como preferências pessoais e expectativas com relação ao local, ao horário do dia e à época do ano.

ENTORNO PAULISTA _ CONJUNTO NACIONAL // ITAÚ

Informações gerais

Uso diversificado
Calçadas largas e bem mantidas
Presença de rampas e piso tátil
Vegetação esparsa
Proximidade aos meios de transporte coletivo
Avenida fica aberta para os pedestres aos domingos
Ponto atrativo para eventos e manifestações
Presença de ciclovia
Presença de vendedores ambulantes
Presença de muitos artistas de rua
Presença de atrativos culturais

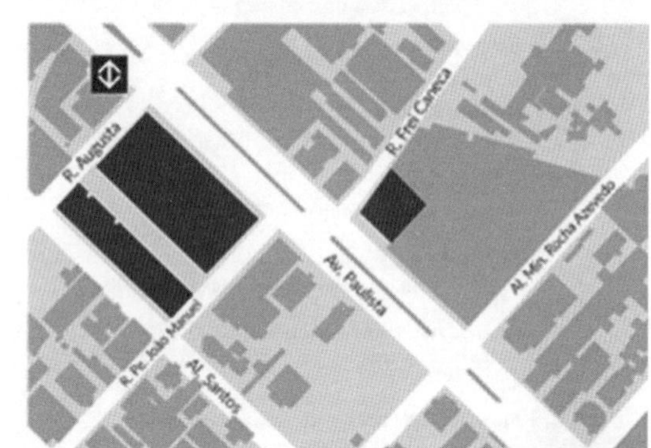

CONJUNTO NACIONAL AVENIDA PAULISTA

Infraestrutura para o ciclista: Presença de ciclovia

Estacionamento: não é permitido estacionar em nenhum lado da via

Presença de verde: algumas árvores esparsas

Velocidade da via: 50 km/h

Proximidade do transporte público: o acesso principal do edifício encontra-se a menos de 15m do ponto de ônibus

Uso do solo: Apesar de a Paulista ser comercial, o entorno imediato é residencial misto.

Qualidade do passeio: Largura suficiente e acabamento/ manutenção do pavimento adequado

Área em estudo

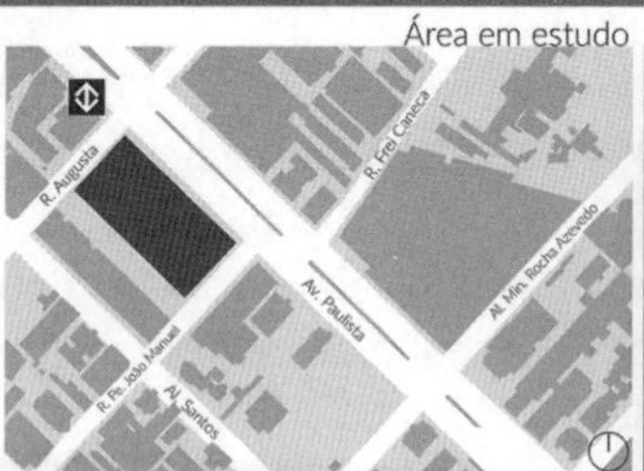

Presença de verde

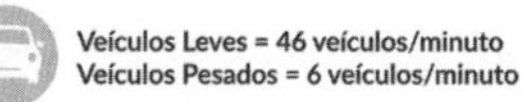

Corte da rua

(continua)

(continuação)

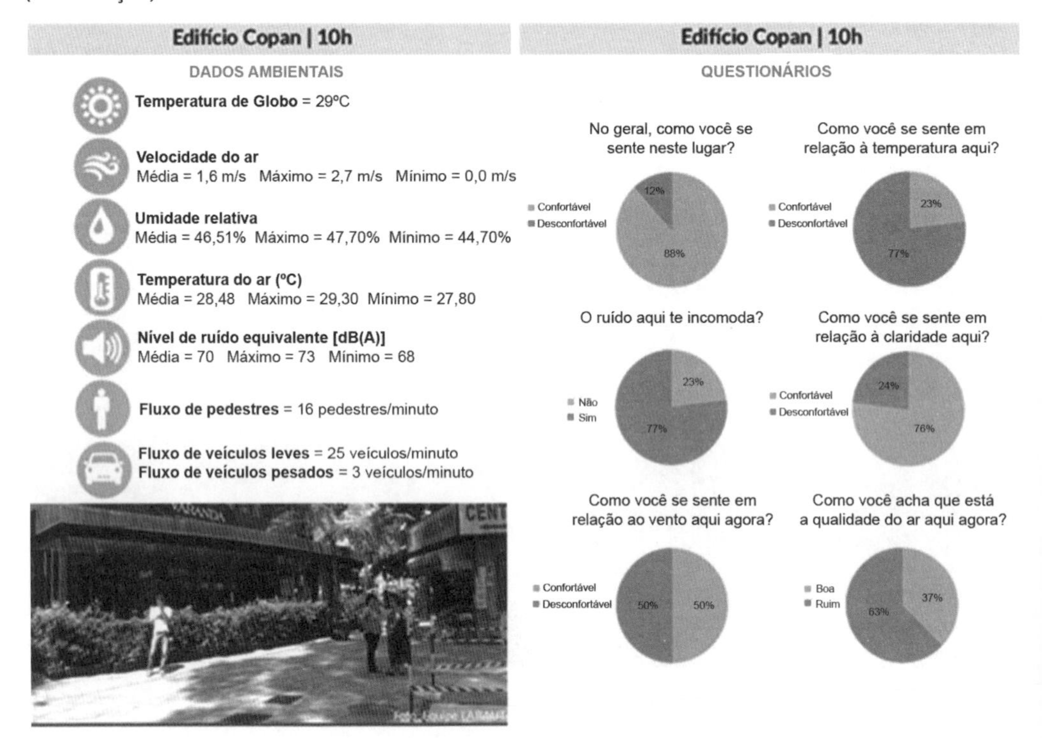

Figura 11.21 Exemplos de fichas-resumo das avaliações realizadas. Fonte: Luiz (2016).

A partir dessas análises, concluiu-se que uma rua em São Paulo, para ser considerada confortável pela maioria dos pedestres, deve proporcionar sombreamento e proteção contra a exposição excessiva ao sol, bem como soluções para criar tanto áreas abertas ao céu quanto espaços sombreados. Deve permitir a circulação do ar em condições que favoreçam a remoção adequada da poluição e do calor. O desenho da morfologia urbana deve ser pensado para não ocasionar o crescimento excessivo de cânions urbanos.

Foi evidenciado nos levantamentos realizados que, em São Paulo, o conforto térmico apresenta forte impacto na percepção global do pedestre em relação à via, isto é, no conforto geral autodeclarado. O desconforto térmico ajuda a prejudicar a tolerância dos pedestres às demais variáveis ambientais.

A temperatura de globo é o melhor e mais confiável valor para compreender o conforto térmico, enquanto a exposição à radiação solar é extremamente incisiva sobre o conforto geral do usuário: durante o verão, os pedestres tendem a procurar por espaços sombreados, enquanto, durante o inverno, eles têm maior tolerância e desejo por espaços abertos para o céu (NOVAES, 2015).

Com relação ao conforto acústico no meio urbano, o nível equivalente de ruído não é o único fator relevante. As fontes de ruído e as expectativas do pedestre em função do porte e do uso da via podem alterar drasticamente a tolerância do usuário ao ruído. Em uma grande avenida de afluxo de veículos, são já esperados altos níveis de ruído de tráfego, portanto a tolerância a essa fonte de ruído é maior do que em ruas menos movimentadas, e consideravelmente maior do que a outras fontes.

Isso permite alto nível de conforto geral nas vias avaliadas, mesmo quando os níveis de ruído foram altos e o conforto acústico baixo. Outras fontes de ruído, além do ruído do tráfego, podem causar incômodos maiores mesmo quando seus níveis de ruído são inferiores àqueles gerados pelo tráfego. São exemplos os ruídos provenientes de buzinas, sirenes, obras etc.

Figura 11.22 Músicos se apresentando na Avenida Paulista. Foto de marstockphoto | iStockphoto.

Em paralelo, a calçada deve adequar-se à largura total da rua, ao tamanho dos edifícios e ao fluxo de pedestres, apresentando uma faixa de circulação livre de obstáculos ou problemas de piso (buracos, irregularidades, pavimento escorregadio etc.). Quando satisfeitos com a largura da calçada, os pedestres devem perceber o piso (qualidade e adequação: textura do pavimento, manutenção e acessibilidade) e obstáculos.

A presença de vegetação é sempre bem avaliada e desejada, mesmo podendo configurar obstáculos ao tráfego de pedestres em algumas vias com calçadas menores. A presença de músicos e artistas, bem como de vendedores ambulantes, não foi, em momento algum, uma fonte de reclamações, assim como pontos de ônibus e táxi.

É importante observar que a percepção do espaço da via com relação à diversidade de edifícios e de atividades nela presentes é um fator subjetivo que pode ser decisivo para a escolha do usuário por um espaço em detrimento de outro, além dos fatores ambientais, como o conforto térmico e acústico.

Em São Paulo, por exemplo, a grande maioria dos entrevistados mostrou-se satisfeita ao caminhar na Avenida Paulista, mesmo com o alto nível de ruído ocasionado pelo fluxo de veículos.

Nesse mesmo exemplo, vemos que as diversas performances artísticas, ainda que configurem níveis sonoros equivalentes ou até mesmo superiores que aqueles do tráfego, são bem aceitas e se tornam sons agradáveis do espaço. Aqui cabe a diferenciação clara entre som e ruído.

Além de entender a ergonomia como uma área multidisciplinar e muito mais complexa do que os aspectos dimensionais, as pesquisas auxiliaram na compreensão do desempenho global dos espaços externos, no entendimento de que o conforto do usuário vai muito além de valores de temperatura e níveis de ruído.

O conforto do usuário caracteriza-se por uma complexa relação de fatores ambientais, sociais, psicológicos e culturais que devem ser lidos em comunhão para uma proposta efetiva de projeto visando ao conforto. Não basta definir números mínimos e máximos de quantidade de luz, calor e ruído para definir e qualificar um espaço.

A aplicação dos questionários com o usuário evidenciou que, apesar de o fator mais incidente na declaração do conforto global do pedestre ser a ambiência térmica do espaço, existem outros fatores muito relevantes. Entender o conforto do usuário como mera eliminação do desconforto termoacústico se caracterizaria como um viés mais fácil de avaliação do ambiente sem, no entanto, levar em conta uma série de outros fatores que são decisivos na escolha do usuário pelo uso de determinado espaço.

Analisando os espaços públicos abertos das vias em frente aos edifícios escolhidos, foi possível observar que nem sempre o resultado lógico esperado em função apenas dos dados quantitativos é o encontrado. Por exemplo, o fato de a quantidade de pessoas em desconforto acústico na Avenida Paulista ser menor do que na República, apesar de ter apresentado maiores níveis de ruído equivalente.

Para a calçada, podemos notar que, eliminando o desconforto em relação à largura, encontramos outras situações geradoras de desconforto que não entram nos índices quantitativos comuns. São exemplos o medo de atropelamento que aumenta conforme cresce a quantidade de pedestres compartilhando o espaço da calçada ou conforme aumenta a velocidade dos veículos na via, o medo em relação a assaltos, o qual tem uma tendência de crescimento de acordo com duas situações, tanto quando a rua está esvaziada de pedestres quanto quando está muito cheia.

A ausência de mobiliários apresentou-se como uma grande queixa dos usuários, apesar do senso comum criado em São Paulo de que a rua é um lugar de passagem que não deveria ter bancos, por exemplo. A falta de mobiliário urbano de qualidade traz números alarmantes de usuários insatisfeitos (o número de insatisfeitos chega a ultrapassar 80 % dos usuários na calçada do Edifício Itália, p. ex.), gerando uma série de improvisações por parte dos ocupantes visando suprir essa necessidade.

Esse dado indica que, ao ser questionado sobre o conforto global no início do questionário, o usuário está tão acostumado à qualidade ruim dos passeios paulistanos que ele se declara em conforto sem analisar todos os aspectos do ambiente, mas, posteriormente, ao ser questionado sobre aspectos específicos, ele encontra uma série de queixas.

Foi possível ainda observar o aumento no fluxo de pedestres no horário de almoço, uma vez que, tratando-se de regiões com grande ocupação comercial e grande número de empresas e serviços, há um enorme número de pessoas se deslocando a pé no horário de almoço para frequentar restaurantes e lanchonetes no entorno. Essa dinâmica aumenta a necessidade de mobiliário nesse horário, pois as calçadas tornam-se um espaço de permanência, convivência e descanso.

Figura 11.23 Fotos de usuários fazendo improvisações no espaço público durante as medições.

Ressalta-se que o mobiliário deve ser implantado adequadamente, os bancos devem ter encosto e estarem fora da faixa de serviço, assim como postes, bancas, árvores e bicicletários. Em São Paulo, podemos notar que as redes de infraestrutura foram implantadas de forma independente e não dialógica, resultando em uma série de interferências e irregularidades nos pavimentos das calçadas, já que existem diversas obras diferentes de manutenção e instalação para os diferentes serviços instalados sob e sobre as calçadas (água, energia, gás, esgoto, iluminação, televisão, internet, telefone etc.).

As calçadas acabam por apresentar uma série de remendos e retalhos, bem como diversas irregularidades associadas às diferentes características de piso e condições de assentamento, falhas associadas à falta de manutenção e aos diversos reparos sofridos a cada novo serviço, buracos, bueiros sem tampas ou com tampas danificadas etc. Há ainda a grande variedade de pisos nos passeios, uma vez que o proprietário do lote lindeiro, em São Paulo, é o responsável pela calçada em frente ao seu imóvel.

Nas calçadas existentes, como as das regiões em estudo, é fundamental zelar pela manutenção das caixas de serviço de maneira que fiquem acessíveis e ao mesmo tempo não prejudiquem o ato de caminhar. Entretanto, é importante ressaltar que, para regiões mais novas, em novos assentamentos em construção, o ideal é que essas redes sejam implantadas em uníssono, evitando a profusão de caixas na calçada.

Considerações finais

O desenrolar das pesquisas e a análise comparativa entre as diferentes regiões da cidade de São Paulo nos deram um panorama do espaço público na cidade e nos possibilitaram chegar à conclusão de que, apesar da perda de qualidade urbana pela qual o espaço público passou ao longo dos anos, entre os anos 1930 – quando começaram a ser erguidos os edifícios analisados – e os anos 1990, os anos 2000 trouxeram à tona a necessidade de recuperação e reapropriação dos espaços públicos.

Se as ruas ganharam a imagem de uma mera ponte de circulação nas décadas passadas, agora, surgem movimentos de reconquista desse espaço perdido. É evidente que, para reconquistar esse espaço, é necessário compreender a dicotomia vivida no dia a dia das vias das grandes cidades entre a necessidade de abrigar intensos deslocamentos e a contínua necessidade de abrigar também atividades do bairro.

É necessária uma mudança de pensamento visando compreender as ruas de acordo com conceitos fundamentais: conectividade, funcionalidade, comodidade, segurança e beleza. Apesar dos problemas mais complexos gerados na urbanização acelerada e muitas vezes desqualificada da cidade, embelezar um espaço é fundamental no processo de ressignificação e reapropriação de espaço público.

Outro ponto importante a ser considerado é o uso do espaço construído em busca de qualidade de vida, inclusive no sentido de um corpo mais saudável, ter uma cidade mais bonita, com espaços seguros e acessíveis para estar e caminhar. Oferecer ruas confortáveis significa incentivar o caminhar.

O incentivo da prática do caminhar, e do pedalar, muitas vezes esquecida em tempos de avenidas marginais, significa um incentivo a um modo de vida mais saudável e consequente melhora na saúde pública. Isso significa uma grande queda em gastos com saúde pública, como evidenciaram experimentos internacionais como o realizado pela Prefeitura de Nova York por meio da iniciativa do Fit Cities.

Assim, este capítulo encerra-se concluindo que, para uma São Paulo mais saudável, mais bonita, mais econômica e melhor, as nossas ruas não devem ter apenas calçadas com largura mínima de 1,20 m e leito carroçável asfaltado. Ficou evidente nos números apresentados pelos questionários que a largura das calçadas, apesar de ser muito importante, pode ser um fator secundário para o conforto do usuário quando se trata de ter uma rua com mais árvores, pontos de ônibus e/ou comércios.

É fundamental para o conforto do usuário compreender a calçada como muito mais do que um simples local de passagem, mas também que a maior parte da população faz uso diariamente desse espaço não só como passagem, mas também como um espaço para as mais variadas atividades ligadas ao lazer, ao descanso e à vida social, como para conversar durante a hora de almoço, para sentar e observar a paisagem e a movimentação da rua, para fumar ou, pensando nos idosos e pessoas com dificuldade de locomoção, mesmo para ter um espaço de descanso intermediário aos trajetos simples do cotidiano, como ir à padaria ou levar o cachorro para passear.

Figura 11.24 Avenida Paulista aberta aos domingos e feriados. Foto de diegograndi/iStockphoto.

RESUMO

- Em algum momento do dia, todos somos pedestres e usuários do espaço público. Dessa maneira, todos estaremos expostos às mais adversas condições e teremos uma percepção diferente da qualidade ambiental do espaço urbano.
- Essa percepção ambiental do espaço urbano pelo usuário engloba não só todas as variáveis e interferências do espaço físico pelo usuário, mas também vários fatores subjetivos.
- A principal contribuição da ergonomia na arquitetura pode ser propor relações e condições de ação e mobilidade, definir proporções e estabelecer dimensões em condições específicas em ambientes naturais e construídos, desde que se tenha levado em consideração os aspectos do conforto ambiental de forma integrada.
- Isso pressupõe considerar os fatores que influenciam o conforto e a percepção do pedestre. Podemos dizer que o conforto geral depende da expectativa que os pedestres têm sobre cada local.
- Concluiu-se que uma rua em São Paulo, para ser considerada confortável pela maioria dos pedestres, deve proporcionar sombreamento e proteção contra a exposição excessiva ao sol, bem como soluções para criar tanto áreas abertas ao céu quanto espaços sombreados. Deve permitir a circulação do ar em condições que favoreçam a remoção adequada da poluição e do calor. O desenho da morfologia urbana deve ser pensado para não resultar em cânions urbanos.

- Os levantamentos realizados evidenciaram que, em São Paulo, o conforto térmico apresenta forte impacto na percepção global do pedestre em relação à via, isto é, no conforto geral autodeclarado. O desconforto térmico afeta negativamente a tolerância dos pedestres às demais variáveis ambientais.
- Em paralelo, a calçada deve adequar-se à largura total da rua, ao tamanho dos edifícios e ao fluxo de pedestres, apresentando uma faixa de circulação livre de obstáculos ou problemas no pavimento.
- É importante observar que a percepção do espaço da via com relação à diversidade de edifícios e de atividades nela presentes é um fator subjetivo que pode ser decisivo para a escolha do usuário por um espaço em detrimento de outro.
- O conforto do usuário caracteriza-se por uma complexa relação de fatores ambientais, sociais, psicológicos e culturais que devem ser lidos em comunhão para uma proposta efetiva de projeto visando ao usuário. Não basta definir números mínimos e máximos de quantidade de luz, calor e ruído para definir e qualificar um espaço.

Bibliografia

ASHRAE. Developing an adaptative model of thermal comfort and preference. *Final Report*, 1997. Sydney: Macquarie University; Berkeley: University of California.

ASSOCIAÇÃO BRASILEIRA DE NORMAS TÉCNICAS. *ABNT NBR 10151 – Avaliação do ruído em áreas habitadas visando o conforto da comunidade*. Rio de Janeiro: ABNT 2001.

ASSOCIAÇÃO BRASILEIRA DE NORMAS TÉCNICAS. *ABNT NBR 10152 – Níveis de ruído para conforto acústico*. Rio de Janeiro: ABNT 2001.

ASSOCIAÇÃO BRASILEIRA DE NORMAS TÉCNICAS. *ABNT NBR 13369 – Cálculo Simplificado para Nível de Ruído Equivalente Contínuo (Leq)*. Rio de Janeiro: ABNT 1995.

BAKER, N. *We are all outdoor animals*. Cambridge: The Martin Centre for Architectural and Urban Studies – University of Cambridge, 2000.

BISTAFA, S. R. *Acústica aplicada ao controle de ruído*. São Paulo: Blucher, 2006.

CAMBIAGHI, S. S. *Desenho universal:* métodos e técnicas de ensino na graduação de arquitetos e urbanistas. 2004. Dissertação (Mestrado) – Faculdade de Arquitetura e Urbanismo da Universidade de São Paulo, São Paulo, 2004.

CORBELLA, Y. *Em busca de uma arquitetura sustentável para os trópicos*. Rio de Janeiro: Revan, 2009.

COSTA, S. S. F. *Relação entre o traçado urbano e os edifícios modernos no centro de São Paulo, Arquitetura e Cidade (1938-1960)*. 2010. Tese (Doutorado) – Faculdade de Arquitetura e Urbanismo da Universidade de São Paulo, São Paulo, 2010.

GIVONI, F. *Thermal sensation responses in hot, humid climates:* effects of humidity. Los Angeles: Department of Architecture, UCLA, 2007.

HIRASHIMA, S. Q. S. *Calibração do índice de conforto térmico:* temperatura fisiológica equivalente (PET) para espaços abertos no município de Belo Horizonte. 2010. Tese (Doutorado) – Escola de Arquitetura, Universidade Federal de Minas Gerais, Belo Horizonte, 2010.

JACOBS, J. *Morte e vida de grandes cidades*. São Paulo: Martins Fontes, 2009.

LUIZ, L. A. *Avaliação, sob o enfoque ergonômico, de edifícios modernistas construídos em São Paulo entre 1930 e 1964:* áreas externas. 2016. Relatório (Iniciação Científica) - Faculdade de Arquitetura e Urbanismo da Universidade de São Paulo, São Paulo, 2016.

LUIZ, L. A.; NOVAES, G. B. A. *Urban external space in brazilian modernist architecture under the focus of pedestrian environmental comfort*. PLEA 2017 Edinburgh - Design to Thrive. Edimburgo: PLEA 2017 Edinburgh - Design to Thrive. 2017.

MONTEIRO, L. M. Ambiente construído: modelo adaptativo de conforto para avaliação in loco de espaços urbanos abertos, *Ambiente Construído*, Porto Alegre, v. 12, n. 1, p. 61-79, jan./mar. 2012.

MONTEIRO, L. M. *Conforto térmico em espaços urbanos abertos:* verificações modelares como aportes à exploração de abordagens. 2018. Tese (Livre-Docência) - Faculdade de Arquitetura e Urbanismo da Universidade de São Paulo, São Paulo, 2018.

MONTEIRO, L. M. *Modelos preditivos de conforto térmico:* quantificação de relações entre variáveis microclimáticas e de sensação térmica para avaliação e projeto de espaços abertos. 2008. Tese (Doutorado) - Faculdade de Arquitetura e Urbanismo da Universidade de São Paulo, São Paulo, 2008.

MONTEIRO, L. M; ALUCCI, M. P. *Cincos 2010. In:* Congresso de inovação na construção sustentável. Conforto térmico em espaços urbanos - o caso da cidade de são paulo, *Anais...* Brasil. Aveiro, Portugal: Universidade de Aveiro, 2010.

MÜLFARTH, R. C. K. *Proposta metodológica para avaliação ergonômica do ambiente urbano:* a inserção da ergonomia no ambiente construído. 2017. Tese (Livre Docência) - Faculdade de Arquitetura e Urbanismo da Universidade de São Paulo, São Paulo, 2017.

NEW YORK CITY DEPARTMENTS OF CITY PLANNING, DESIGN AND CONSTRUCTION, HEALTH AND MENTAL HYGIENE AND TRANSPORTATION - *Active design guidelines: promoting physical activity and health in design*. New York, 2010.

NIKOLOPOULOU, M. *Designing open spaces in the urban environment:* a bioclimatic approach. CRES - Centre for Energy Resources, Department of Buildings, Grécia, 2004.

NOVAES, G. A. *Estresse e conforto acústico do pedestre em São Paulo*. 2012. Relatório (Iniciação Científica) - Faculdade de Arquitetura e Urbanismo da Universidade de São Paulo, São Paulo, 2012.

NOVAES, G. A. *Estresse e conforto urbano do pedestre em São Paulo:* térmica e acústica. 2013. Relatório (Iniciação Científica) - Faculdade de Arquitetura e Urbanismo da Universidade de São Paulo, São Paulo, 2013.

NOVAES, G. A. *Conforto termoacústico do pedestre em São Paulo e influência de outras variáveis ambientais*. 2015. Relatório (Iniciação Científica) - Faculdade de Arquitetura e Urbanismo da Universidade de São Paulo, São Paulo, 2015.

NOVAES, G. A.; MONTEIRO, L. M. *Estresse e conforto urbano do pedestre em São Paulo. In:* XIII ENCONTRO NACIONAL E IX ENCONTRO LATINO-AMERICANO DE CONFORTO NO AMBIENTE CONSTRUÍDO. *Anais...* Campinas: ENCAC/ELACAC. 2015.

NOVAES, G. A.; MONTEIRO, L. M.; ALUCCI, M. P. *Estresse e Conforto Acústico do Pedestre em São Paulo. In:* XII ENCAC - ENCONTRO NACIONAL DE CONFORTO NO AMBIENTE CONSTRUÍDO E VIII ELACAC - ENCONTRO LATINO-AMERICANO DE CONFORTO NO AMBIENTE CONSTRUÍDO. *Anais...* Brasília: XII ENCAC e VIII ELACAC. 2013.

SCHMID, A. L. *A Ideia de conforto:* reflexões sobre o ambiente construído. Curitiba: Pacto Ambiental, 2005.

SEÇÃO TÉCNICA DE SERVIÇOS METEOROLÓGICOS - Instituto de Astronomia, Geofísica e Ciências Atmosféricas da Universidade de São Paulo. *Boletim Climatológico Anual da Estação Meteorológica do IAG/USP – 2017.* Instituto de Astronomia, Geofísica e Ciências Atmosféricas da Universidade de São Paulo. São Paulo, p. 77, 2017.

VIRILIO, P. *O espaço crítico*. Rio de Janeiro: Editora 34, 1993.

VILLAROUCO, V. *Identificação de parâmetros para concepção de espaços ergonomicamente adequados à habitação social. In:* 5º ERGODESIGN – 5º Congresso Internacional de Ergonomia e Usabilidade de Interfaces Humano-Tecnologia: Produtos, Programa, Informação, Ambiente Construído. *Anais...* Rio de Janeiro. LEUI/PUC-Rio, 2005.

WENZEL, M. Como recuperar nossas calçadas, o patinho feio do urbanismo local. *Veja São Paulo* - Cidades, 19 out. 2018. Disponível em: https://vejasp.abril.com.br/cidades/calcadas-sao-paulo-problemas-especialistas/. Acesso em: 21 abr. 2022.

Índice alfabético